チャンネル登録
お願いします！

JN027029

ヤジマの数学道場

SCAN HERE

動画配信
はじめました！

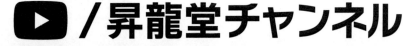

／昇龍堂チャンネル

新Aクラス
中学幾何問題集

6訂版

東邦大付属東邦中・高校講師――市川　博規
桐朋中・高校教諭――久保田顕二
駒場東邦中・高校教諭――中村　直樹
玉川大学教授――成川　康男
筑波大附属駒場中・高校元教諭――深瀬　幹雄
芝浦工業大学教授――牧下　英世
筑波大附属駒場中・高校副校長――町田多加志
桐朋中・高校教諭――矢島　弘
駒場東邦中・高校元教諭――吉田　稔
共著

昇龍堂出版
(23-05)

まえがき

　この本は，中学生のみなさんが中学校の3年間で学習する数学の内容の
うち，幾何分野（図形的な内容）に関する部分を1冊にまとめたものです。
　直線，三角形，四角形や円などの基本的な平面図形や空間図形を題材と
して，それらをいろいろな角度から考察し，さまざまな性質や成り立つこ
とがらを見つけていきます。このようにして，問題を解くことで，数学の
力を身につけることがこの本の目標です。自分では思いつかない考え方を
学んだり，自分流の解法を思いついたりすることは，新しい自分との出会
いであり，それが幾何を学ぶ喜びでもあります。
　幾何では，図形の性質，公式，定理などを十分に理解したうえで，筋道
を立てて考え，正しい解答を導きます。定義や定理の内容をしっかりとつ
かんでおくことも大切です。そのために，この本は幾何学の系統的な流れ
にそってまとめてあります。ひとつひとつ着実に理解を重ねることで論理
的な思考力が身につき，論証能力を高めることができるでしょう。また，
考え方をわかりやすく人に伝える表現力も養うことができるでしょう。
　なお，この本は，中学校の教育課程で学習する幾何分野のすべての内容
をふくみ，みなさんのこれからの学習にぜひとも必要であると思われる発
展的なことがらについても，あえて取りあげています。学習指導要領の範
囲にとらわれることなく，Aクラスの学力を効率的に身につけてほしいと
考えたからです。
　長い時間をかけて難問を解いたときの達成感や充実感は，何ものにもま
さる尊い経験です。長い道のりですが，あせらず，急がず，一歩一歩，着
実に進んでいってください。みなさんの努力は必ず報われます。みなさん
一人ひとりの才能が大きく開花することを切望しています。

著　者

本書の使い方と特徴

　この問題集を自習する場合には，以下の特徴をふまえて，計画的・効果的に学習することを心がけてください。

　また，学校でこの問題集を使用する場合には，ご担当の先生がたの指示にしたがってください。

1. 　まとめ　は，教科書で学習する基本事項や，その節で学ぶ基礎的なことがらを，簡潔にまとめてあります。教科書にない定理には，証明を示したものもあります。

2. 　基本問題　は，教科書やその節の内容が身についているかを確認するための問題です。

3. ●例題● は，その分野の典型的な問題を精選してあります。解説で解法の要点を説明し，解答や証明で，模範的な解答をていねいに示してあります。

4. 　演習問題　は，例題で学習した解法を確実に身につけるための問題です。やや難しい問題もありますが，じっくりと時間をかけて取り組むことにより，実力がつきます。

5. 進んだ問題の解法 および 進んだ問題 は，やや高度な内容です。解法で考え方・解き方の要点を説明し，解答や証明で，模範的な解答をていねいに示してあります。

6. ▶研究◀ は，数学に深い興味をもつみなさんのための問題で，発展的な内容です。

7. 章の問題 は，その章全体の内容をふまえた総合問題です。まとめや復習に役立ててください。

8．**解答編** を別冊にしました。

　基本問題の解答は，原則として （答） のみを示してあります。

　演習問題の解答は，まず （答） を示し，続いて （解説） として，考え
方や略解を示してあります。問題の解き方がわからないときや，答え
の数値が合わないときには，略解を参考に確認してください。

　進んだ問題の解答は，模範的な解答をていねいに示してあります。

9．（別解） は，解答とは異なる解き方です。

　また，（参考） は，解答，別解とは異なる解き方などを簡単に示してあ
ります。

　さまざまな解法を知ることで，柔軟な考え方を養うことができます。

10．（注） は，まとめの説明を補ったり，くわしく説明したりしています。

　また，解答をわかりやすく理解するための補足でもあります。

　さらに，まちがいやすいポイントについての注意点も示してあります。

目次

1章

平面図形の基礎

1… 平面図形の基礎

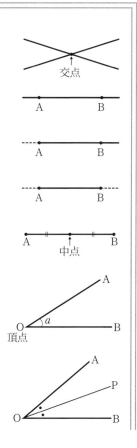

1 **交点，直線・半直線・線分**

(1) **交点** 線と線との交わりは点で，その点を**交点**という。

(2) **直線** 2点 A，B を通る直線を**直線 AB** という。

(3) **半直線** 直線 AB は点 A によって 2 つの部分に分けられる。このうち点 B をふくむ部分を**半直線 AB** という。

(4) **線分** 直線 AB のうち，点 A から点 B までの部分を**線分 AB** といい，その長さを **2 点 A，B 間の距離**という。

線分 AB 上にあって，2 点 A，B からの距離が等しい点を**線分 AB の中点**という。

2 **角**

(1) **角** 1 点から出る 2 つの半直線によってできる図形を**角**という。

右の図の角は，∠AOB，∠BOA，∠O または ∠a などで表す。このとき，O を**頂点**という。

(2) **角の二等分線** ∠AOB の内部にあって，∠AOP＝∠BOP となる半直線 OP を **∠AOB の二等分線**という。

③ **垂直・垂線**

　2直線 ℓ, m が交わっているときにできる角
のうち，1つの角が直角のとき，直線 ℓ と m は
垂直である（または**直交**する）といい，$\ell \perp m$
で表す。このとき，ℓ を m の（m を ℓ の）**垂線**
という。また，直線 m 上の点 P と直線 ℓ と m

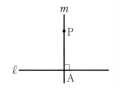

との交点 A について，線分 PA の長さを**点 P と直線 ℓ との距離**という。

④ **平行**

　同じ平面上にある2つの直線が交わらない
とき，2つの直線は**平行**であるといい，一方
の直線を他方の直線の**平行線**という。

　2直線 ℓ, m が平行であることを，$\ell \,/\!/\, m$

で表す。直線 ℓ 上のどこに点をとっても，その点と直線 m との距離は
一定である。この一定の距離を**平行線 ℓ, m 間の距離**という。

⑤ **円**

(1) **円・円周**　平面上で，1定点から一定の距離にある点全体の集合を
円または**円周**という。この定点を円の**中心**，
中心と円周上の点を結んだ線分を**半径**とい
う。中心が O である円を**円 O** で表す。

(2) **弧・弦**　円周上に2点 A，B があるとき，
円周の A から B までの部分を**弧 AB** とい
い，$\overgroup{AB}$ で表す。（$\overgroup{AB}$ はふつう短いほうの
弧を表す）

　また，線分 AB を**弦 AB** といい，中心を
通る弦を**直径**という。

(3) **おうぎ形**　円 O で，$\overgroup{AB}$ と弧の両端を通
る2つの半径 OA，OB によってつくられ
る図形を**おうぎ形 OAB** という。∠AOB を
$\overgroup{AB}$ に対する**中心角**という。

(4) **円の接線**　円と直線が1点だけを共有す
るとき，円と直線は**接する**といい，この直
線を**円の接線**，共有する点を**接点**という。
円の接線は，接点を通る半径に垂直である。

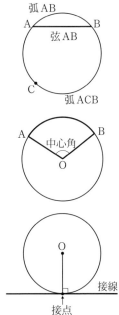

(5) **円周率** すべての円で，（円周）÷（直径）は一定の値である。この
値を**円周率**といい，ギリシャ文字 **π** で表す。

$\pi = 3.14159\cdots$ である。

(6) **弧，おうぎ形と中心角**

① 1つの円または半径が等しい円で，弧の長さは中心角の大きさに
比例する。

② 半径が等しいおうぎ形の面積は，中心角の大きさに比例する。

③ 半径 r，中心角 $a°$ のおうぎ形の弧の長さ ℓ，面積 S は，

$$\ell = 2\pi r \times \frac{a}{360} \qquad S = \pi r^2 \times \frac{a}{360}$$

基本問題

1. 一直線上にない 3 点 A，B，C がある。これら 3 点のうちのいずれか 2 点を
通る直線はいくつあるか。

2. 右の図のように，半径 5cm の円 O が点 A で線
分 AB に接し，∠ABO＝30° である。

(1) ∠AOB の大きさを求めよ。

(2) 線分 AC の長さを求めよ。

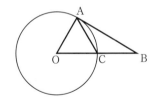

3. 右の図のように，正方形 ABCD と円 O があり，た
がいに接している。辺 AB，CD 上にそれぞれ点 E，F
を，AD∥EF となるようにとり，AD＝10cm，
EB＝3cm とする。

(1) 辺 AD と線分 EF との距離を求めよ。

(2) 中心 O と線分 EF との距離を求めよ。

(3) 正方形と円の 4 つの接点を結んでできる四角形の面積を求めよ。

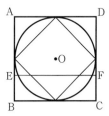

4. 円について，次の値を求めよ。

(1) 弧の長さが円周の $\dfrac{1}{3}$ のときの中心角の大きさ

(2) 中心角が 150° の弧の円周全体に対する割合

5. おうぎ形について，次の値を求めよ。
 (1) 中心角 60°，半径 8cm のおうぎ形の弧の長さと面積
 (2) 半径 5cm，弧の長さ 5π cm のおうぎ形の中心角の大きさと面積
 (3) 半径 4cm，面積 2π cm² のおうぎ形の中心角の大きさと弧の長さ
 (4) 中心角 270°，弧の長さ 9π cm のおうぎ形の半径と面積

●**例題1**● 右の図で，3 点 A，B，C は
一直線上にあり，M，N はそれぞれ線分
AC，BC の中点である。AB＝4cm，
NC＝6cm のとき，線分 AC，MN の長
さを求めよ。

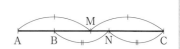

(**解説**) N が線分 BC の中点であるから，$BN = NC = \dfrac{1}{2}BC$ である。

(**解答**) BN＝NC より BN＝6
   よって AC＝AB＋BN＋NC＝4＋6＋6＝16
   ゆえに $MN = MC - NC = 16 \times \dfrac{1}{2} - 6 = 2$

   （答） AC＝16cm，MN＝2cm

演習問題

6. 右の図で，線分 AB 上に 2 点 C，D があり，
M，N はそれぞれ線分 AC，DB の中点であ
る。AB＝8cm，AC＝6cm，BD＝7cm のと
き，線分 MN の長さを求めよ。

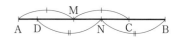

7. 右の図で，O は線分 AB と CD との交点で，
AB⊥OE，CD⊥OF，∠FOB＝59° である。
 (1) ∠EOD の大きさを求めよ。
 (2) ∠AOC の大きさを求めよ。

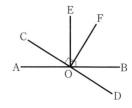

●**例題2**● 右の図で，半直線 OP，OQ はそれ
ぞれ ∠AOB，∠AOC の二等分線である。こ
のとき，∠BOC の大きさは，∠POQ の大きさ
の2倍であることを説明せよ。

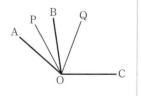

(**解説**) OP，OQ はそれぞれ ∠AOB，∠AOC の二等分線であるから，∠AOP＝∠POB，
∠AOQ＝∠QOC である。

(**解答**) OP，OQ はそれぞれ ∠AOB，∠AOC の二等分線であるから

$$\angle AOP = \angle POB, \quad \angle AOQ = \angle QOC$$

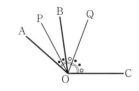

$$
\begin{aligned}
\text{よって}\quad \angle BOC &= \angle BOQ + \angle QOC \\
&= \angle BOQ + \angle AOQ \\
&= \angle BOQ + (\angle AOB + \angle BOQ) \\
&= 2\angle POB + 2\angle BOQ \\
&= 2(\angle POB + \angle BOQ) \\
&= 2\angle POQ
\end{aligned}
$$

ゆえに，∠BOC の大きさは，∠POQ の大きさの2倍である。

演習問題

8. 右の図で，3点 A，B，C は一直線上にあり，
P，Q はそれぞれ線分 AB，AC の中点である。
このとき，線分 BC の長さは，線分 PQ の長さ
の2倍であることを説明せよ。

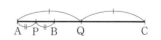

9. 右の図で，O は直線 AB 上の点で，半直線 OP，
OQ はそれぞれ ∠AOC，∠COB の二等分線である
とき，∠POQ＝90° であることを説明せよ。

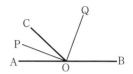

10. 右の図で，∠AOB＝∠BOC＝∠COD である。半
直線 OP，OQ はそれぞれ ∠AOB，∠AOD の二等分
線である。このとき，∠POB＝∠QOC であることを
説明せよ。

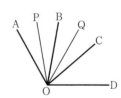

●**例題3**●　右の図のように，O を中心とし，半径が 2cm，3cm である 2 つの半円があり，AB，CD はそれぞれ半円の直径である。点 O から半直線をひいて 2 つの半円との交点を E，F とし，$\overset{\frown}{AE}=\overset{\frown}{FD}$ とする。このとき，∠EOB の大きさを求めよ。

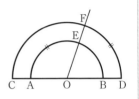

解説　中心角が同じであるから，$\overset{\frown}{FD}:\overset{\frown}{EB}=OD:OB=3:2$ である。

解答　中心角が同じであるから
$$\overset{\frown}{FD}:\overset{\frown}{EB}=OD:OB=3:2$$

$\overset{\frown}{AE}=\overset{\frown}{FD}$ より　$\overset{\frown}{AE}:\overset{\frown}{EB}=3:2$

弧の長さと中心角の大きさは比例するから
$$\angle EOB=180°\times\frac{2}{3+2}=72°$$

（答）　72°

11. 次の図で，x の値を求めよ。ただし，O は円の中心である。

(1)

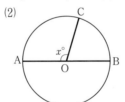

$\overset{\frown}{AB}=\dfrac{1}{5}\overset{\frown}{BC}$

(2)

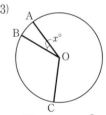

AB は直径，$\overset{\frown}{AC}=\dfrac{3}{5}\overset{\frown}{AB}$

(3)

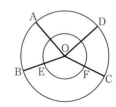

$\overset{\frown}{ABC}$ は円周の $\dfrac{3}{8}$
$\overset{\frown}{AB}:\overset{\frown}{BC}=1:5$

12. 右の図のように，O を中心とする 2 つの円があり，$\overset{\frown}{AB}=\overset{\frown}{CD}=\overset{\frown}{EF}$，$\overset{\frown}{AD}=\dfrac{4}{3}\overset{\frown}{EF}$，OE＝EB とする。このとき，∠AOB と ∠AOD の大きさを求めよ。

●**例題4**● 右の図は，正方形 ABCD と
辺 CD を直径とする半円である。
$\overparen{CM}=\overparen{MD}$ であるとき，影の部分の面積
を求めよ。

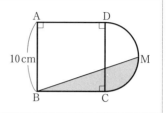

10 cm

（**解説**）右の図で，影の部分の面積は，長方形 EFBC とお
うぎ形 ECM の面積の和から，三角形 MFB の面積をひ
いたものである。

（**解答**）点 M から辺 AB に垂線をひき，辺 CD，AB との
交点をそれぞれ E，F とする。

長方形 EFBC の面積は

$$5 \times 10 = 50$$

∠MEC＝90° であるから，おうぎ形 ECM の面積は

$$\pi \times 5^2 \times \frac{1}{4} = \frac{25}{4}\pi$$

△MFB の面積は

$$\frac{1}{2} \times 5 \times 15 = \frac{75}{2}$$

ゆえに，求める面積は

$$50 + \frac{25}{4}\pi - \frac{75}{2} = \frac{25}{4}\pi + \frac{25}{2}$$

（答）$\left(\dfrac{25}{4}\pi + \dfrac{25}{2}\right) \text{cm}^2$

（**別解**）求める面積は，△MBC と⑦の面積の和である。

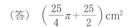

右の図で，ME＝CE＝5 であるから，

△MBC の面積は $\dfrac{1}{2} \times 10 \times 5 = 25$

⑦の面積は $\pi \times 5^2 \times \dfrac{1}{4} - \dfrac{1}{2} \times 5^2 = \dfrac{25}{4}\pi - \dfrac{25}{2}$

ゆえに，求める面積は

$$25 + \frac{25}{4}\pi - \frac{25}{2} = \frac{25}{4}\pi + \frac{25}{2}$$

（答）$\left(\dfrac{25}{4}\pi + \dfrac{25}{2}\right) \text{cm}^2$

（**注**）△MFB は三角形 MFB を表す。今後，三角形 ABC を △ABC と書く。
また，△ABC の面積を単に △ABC と書くこともある。

（例）$\triangle ABC = \dfrac{1}{2} \times 10^2 = 50$ $\qquad \triangle MFB = \dfrac{1}{2} \times 5 \times 15 = \dfrac{75}{2}$

演習問題

13．右の図の 4 点 A，B，C，D は半径 8cm の円の周を
4 等分している。このとき，影の部分の面積を求めよ。

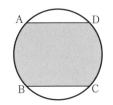

14．AD∥BC，AD＝5cm，BC＝17cm，AB＝16cm
の台形 ABCD がある。右の図のように，半径が等し
い 3 つのおうぎ形をつくるとき，影の部分の面積を求
めよ。

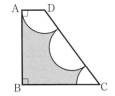

15．次の図で，影の部分の周の長さおよび面積を求めよ。ただし，曲線は円，
半円，四分円のいずれかの弧である。

注 中心角が 90°のおうぎ形を四分円という。

(1)

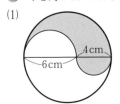

(2)

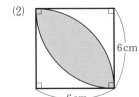

(3)

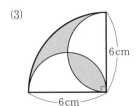

16．右の図のように，おうぎ形 OAB と正方形 OCDE が
あり，頂点 D は $\overset{\frown}{AB}$ 上にある。OB＝6cm，
∠AOC＝25° のとき，影の部分の面積を求めよ。

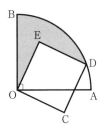

17．右の図のように，正方形 ABCD と 3 つのおうぎ形が
重なっている。このとき，(⑦の面積)－(⑦の面積)を
求めよ。

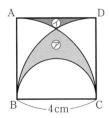

18. 右の図のように，AB を直径とする半円 O の
弦 AC を折り目として，$\overset{\frown}{AC}$ が中心 O を通るよ
うに折り返した。AB＝12cm とするとき，次の
問いに答えよ。

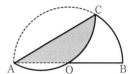

(1) $\overset{\frown}{CO}$ の長さを求めよ。

(2) 影の部分の面積を求めよ。

19. 右の図のような半円とおうぎ形で，⑦の面積か
ら④の面積をひくと $\dfrac{\pi}{2}$cm² となった。x の値を求
めよ。

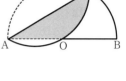

20. 右の図のように，正方形 ABCD の辺 AD 上に点 P
をとり，頂点 B を中心とする円の $\overset{\frown}{AC}$ と線分 BP と
の交点を Q とする。⑦と④の面積が等しくなるとき，
線分 AP の長さを求めよ。

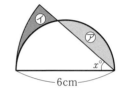

21. 右の図で，AD を直径とする円の周は，AB，BC,
CD をそれぞれ直径とする円の周の和に等しい。

　このことを AB＝4cm，BC＝2cm，CD＝6cm の
場合で説明せよ。

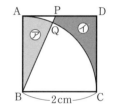

||||| **進んだ問題** |||||

22. 次の問いに答えよ。

(1) 半径が $r$cm，弧の長さが ℓcm のおうぎ形の面
積を Scm² とすると，$S=\dfrac{1}{2}\ell r$ であることを説
明せよ。

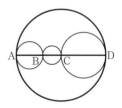

(2) おうぎ形について，次の問いに答えよ。

　(i) 半径5cm，弧の長さ8cm のおうぎ形の面積を求めよ。

　(ii) 半径4cm，面積20cm² のおうぎ形の弧の長さを求めよ。

進んだ問題の解法 |||||||||||||||||||||||||||||||||||||||||||||||||||||||||||||||||||||||||||||

> |||||**問題1**　右の図で，∠AOC＝2∠AOB のとき，
> AC＜2AB であることを説明せよ。

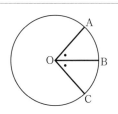

解法　どのような三角形においても，2辺の長さの和は他の
1辺の長さより大きい。すなわち，△ABC で，
　　　AB＋BC＞CA，　BC＋CA＞AB，　CA＋AB＞BC
が成り立つ。（→4章の研究，p.93）

解答　△ABC で　AC＜AB＋BC
　　　　∠AOC＝2∠AOB より，$\overparen{AB}=\overparen{BC}$ であるから
　　　　　　　　AB＝BC
　　　　よって　　　AB＋BC＝AB＋AB＝2AB
　　　　ゆえに　　　AC＜2AB

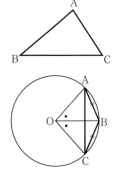

(注) 2つの数 a，b について，
　　　a が b より大きいときは，$a>b$
　　　a が b より小さいときは，$a<b$
　と表す。

(注) 弧の長さは中心角の大きさに比例するが，弦の長さは中心角の大きさに比例しない。

||||| **進んだ問題** |||||

23.　右の図のように，円周上に4点 A，B，C，D があ
り，$\overparen{AB}:\overparen{BC}:\overparen{CD}=3:2:1$ とする。このとき，
AB＜BC＋CD であることを説明せよ。

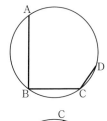

24.　右の図で，$\overparen{AB}=2\overparen{CD}$ のとき，AB＜2CD である
ことを説明せよ。

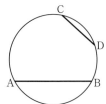

2 … 対称と移動

[1] **対称な図形**

(1) **線対称な図形** 1つの直線を折り目として折り返したとき，ぴったり重なる図形を**線対称な図形**という。このとき，折り目とした直線を**対称軸**という。

線対称な図形　　点対称な図形

(2) **点対称な図形** 1つの定点を中心として図形を180°回転させたとき，ぴったり重なる図形を**点対称な図形**という。このとき，中心とした点を**対称の中心**という。

[2] **図形の移動**

形や大きさを変えずに，ある図形を他の位置へ移すことを**移動（合同変換）**という。すべての移動は，**平行移動，回転移動，対称移動**を組み合わせることによって得られる。

(1) **平行移動** 図形を一定の方向に，一定の距離だけ移動させることを**平行移動**という。

(2) **回転移動** 図形を1つの定点を中心として一定の角度だけ回転させることを**回転移動**という。このとき，その定点を**回転の中心**，一定の角度を**回転角**という。

とくに，図形を180°回転移動することを**点対称移動**といい，対応する点を結ぶ線分の中点は，回転の中心と一致する。

(3) **対称移動** 図形を1つの直線を折り目として折り返すことを**対称移動（線対称移動）**という。このとき，折り目とした直線を**対称軸**という。

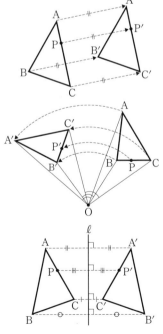

●**基本問題**●

25. 次の性質をもつ図形を，(ア)～(ク)から選べ。

(1) 線対称な図形　　　　(2) 点対称な図形

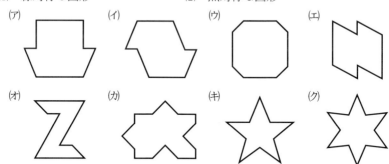

(ア)　　　　(イ)　　　　(ウ)　　　　(エ)

(オ)　　　　(カ)　　　　(キ)　　　　(ク)

26. 右の図の正十角形 ABCDEFGHIJ について，次の
問いに答えよ。

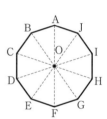

(1) 正十角形 ABCDEFGHIJ は点対称な図形である。

(i) 対称の中心を答えよ。

(ii) 辺 CD に対応する辺を答えよ。

(2) 正十角形 ABCDEFGHIJ は線対称な図形である。

(i) 対称軸の数を答えよ。

(ii) 直線 AF を対称軸とするとき，辺 CD に対応する辺を答えよ。

27. 次の問いに答えよ。

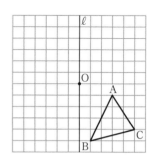

(1) 右の図の △ABC を次のように移動した三
角形をかき入れよ。

(i) 上へ 6 めもり，左へ 1 めもり平行移動し
た △DEF

(ii) O を中心として 180°回転移動した
△GHI

(iii) 直線 ℓ について対称移動した △JKL

(2) △GHI を 1 回の移動で △JKL に移すには，
どのような移動を行えばよいか。

28. 右の図の △ABC で，点 D は点 C を辺 AB について，点 E は点 A を辺 BC について，点 F は点 B を辺 AC について，それぞれ対称移動したものである。3 点 B，C，F は一直線上にあり，∠DBE＝102° であるとき，△ABC の 3 つの角の大きさを求めよ。

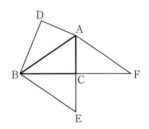

29. 右の図は，正方形を対角線の交点 O を通る 4 本の直線で，合同な 8 つの三角形に分割したものである。次の移動を 1 回行うことによって，⑦と重ねることができる三角形を，①〜②の中からすべて答えよ。

(1) 平行移動

(2) 対称移動

(3) O を中心とする回転移動

●**例題5**● 右の図のように，点 A を直線 OX，OY について対称移動した点をそれぞれ P，Q とする。このとき，点 P から点 Q への移動は，O を中心とする回転角 2∠XOY の回転移動であることを説明せよ。

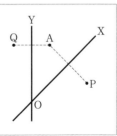

（解説） OP＝OQ，∠POQ＝2∠XOY であることを説明する。

（解答） 点 A と P，点 A と Q は，それぞれ直線 OX，OY について線対称であるから

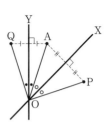

$$OA＝OP，∠AOX＝∠POX$$
$$OA＝OQ，∠AOY＝∠QOY$$

よって OP＝OQ

$$∠POQ＝∠POX＋∠AOX＋∠AOY＋∠QOY$$
$$＝2∠AOX＋2∠AOY$$
$$＝2(∠AOX＋∠AOY)＝2∠XOY$$

ゆえに，点 P から点 Q への移動は，O を中心とする回転角 2∠XOY の回転移動である。

演習問題

30. 右の図で，直線 ℓ と ℓ′ は平行で，
ℓ と ℓ′ との距離を 5cm とする。
△ABC を，ℓ を軸として対称移動し
たものを △A′B′C′ とし，さらに
△A′B′C′ を，ℓ′ を軸として対称移動
したものを △A″B″C″ とする。
△ABC を 1 回の移動で △A″B″C″ に
移すには，どのような移動を行えばよいか。

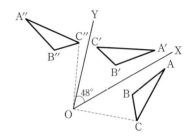

31. 右の図のように，∠XOY＝48° のと
き，△ABC を，半直線 OX を軸として
△A′B′C′ に対称移動し，さらに
△A′B′C′ を，半直線 OY を軸として
△A″B″C″ に対称移動した。△ABC を
1 回の移動で △A″B″C″ に移すには，
どのような移動を行えばよいか。

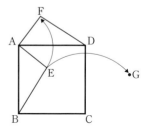

32. 右の図のように，正方形 ABCD の内部に点
E をとり，E を頂点 A，C を中心として，それ
ぞれ図の矢印の向きに 90° 回転移動した点を F，
G とする。
(1) △ABE と △ADF は合同である。△ABE
を 1 回の移動で △ADF に移すには，どのよ
うな移動を行えばよいか。
(2) ∠ADF＝32° のとき，∠GDC の大きさを求めよ。

33. 次の図で，△ABC と △A′B′C′ は合同である。△ABC を 1 回の移動で
△A′B′C′ に移すには，どのような移動を行えばよいか。

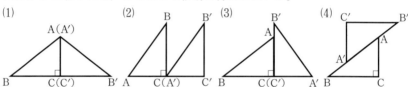

34. 右の図のように，半径 1cm の円の内部に 1 辺の
長さが 1cm の正三角形がある。この正三角形を，す
べることなく円の内部を矢印の向きにころがす。正三
角形がもとの位置にもどるまでに，頂点 P が動いた
道のりを求めよ。

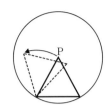

35. 右の図のように，線分 AB を，∠BAO＝90° となる点
O を中心として時計まわりに 90°回転移動させる。
OA＝6cm，OB＝10cm のとき，線分 AB が動いた影の
部分の面積を求めよ。

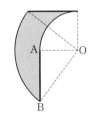

36. 右の図のように，半径 2cm の円を，AB＝13cm,
BC＝16cm，CA＝11cm の △ABC の各辺にそって
ころがし，△ABC のまわりを 1 周してもとの位置に
もどす。
(1) 円が動いた部分の面積を求めよ。
(2) 円の中心 O が動いた道のりを求めよ。

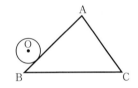

|||||進んだ問題|||||

37. 図 1，図 2 は，1 辺の長さが 1cm の正方形を並べ
た図形である。
(1) 図 1 で，△OAB を，O を中心として反時計まわ
りに 45°回転移動させると，△OCD となる。影の
部分の面積を求めよ。
(2) 図 2 の図形を，O を中心として反時計まわり
に 45°回転させる。このときにできる図形と，
もとの図形が重なる部分の面積を求めよ。

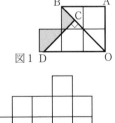

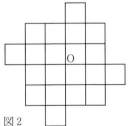

図2

3 … 作図

1 作図の約束

作図で使う道具は，定規とコンパスだけとする。

(1) **定規でできること**

① 与えられた2点を通る直線をひく。

② 与えられた線分を延長する。

(2) **コンパスでできること**

① 与えられた点を中心として，与えられた半径の円をかく。

② 与えられた線分の長さを他に移す。

2 基本的な作図

(1) **角の二等分線**

（性質）∠XOY の二等分線上の点は**半直線 OX，OY から等距離にある**。

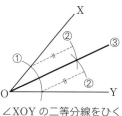

∠XOY の二等分線をひく

(2) **線分の垂直二等分線**

（性質）線分 AB の垂直二等分線上の点は**2 点 A，B から等距離にある**。

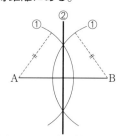

線分 AB の垂直二等分線をひく

(3) **直線上の点における垂線**

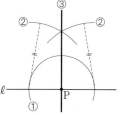

直線 ℓ 上の点 P を通る垂線をひく

(4) **直線外の点を通る垂線**

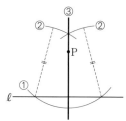

直線 ℓ 上にない点 P から ℓ に垂線をひく

⑸ 直線外の点を通る平行線　　⑹ 等角

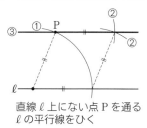

直線 ℓ 上にない点 P を通る
ℓ の平行線をひく

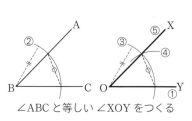

∠ABC と等しい ∠XOY をつくる

㊟ 作図の問題では，作図に使った線は消さずに残しておく。

基本問題

38. 右の図で，四角形 ABCD がひし形となるよう
な点 C, D を，点 C が半直線 BX 上にあるように
作図せよ。

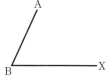

39. 右の図で，直線 ℓ を対称軸とする，点 P と対
称な点 Q を作図せよ。

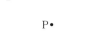

40. 正三角形の性質を利用して，次の大きさの角を作図する方法を述べよ。
　⑴　60°　　　　　⑵　30°　　　　　⑶　75°

41. 右の図の ∠XOY の 2 倍の大きさの ∠YOZ
を，半直線 OX が内部にあるように作図せよ。

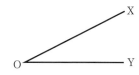

42. 右の図で，円の面積を 2 等分する直線を作図せよ。

43. 右の図の円 O で，円周上の点 P における円 O の
接線を作図せよ。

●**例題6**● 右の図で，2点 A，B からの距離が等
しい点の中で，点 C からの距離が最も短くなる
点 P を作図せよ。

(**解説**) 線分 AB の垂直二等分線を ℓ とすると，2点 A，B からの距離が等しい点は ℓ 上に
ある。また，点 P は点 C からの距離が最も短くなるから，CP⊥ℓ となる。

(**解答**) ① 線分 AB の垂直二等分線 ℓ をひく。
② 点 C を通る直線 ℓ の垂線 m をひく。
③ 直線 ℓ と m との交点が P である。
  （答） 右の図

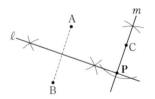

演習問題

44. 右の図で，線分 AB，CD からの距離が等しい点の
中で，2点 C，D からの距離が等しい点 P を作図せよ。

45. 右の図で，点 A を通り，線分 BC を弦とする円 O
を作図せよ。

46. 右の図の円と点 A について，点 P が円周上を
動くとき，線分 AP の長さが最も短くなる点 P
を作図せよ。

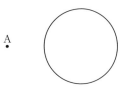

47. 右の図の △ABC について，次の条件を満た
す点を作図せよ。
(1) 3辺 AB，BC，CA から等距離にある点 I
(2) 3頂点 A，B，C から等距離にある点 O

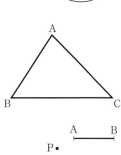

48. 右の図で，直線 ℓ からの距離も点 P からの距
離も，ともに線分 AB の長さに等しい点 Q を作
図せよ。

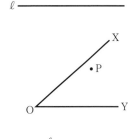

49. 右の図で，点 P を通る直線が半直線 OX，OY
と交わる点をそれぞれ A，B とするとき，
OA＝OB となる直線 ℓ を作図せよ。

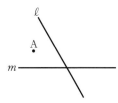

50. 右の図で，直線 ℓ について点 A と対称な点
B と，直線 m について B と対称な点 C を作図
せよ。また，直線 n について点 C と対称な点
が A となるような直線 n を作図せよ。

51. 右の図で，∠XOY の内部にあって，半直線
OX，OY からの距離がそれぞれ線分 AB，CD の
長さに等しい点 P を作図せよ。

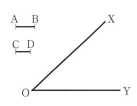

●**例題7**● 右の図の △ABC で，辺 BC 上の点 D を通る直線 ℓ を折り目として，頂点 B が辺 AC 上にくるように折り返したい。直線 ℓ を作図せよ。

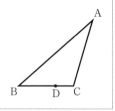

（解説） 頂点 B が重なる辺 AC 上の点を E とすると，直線 ℓ 上の点は，2 点 B，E から等距離にある。

（解答） ① DE＝DB となる点 E を辺 AC 上にとる。
② ∠BDE の二等分線 ℓ をひく。

（答） 右の図

（参考） 線分 BE の垂直二等分線を ℓ としてもよい。

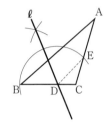

演習問題

52. 右の図の正方形 ABCD で，辺 AD，BC の中点をそれぞれ E，F とする。頂点 A と辺 BC 上の点 P を結ぶ線分 AP を折り目として，頂点 B が線分 EF 上にくるように折り返したい。点 P を作図せよ。

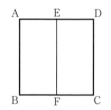

53. 右の図の △ABC で，頂点 A が辺 BC 上の点 P に重なるように折り返すとき，△ADE が移る部分を作図せよ。

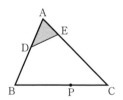

54. 右の図の AB を直径とする半円 O で，直線 ℓ を折り目として，折り返した弧と線分 AB が点 C で接するようにしたい。直線 ℓ を作図せよ。

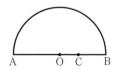

進んだ問題の解法

||||問題2　右の図の直線 XY 上に点 P をとると
き，線分の長さの和 AP＋BP を最小にする点
P を作図する方法を述べよ。

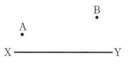

解法 直線 XY について点 B と対称な点を B′ とし，直
線 AB′ と XY との交点を P とすると，
　　　　AP＋PB＝AP＋PB′＝AB′
線分 XY 上の点 P 以外の点を Q とすると，
　　　　AQ＋QB＝AQ＋QB′
△AQB′ で，2 辺の長さの和は他の 1 辺の長さより大き
いから（→4 章の研究, p.93），AB′＜AQ＋QB′
よって，AP＋PB＜AQ＋QB
ゆえに，P は線分の長さの和を最小にする点である。

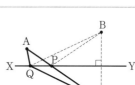

解答 ①　点 B を通り直線 XY に垂直な直線をひき，XY
との交点を C とする。
②　線分 BC の延長上に点 B′ を，B′C＝BC となる
ようにとる。
③　点 A と B′ を結び，直線 XY との交点を P とする。

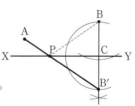

注 点 P は，∠APX＝∠BPY となる点でもある。
∠APX＝180°－∠B′PX，∠B′PY＝180°－∠B′PX より，
　　∠APX＝∠B′PY（**対頂角が等しい**という）
∠BPY＝∠B′PY であるから，∠APX＝∠BPY

||||||進んだ問題||||||

55. 右の図で，半直線 OA 上に点 Q，半直線 OB 上に点
R をとるとき，線分の長さの和 PQ＋QR＋RP を最小
にする点 Q，R を作図する方法を述べよ。

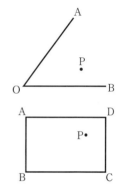

56. 右の図の長方形 ABCD で，辺 BC 上に点 Q，辺 CD
上に点 R をとるとき，線分の長さの和 AQ＋QR＋RP
を最小にする点 Q，R を作図する方法を述べよ。

22

1章の問題

1 次の図で，すべての円の半径が4cmのとき，太線部分の長さを求めよ。

(1)

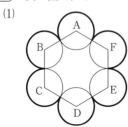

正六角形 ABCDEF

(2)

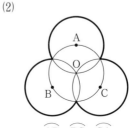

$\overarc{AB} = \overarc{BC} = \overarc{CA}$

2 右の図の △ABC で，円 O は 3 辺 AB，BC，CA に接している。このとき，円 O の半径を求めよ。

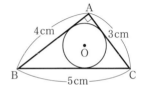

3 右の図のように，O を中心とする 2 つの円があり，その半径はそれぞれ 7cm と 3cm である。BD は小さい円の直径で，∠ABO＝∠CDO＝90° である。このとき，影の部分の面積を求めよ。
（中心が同じである 2 つの円を同心円という）

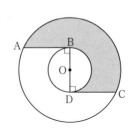

4 右の図のように，3 つの正方形と 2 つの円があり，たがいに接している。このとき，正方形 ABCD と正方形 EFGH の面積の比を求めよ。

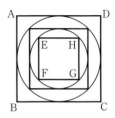

5 右の図で，5点 A，B，C，D，E は直線 ℓ 上に等間隔に並んでいる。直線 ℓ の上側の半円の面積の和を P，下側の半円の面積の和を Q とするとき，$P:Q$ を求めよ。

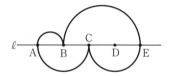

6 右の図で，$\overset{\frown}{AB}$ を直線 ℓ で折り返してできる弧を作図せよ。

7 右の図のように，∠A＝50°，∠AOC＝115°，OC＝5cm の四角形 OABC を，O を中心として時計まわりに a° 回転移動したものを四角形 ODEF とする。ただし，$0<a\leqq180$ とする。

(1) $a=60$ のとき，線分 CF の長さを求めよ。

(2) 四角形 OABC と四角形 ODEF の関係が次のようなとき，a の値を求めよ。

   (i) 3点 C，O，D が一直線上にある。

   (ii) 頂点 A が辺 DE 上にある。

8 右の図で，長方形 ABCD の辺 AB について点 P を対称移動した点を Q，辺 BC について P を対称移動した点を R，辺 CD について P を対称移動した点を S，辺 DA について P を対称移動した点を T とする。

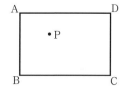

(1) 4点 Q，R，S，T をそれぞれ作図せよ。

(2) ∠TAQ＝180° であることを説明せよ。

(3) 四角形 QRST の面積は長方形 ABCD の面積の何倍か。

9 右の図の直線 ℓ からの距離が 2cm で，点 A からの距離が 6cm であるような点はいくつあるか。次のそれぞれの場合について答えよ。

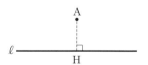

(1) AH＝3cm   (2) AH＝4cm

(3) AH＝5cm   (4) AH＝8cm

⑩ 右の図の四分円で，$\overset{\frown}{AR}=\overset{\frown}{RS}=\overset{\frown}{SB}$，
OB // PS // QR のとき，影の部分の面積を求めよ。

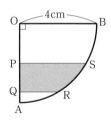

⑪ 右の図のように，線分 AB と直線 ℓ がある。直線 ℓ 上に点 P をとり，線分 AP の延長と線分 BP とのつくる角の二等分線が ℓ となるようにしたい。点 P を作図する方法を述べよ。

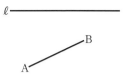

⑫ AB＝4cm，BC＝3cm，AC＝5cm の長方形 ABCD を，次の図のように直線 ℓ 上に置き，矢印の向きにすべることなく辺 BC がふたたび直線 ℓ 上にくるまで回転させる。このとき，頂点 A がえがく曲線の長さを求めよ。

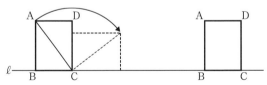

⑬ 右の図のように，縦 10cm，横 30cm の長方形の板を，線分 PQ で折り曲げて水平面上に立てると，1辺 10cm の正方形 ABPQ と，縦 10cm，横 20cm の長方形 QPCD に分かれた。図の点 P に長さ 20cm のひもの端を結びつけ，他の端にチョークをつけて，水平面上および板の表裏にぬることができるすべての部分にチョークをぬっていくとき，次の問いに答えよ。ただし，チョークの長さと板の厚みは考えないものとする。

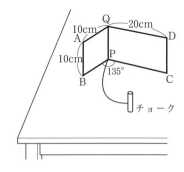

(1) 水平面上でぬることができる部分の面積を求めよ。

(2) 板の表裏でぬることができる部分の面積を求めよ。

空間図形

1… 空間の直線・平面

1 **平面の決定** 次の点や直線が指定されたとき，それらをふくむ平面は ただ 1 つに定まる。
(1) 1 つの直線上にない 3 点 　(2) 1 つの直線とその上にない 1 点
(3) 交わる 2 直線 　(4) 平行な 2 直線

2 **直線と直線**
(1) **2 直線の位置関係**

① 直線 ℓ と m は **交わる。**　② 直線 ℓ と m は **平行**である。($\ell /\!/ m$)　③ 直線 ℓ と m は**ねじ れの位置**にある。

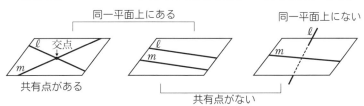

注 同時に 2 つの直線上にある点を，2 直線の**共有点**という。

(2) **ねじれの位置にある 2 直線のつくる角**
2 直線 ℓ, m がねじれの位置にあるとき， 右の図のように，ℓ 上に 1 点 O をとり，O を通り m に平行な直線 m' をひく。2 直線 ℓ と m' のつくる角を，**ねじれの位置にある 2 直線 ℓ と m のつくる角**という。とくに，この角が直角のとき，2 直 線 ℓ, m は**垂直**であるといい，$\ell \perp m$ で表す。

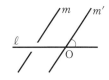

(3) 3 直線 ℓ, m, n があって，$\ell /\!/ m$ かつ $\ell /\!/ n$ ならば $m /\!/ n$ である。

3 **平面と平面**

(1) **2平面の位置関係**

① 平面PとQは**交わる**。

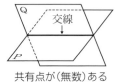

② 平面PとQは**平行**である。

共有点が(無数)ある 　　　　　　共有点がない

注 平面P, Qが交わるときにできる共通の直線を, 平面P, Qの**交線**という。

(2) **2平面のつくる角**　2つの平面P, Qの交線
ℓ 上の点Oを通り, P, Q上にそれぞれℓの
垂線OA, OBをひくとき, ∠AOBを**2平面
PとQのつくる角**という。とくに, この角が
直角のとき, 平面PとQは**垂直**であるという。

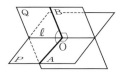

(3) 3平面P, Q, Rがあって, P∥Qかつ P∥R ならば Q∥R である。

注 平面PとQが平行であることを P∥Q, 垂直であることを P⊥Q で表す。

4 **直線と平面**

(1) **直線と平面の位置関係**

① 直線ℓと平面P
は1点で**交わる**。

② 直線ℓは**平面P
上**にある。

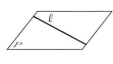

③ 直線ℓと平面P
は**平行**である。

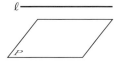

共有点が(1つ)ある 　　共有点が(無数)ある 　　共有点がない

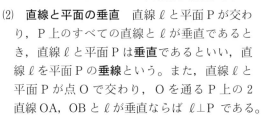

(2) **直線と平面の垂直**　直線ℓと平面Pが交わ
り, P上のすべての直線とℓが垂直であると
き, 直線ℓと平面Pは**垂直**であるといい, 直
線ℓを平面Pの**垂線**という。また, 直線ℓと
平面Pが点Oで交わり, Oを通るP上の2
直線OA, OBとℓが垂直ならば ℓ⊥P である。

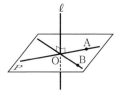

注 直線ℓと平面Pが平行であることを ℓ∥P, 垂直であることを ℓ⊥P で表す。

◯ **基本問題** ◯

1. 空間で，次の直線や平面が 1 つだけあるときは○，無数にあるときは△，1
つもないときは×をかけ。
(1) 1 点を通る直線
(2) 異なる 2 点を通る直線
(3) 1 つの直線とその直線上にない 1 点をふくむ平面
(4) 1 つの直線をふくむ平面
(5) 交わる 2 直線をふくむ平面
(6) 平行な 2 直線をふくむ平面
(7) ねじれの位置にある 2 直線をふくむ平面
(8) どの 2 直線も異なる点で交わっている 3 つの直線をふくむ平面

2. 次のときに，異なる 3 点 A，B，C を通る平面はいくつあるか。
(1) 3 点 A，B，C が一直線上にないとき
(2) 3 点 A，B，C が一直線上にあるとき

3. 空間で，次の(ア)～(ウ)のうち，直線や平面がつねに平行であるものをすべて答
えよ。
(ア) 共有点をもたない 2 直線
(イ) 共有点をもたない 2 平面
(ウ) 共有点をもたない直線と平面

4. 右の図の三角柱 ABC–DEF について，次のような
辺や面をすべて答えよ。
(1) 辺 AD と平行な辺
(2) 辺 AD と垂直な辺
(3) 辺 AD とねじれの位置にある辺
(4) 辺 AD と平行な面
(5) 辺 AD と垂直な面
(6) 面 ABC と平行な面
(7) 面 ABC と垂直な面
(8) 面 ABC と平行な辺
(9) 面 ABC と垂直な辺
(10) 面 ABC と面 ADFC との交線となる辺

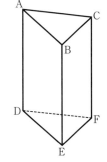

●**例題1**● 右の図の立方体 ABCD–EFGH について，
次の問いに答えよ。

(1) 辺 AB が面 AEHD に垂直である理由をいえ。

(2) 辺 AB と垂直な辺をすべて答えよ。

(3) 辺 AB と 線分 DG のつくる角の大きさを求め
よ。

(4) 面 ABCD と面 AFGD のつくる角の大きさを求めよ。

(5) 「1つの直線に垂直な2直線は平行である」ことが成り立たない例を，
立方体 ABCD–EFGH の辺を使って示せ。

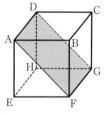

(解説) (1) 直線 ℓ と平面 P が交わっていて，ℓ と P との交点を通る P 上の2つの直線と ℓ
が垂直ならば，ℓ と P は垂直である。

(2) 2直線 ℓ，m がねじれの位置にあっても，そのつくる角が $90°$ であれば2直線 ℓ，m
は垂直である。

(3) 直線 AB と DG について，2直線はねじれの位置にあるので，AF∥DG から直線
AB と AF のつくる角を考える。

(4) AB⊥AD，AF⊥AD であるから，2平面 ABCD と AFGD のつくる角は ∠BAF で
ある。

(5) 3直線 a，b，c について，$a⊥b$，$a⊥c$ であっても $b∥c$ とはかぎらない。

(解答) (1) 四角形 AEFB，ABCD は正方形であるから ∠BAE＝∠BAD＝$90°$
よって，直線 AB は2直線 AE，AD に垂直である。
ゆえに，辺 AB は面 AEHD に垂直である。

(2) 辺 AD，AE，BC，BF，CG，FG，DH，EH

(3) AF∥DG より，直線 AB と DG のつくる角は，直線 AB と AF のつくる角に
等しい。
△BAF は ∠B＝$90°$ の直角二等辺三角形であるから ∠BAF＝$45°$
ゆえに，辺 AB と線分 DG のつくる角の大きさは $45°$ である。

（答） $45°$

(4) 正方形 ABCD，長方形 AFGD の共通の辺 AD は，2辺 AB，AF のどちらに
も垂直であるから，∠BAF が2平面 ABCD と AFGD のつくる角である。
△BAF は ∠B＝$90°$ の直角二等辺三角形であるから ∠BAF＝$45°$
ゆえに，面 ABCD と面 AFGD のつくる角の大きさは $45°$ である。

（答） $45°$

(5) たとえば，AB⊥BC，AB⊥AE であるが，辺 BC と AE は平行ではない。
（ねじれの位置にある）

演習問題

5. 右の図の立方体 ABCD-EFGH について，次の問い
に答えよ。

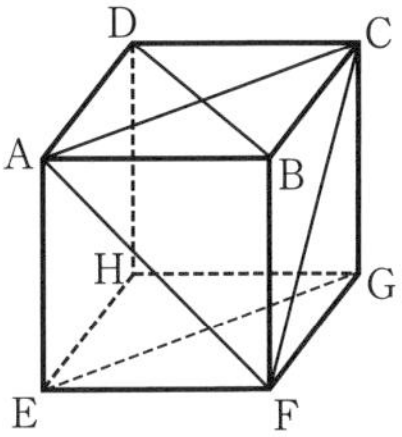

(1) 直線 AC とねじれの位置にある辺はいくつあるか。

(2) 3直線 AC，AF，CF のすべてとねじれの位置に
ある辺をすべて答えよ。

(3) 次の直線や平面がつくる角の大きさを求めよ。

  (i) 2直線 AC，AF

  (ii) 2平面 ABCD，AEGC

  (iii) 直線 BD と平面 AEGC

(4) 次の2直線や2平面で，つねに平行であるものには○を，平行とはかぎら
ないものは，その例を立方体 ABCD-EFGH の辺や面を使って示せ。

  (i) 1つの直線に平行な2直線　　(ii) 1つの平面に平行な2直線

  (iii) 1つの平面に垂直な2直線　　(iv) 1つの平面に平行な2平面

  (v) 1つの平面に垂直な2平面　　(vi) 1つの直線に平行な2平面

  (vii) 1つの直線に垂直な2平面

6. 空間で，異なる3平面 P，Q，R がある。3平面が次の位置関係にあるとき，
表の空らんに平面どうしの交線の数と3平面によって分けられる空間の部分の
数を入れよ。

	3平面の位置関係	交線の数	空間を分ける数
(1)	P∥Q∥R		
(2)	P∥Q で，R は P，Q と交わる		
(3)	P，Q，R は2つずつがたがいに交わり，その交線がすべて平行である		
(4)	P，Q，R は1直線で交わる		
(5)	P，Q，R は1点のみを共有する		

7. 空間で，平面 P と直線 ℓ が平行であるとき，次のことがらはつねに正しいか。
正しくないものは，その例を図で示せ。

(1) 直線 ℓ をふくむ平面を Q とすると，P∥Q である。

(2) 直線 ℓ と平面 Q が垂直ならば，P⊥Q である。

(3) 平面 P にふくまれる直線を m とすると，$\ell∥m$ である。

進んだ問題の解法 ||||||||||||||||||||||||||||||||||||||||||||||||||||||

> |||||| **問題1**　空間で，平面 P に垂直な直線 AB
> をふくむ平面を Q とすると，2 つの平面 P
> と Q は垂直であることを説明せよ。ただし，
> B は平面 P と直線 AB との交点とする。

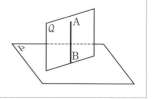

解法　2 平面 P，Q のつくる角は，P，Q の交線上の点 B を通り P，Q 上にそれぞれ交線
の垂線 BC，AB をひいたときの ∠ABC である。

解答　平面 P と Q との交線を ℓ とする。

AB⊥P より　AB⊥ℓ
平面 P 上に，点 B を通り直線 ℓ に垂直な直線 BC
をひくと　　　BC⊥ℓ
よって，2 平面 P，Q のつくる角は ∠ABC である。
AB⊥P より　AB⊥BC
ゆえに，2 つの平面 P と Q は垂直である。

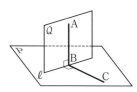

|||||| **進んだ問題** ||||||

8. 「空間で，同一平面上にあり，共有点をもたない 2
つの直線は平行である」ことを利用して，次のこと
がらが正しいことを説明せよ。

(1)　空間で，直線 ℓ と平面 P が平行で，ℓ をふくむ
平面 Q と P との交線を m とするとき，$\ell \mathbin{/\mkern-5mu/} m$ で
ある。

(2)　空間に 3 平面 P，Q，R があり，P と R，Q と
R の交線をそれぞれ ℓ，m とする。P$\mathbin{/\mkern-5mu/}$Q のとき，
$\ell \mathbin{/\mkern-5mu/} m$ である。

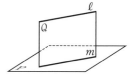

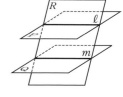

9. 空間で，1 点 O から交わる 2 平面 P，Q に垂線を
ひき，その交点をそれぞれ A，B とする。平面 P
と Q との交線を ℓ とすると，$\ell \perp$AB であることを
説明せよ。

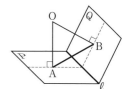

2… 柱体とすい体

① 角柱・円柱

(1) 角柱・円柱のつくり方

① **図形の移動** 図形をその図形の面と垂直な方向に移動させる。

図形が多角形のときは**角柱**，円のときは**円柱**となる。

② **線分の移動** 点Pを，ある図形の周にそって1まわりさせるとき，線分 PQ を図形の面に垂直に移動させる。

図形が多角形のときは**角柱**，円のときは**円柱**となる。このとき，1つ1つの線分 PQ を，角柱や円柱の**母線**という。

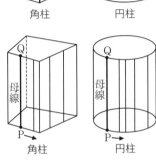

角柱　　　円柱

角柱　　　円柱

(注) 底面が正多角形で，側面がすべて合同な長方形である角柱を**正三角柱**，**正四角柱**，…という。

(2) 表面積

$$（表面積）＝（底面積）×2＋（側面積）$$

とくに，底面の半径 r，高さ h の円柱の表面積を S とすると，

$$S＝2\pi r^2＋2\pi rh$$

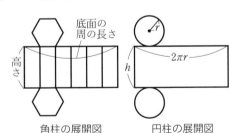

角柱の展開図　　　円柱の展開図

(3) 体積

底面積 S，高さ h の角柱・円柱の体積を V とすると，

$$V＝Sh$$

とくに，底面の半径 r，高さ h の円柱の体積を V とすると，

$$V＝\pi r^2 h$$

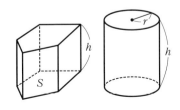

2　**角すい・円すい**

(1)　**角すい・円すいのつくり方**

　線分の移動　点Pを，ある図形の周にそって1まわりさせるとき，定点OとPを結ぶ線分OPを移動させる。

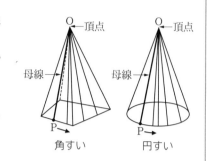

角すい　　　　円すい

　図形が多角形のときは**角すい**，円のときは**円すい**となる。このとき，1つ1つの線分OPを，角すいや円すいの**母線**といい，定点Oを，角すいや円すいの**頂点**という。

注 底面が正多角形で，側面がすべて合同な二等辺三角形である角すいを**正三角すい**，**正四角すい**，…という。

(2)　**表面積**

$$（表面積）＝（底面積）＋（側面積）$$

　とくに，底面の半径 r，母線の長さ d の円すいの表面積を S とすると，

$$S＝\pi r^2＋\pi rd$$

$$\left(＝\pi r^2＋\pi d^2\times\frac{2\pi r}{2\pi d}\right)$$

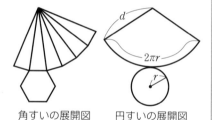

角すいの展開図　　円すいの展開図

注 半径 r，弧の長さ ℓ のおうぎ形の面積は，$S＝\dfrac{1}{2}\ell r$ である。

(3)　**体積**

　底面積 S，高さ h の角すい・円すいの体積を V とすると，

$$V＝\frac{1}{3}Sh$$

　とくに，底面の半径 r，高さ h の円すいの体積を V とすると，

$$V＝\frac{1}{3}\pi r^2h$$

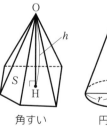

角すい　　　　円すい

注 線分OHの長さを，点Oと底面との距離ということもある。

3 **回転体**

(1) **回転体** 平面図形を，1つの直線（回転軸）を軸として1回転させるとき，その図形の動いたあとにできる立体を**回転体**という。

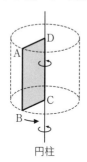 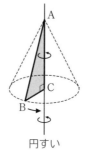 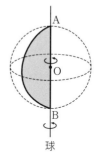

円柱	円すい	球
長方形 ABCD を，DC を軸として1回転させる。	∠C＝90° の直角三角形 ABC を，AC を軸として1回転させる。	直径 AB の半円を，AB を軸として1回転させる。

(2) **球** 半径 r の球の表面積を S，体積を V とすると，

① **表面積** $S = 4\pi r^2$　　② **体積** $V = \dfrac{4}{3}\pi r^3$

4 **立体の平面への表し方**

(1) **見取図** 立体をわかりやすく，平面に表した図を**見取図**という。

(2) **投影図** 立体を1つの方向から見て，平面に表した図を**投影図**という。正面から見たものを**立面図**，真上から見たものを**平面図**，真横から見たものを**側面図**という。

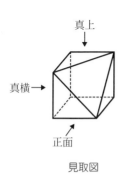

見取図

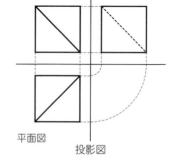

投影図

注 立体の見えない部分を表す線を，破線（------）で表すこととする。

基本問題

10. 次の性質をもつ立体を，(ア)〜(キ)から選べ。
(1) 平面だけで囲まれている　　(2) 曲面と平面で囲まれている
(3) 曲面だけで囲まれている　　(4) 平行な面をもつ
(5) 頂点がない　　　　　　　　(6) 回転体である
　(ア) 円柱　　　(イ) 円すい　　(ウ) 球　　　(エ) 直方体
　(オ) 五角柱　　(カ) 三角すい　(キ) 四角すい

11. 底面が1辺2cmの正方形で，高さが5cmの正四角すいがある。この正四角すいの体積を求めよ。

12. 次の立体の表面積と体積を求めよ。
(1) 底面の半径2cm，高さ5cmの円柱
(2) 底面が1辺3cmの正方形，高さ5cmの正四角柱
(3) 底面の半径3cm，高さ4cm，母線の長さ5cmの円すい
(4) 半径3cmの球

13. 右の図は，Oを中心とする半径6cmの球の一部である。この立体の表面積と体積を求めよ。

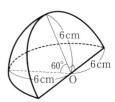

14. 右の図は，ある立体の展開図である。
(1) この展開図を組み立ててできる立体の名前を答えよ。
(2) $\overset{\frown}{AB}$ の長さを求めよ。
(3) 線分OAの長さを求めよ。

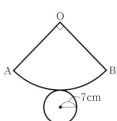

15. 底面の半径が2cm，母線の長さが9cmの円すいがある。この円すいの側面の展開図であるおうぎ形の中心角の大きさを求めよ。

16. 右の投影図で表される立体の名前を答えよ。また，側面図をかけ。

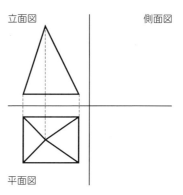

●**例題2**● 右の図のように，AB＝3cm，AC＝4cm，∠A＝90°の △ABC と，頂点 B を通り辺 AC に平行な直線 ℓ がある。△ABC を，直線 ℓ を軸として1回転させてできる立体の体積を求めよ。

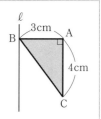

解説 頂点 C を通り直線 ℓ に垂直な直線と，ℓ との交点を H とする。長方形 BHCA，直角三角形 BHC を，直線 ℓ を軸として1回転させると，それぞれ円柱，円すいになる。

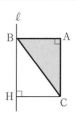

解答 右の図の円柱の体積から円すいの体積をひいたものが求める立体の体積である。

ゆえに $\pi \times 3^2 \times 4 - \dfrac{1}{3}\pi \times 3^2 \times 4 = 24\pi$

（答） $24\pi\,\text{cm}^3$

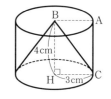

演習問題

17. 底面の直径が 8cm，高さが 10cm の円柱形の容器に，水がいっぱいに満たされている。この容器の中に直径 6cm の球をゆっくり沈めて，ゆっくり取り出した。容器の中に残った水の高さを求めよ。

18. 右の図のように，底面の半
径が 4cm，高さが 5cm の円柱
形の容器 A と，底面の半径が
5cm，高さが 6cm の円すい形
を逆さにした容器 B がある。

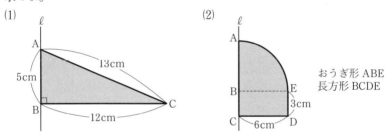

(1) 容器 A を水でいっぱいに
満たしたときの水の体積を求めよ。

(2) (1)の水を使って容器 B をいっぱいに満たしたとき，容器 A に残った水の
高さを求めよ。

19. 次の図形を，直線 ℓ を軸として 1 回転させてできる立体の表面積と体積を
求めよ。

(1)

(2)

おうぎ形 ABE
長方形 BCDE

20. 右の図の △ABC を，辺 AB を軸として 1 回転させてでき
る立体の体積を求めよ。

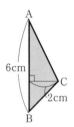

21. 右の図の四角形 ABCD を，直
線 ℓ を軸として 1 回転させてで
きる立体の表面積と体積を求めよ。

(1)

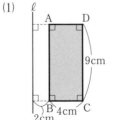

(2)

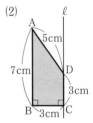

22. 右の図のように，長方形 ABCD と EA＝ED の
二等辺三角形 EAD を合わせた五角形 ABCDE を，
直線 ℓ を軸として1回転させてできる立体の体積
を求めよ。

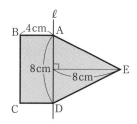

●**例題3**● 右の図は，直方体の展開図である。
各面にはそれぞれ1本の対角線がひいてある。
この展開図から立体をつくるとき，次の問い
に答えよ。

(1) 点 A と重なる点はどれか。

(2) ㋑〜㋕のうち，㋐と平行な面はどれか。

(3) ㋑〜㋕のうち，㋐と垂直な面はどれか。

(4) 図にひいてある各面の対角線で，平行な対角線はどれとどれか。

(5) 対角線 BC と DF はどのような位置関係にあるか。

解説 展開図を組み立ててできる直方体の見取図をかいて，重なる辺や点に注意する。面
ABDC は面 JKGF と平行で，面 BKGD，DGFC，AJFC，BKJA とそれぞれ垂直である。
また，対角線 BC と DF は同一平面上にない。

解答 展開図を組み立てると，右の図のような直方体に
なる。

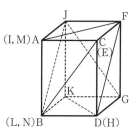

(1) 点 I，M

(2) ㋒

(3) ㋑，㋓，㋐，㋕

(4) 対角線 DF と NJ

(5) ねじれの位置

演習問題

23. 右の図は，立方体の展開図である。この展開図か
ら立体をつくるとき，㋐〜㋕のうち，辺 AB と垂直
な面はどれか。

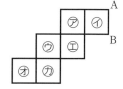

24. 図1の立方体の展開図と
同じになるように，図2の立
方体の展開図に線をかき入れ
よ。

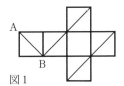

図1

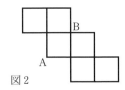

図2

25. 次の図は，角すいの展開図の一部である。不足している面を，CDを1辺
として作図し，展開図を完成せよ。

(1) 正四角すい

(2) 三角すい

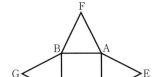

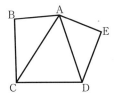

26. 右の図の円すいの底面の直径をABとする。母線
OB上に点Pをとり，円すいの側面を点AからPへ，
点PからAへと，長さが最短になるように糸を巻く。
このとき，線分OPの長さを求めよ。

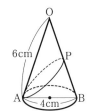

27. 右の図の正四角すいO-ABCDを，次の4つの
辺を切ってひろげたときの展開図をかけ。

(1) 辺OA，OB，OC，OD

(2) 辺OA，OB，AD，BC

(3) 辺OA，OC，AB，AD

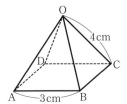

28. 右の図のように，底面の半径が2cmの円す
いを，Oを中心として平面上で転がしたところ，
2回半回転してもとの位置にもどった。

(1) 円すいの母線の長さを求めよ。

(2) 円すいの表面積を求めよ。

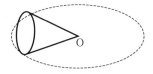

29. 図1のように，底面の半径がそれぞれ5cm，3cmである2つの円すい㋐，
㋑がある。それぞれの円すいの側面の展開図を，同じ平面上で重ならないよう
にして合わせると，図2のような円ができた。このとき，円すい㋐の側面積を
求めよ。

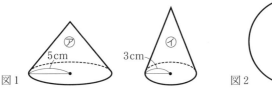

図1　　　　　　　　　　図2

30. 右の図のように，1辺の長さが4cmの正方形ABCD
の辺CD，DAの中点をそれぞれE，Fとする。3つの
線分BE，EF，FBでこの正方形を折り曲げて，三角す
いをつくる。

(1)　三角すいの体積を求めよ。

(2)　△BEFを底面としたときの三角すいの高さを求め
よ。

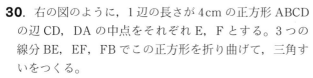

31. 右の図は，ある立体の展開図である。
図形PAQと図形RSDはおうぎ形で，
∠APQ＝∠SRD＝120°，四角形ABCDと四角
形ADEFは長方形で，M，Nはそれぞれ線分
AB，CDの中点である。AB＝8cm，AD＝3cm
として，この立体の体積を求めよ。

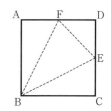

||||||**進んだ問題**||||||

32. 右の図のような三角柱ABC–DEFを，辺ADを
軸として1回転させるとき，次の問いに答えよ。

(1)　長方形BEFCが通る部分の体積を求めよ。

(2)　△AEFが通る部分の体積を求めよ。

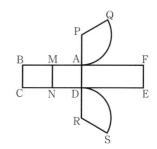

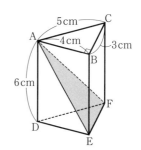

進んだ問題の解法

||||**問題2** 右の図は，線分 PQ の投影
図である。
(1) 右の図に側面図をかけ。
(2) 線分 PQ の実際の長さに等しい
線分を，右の図の立面図にかけ。

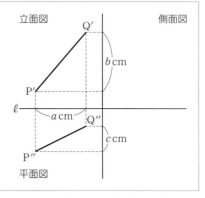

解法 (1) 立面図，平面図，側面図の同じ点を破線で結ぶ。
(2) 見取図をかくと，立面図の線分 P′Q′ は右の図の直方
体の線分 P′Q′ に，平面図の線分 P″Q″ は直方体の線分
P″Q″ に対応するから，線分 PQ は直方体の対角線
P′Q″ となる。

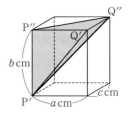

したがって，線分 PQ の実際の長さは，直角三角形
P″P′Q″ の辺 P′Q″ の長さであるから，立面図に，直角
をはさむ 2 辺の長さが，b cm と線分 P″Q″ の長さであ
る直角三角形をかく方法を考える。

解答 (1) 右の図
(2) ① 点 P″ を通り直線 ℓ に平行な
直線をひき，その上に点 R を
P″R＝P″Q″ となるようにとる。
② 点 R を通り直線 P″R に垂直な
直線と，点 Q′ を通り直線 ℓ に平
行な直線との交点を S とする。
③ 点 P′ と S を結ぶ。
線分 P′S が線分 PQ の実際の長
さに等しい線分である。
（答） 右の図

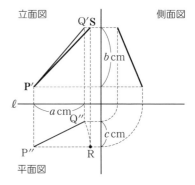

||||| **進んだ問題** |||||

33. 次の投影図に側面図をかけ。

(1)　立面図　　　　　　　　側面図　　(2)　立面図　　　　　　　　側面図

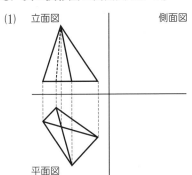

平面図　　　　　　　　　　　　　　平面図

34. 次の図は，線分 PQ の投影図である。次の図に側面図をかけ。また，線分 PQ の実際の長さに等しい線分を，立面図にかけ。

(1)　立面図　　　　　　　　側面図　　(2)　立面図　　　　　　　　側面図

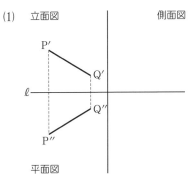

平面図　　　　　　　　　　　　　　平面図

35. 右の投影図で表される立体の体積を求めよ。

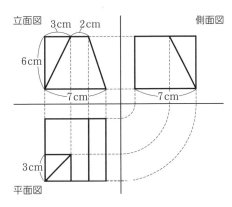

3 … 多面体

---

1 多面体

平面だけで囲まれた立体を**多面体**という。多面体の面は，三角形，四角形，五角形，…などの多角形である。多面体は，面の数によって，四面体，五面体，六面体，…という。

2 正多面体

(1) どの面も合同な正多角形で，どの頂点でも，集まる面の数（辺の数も）が等しく，へこみのない多面体を**正多面体**という。

(2) 正多面体は次の5種類しかない。

正四面体　　　　正六面体　　　　正八面体　　　　正十二面体　　　　正二十面体

基本問題

36. 正多面体について，次の問いに答えよ。

(1) 次の展開図が表す正多面体の名前を答えよ。

(i) (ii) 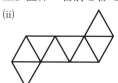 (iii)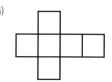

(iv) 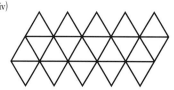 (v)

(2) 1辺の長さがすべて a cm である正四面体，正八面体，正二十面体の表面積の比を求めよ。

37. 次の問いに答えよ。

(1) 直方体，七角柱，五角すいについて，面の数，辺の数，頂点の数をそれぞ
れ求めよ。また，（頂点の数）−（辺の数）＋（面の数）をそれぞれ答えよ。

(2) 次の ☐ にあてはまる数または式を入れよ。

多面体の１つの頂点に n 個の面が集まっているとす
る。右の図のように，n 角すいを切り取ると，もとの多
面体に比べて頂点の数は ☐(ア)☐ 個，辺の数は ☐(イ)☐ 本，
面の数は ☐(ウ)☐ 個だけ増える。☐(ア)☐ − ☐(イ)☐ ＋ ☐(ウ)☐ ＝0 であるから，
切り取ったことにより増加する（頂点の数）−（辺の数）＋（面の数）の値は，
つねに0で変わらない。ゆえに，このようにしてできる多面体について
（頂点の数）−（辺の数）＋（面の数）＝ ☐(エ)☐ が成り立つ。このことを**オイラー
の多面体定理**という。

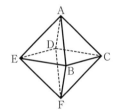

38. 右の図の正八面体について，次の問いに答えよ。

(1) 辺 AB と平行な辺はどれか。

(2) 辺 AB とねじれの位置にある辺はどれか。

(3) ∠AEF の大きさを求めよ。

(4) 面 AED と平行な面はどれか。

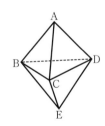

39. 大きさの同じ２つの正四面体を，右の図のようにつ
なげると，どの面も合同な正三角形である六面体ができ
る。しかし，これは正六面体とはいえない。その理由を
いえ。

●**例題4**● 正十二面体の辺の数と頂点の数を求めよ。

(解説) 正十二面体の各面は正五角形で，各頂点には3つの面が集まる。

(解答) 12個の正五角形の辺の総数は 5×12＝60
各面の辺が2本ずつ重なっているから，正十二面体の辺の数は 60÷2＝30
また，12個の正五角形の頂点の総数は 5×12＝60
各面の頂点が3つずつ重なっているから，正十二面体の頂点の数は 60÷3＝20
（答） 辺の数 30，頂点の数 20

演習問題

40. 5種類の正多面体について，次の表の空らんをうめよ。

	正四面体	正六面体	正八面体	正十二面体	正二十面体
面の形					
1つの頂点に集まる面の数					
辺の数					
頂点の数					

41. 正多面体について，次の問いに答えよ。
(1) 次の ☐ にあてはまる数，式または語句を入れよ。

正三角形，正方形，正五角形，正六角形の1つの角の大きさはそれぞれ，
☐(ア)☐°，☐(イ)☐°，108°，☐(ウ)☐°で，辺の数が多くなると正多角形の1つ
の角はさらに大きくなる。正多面体の面の形を考えてみよう。正多角形の1
つの角の大きさをx°とすると，正多面体の1つの頂点には少なくとも3つ
の面が集まるから，☐(エ)☐°は360°より小さい。ゆえに，x°は☐(オ)☐°未満
であるから，正多面体の面の形は☐(カ)☐，☐(キ)☐，☐(ク)☐以外にはない。

(2) 正多面体について，面の形が正三角形となるものは3つあるが，面の形が
正方形，正五角形となるものはそれぞれ1つずつしかない。その理由をいえ。

42. 正八面体の各面に，1から8までの数字を1つず
つ書いて，さいころをつくり，平行な面に書かれた数
字の和が9になるようにしたい。5から8の数字を右
の展開図に書き入れよ。

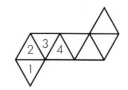

43. 右の図のように，1辺の長さが4cmの正六面体
ABCD–EFGH がある。
(1) 正六面体 ABCD–EFGH の各面の対角線の交点を結
んでできる立体の体積を求めよ。
(2) 正六面体 ABCD–EFGH の頂点から頂点 A をふくむ
4つの頂点を選び，それらを結んで正四面体をつくる。
(i) 頂点 A 以外の3つの頂点をすべて答えよ。
(ii) この正四面体の体積を求めよ。

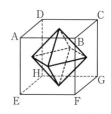

44. 右の図のように，正四面体の各辺の中点を結んで
できる立体がある。この立体と，もとの正四面体の表
面積の比を求めよ。

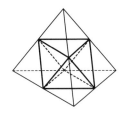

●**例題5**● 正二十面体の1つの頂点に集まる5本の
辺の3等分点のうち，頂点に近いほうの点を結んで
できる正五角形をふくむ平面で正二十面体を切り，
その頂点のあるほうを取り除く。正二十面体のすべ
ての頂点について同じことを行い，できた多面体に
ついて，次の問いに答えよ。

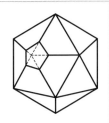

(1) 面の数を求めよ。
(2) 辺の数を求めよ。
(3) 頂点の数を求めよ。

解説 右の図のように，できた多面体は，どの頂点にも正六角形
2つと正五角形1つが集まり，同じ状態になっている。

解答 (1) 正二十面体の20個の正三角形の面の形が正六角形にな
るから，正六角形の数は20個である。また，12個の頂
点の各部分に，1つずつ正五角形ができる。
ゆえに，正六角形が20個，正五角形が12個であるから
20＋12＝32 　　　　　　　　　　　　　　　　　　（答）32

(2) 正二十面体の30本の辺は残り，12個の頂点に，それぞれ5本ずつ辺が増える
から　30＋5×12＝90 　　　　　　　　　　　　　　（答）90

(3) 正二十面体には12個の頂点がある。1つの頂点について考えると，もとの頂
点がなくなり，新しい5個の頂点ができるから
5×12＝60 　　　　　　　　　　　　　　　　　　　（答）60

注 次の条件を満たし，へこみのない多面体を準正多面体という。
(i) すべての面が正多角形でできている。
(ii) それらの面がどの頂点の周りにも同じように集まっている。

注 この問題の準正多面体は，切頂二十面体とよばれることもあり，
球状にふくらませるとサッカーボールのようになる。

演習問題

45. 次の問いに答えよ。

(1) 正四面体の1つの頂点に集まる3本の辺の3等分点のうち，頂点に近いほうの点を結んでできる正三角形をふくむ平面で正四面体を切り，その頂点のあるほうを取り除く。正四面体のすべての頂点について同じことを行う。

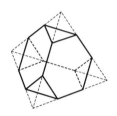

　(i) できた多面体の面，辺，頂点の数を求めよ。

　(ii) できた多面体の展開図をかけ。

(2) (1)と同様にして，正十二面体の1つの頂点に集まる辺の3等分点のうち，頂点に近いほうの点を結んでできる正多角形をふくむ平面で正十二面体を切り，その頂点のあるほうを取り除く。正十二面体のすべての頂点について同じことを行う。できた多面体の面，辺，頂点の数を求めよ。

46. 次の(ア)〜(オ)の多面体は，すべての面が正多角形でできている。

(ア) 　(イ) 　(ウ) 　(エ) 　(オ)

(1) 正多面体の1つの頂点に集まる辺の中点，または3等分点のうち，頂点に近いほうの点を結んでできる正多角形をふくむ平面で正多面体を切り，その頂点

	正四面体	正六面体	正八面体
中点			
3等分点			

のあるほうを取り除く。正多面体のすべての頂点について同じことを行うとき，できた多面体を(ア)〜(オ)から選び，右の表に書き入れよ。

(2) 次の展開図が表す多面体を，(ア)〜(オ)から選べ。

　(i) 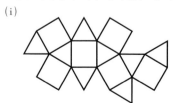　(ii)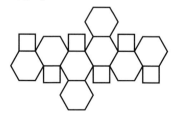

●**例題6**● 右の図の立方体 ABCD–EFGH で，辺 AD，DC の中点をそれぞれ P，Q とする。この立方体を，次の 3 点を通る平面で切るとき，切り口はどのような図形になるか。

(1) 3 点 A，Q，G

(2) 3 点 P，Q，F

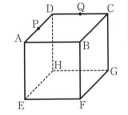

解説 多面体を切るとき，その切り口の図形は多角形になる。切り口の多角形の各辺は，多面体の面と切り口をふくむ平面との交線であるから，多角形の辺の数は多面体の面の数より多くなることはない。

3 点を通る平面が，立方体のどの辺と交わるかを考える。

(1) 3 点 A，Q，G を通る平面と平面 ABCD との交線 AQ と，3 点 A，Q，G を通る平面と平面 EFGH との交線は平行である。

(2) 3 点 P，Q，F を通る平面と平面 ABCD の交線 PQ と，平面 ABCD と平面 AEFB の交線 AB との交点を X とする。直線 XF と辺 AE との交点を R とすると，切り口をふくむ平面と平面 AEFB との交線は RF である。

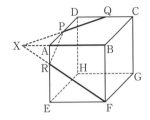

解答 (1) 3 点 A，Q，G を通る平面と辺 EF との交点を M とすると，切り口は四角形 AMGQ である。△AEM，△GFM，△GCQ，△ADQ はすべて合同な三角形であるから

AM＝GM＝GQ＝AQ

ゆえに，切り口はひし形となる。

（答） ひし形

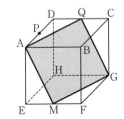

(2) 3 点 P，Q，F を通る平面と平面 ABCD の交線 PQ と，平面 ABCD と平面 AEFB の交線 AB との交点を X とする。

同様に，交線 PQ と，平面 ABCD と平面 BFGC の交線 BC との交点を Y とする。

平面 XFY と辺 AE，CG との交点をそれぞれ R，S とすると，切り口は五角形 PRFSQ である。

ゆえに，切り口は五角形となる。（答） 五角形

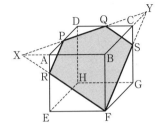

演習問題

47. 次の立方体を，3点 P，Q，R を通る平面で切るとき，切り口はどのような
図形になるか。図にかき入れよ。

(1) 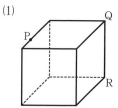 (2) 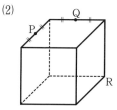 (3)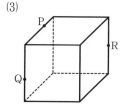

48. 次の立体を，各辺上の3点 P，Q，R を通る平面で切るとき，切り口はど
のような図形になるか。図にかき入れよ。

(1) 正四面体 (2) 正八面体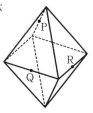

●**例題7**● 右の図のような，1辺の長さが10
cm の立方体 ABCD–EFGH の空の容器があ
り，これに水を入れたところ，水面は辺 BF
の中点と，頂点 E，H を通る平面になった。
このとき，容器に入れた水の体積を求めよ。

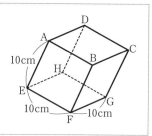

解説 水面は辺 CG の中点を通る。辺 BF，CG の中点をそれぞれ M，N とすると，水面
は長方形 EMNH である。水のはいった部分を，底面が △EFM の三角柱とみればよい。

解答 辺 BF，CG の中点をそれぞれ M，N とする。
水のはいった部分は，底面が △EFM（△HGN），
高さが FG の三角柱となる。
ゆえに，求める体積は

$$\left(\frac{1}{2} \times 5 \times 10\right) \times 10 = 250$$

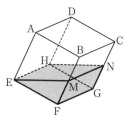

（答）　250 cm³

演習問題

49. 右の図の直方体 ABCD–EFGH を，3点 B，D，E
を通る平面で切って2つに分けるとき，頂点 A をふ
くむほうの立体の体積を求めよ。

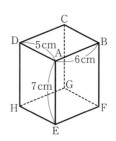

50. 右の図のように，底面が1辺4cm の正三角形で，
高さが3cm の正三角柱 ABC–DEF がある。この正三
角柱を，3点 C，D，E を通る平面で切って2つに分
けるとき，頂点 A をふくむほうの立体を P，A をふ
くまないほうの立体を Q とする。

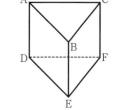

⑴ 立体 P，Q の体積の比を求めよ。

⑵ 立体 P，Q の表面積の差を求めよ。

51. 右の図の直方体 ABCD–EFGH で，AB=4cm，
AD=5cm，AE=3cm のとき，三角すい B–DEG
の体積を求めよ。

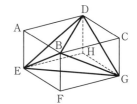

52. 右の図のように，すべての辺の長さが等しい
正四角すい O–ABCD がある。辺 OC，OD の中
点をそれぞれ P，Q とするとき，立体 O–PQAB
と正四角すい O–ABCD の体積の比を求めよ。

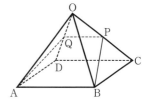

53. 右の図のように，直方体 ABCD–EFGH があり，
AB=7cm，AD=5cm，AE=4cm である。辺 CD
上に点 P をとり，この直方体を，3点 P，B，H を
通る平面で切って2つに分ける。切り口 PHQB の
周の長さが最小になるとき，次の問いに答えよ。

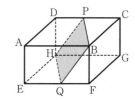

⑴ 線分 DP の長さを求めよ。

⑵ 2つに分けた立体のうち，頂点 A をふくむほうの立体の体積を求めよ。

進んだ問題の解法 ||||||||||||||||||||||||||||||||||||||||||||||||||||

||||**問題3** 右の図は，∠ABC＝90° の三角柱 ABC–DEF で，AB＝4cm，BC＝6cm，AD＝9cm である。また，P，Q，R はそれぞれ辺 AD，BE，CF 上の点で，AP＝4cm，BQ＝3cm，CR＝2cm である。この三角柱を，3点 P，Q，R を通る平面で切って2つに分けるとき，頂点 D をふくむほうの立体の体積を求めよ。

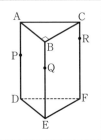

|解法| 求める立体の体積が簡単に計算できないときは，立体を切って考えてみるとよい。
この場合は，四角すい R–PDEQ と三角すい R–DEF の2つに分けて考える。

|解答| 求める立体の体積は，四角すい R–PDEQ と三角すい R–DEF の体積の和である。

四角すい R–PDEQ の体積は

$$\frac{1}{3}\times(台形\ PDEQ)\times EF = \frac{1}{3}\times\left\{\frac{1}{2}\times(5+6)\times 4\right\}\times 6 = 44$$

三角すい R–DEF の体積は

$$\frac{1}{3}\times\triangle DEF\times RF = \frac{1}{3}\times\left(\frac{1}{2}\times 4\times 6\right)\times 7 = 28$$

ゆえに，求める体積は 44＋28＝72

（答） 72cm³

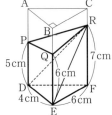

参考 （四角すい R–PDEQ）＝（四角すい F–PDEQ）$= \frac{1}{3}\times\left\{\frac{1}{2}\times(PD+QE)\times DE\right\}\times EF$

$= \frac{1}{3}\times\left(\frac{1}{2}\times DE\times EF\right)\times PD + \frac{1}{3}\times\left(\frac{1}{2}\times DE\times EF\right)\times QE = \triangle DEF\times\frac{PD+QE}{3}$

（四角すい R–PDEQ）＋（三角すい R–DEF） より，

求める体積は，$\triangle DEF\times\frac{PD+QE+RF}{3} = \left(\frac{1}{2}\times 4\times 6\right)\times\frac{5+6+7}{3} = 72$

|||||**進んだ問題** |||||

54. 右の図のように，直方体 ABCD–EFGH があり，AB＝4cm，AD＝3cm，AE＝5cm である。辺 BF 上に BP＝3cm となる点 P を，辺 CG 上に CQ＝2cm となる点 Q をとり，この直方体を，3点 P，Q，D を通る平面で切って2つに分ける。

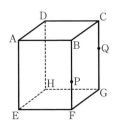

(1) 切り口はどのような図形か。

(2) 2つに分けた立体のうち，頂点 A をふくむほうの立体の体積を求めよ。

2章の問題

1 右の図の正六角柱について，次の問いに答えよ。

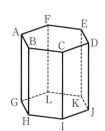

(1) 辺 AB と平行な辺はどれか。

(2) 辺 AG と垂直な面はどれか。

(3) 辺 AB と平行な面はどれか。

(4) 面 BHIC と平行な辺はどれか。

(5) 辺 AG と垂直な辺はいくつあるか。

(6) 辺 BC とねじれの位置にある辺はいくつあるか。

2 次の文は，空間における点・直線・平面の関係を述べたものである。このことがらはつねに正しいか。正しくないものはその例を図で示せ。

(1) 平面 P 上のどの 2 点を結ぶ直線もその平面上にある。

(2) 交わる 2 つの平面 P，Q がともに直線 a と平行であるとき，P と Q の交線 b は a と平行である。

(3) 垂直に交わる 2 つの平面 P，Q で，直線 a が P に平行ならば，a は Q に垂直である。

(4) 垂直に交わる 2 つの平面 P，Q で，直線 a が P に垂直ならば，a は Q に平行であるか，または Q 上にある。

(5) 3 つの直線 a，b，c で，a と b がねじれの位置にあり，b と c がねじれの位置にあるならば，a と c もねじれの位置にある。

(6) ねじれの位置にある 2 つの直線 a，b で，a をふくむ平面 P は b と平行にならない。

3 右の図のように，AB＝2cm の正八面体を，直線 ℓ を軸として 1 回転させてできる立体の体積を求めよ。

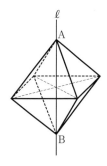

4 右の図の立方体 ABCD–
EFGH の辺 BF の中点をSと
する。この立方体を，3点 A,
S, G を通る平面で切る。

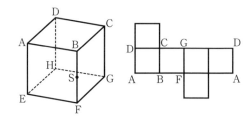

(1) 切り口はどのような四角
形か。

(2) 展開図に，切り口の四角
形の4つの辺をかき入れよ。

5 右の図のような直方体の展開図をつくる。つ
くった展開図のうちで，周の長さが最長となるの
は何 cm か。また，最短となるのは何 cm か。

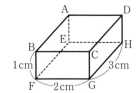

6 右の図のように，1辺の長さが 4cm
の正四面体 ABCD を水平な面に置く。辺
AB は水平面上にあり，辺 CD は水平面と
平行である。水平面に垂直に光を当てたと
きにできる正四面体 ABCD の影の面積を
求めよ。

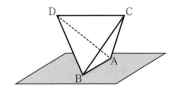

7 1辺の長さが 2cm の立方体に，縦の長さが 2cm，横の長さが 4cm の長方
形 ABCD のシールがはられている（図1）。このシールを，辺 AB が接着面に
平行で水平面に垂直にひいてはがしていく（図2）。辺 EF まではがしたら，
正方形 ABFE を EF を軸として 90°回転させ，さらに真横にまっすぐひいて
辺 CD まではがす（図3）。このとき，シールをはがし終わるまでにシールが
通過した部分の体積を求めよ。

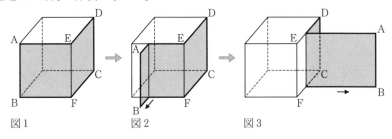

図1　　　　　　　図2　　　　　　　図3

⑧ 三角すい O–ABC の内部に点 P がある。
点 P と面 OBC, 頂点 A と面 OBC の距離の比は 3 : 17,
点 P と面 OCA, 頂点 B と面 OCA の距離の比は 5 : 17,
点 P と面 OAB, 頂点 C と面 OAB の距離の比は 7 : 17
である。三角すい P–ABC と三角すい O–ABC の体積
の比を求めよ。

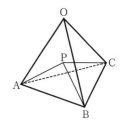

⑨ 右の図のような正四角すい O–ABCD の内
部の点 P から, 5 つの面 OAB, OBC, OCD,
ODA, ABCD にひいた垂線の長さをそれぞれ
a, b, c, d, x とする。

(1) 正四角すい O–ABCD の体積を求めよ。

(2) $a = b = c = d = x$ のとき, x の値を求めよ。

(3) $x = 1$ のとき, $a + b + c + d$ の値を求めよ。

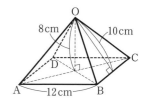

||||| **進んだ問題** |||||

⑩ 1 辺の長さが 6cm の立方体 ABCD–EFGH がある。
この立方体を, 3 点 A, F, C を通る平面と, 3 点 B,
D, E を通る平面で切るとき, 頂点 G をふくむほうの
立体の体積を求めよ。

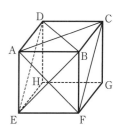

⑪ 右の図のように, 1 辺の長さが 3cm の立方体
ABCD–EFGH がある。I, J, K, L はそれぞれ辺
AB, DC, EF, HG 上の点で, AD ∥ IJ ∥ KL,
AI : IB : EK = 4 : 5 : 6 である。
　この立方体を, 線分 IJ, KL をふくむ平面で切っ
て 2 つに分けたとき, 頂点 A をふくむほうの立体
を P とする。

(1) 立体 P の体積を求めよ。

(2) 立体 P で, 辺 AD, IJ の中点をそれぞれ M, N とする。立体 P を, 線分
MN と辺 HL をふくむ平面で切って 2 つに分けるとき, 頂点 A をふくむほ
うの立体を Q とする。立体 Q の体積を求めよ。

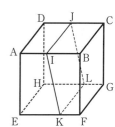

3章

図形の性質の調べ方

1… 平行線と角

1 **対頂角** 2直線が交わってできる4つの角のうち，向かい合う2つの角

(1) 対頂角は等しい。

右の図で，∠a＝∠c，∠b＝∠d

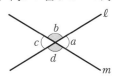

2 **同位角・錯角・同側内角**

2直線に1つの直線が交わるとき，

(1) **同位角** 右の図で，∠a と ∠e，∠b と ∠f，∠c と ∠g，∠d と ∠h のような位置関係にある2つの角

(2) **錯角** 右の図で，∠c と ∠e，∠d と ∠f のような位置関係にある2つの角

(3) **同側内角** 右の図で，∠c と ∠f，∠d と ∠e のような位置関係にある2つの角

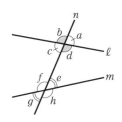

3 **平行線の性質**

平行な2直線に1つの直線が交わるとき，

(1) 同位角は等しい。

(2) 錯角は等しい。

(3) 同側内角の和は180°である。

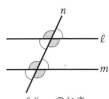

$\ell /\!/ m$ のとき

4 **平行線になるための条件**

2直線に1つの直線が交わるとき，

(1) 同位角が等しいならば，この2直線は平行である。

(2) 錯角が等しいならば，この2直線は平行である。

(3) 同側内角の和が180°であるならば，この2直線は平行である。

◯基本問題◯

1. 右の図のように，3つの直線が1点で交わるとき，
$x+y+z$ の値を求めよ。

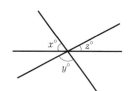

2. 右の図で，平行な2直線の組をすべて答えよ。
また，その理由をいえ。

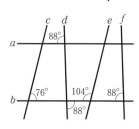

3. 次の図で，x, y, z の値を求めよ。

(1)

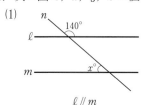

$\ell /\!/ m$

(2)

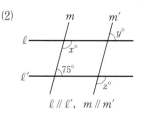

$\ell /\!/ \ell'$, $m /\!/ m'$

●**例題1**● 右の図で，$\mathrm{AB}/\!/\mathrm{CD}$ であるとき，
x の値を求めよ。

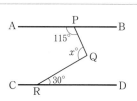

(解説) 点Qを通る直線 AB（または CD）の平行線をひく。

(解答) 右の図のように，点Qを通る直線 AB の平行線
XQ を点 A, C の側にひく。

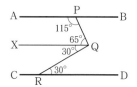

$\mathrm{AB}/\!/\mathrm{XQ}$ より　$\angle \mathrm{PQX}=180°-\angle \mathrm{APQ}$

$=180°-115°$

$=65°$（同側内角）

$\mathrm{XQ}/\!/\mathrm{CD}$ より　$\angle \mathrm{RQX}=\angle \mathrm{DRQ}=30°$（錯角）

よって　　　　$\angle \mathrm{PQR}=\angle \mathrm{PQX}+\angle \mathrm{RQX}=65°+30°=95°$

ゆえに　　　　$x=95$

（答）$x=95$

演習問題

4. 次の図で，AB∥CD であるとき，x, y の値を求めよ。

(1)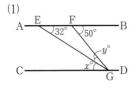

(2)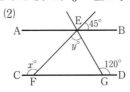

(3)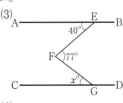

(4)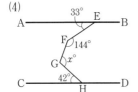

(5)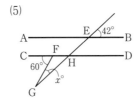

(6)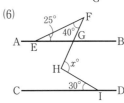

5. 右の図で，AD∥BC，AE∥DC であり，DE は ∠ADC の二等分線である。∠AED＝35° とするとき，∠ABC の大きさを求めよ。

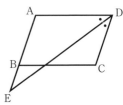

6. 右の図で，$\ell \parallel m$ であるとき，$x-y$, $a+b$ の値を求めよ。

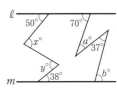

7. 右の図で，AB∥CD ならば，
$$a+b+c=x+y+z$$
であることを説明せよ。

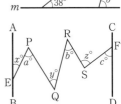

8. 右の図は，長方形 ABCD を，PQ を折り目とし，頂点 C が辺 AD 上にくるように折り返したものである。頂点 C, D を折り返したときの点をそれぞれ C′, D′ とし，∠C′QB＝70° とするとき，∠C′QP，∠D′PQ の大きさを求めよ。

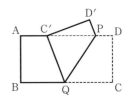

●**例題2**● 右の図で，AB∥CD であり，
∠EGD の二等分線を GF とするとき，
AB∥PQ となることを説明せよ。

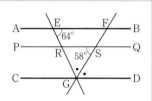

(解説) 2直線が平行であることを説明するには，次のいずれかを示せばよい。
　(i) 同位角が等しい。　(ii) 錯角が等しい。　(iii) 同側内角の和が180°である。

(解答) AB∥CD より，同側内角の和は180°であるから

$$\angle EGD = 180° - \angle GEF = 180° - 64° = 116°$$

　GF は ∠EGD の二等分線であるから

$$\angle FGD = \frac{1}{2}\angle EGD = \frac{1}{2} \times 116° = 58°$$

　AB∥CD より　　∠EFG＝∠FGD＝58°（錯角）
　∠RSG＝58° より　　∠EFG＝∠RSG
　ゆえに，同位角が等しいから　AB∥PQ

(参考) ∠PSG＝∠SGD＝58° より，錯角が等しいから，PQ∥CD
　これと AB∥CD より，AB∥PQ としてもよい。

演習問題

9．次の図で，AB∥DE であるとき，BC∥EF となることを説明せよ。

(1)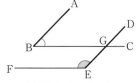

∠ABC＝∠DEF

(2)

∠ABC＋∠DEF＝180°

10．右の図で，AB∥CD であるとき，EF∥CD
となることを説明せよ。

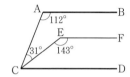

11．右の図で，AB∥CD であり，∠AEF の二等
分線を EP，∠EFD の二等分線を FQ とするとき，
EP∥QF となることを説明せよ。

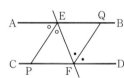

2 … 多角形の角と対角線

1 三角形の内角と外角
  (1) 三角形の内角の和は **180°**（2∠R）である。
     右の図で，$a+b+c=180$
  (2) 三角形の外角は，それと隣り
     合わない2つの内角（**内対角**）
     の和に等しい。
     右の図で，$d=a+b$

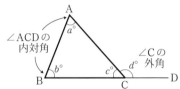

2 多角形の内角と外角
  (1) 四角形の内角の和は **360°**（4∠R）である。
  (2) n 角形の内角の和は **180°×(n−2)**（2(n−2)∠R）である。
  (3) n 角形の外角の和は，n に関係なく **360°**（4∠R）である。

3 多角形の対角線
  多角形の隣り合わない頂点を結ぶ線分を，その多角形の**対角線**という。
  n 角形の対角線の数は $\dfrac{1}{2}n(n-3)$ $\left(=\dfrac{1}{2}n^2-\dfrac{3}{2}n\right)$ である。

注 ∠R は直角（90°）を表す記号である。

基本問題

12. 次の図の △ABC で，x の値を求めよ。

(1) 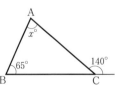　(2) 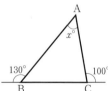　(3)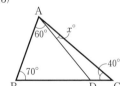

13. △ABC で，次の場合に，∠A，∠B，∠C の大きさを求めよ。
  (1) ∠A，∠B，∠C の大きさの比が 3:4:5 であるとき
  (2) ∠A，∠B，∠C の3つの外角の大きさの比が 3:4:5 であるとき
  (3) ∠B の外角，∠C の外角の大きさが，ともに ∠A の大きさの2倍であるとき

14. 次の □ にあてはまる数や式を入れよ。

(1) n 角形は 1 つの頂点から □(ア) 本ずつの対角線がひけるから，n 個の頂点から合計 □(イ) 本の対角線が出ている。ところが，1 本の対角線は，n 角形の 2 つの頂点を結んでいる。

ゆえに，n 角形の対角線の本数は □(ウ) 本である。

(2) n 角形の 1 つの頂点からひいた □(ア) 本の対角線によって，n 角形は □(エ) 個の三角形に分かれるから，n 角形の内角の和は □(オ) ∠R となる。

また，どの頂点でも内角と外角の和は □(カ) ∠R となるから，n 角形の外角の和は，□(キ) ∠R − □(オ) ∠R ＝ □(ク) ∠R である。

15. 次の多角形の内角の和，および対角線の数を求めよ。

(1) 六角形　　　　　　(2) 九角形　　　　　　(3) 十二角形

16. 次の正多角形の 1 つの内角，および外角の大きさを求めよ。

(1) 正方形　　　　　　(2) 正七角形　　　　　(3) 正十五角形

17. 次の図で，x の値を求めよ。

(1)

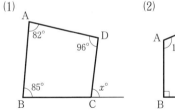

(2)

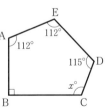

(3)

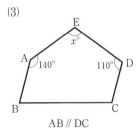

AB ∥ DC

18. 正多角形について，次の問いに答えよ。

(1) 1 つの外角の大きさが 12° の正多角形は，正何角形か。

(2) 1 つの内角の大きさが 162° の正多角形は，正何角形か。

(3) 1 つの内角と外角の比が 4：1 である正多角形は，正何角形か。

19. 次のような n 角形について，n の値を求めよ。

(1) 内角の和が 24∠R である。

(2) 対角線の数が $\frac{1}{2}n^2 - 3n + 24$ となる。

●**例題3**● 　右の図で，∠BDC の大きさを求めよ。

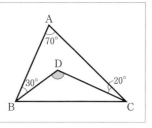

解説 　線分 BD を延長し，三角形の外角の性質を利用する方法や，△DBC，△ABC の 3
つの角の内角の和を利用する方法などがある。

解答 　線分 BD の延長と辺 AC との交点を E とする。
　　　△ABE で
　　　　　∠BEC＝∠A＋∠ABE＝70°＋30°＝100°
　　　△EDC で
　　　　　∠BDC＝∠DEC＋∠ECD＝100°＋20°＝120°
　　　　　　　　　　　　　　　　　　　（答）　120°

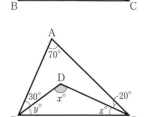

別解 　∠BDC＝x°，∠DBC＝y°，∠DCB＝z° とする。
　　　△DBC で，∠BDC＋∠DBC＋∠DCB＝180° より
　　　　　　　x°＋y°＋z°＝180° ‥‥‥‥①
　　　△ABC で，∠A＋∠B＋∠C＝180° より
　　　　　　　70°＋（30°＋y°）＋（20°＋z°）＝180°
　　　よって　　　y°＋z°＝60°　　‥‥‥‥②
　　　①，②より　x°＝180°－（y°＋z°）＝180°－60°
　　　　　　　　　　　＝120°
　　　　　　　　　　　　　　　　　　　（答）　120°

演習問題

20. 次の図 1，図 2 で，印をつけた ∠BDC を ∠x とするとき，
　　　∠x＝∠A＋∠B＋∠C であることを説明せよ。

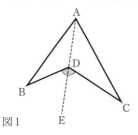

図 1

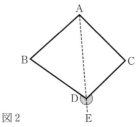

図 2

21. 次の図で，x の値を求めよ。

(1)　　　　　　　　　　(2)　　　　　　　　　　(3)

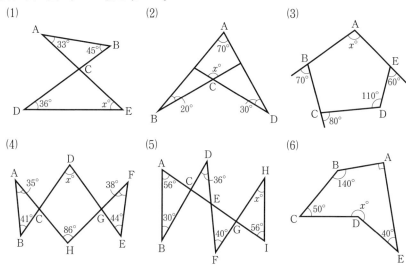

(4)　　　　　　　　　　(5)　　　　　　　　　　(6)

22. 次の図で，AB∥CD であるとき，x の値を求めよ。

(1)　　　　　　　　　　　　　　(2)

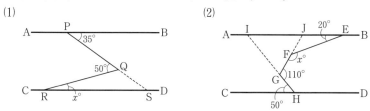

23. 次の図の △ABC で，x の値を求めよ。

(1)　　　　　　　　　(2)　　　　　　　　　(3)

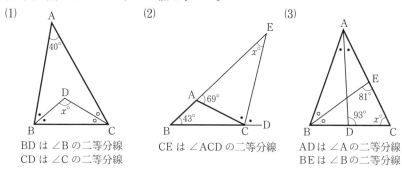

BD は ∠B の二等分線　　CE は ∠ACD の二等分線　　AD は ∠A の二等分線
CD は ∠C の二等分線　　　　　　　　　　　　　　　BE は ∠B の二等分線

24. 右の図の四角形 ABCD で，∠A＝86°，∠B＝73°，
∠ADE＝2∠EDC，∠BCE＝2∠ECD であるとき，
∠DEC の大きさを求めよ。

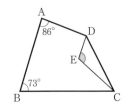

●**例題4**● 右の図で，印をつけた ∠A，∠B，∠C，
∠D，∠E，∠F，∠G，∠H の和を求めよ。

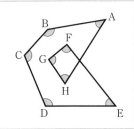

(解説) 点 A と E，点 F と H を結ぶと，求める角の和は，五角形 ABCDE と △FGH の内
角の和となる。

(解答) 点 A と E，点 F と H を結ぶ。
　　　　線分 AH と EF との交点を I とすると
　　　　　　　∠FIH＝∠AIE（対頂角）
　　　　△IFH と △IAE において，1 つの角が等しいから，
　　　　他の 2 つの角の和は等しい。
　　　　ゆえに　∠IFH＋∠IHF＝∠IAE＋∠IEA
　　　　よって，求める角の和は，五角形 ABCDE と
　　　　△FGH の内角の和となる。
　　　　ゆえに　180°×（5－2）＋180°＝720°

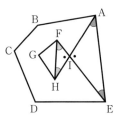

　　　　　　　　　　　　　　　　　　　　（答）　720°（8∠R）

(別解) 線分 AH と EF との交点を I とし，右の図のように，
点 J をとり，四角形 AIEJ を考えると
　　　　　　　∠FIH＝∠AIE（対頂角）
　　　　四角形 FGHI と四角形 AIEJ において，1 つの角
　　　　が等しいから，他の 3 つの角の和は等しい。
　　　　ゆえに　∠F＋∠G＋∠H＝∠IAJ＋∠AJE＋∠JEI
　　　　よって，求める角の和は，六角形 ABCDEJ の内
　　　　角の和となる。
　　　　ゆえに　180°×（6－2）＝720°

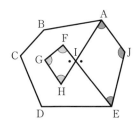

　　　　　　　　　　　　　　　　　　　　（答）　720°（8∠R）

演習問題

25. 次の図で，印をつけた角の和を求めよ。

(1)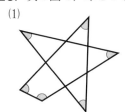

(2)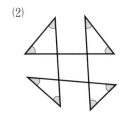

(3)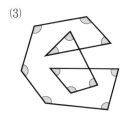

26. 右の図で，$a+b+c+d=p+q$ であることを説明せよ。

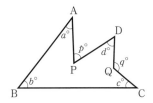

27. 次の図で，x の値を求めよ。

(1)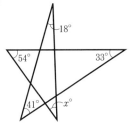

(2)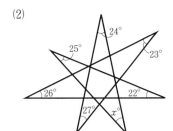

28. 右の図の影の部分のような，どの内角も鈍角である九角形がある。この九角形の1辺と，その両隣の辺の延長とで三角形をつくることを，すべての辺について行った。

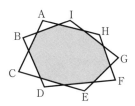

(1) ∠A，∠B，∠C，∠D，∠E，∠F，∠G，∠H，∠I の和を求めよ。

(2) 影の部分がどの内角も鈍角である n 角形のときに，同じように ∠A，∠B，∠C，… をつくる。

　　このとき，∠A，∠B，∠C，… の和を，n を使って表せ。

●**例題5**● 右の図のように，正五角形 ABCDE と正六角形 AFGHIJ のすべての頂点が円周上にあるとき，x, y, z の値を求めよ。

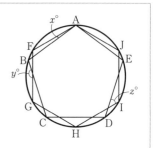

（解説）n 角形の内角の和は $180° \times (n-2)$ であるから，正 n 角形の 1 つの内角の大きさは $180° \times (n-2) \div n$ である。

（解答）正五角形の 1 つの内角は $180° \times (5-2) \div 5 = 108°$

正六角形の 1 つの内角は $180° \times (6-2) \div 6 = 120°$

この図形は，円の直径 AH を軸として線対称である。

$\angle BAF = \angle EAJ$ より $x° = \angle BAF$

$$= \frac{1}{2}(\angle JAF - \angle EAB)$$

$$= \frac{1}{2}(120° - 108°) = 6°$$

右の図で $\angle QPB = \angle FPA = 180° - \angle PAF - \angle AFP$

$$= 180° - 6° - 120° = 54°$$

$\triangle BQP$ で $y° = \angle QPB + \angle PBQ = 54° + 108° = 162°$

$\triangle GRQ$ で $z° = \angle ISE = \angle GRQ = \angle GQB - \angle QGR$

$$= 162° - 120° = 42°$$

（答）$x = 6$, $y = 162$, $z = 42$

演習問題

29. 次の図の正多角形で，x, y の値を求めよ。

(1)

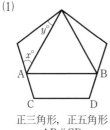

正三角形，正五角形
AB∥CD

(2)

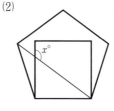

正方形，正五角形

(3)

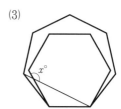

正六角形，正七角形

30. 次の図で，$\ell /\!/ m$ であるとき，x の値を求めよ。

(1)
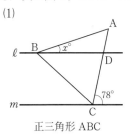
正三角形 ABC

(2)
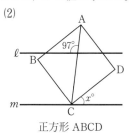
正方形 ABCD

(3)
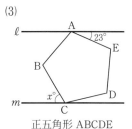
正五角形 ABCDE

31. 右の図は，1辺の長さが 2cm の正十二角形から，12個の正三角形を切り取ってできた図形である。
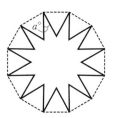
(1) a の値を求めよ。
(2) この図形の面積を求めよ。

32. 正多角形のタイルで，平面をすきまなく，しきつめることを考える。ただし，利用するそれぞれの正多角形の1辺の長さはすべて等しく，頂点は必ず他の正多角形の頂点と重なることにする。

(1) 次の ☐ にあてはまる数や式などを入れよ。
右の図のように，1種類のタイルで平面をしきつめることを考える。正 a 角形のタイルが1つの頂点に b 個ずつ集まるとする。
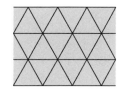
正 a 角形の1つの内角は ☐(ア)☐ °と表されるから，

☐(ア)☐$\times b=$☐(イ)☐ より，等式 $\dfrac{1}{a}+\dfrac{1}{b}=$☐(ウ)☐ ……① が成り立つ。

$a\geqq$☐(エ)☐，$b\geqq$☐(オ)☐ であるから，☐(エ)☐$\leqq a\leqq$☐(カ)☐

よって，①が成り立つ a の値は，$a=$☐(キ)☐，☐(ク)☐，☐(ケ)☐ である。

ゆえに，考えられるタイルは，正三角形，☐(コ)☐，☐(サ)☐ の3種類である。

(2) 正三角形，正方形，正六角形，正八角形，正十二角形のうち2種類のタイルで平面をしきつめる場合，1つの頂点に3個の正多角形が集まるとき，使った2種類のタイルと1つの頂点に集まるそれぞれのタイルの枚数を求めよ。

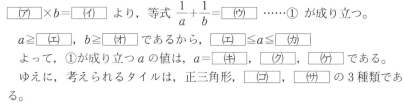

33. 右の図のように，幅 1.8 cm の紙テープを結ん
で正五角形をつくったところ，1 辺の長さが 1.9
cm，対角線の長さが 3.1 cm となった。

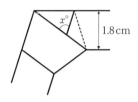

(1)　x の値を求めよ。

(2)　この紙テープの正五角形を切り取り，その正
五角形をひらくと，どのような形になるか。そ
の図形をかき，面積を求めよ。

進んだ問題の解法

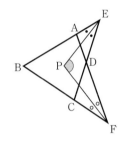

|||||問題1　右の図で，∠BEC，∠BFA の二等分線
の交点を P とするとき，

$$∠EPF＝\frac{1}{2}（∠ABC＋∠CDA）$$

であることを説明せよ。

[解法]　∠BEP＝∠PED＝$x°$，∠DFP＝∠PFB＝$y°$ とする。
また，右の図で，∠BDC＝∠A＋∠B＋∠C を利用する
と，簡単に説明できる。（→演習問題 20，p.60）

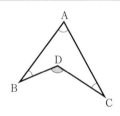

[解答]　∠BEP＝∠PED＝$x°$，∠DFP＝∠PFB＝$y°$ とする。
図形 BFPE で

$$∠EPF＝∠ABC＋∠BEP＋∠BFP$$

よって　　　∠EPF＝∠ABC＋$x°$＋$y°$ ………①

同様に，図形 PFDE で

$$∠EDF＝∠EPF＋∠PED＋∠PFD$$

よって　　　∠EDF＝∠EPF＋$x°$＋$y°$ ………②

①－②より　∠EPF－∠EDF＝∠ABC－∠EPF

　　　　　　2∠EPF＝∠ABC＋∠EDF

また　　　　∠EDF＝∠CDA（対頂角）

ゆえに　　　∠EPF＝$\frac{1}{2}$（∠ABC＋∠CDA）

||||| 進んだ問題 |||||

34. 右の図で，∠ABC，∠ADC の二等分線の交
点を E とするとき，∠DAB の大きさを求めよ。

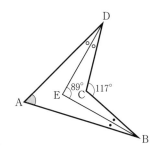

35. 四角形 ABCD で，∠A，∠B の二等分線の交点
を P とするとき，

$$\angle APB = \frac{1}{2}(\angle C + \angle D)$$

であることを説明せよ。

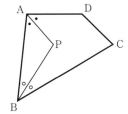

36. 次の問いに答えよ。

(1) 右の図の △ABC で，∠B の二等分線と ∠C
の外角の二等分線との交点を D とするとき，

$$\angle BDC = \frac{1}{2}\angle A$$

であることを説明せよ。

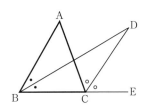

(2) 右の図の △ABC で，辺 AB 上の点を D，辺
AC の延長上の点を E とし，D と E を結ぶ。
∠ADE，∠B の二等分線の交点を M，∠AED，
∠C の二等分線の交点を N とするとき，

$$\angle BMD = \angle CNE$$

であることを説明せよ。

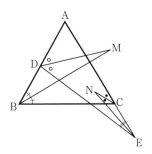

3 … 証明と定理

1 **定義**

ことばや記号の示す内容や意味をはっきり述べたものを**定義**という。

2 **仮定と結論**

(1) **命題** その主張することがらが正しい（**真**）か，正しくない（**偽**）かのどちらかに決まることがらを**命題**という。

(2) **仮定と結論** 命題「p であるならば，q である」において，「p である」を**仮定**，「q である」を**結論**という。命題「p であるならば，q である」を，記号 $\Longrightarrow$ を使って「$p \Longrightarrow q$」と書く。

(3) 「q であるならば，p である」を「p であるならば，q である」の**逆**という。「$p \Longrightarrow q$」の逆は「$q \Longrightarrow p$」と書く。また，「$p \Longrightarrow q$」が正しくても，**逆「$q \Longrightarrow p$」は必ずしも正しいとは限らない**。

3 **証明と定理**

(1) つねに正しいものと認め，推論の基礎となることがらを**公理**という。

(2) つねに正しいことがら（公理や定義），すでに正しいことが示されている性質などを使って，仮定から結論を導き出すことを**証明**という。

(3) 証明されたことがらのうち，よく使う重要なものを**定理**という。

(4) **証明の根拠とすることがらの例**

① **公理の例**

(i) A＝B，A＝C ならば B＝C

(ii) A＝B，C＝D ならば A＋C＝B＋D

(iii) 異なる 2 点を通る直線は，ただ 1 つある。

(iv) 一直線上にない 1 点を通りこの直線に平行な直線は，ただ 1 つある。（平行線の公理）

② **定理の例**

(i) 三角形の内角の和は 180° である。

(ii) 平面上で，2 直線に 1 つの直線が交わるとき，2 直線が平行であるならば錯角は等しい。

(5) 「p であるならば，q である」が正しくないことを示すには，「p であるが，q でない」ことの例を 1 つあげればよい。この例を**反例**という。

基本問題

37. 次のことばの定義を書け。

(1) 台形

(2) 円

(3) （線分の）中点

38. 次の命題の仮定と結論を書け。また，逆をつくれ。

(1) $2x+1=3$ ならば $x=1$

(2) $\angle A+\angle B+\angle C=180°$ ならば $\angle A=180°-\angle B-\angle C$

●**例題6**● 次の命題の仮定と結論を書け。また，逆をつくり，それが正しいかどうかを調べよ。

(1) $\triangle ABC$ が正三角形であるならば，$\angle A=60°$ である。

(2) 6 で割りきれる数は 3 で割りきれる。

(3) 四角形の内角の和は $360°$ である。

解説 「$p \Longrightarrow q$」の形で，仮定，結論を考えるとき，仮定，結論が文章として意味が通るように，主語を補うなどして表現しなくてはならない。また，「△ABC で」などの条件を加える必要がある場合もある。

正しくないことを示すためには，反例を 1 つあげればよい。

解答 (1) （仮定）△ABC は正三角形である。

（結論）△ABC で，$\angle A=60°$ である。

（逆）　△ABC で，$\angle A=60°$ であるならば，△ABC は正三角形である。

逆は正しくない。

（反例）$\angle A=60°$，$\angle B=30°$，$\angle C=90°$ である △ABC は正三角形ではない。

(2) （仮定）ある数が 6 で割りきれる。

（結論）その数は 3 で割りきれる。

（逆）　3 で割りきれる数は 6 で割りきれる。

逆は正しくない。

（反例）9 は 3 で割りきれるが，6 では割りきれない。

(3) （仮定）ある多角形が四角形である。

（結論）その多角形の内角の和は $360°$ である。

（逆）　内角の和が $360°$ である多角形は四角形である。

逆は正しい。

演習問題

39. 次の命題の仮定と結論を書け。また，逆をつくり，それが正しいかどうか
を調べよ。

(1) 4で割りきれる数は偶数である。

(2) 一の位の数が0か5である整数は5の倍数である。

(3) 負の数 a，b について，$a > b$ ならば $a^2 < b^2$ である。

40. 次の命題の仮定と結論を書け。また，逆をつくれ。

(1) 正三角形の3辺の長さは等しい。

(2) 八角形の内角の和は $12\angle R$ である。

(3) 1つの外角が $36°$ である正多角形は正十角形である。

(4) 線分 AB の垂直二等分線上の点を P とするとき，PA＝PB である。

●**例題7**● 右の図で，AB∥CD であり，
∠AEF，∠EFC の二等分線の交点を G とす
るとき，∠EGF＝90° であることを証明せよ。

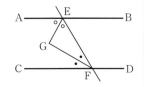

（**解説**）仮定と結論をしっかり意識しながら，1つ1つ理由をつけて，証明を完成させる。

（**証明**）（仮定）上の図で，AB∥CD

EG，FG はそれぞれ ∠AEF，∠EFC の二等分線

（結論）∠EGF＝90°

（証明）EG，FG はそれぞれ ∠AEF，∠EFC の二等分線であるから

$$\angle GEF = \frac{1}{2}\angle AEF, \quad \angle GFE = \frac{1}{2}\angle EFC$$

△EGF で　∠EGF＝180°−∠GEF−∠GFE

$$= 180° - \frac{1}{2}\angle AEF - \frac{1}{2}\angle EFC = 180° - \frac{1}{2}(\angle AEF + \angle EFC)$$

AB∥CD（仮定）より　∠AEF＋∠EFC＝180°（同側内角）

よって　　∠EGF＝$180° - \frac{1}{2} \times 180°$＝90°

ゆえに　　∠EGF＝90°

（**注**）一般に，（証明）の前の（仮定）と（結論）は，指示がない限り省略する。ただし，こ
の章では，練習のために書くこととする。

演習問題

41. 右の図の △ABC で，∠A の二等分線と辺
BC との交点を D とするとき，
$$∠ADC-∠ADB=∠B-∠C$$
であることを証明せよ。

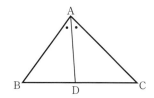

42. 右の図の △ABC で，∠B＝∠C のとき，∠CAD の
二等分線 AE は辺 BC に平行であることを証明せよ。

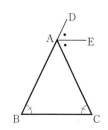

43. △ABC で，∠A，∠B，∠C の内角の大きさの
比が $a:b:c$ であるとき，外角の大きさの比は
$$(b+c):(c+a):(a+b)$$
であることを証明せよ。

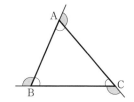

44. 右の図のように，長方形 ABCD の対角線 BD を
折り目として，頂点 C を折り返した点を E とし，
辺 AD と BE との交点を F とするとき，
$$∠EFD＝2∠DBC$$
であることを証明せよ。

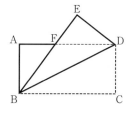

45. 右の図の四角形 ABCD で，∠A，∠B，∠C，
∠D の大きさをそれぞれ $a°$，$b°$，$c°$，$d°$ とする。
$b-a=d-c$ であるとき，AB∥DC であることを
証明せよ。

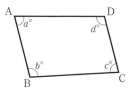

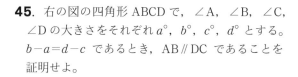

▶▶研究◀◀ 背理法

命題「$p \Longrightarrow q$」を証明するとき，結論は q であるか，q でないかのどちらかであり，このうちのどちらか一方は必ず成り立つ。

つまり，q でないと仮定して矛盾が起こるならば，結論は必ず q である。ゆえに，「$p \Longrightarrow q$」である。

このような証明法を**背理法**という。

▶研究1◀ 平面上の平行な2直線を ℓ，m とする。この平面上の直線 n が ℓ と交わるならば，n は m とも交わることを証明せよ。

◀解説▶ 「直線 n は m と交わらない」と仮定して，平行線の公理「一直線上にない1点を通りこの直線に平行な直線は，ただ1つある」に矛盾することを導く。

◁証明▷ （仮定）平面上で，$\ell /\!/ m$，直線 ℓ と n は交わる。

（結論）直線 n は m と交わる。

（証明）直線 n が m と交わらないと仮定する。

直線 m と n は同一平面上にあるから，m と n は平行となる。

仮定より，直線 ℓ と n は交わるから，その交点を A とすると，直線 m 上にない点 A を通り m に平行な直線が，ℓ と n の2本あることになり，平行線の公理「一直線上にない1点を通りこの直線に平行な直線は，ただ1つある」に矛盾する。

これは，直線 n が m と交わらないと仮定したためである。

平面上の2直線 ℓ，m は交わるか交わらない（平行である）かのどちらかであるから，直線 n は m と交わる。

▶研究2◀ 平面上で，異なる2直線に1つの直線が交わるとき，錯角が等しいならば，この2直線は平行であることを証明せよ。

◀解説▶ 異なる2直線を ℓ，m とし，「2直線 ℓ と m が平行でない」と仮定して，公理「異なる2点を通る直線は，ただ1つある」に矛盾することを導く。

◁証明▷ （仮定）右の図で，$\angle a = \angle b$

（結論）$\ell /\!/ m$

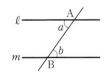

（証明）直線 ℓ と m が平行でないと仮定すると，ℓ と m は交わるので，その交点を P とする。図1を移動させて，図2のように点 A が点 B に，B が A に重なるようにする。

∠a＝∠b（仮定）より，直線 m は ℓ に，ℓ は m にそれぞれ重なり，図3のようになる。すなわち，異なる2直線が異なる2点で交わることになり，公理「異なる2点を通る直線は，ただ1つある」に矛盾する。

これは，直線 ℓ と m が平行でないと仮定したためである。

平面上の2直線 ℓ，m は交わるか交わらない（平行である）かのどちらかであるから

$$\ell /\!/ m$$

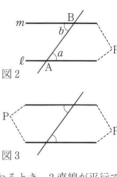

図1

図2

図3

注 この定理の逆「平面上で，異なる2直線に1つの直線が交わるとき，2直線が平行であるならば，錯角は等しい」ことも次のように背理法で証明できる。

平行な2直線 AB，CD と，直線 XY との交点をそれぞれ P，Q とする。∠APQ と∠PQD が等しくないと仮定すると，点 P を通り，∠A′PQ＝∠PQD となる直線 A′B′ をひくことができる。

このとき，錯角が等しいから，A′B′ /\!/ CD

これは，直線 CD 上にない1点 P を通り，CD に平行な直線が AB と A′B′ の2つになり，平行線の公理に矛盾する。

ゆえに，∠APQ＝∠PQD

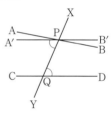

▶研究問題◀

46. 平面上で，直線 ℓ に平行な異なる2直線 m，n は平行であることを，平行線の公理を利用して証明せよ。

47. 空間で，ℓ，m をねじれの位置にある2直線とする。直線 ℓ 上の異なる2点を A，A′，直線 m 上の異なる2点を B，B′ とするとき，次のような場合はありえないことを証明せよ。

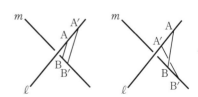

(1) 直線 AB と A′B′ は平行である。

(2) 直線 AB と A′B′ は交わる。

3章の問題

1 次の図で，$\ell /\!/ m$ であるとき，x の値を求めよ。

(1)

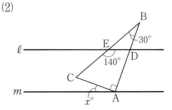

(2)

2 次の図で，四角形 ABCD は正方形，△PQR は正三角形であるとき，x，y の値を求めよ。

(1)

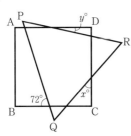

(2)

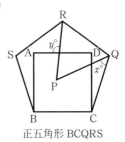

正五角形 BCQRS

3 右の図で，円 O は線分 AB に点 P で接している。$\overarc{PQ}$ の長さが 2π cm であるとき，$\overarc{QR}$ の長さを求めよ。

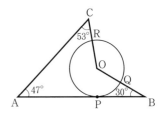

4 次のような正 n 角形について，n の値を求めよ。

(1) 1つの内角の大きさの2倍が1つの外角の大きさの3倍に等しい。

(2) 対角線の数の2倍が，辺の数の2乗より18だけ小さい。

5 次の図で，印をつけた角の和を求めよ。

(1)

(2)

6 右の図の △ABC で，頂点 A を折り返したとき
の点を A′ とする。∠B＝48°，∠C＝72° のとき，
$a+b$ の値を求めよ。

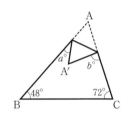

7 次の図で，x を a，b を使って表せ。

(1)

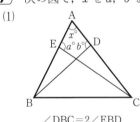

∠DBC＝2∠EBD
∠ECB＝2∠DCE

(2)

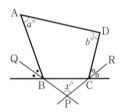

PQ は ∠ABC の外角の二等分線
PR は ∠BCD の外角の二等分線

8 右の図の四角形 ABCD で，∠A＝∠C であり，
∠B，∠D の二等分線をそれぞれ BM，DN とする
とき，BM∥ND であることを証明せよ。

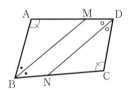

|||||**進んだ問題**|||||

9 正 n 角形が垂直な 2 辺をもつとき，自然数 n はどのような数か。

10 右の図の六角形 ABCDEF で，
∠A＝∠D，∠B＝∠E，∠C＝∠F のとき，
AF∥CD，BA∥DE であることを証明せよ。

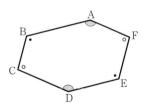

4章

三角形の合同

1 … 三角形の合同

1 **合同**

2つの図形について，一方の図形を移動して他方の図形にぴったり重ね合わせることができるとき，2つの図形は**合同**であるという。重ね合わせることができる頂点，辺，角をそれぞれ**対応する頂点，対応する辺，対応する角**という。また，2つの図形が合同であることを，記号≡を使って表す。たとえば，△ABC と △DEF が合同であるとき，頂点を対応する順に △**ABC**≡△**DEF** と書く。

2 **多角形の合同**

(1) 辺数の等しい2つの多角形で，辺が順にそれぞれ等しく，それらの辺にはさまれる角がそれぞれ等しいとき，2つの多角形は**合同**である。

(2) 合同な2つの多角形で，対応する辺の長さは等しく，対応する角の大きさは等しい。

3 **三角形の合同条件**

2つの三角形は，次のそれぞれの場合に合同である。

(1) 3辺がそれぞれ等しいとき
（**3辺の合同**）

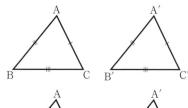

(2) 2辺とその間の角がそれぞれ等しいとき
（**2辺夾角の合同** または
2辺と間の角の合同）

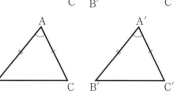

(3) 2角とその間の辺がそれぞ
れ等しいとき
（**2角夾辺の合同** または
2角と間の辺の合同）

(4) 2角とその1つの角の対辺
がそれぞれ等しいとき
（**2角1対辺の合同**）

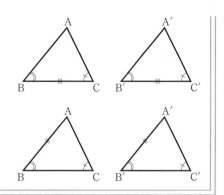

基本問題

1. 次の図の三角形の中から合同なものを選び，記号≡を使って表せ。また，そ
のときの合同条件を書け。

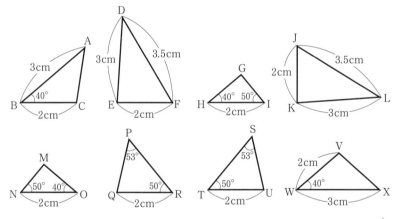

2. △ABC≡△DEF であるためには，次の ☐ にどのような辺または角を入
れればよいか。適切なものをすべて答えよ。また，それらの合同条件を書け。

(1) AB＝DE， AC＝DF， ☐＝☐

(2) AB＝DE， ∠B＝∠E， ☐＝☐

3. 次の図形が合同になるために必要な条件を1つ書け。

(1) 2つの線分 　　　(2) 2つの円 　　　(3) 2つの正方形

●**例題1**● 　右の図で，O が線分 AD，BE，CF のそれぞれ中点であるとき，△ABC≡△DEF であることを証明せよ。

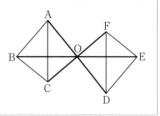

(**解説**) 次の三角形の合同条件のうち，どれを使えばよいかを考える。

　(i) 3 辺　　　(ii) 2 辺夾角　　　(iii) 2 角夾辺　　　(iv) 2 角 1 対辺

(**証明**) △ABO と △DEO において

OA＝OD（仮定）

OB＝OE（仮定）

∠AOB＝∠DOE（対頂角）

よって　△ABO≡△DEO（2 辺夾角）

ゆえに　AB＝DE　………①　　∠ABO＝∠DEO　………②

同様に，△BCO≡△EFO（2 辺夾角）であるから

BC＝EF　………③　　∠CBO＝∠FEO　………④

△ABC と △DEF において

∠ABC＝∠ABO＋∠CBO

∠DEF＝∠DEO＋∠FEO

これと②，④より

∠ABC＝∠DEF　………⑤

①，③，⑤より

△ABC≡△DEF（2 辺夾角）

(**参考**)　△ACO≡△DFO（2 辺夾角）より，AC＝DF

これと①，③より，△ABC≡△DEF（3 辺）としてもよい。

演習問題

4. AB＝AC の二等辺三角形 ABC で，辺 AB，AC の中点をそれぞれ D，E とするとき，BE＝CD であることを証明せよ。

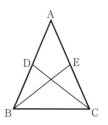

5. 四角形 ABCD で，AB＝DC，AC＝DB のとき，
∠B＝∠C であることを証明せよ。

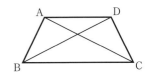

6. 次のことを証明せよ。
(1) 右の図のように，∠POQ の二等分線上の点 A か
ら線分 OP，OQ に垂直な直線をひき，その交点を
それぞれ B，C とする。
このとき，AB＝AC，∠OAB＝∠OAC

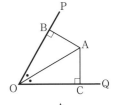

(2) 右の図のように，線分 PQ の垂直二等分線上の点
A と点 P，Q をそれぞれ結ぶ。
このとき，AP＝AQ，∠APQ＝∠AQP

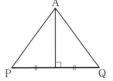

7. AB＝AC の二等辺三角形 ABC がある。
(1) ∠B＝∠C であることを，次のそれぞれの方法で証明せよ。
(ⅰ) ∠A の二等分線と辺 BC との交
点を P として，△ABP≡△ACP
であることを証明する。
(ⅱ) 辺 BC の中点を M として，
△ABM≡△ACM であることを
証明する。

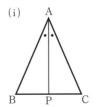
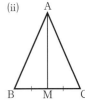

(2) 辺 BC 上に点 D，E を，∠BAD＝∠CAE となるよう
にとるとき，△ABD≡△ACE であることを証明せよ。

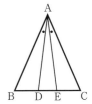

8. ∠A＝90° の直角三角形 ABC で，頂点 A から
辺 BC に垂線 AD をひく。また，∠B の二等分線
と線分 AD との交点を E とし，E から辺 AC に
平行な直線をひき，辺 BC との交点を F とする
とき，△BEA≡△BEF であることを証明せよ。

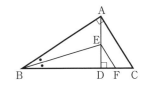

●**例題2**●　右の図のように，△ABC の辺 AB，
AC をそれぞれ 1 辺とする正三角形 ADB，
ACE をつくり，線分 BE と DC との交点を
F とする。このとき，次のことを証明せよ。
(1)　DC＝BE
(2)　∠DFB＝60°

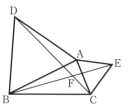

(**解説**)　(1)　△ADC と △ABE が合同であることから導く。
(2)　(1)の合同から等しい角度に着目する。

(**証明**)　(1)　△ADC と △ABE において
　　　　　　　AD＝AB（正三角形 ADB の辺）
　　　　　　　AC＝AE（正三角形 ACE の辺）
　　　　　　　∠DAC＝∠BAE（＝60°＋∠BAC）
　　　　よって　　△ADC≡△ABE（2 辺夾角）
　　　　ゆえに　　DC＝BE

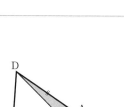

(2)　辺 AB と線分 DF との交点を G とする。
　　　△BGF と △DGA において
　　　　　　　∠BGF＝∠DGA（対頂角）
　　　(1)より　∠GBF＝∠GDA
　　　よって，残りの角は等しいから
　　　　　　　∠BFG＝∠DAG
　　　正三角形の 1 つの内角は 60°であるから
　　　　　　　∠DAG＝60°
　　　ゆえに　∠BFG＝60°
　　　すなわち　∠DFB＝60°

(**参考**)　この問題は，次のように考えることもできる。
　AD＝AB，AC＝AE，∠BAD＝∠EAC＝60° より，
△ADC を，A を中心として反時計まわりに 60°回転
させると △ABE に重なる。
よって，△ADC≡△ABE
ゆえに，DC＝BE
また，線分 DC と BE のつくる角である∠DFB は，
回転角に等しく 60°となる。

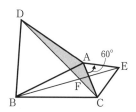

演習問題

9. 右の図のように，正三角形 ABC の辺 AC 上に
点 P をとり，BP を 1 辺とする正三角形 BPQ を
つくる。

(1)　∠PBC＝45° のとき，∠QBA の大きさを求
めよ。

(2)　△AQB≡△CPB であることを証明せよ。

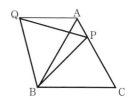

10. 右の図のように，半円 O の周上に 4 点 A，B，
C，D があり，∠AOB＝∠COD である。このと
き，∠BAC＝∠CDB であることを証明せよ。

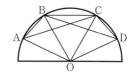

11. 正方形 ABCD の辺 AB 上に点 E をとり，辺
AD の延長上に点 F を，DF＝BE となるように
とる。

(1)　△BCE≡△DCF であることを証明せよ。

(2)　∠CEF＝45° であることを証明せよ。

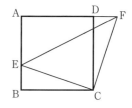

12. 右の図で，四角形 ABCD と四角形 DEFG は
正方形である。このとき，次のことを証明せよ。

(1)　AE＝CG

(2)　AE⊥CG

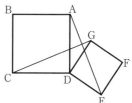

13. 右の図のように，∠C＝90° の直角三角形
ABC を，A を中心として回転させ，直角三
角形 ADE に移した。直線 CE 上に点 F を，
BF＝BC となるようにとり，直線 BD と EF
との交点を G とする。このとき，EG＝FG
であることを証明せよ。

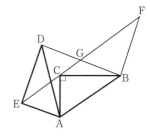

●**例題3**● 　右の図の四角形 ABCD と
四角形 A′B′C′D′ において，
AB＝A′B′，BC＝B′C′，CD＝C′D′，
∠B＝∠B′，∠C＝∠C′ ならば，
　四角形 ABCD≡四角形 A′B′C′D′
であることを証明せよ。

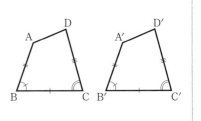

(**解説**) 辺数の等しい2つの多角形で，辺の長さが順にそれぞれ等しく，それらの辺にはさ
まれる角の大きさがそれぞれ等しいとき，2つの多角形は合同である。
　この問題では，対角線 AC，A′C′ で，それぞれの四角形を2つの三角形に分けて，
△ABC≡△A′B′C′，△ACD≡△A′C′D′ であることを示す。

(**証明**) 点 A と C，点 A′ と C′ を結ぶ。

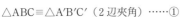

△ABC と △A′B′C′ において
仮定より
　　　AB＝A′B′，BC＝B′C′，∠B＝∠B′
よって
　　　△ABC≡△A′B′C′（2辺夾角）……①
△ACD と △A′C′D′ において
　　　CD＝C′D′（仮定）………②
①より　AC＝A′C′ ………③
また　　∠ACD＝∠C－∠ACB，∠A′C′D′＝∠C′－∠A′C′B′，∠C＝∠C′（仮定）
①より，∠ACB＝∠A′C′B′ であるから　∠ACD＝∠A′C′D′ ………④
②，③，④より　　△ACD≡△A′C′D′（2辺夾角）………⑤
仮定と①，⑤より　AB＝A′B′，BC＝B′C′，CD＝C′D′，DA＝D′A′
　　　　　　　∠A＝∠A′，∠B＝∠B′，∠C＝∠C′，∠D＝∠D′
ゆえに　四角形 ABCD≡四角形 A′B′C′D′

演習問題

14. 右の図で，四角形 ABCD と四角形
A′B′C′D′ は，次のそれぞれの場合に合
同であることを証明せよ。
(1)　AB＝A′B′，BC＝B′C′，CD＝C′D′，
　　DA＝D′A′，∠A＝∠A′
(2)　AB＝A′B′，BC＝B′C′，∠A＝∠A′，∠B＝∠B′，∠C＝∠C′

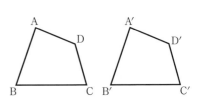

▶▶研究◀◀ 2辺とその1つの対角がそれぞれ等しい三角形

> 2つの三角形で，2辺とその1つの対角がそれぞれ等しいとき，2つの三角形は合同であるか，またはもう1つの対角がたがいに補角（2つの角の和が180°）である。すなわち，△ABC と △A′B′C′ において，
>
> $$AB＝A′B′，\quad AC＝A′C′，\quad ∠B＝∠B′ \text{ ならば，}$$
> $$△ABC≡△A′B′C′ \quad \text{または} \quad ∠C＋∠C′＝180°$$

〈証明〉 △A′B′C′ を移動して，辺 A′B′ を辺 AB に重ね，辺 B′C′ を辺 BC の側におくと，∠B＝∠B′ より，直線 B′C′ は直線 BC に重なる。このとき，頂点 C′ は頂点 C と重なる場合と重ならない場合がある。

(i) 頂点 C′ が C と重なるとき

△ABC と △A′B′C′ はぴったり重なるから

$$△ABC≡△A′B′C′$$

(ii) 頂点 C′ が C と重ならないとき

△ABC と合同でない △A′B′C′ が考えられる。

このとき，△ACC′ は AC＝AC′ の二等辺三角形であるから ∠ACC′＝∠AC′C

よって ∠ACB＋∠AC′B＝180°

△ABC と △A′B′C′ において ∠C＋∠C′＝180°

(i)，(ii)より，△ABC と △A′B′C′ において

$$AB＝A′B′，\quad AC＝A′C′，\quad ∠B＝∠B′ \text{ ならば}$$
$$△ABC≡△A′B′C′ \quad \text{または} \quad ∠C＋∠C′＝180°$$

注 AB≦AC（A′B′≦A′C′）ならば，頂点 C と C′ が必ず重なるから，△ABC≡△A′B′C′
∠B≧90°（∠B′≧90°）のときも AB＜AC（A′B′＜A′C′）となり，△ABC≡△A′B′C′
すなわち，次のいずれかである場合は，△ABC≡△A′B′C′ である。

  (i) AB＝AC   (ii) AB＜AC   (iii) ∠B＝90°   (iv) ∠B＞90°

▶研究問題◀

15. 次の(ア)〜(オ)のうち，必ず △ABC≡△A′B′C′ となるものはどれか。

(ア) AB＝A′B′＝4cm， AC＝A′C′＝4cm， ∠B＝∠B′＝40°

(イ) AB＝A′B′＝2cm， AC＝A′C′＝3cm， ∠B＝∠B′＝120°

(ウ) AB＝A′B′＝3cm， AC＝A′C′＝4cm， ∠B＝∠B′＝50°

(エ) AB＝A′B′＝5cm， AC＝A′C′＝3cm， ∠B＝∠B′＝30°

(オ) AB＝A′B′＝4cm， AC＝A′C′＝5cm， ∠B＝∠B′＝90°

2 … いろいろな三角形

1 **二等辺三角形**　2つの辺が等しい三角形を**二等辺三角形**という。
 (1) 二等辺三角形の2つの底角は等しい。
 (2) 2つの角が等しい三角形は，それらの角の対辺が等しい二等辺三角形である。
 (3) 二等辺三角形の頂角の二等分線は，底辺を垂直に2等分する。
 注 二等辺三角形で，長さの等しい2辺がつくる角を**頂角**，頂角に対する辺を**底辺**，底辺の両端の角を**底角**という。

2 **線分の垂直二等分線**
 (1) 線分の垂直二等分線上の点は，その線分の両端から等距離にある。
 (2) 線分の両端から等距離にある点は，その線分の垂直二等分線上にある。

3 **正三角形**　3つの辺が等しい三角形を**正三角形**という。
 (1) 正三角形の3つの内角は等しい。
 (2) 3つの内角が等しい三角形は正三角形である。

4 **直角三角形の合同**
　2つの直角三角形は，次のそれぞれの場合に合同である。
 (1) 斜辺と1つの鋭角がそれぞれ等しいとき（**斜辺と1鋭角の合同**）
 (2) 斜辺と他の1辺がそれぞれ等しいとき（**斜辺と1辺の合同**）

5 **角の二等分線**
 (1) 角の二等分線上の点は，その角の2辺から等距離にある。
 (2) 角の内部にあって，角の2辺から等距離にある点は，その角の二等分線上にある。

基本問題

16. 次の図の三角形の中から合同なものを選び，記号≡を使って表せ。また，そのときの合同条件を書け。

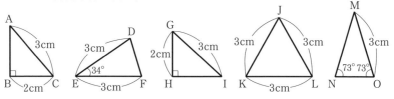

17. 次の図で，x，y の値を求めよ。

(1)

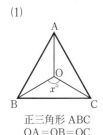

正三角形 ABC
OA＝OB＝OC

(2)

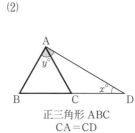

正三角形 ABC
CA＝CD

(3)

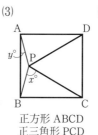

正方形 ABCD
正三角形 PCD

(4)

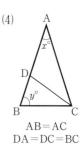

AB＝AC
DA＝DC＝BC

18. △ABC≡△DEF であるためには，次の □ にどのような辺または角を入れればよいか。適切なものをすべて答えよ。また，それらの合同条件を書け。

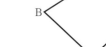

19. 右の図のような AB＝AD，CB＝CD である四角形 ABCD で，∠ABC＝∠ADC であることを，次の 2 通りの方法で証明せよ。

(1) △ABC と △ADC の合同を示す。

(2) 二等辺三角形 ABD，CBD の性質を使う。

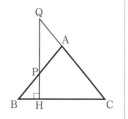

●**例題4**● AB＝AC の二等辺三角形 ABC の辺 AB 上に点 P をとり，P を通る辺 BC の垂線 HP と辺 CA の延長との交点を Q とする。このとき，△APQ は二等辺三角形であることを証明せよ。

解説 二等辺三角形であることを証明するには，次のどちらかを示せばよい。

(i) 2 辺が等しい。 (ii) 2 角が等しい。

証明 BC⊥QH（仮定）より

　　　　△PBH で ∠BPH＝90°−∠B，△QHC で ∠AQP＝90°−∠C

　　　　△ABC で，AB＝AC（仮定）より ∠B＝∠C

　　　　よって ∠BPH＝∠AQP また ∠APQ＝∠BPH（対頂角）

　　　　よって ∠APQ＝∠AQP

　　　　ゆえに，2 角が等しいから，△APQ は AP＝AQ の二等辺三角形である。

演習問題

20. 右の図のように，AB＝AC の二等辺三角形 ABC の
∠A を3等分する2直線と底辺 BC との交点をそれぞれ
D，E とするとき，△ADE は二等辺三角形であること
を証明せよ。

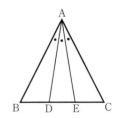

21. 右の図のように，∠B＝90° の直角三角形 ABC の頂
点 B から辺 AC に垂線 BD をひき，∠A の二等分線と
辺 BC，線分 BD との交点をそれぞれ E，F とする。こ
のとき，△BEF は二等辺三角形であることを証明せよ。

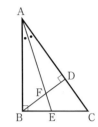

22. 右の図のように，長方形 ABCD を，線分 AC を
折り目として折り返し，頂点 B の移った点を B′，
辺 B′C と AD との交点を E とする。また，線分
AE，CE の垂直二等分線と線分 AC との交点をそ
れぞれ M，N とするとき，次のことを証明せよ。
(1) AE＝EC
(2) △EMN は二等辺三角形である。

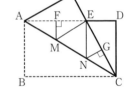

23. △ABC の ∠B，∠C の二等分線の交点 O
を通り，辺 BC に平行にひいた直線と，辺 AB，
AC との交点をそれぞれ D，E とするとき，
DE＝BD＋CE であることを証明せよ。

24. 右の図の △ABC で，∠B の二等分線と ∠C
の外角の二等分線との交点を O とする。点 O
を通り辺 BC に平行な直線と，辺 AB，AC と
の交点をそれぞれ M，N とするとき，
MN＝MB－NC であることを証明せよ。

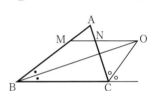

●**例題5**● 右の図のように，正三角形 ABC の3辺
BC，CA，AB 上にそれぞれ点 D，E，F を，
BD＝CE＝AF となるようにとるとき，△DEF は
正三角形であることを証明せよ。

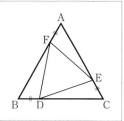

解説 正三角形であることを証明するには，次のいずれかを示せばよい。

(ⅰ) 3辺の長さが等しい。　 (ⅱ) 3つの角の大きさが等しい。

(ⅲ) 2辺の長さが等しく，1つの内角が60°である。

証明 △AFE と △BDF において

　　　　AF＝BD（仮定）　　∠A＝∠B（＝60°）

また　　EA＝CA－CE，FB＝AB－AF

CA＝AB（正三角形 ABC の辺），CE＝AF（仮定）であるから

　　　　EA＝FB

ゆえに　△AFE≡△BDF（2辺夾角）

よって　EF＝FD

同様に，△BDF≡△CED（2辺夾角）より　FD＝DE

ゆえに，EF＝FD＝DE であるから，△DEF は正三角形である。

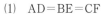

25. 右の図のように，正方形 ABCD の外側に，辺
BC，辺 CD をそれぞれ1辺とする正三角形 BEC，
CFD があるとき，△AEF は正三角形であること
を証明せよ。

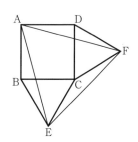

26. 正三角形 ABC の3辺 BC，CA，AB 上にそれぞ
れ点 D，E，F を，BD＝CE＝AF となるようにとる。
線分 AD と BE との交点を P，線分 BE と CF との交
点を Q，線分 CF と AD との交点を R とするとき，
次のことを証明せよ。

(1)　AD＝BE＝CF　　　　　(2)　∠BPD＝60°

(3)　△PQR は正三角形である。

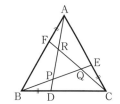

●**例題6**● 右の図で，△ABC の辺 BC の中点 M から辺 AB，AC にそれぞれ垂線 MD，ME をひく。MD＝ME のとき，△ABC は二等辺三角形であることを証明せよ。

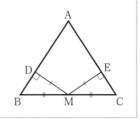

（解説）△MBD と △MCE は直角三角形である。直角三角形の合同条件には，次の2つがある。
　　(i) 斜辺と1鋭角　　　(ii) 斜辺と1辺

（証明）△MBD と △MCE において
　　　　　　MB＝MC（仮定）
　　　　　　MD＝ME（仮定）
　　　　　　∠MDB＝∠MEC＝90°
　　　ゆえに　△MBD≡△MCE（斜辺と1辺）
　　　よって　∠B＝∠C
　　　ゆえに，2角が等しいから，△ABC は AB＝AC の二等辺三角形である。

演習問題

27. 右の図で，∠C＝90° の直角三角形 ABC の辺 AB 上に点 D を，BD＝BC となるようにとる。点 D を通る辺 AB の垂線と辺 AC との交点を E とするとき，CE＝DE であることを証明せよ。

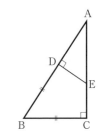

28. 右の図の円 O の直径 AB，CD について，点 A，B から CD にそれぞれ垂線 AP，BQ をひくとき，AP＝BQ であることを証明せよ。

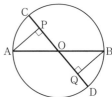

29. AB≠AC の △ABC で，辺 BC の中点 M を通る直線 AM は，頂点 B，C から等距離にあることを証明せよ。

30. 右の図の台形 ABCD で，AD＝AE，BC＝BE，
∠C＝∠D＝90°，AB⊥EF とするとき，F は辺 CD の
中点であることを証明せよ。

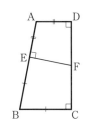

31. 右の図の四角形 ABCD と四角形 AEFG は合同な
長方形で，頂点 D は辺 EF 上にある。頂点 G から辺
AD にひいた垂線と AD との交点を H とするとき，
AB＝GH であることを証明せよ。

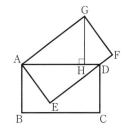

●**例題7**● ∠B＝90° の直角三角形 ABC で，
辺 AC の中点を M とするとき，
AM＝BM＝CM であることを証明せよ。

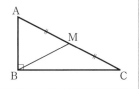

（解説）頂点 C を通り辺 AB に平行な直線と，線分 BM の延長との交点を D とすると
△ABC≡△DCB である。この例題は定理として覚えておくこと。

（証明）頂点 C を通り辺 AB に平行な直線と，線分 BM の延長との交点を D とする。
  △ABM と △CDM において
    AM＝CM（仮定）
    ∠AMB＝∠CMD（対頂角）
  AB∥CD より ∠MAB＝∠MCD（錯角）
  よって △ABM≡△CDM（2角夾辺）………①
  △ABC と △DCB において
    BC＝CB（共通）
  ①より AB＝DC
  AB∥CD，AB⊥BC より ∠ABC＝∠DCB＝90°（同側内角）
  よって △ABC≡△DCB（2辺夾角） ゆえに ∠ACB＝∠DBC
  2角が等しいから，△MBC は MB＝MC の二等辺三角形である。
  ゆえに AM＝BM＝CM

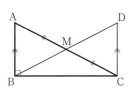

参考 点 M から辺 AB，BC にそれぞれ垂線 ME，MF を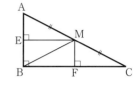
ひくと，△AEM≡△MFC（斜辺と1鋭角）であるから，
　　　　EM＝FC
また，△BEM≡△MFB（斜辺と1鋭角）より，
　　　　EM＝FB
よって，FB＝FC
ゆえに，線分 MF は辺 BC の垂直二等分線となることから，MB＝MC を示してもよい。

演習問題

32. △ABC で，辺 BC の中点を M とするとき，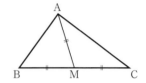
AM＝BM＝CM ならば，　∠BAC＝90° である
ことを証明せよ。

33. △ABC の辺 BC の中点を D とし，頂点 B，C から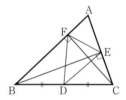
対辺にそれぞれ垂線 BE，CF をひくとき，△DEF は
二等辺三角形であることを証明せよ。

34. 右の図の四角形 ABCD で，AD∥BC，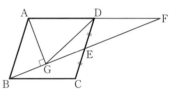
AD＝BC とする。辺 CD の中点を E とし，
辺 AD の延長と線分 BE の延長との交点を
F とする。頂点 A から線分 BF に垂線 AG
をひくとき，次のことを証明せよ。
- (1) △DEF≡△CEB
- (2) △DAG は二等辺三角形である。

35. 右の図の四角形 ABCD で，AB∥DC，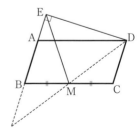
AD∥BC，　BC＝2cm，　CD＝1cm，　∠B＜90°
である。辺 BC の中点を M とし，頂点 D から
辺 BA の延長に垂線 DE をひく。
- (1) MD＝ME を証明せよ。
- (2) ∠BEM の大きさを a°とするとき，∠EMC
　の大きさを a°を使って表せ。
- (3) DE＝DM のとき，∠BEM の大きさを求めよ。

進んだ問題の解法

> ||||||**問題1** AB＝AC，∠A＝100°の二等辺
> 三角形 ABC で，∠B の二等分線と辺 AC
> との交点を D とするとき，BD＋DA＝BC
> であることを証明せよ。

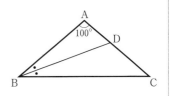

解法 辺 BA の延長上に点 E，辺 BC 上に点 F を，BE＝BF＝BD となるようにとる。
　△BDE≡△BDF より，△DAE，△FCD は二等辺三角形となる。

証明 右の図のように，辺 BA の延長上に点 E，辺 BC 上に点 F を，BE＝BF＝BD …①
　　　　となるようにとる。

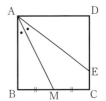

　　　　△BDE と △BDF において
　　　　∠DBE＝∠DBF（仮定）と①より
　　　　　　　　△BDE≡△BDF（2辺夾角）
　　　　ゆえに　 DE＝DF ………②
　　　　△DAE で，∠DEA＝∠DAE＝80°より
　　　　　　　　DA＝DE ………③
　　　　また，△FCD で，∠BFD＝80°，∠BCD＝40°より　∠FDC＝40°
　　　　よって　　　　　　FC＝FD ………④
　　　　②，③，④より　DA＝FC ………⑤
　　　　①，⑤より　　　　BD＋DA＝BF＋FC＝BC
　　　　ゆえに　　　　　　BD＋DA＝BC

||||||進んだ問題||||||

36. 正方形 ABCD の辺 BC の中点を M とし，辺 CD 上
に点 E を，∠BAE＝2∠BAM となるようにとるとき，
AE＝BC＋CE であることを証明せよ。

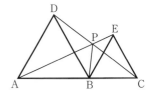

37. 右の図のように，線分 AC 上に点 B をとり，
線分 AB，BC をそれぞれ1辺とする正三角形
ABD，BCE をつくる。線分 AE と DC との交
点を P とするとき，PB＋PD＋PE＝AE であ
ることを証明せよ。

▶▶研究◀◀ 三角形の辺と角の大小関係

> ① △ABC で，
>
> 　　　AB＞AC ならば ∠C＞∠B
>
> ② △ABC で，
>
> 　　　∠C＞∠B ならば AB＞AC

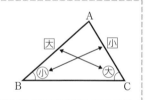

⟨証明⟩　① AB＞AC であるから，辺 AB 上に AD＝AC
となる点 D をとることができる。

△ADC で，AD＝AC より　∠ADC＝∠ACD

△DBC で，∠ADC＝∠B＋∠BCD

よって　∠ACB＝∠ACD＋∠BCD

　　　　　　　＝∠ADC＋∠BCD＝∠B＋2∠BCD

∠BCD＞0 より　∠ACB＞∠B

ゆえに，△ABC で，AB＞AC ならば ∠C＞∠B

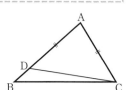

② 辺 AB と AC の大小は，AB＞AC，AB＝AC，AB＜AC のうちのいずれか
である。

AB＝AC とすると，△ABC は二等辺三角形となるから　∠C＝∠B

AB＜AC とすると，(1)より　∠C＜∠B

どちらの場合も仮定の ∠C＞∠B に反する。　　よって　AB＞AC

ゆえに，△ABC で，∠C＞∠B ならば AB＞AC

㊟ 命題「$p \Longrightarrow q$」が正しくて，その命題の逆「$q \Longrightarrow p$」も正しいとき，記号⟺を使っ
て「$p \Longleftrightarrow q$」と書いてもよい。

△ABC で，AB＞AC $\Longrightarrow$ ∠C＞∠B，∠C＞∠B $\Longrightarrow$ AB＞AC であるから，

△ABC で，AB＞AC $\Longleftrightarrow$ ∠C＞∠B と書いてもよい。

▶研究問題◀

38. △ABC で，BC＝a，CA＝b，AB＝c とする。次の □ に a, b, c,
∠A，∠B，∠C のうち，あてはまるものを入れよ。

(1) ∠A＝45°，∠B＝55°，∠C＝80° のとき，3辺のうち， (ア) が最も大きい。

(2) a＝8，b＝9，c＝5 のとき，3つの角のうち， (イ) が最も大きい。

(3) ∠A＝60°，∠B＜∠C のとき，3辺の長さの大小は
(ウ) ＞ (エ) ＞ (オ) である。

(4) a＜b，∠C＝100° のとき，3つの角の大きさの大小は
(カ) ＞ (キ) ＞ (ク) である。

39. △ABC で，∠A＝90° であるとき，△ABC の 3 辺のうち，辺 BC が最大であることを証明せよ。

40. AB＞AC の △ABC で，∠B，∠C の二等分線の交点を I とするとき，IB＞IC であることを証明せよ。

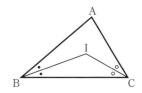

41. AB＝AC の二等辺三角形 ABC の辺 BC 上に頂点 B，C と異なる点 P があるとき，AB＞AP であることを証明せよ。

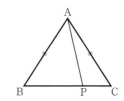

▶研究◀ 三角形の 3 辺の長さの性質

三角形の 2 辺の長さの和は，他の 1 辺の長さより大きい。

△ABC で，BC＝a，CA＝b，AB＝c とするとき，

$$b+c>a, \quad c+a>b, \quad a+b>c$$

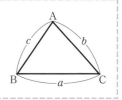

◁証明▷ 辺 BA の延長上に点 D を，AD＝AC となるようにとり，点 C と D を結ぶ。

　　　　△ACD で，AC＝AD より　　　∠ACD＝∠ADC

　　　　∠BCD＞∠ACD であるから　　∠BCD＞∠ADC

　　　　すなわち，△BCD で

　　　　∠BCD＞∠BDC であるから　　BD＞BC

　　　　BD＝BA＋AD，AD＝AC より　　BA＋AC＞BC

　　　　よって　$b+c>a$

　　　　同様に　$c+a>b$，$a+b>c$

　　　　ゆえに　$b+c>a$，$c+a>b$，$a+b>c$

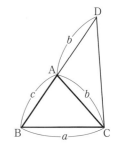

注　$b+c>a$，$c+a>b$，$a+b>c$ を a に着目すると，

　$b+c>a$，$a>b-c$，$a>c-b$ となるから，**$b+c>a>|b-c|$** と表すことができる。

注　3 つの正の数 a，b，c について，不等式 $b+c>a$，$c+a>b$，$a+b>c$ がすべて成り立つとき，3 辺の長さが a，b，c の三角形をつくることができる。このことから，3 つの不等式を**三角形の成立条件**ということがある。

▶研究問題◀

42. 次の3つの長さの線分を3辺とするとき，三角形ができるものはどれか。
　㋐　4cm，5cm，10cm
　㋑　3cm，7cm，10cm
　㋒　2cm，3cm，4cm

43. 次の3つの長さの線分を3辺とする三角形ができるとき，正の数 x の値の範囲を求めよ。
　⑴　5cm，8cm，x cm
　⑵　7cm，$(7-x)$ cm，$(2x-1)$ cm

44. 3辺の長さが1cm，2cm，3cm，4cm，5cm，6cm のいずれかである三角形は，全部で何種類できるか。ただし，三角形の3辺の長さはすべて異なるものとする。

45. 右の図のように，△ABC の3辺 BC，CA，AB 上にそれぞれ点 D，E，F をとるとき，AB＋BC＋CA＞DE＋EF＋FD であることを証明せよ。

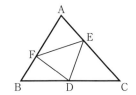

46. 右の図のように，△ABC の内部に点 P をとるとき，AB＋AC＞PB＋PC であることを証明せよ。

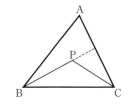

47. AB＞AC の △ABC で，辺 BC の中点を M とするとき，次のことを証明せよ。
　⑴　∠CAM＞∠BAM
　⑵　AB＋AC＞2AM

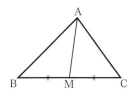

4章の問題

1 次の図で, x, y の値を求めよ。

(1)

(2)

(3)

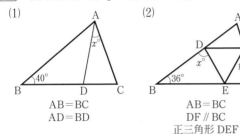

AB＝BC
AD＝BD

AB＝BC
DF // BC
正三角形 DEF

AC＝CD
正三角形 ABC

2 次の図の △ABC で, ∠BAC＝100° とするとき, ∠ABC の大きさを求めよ。

(1)

(2)

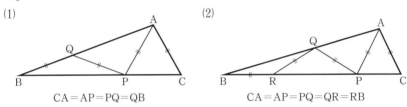

CA＝AP＝PQ＝QB

CA＝AP＝PQ＝QR＝RB

3 右の図のように, AB＝AC, AB＞BC の二等辺三角形 ABC がある。△ABC を, C を中心として辺 BC が辺 AC と重なるまで回転させてつくった三角形を △DEC とする。このとき, 直線 BE は ∠AED を2等分することを証明せよ。

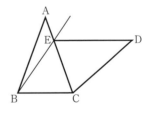

4 右の図のように, 正三角形 ABC の辺 BC 上の点 P を中心として半径 PA の円をかき, 辺 AB, AC の延長との交点をそれぞれ D, E とするとき, BD＋CE＝BC であることを証明せよ。

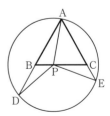

⑤ 右の図の四角形 ABCD で，対角線 AC，BD は
点 O で直角に交わり，OA＝OD，OB＝OC である。
辺 AB の中点 M と点 O を通る直線と，辺 CD との
交点を H とするとき，OH⊥CD であることを証明
せよ。

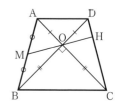

⑥ 右の図で，AM＝MB，
∠PAM＝∠QBM＝∠PMQ＝90° である。
(1) ∠APM＝∠QPM であることを証明せよ。
(2) PQ＝PA＋QB であることを証明せよ。

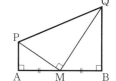

⑦ 右の図のように，△ABC の辺 AB を 1 辺とす
る正三角形 ABD をつくる。つぎに，△ABC の内
部に点 P をとり，線分 BP を 1 辺とする正三角形
BPQ をつくる。
(1) PA＝4cm，PB＝2cm，PC＝3cm であるとき，
線分の長さの和 CP＋PQ＋QD を求めよ。
(2) 線分の長さの和 PA＋PB＋PC が最小になる
ときの点 P を P′ とする。このとき，∠BP′C，∠AP′B の大きさを求めよ。

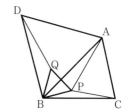

||||| **進んだ問題** |||||

⑧ 右の図のように，∠C＝90° の直角三角形 ABC
の辺 AB，BC をそれぞれ 1 辺とする正方形 AEDB，
BGFC をつくる。辺 CB の延長と線分 DG との交点
を H とするとき，BH＝$\frac{1}{2}$AC であることを証明せ
よ。

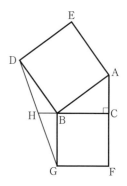

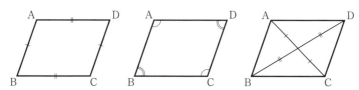

5章

四角形の性質

1… 平行四辺形

---

1 **平行四辺形**　2組の対辺がそれぞれ平行な四角形を**平行四辺形**という。

2 **平行四辺形の性質**

(1)　2組の対辺はそれぞれ等しい。

(2)　2組の対角はそれぞれ等しい。

(3)　対角線はたがいに他を2等分する。

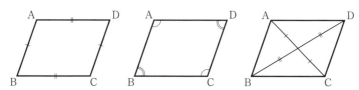

3 **平行四辺形になるための条件**

次のそれぞれの場合に，四角形は平行四辺形となる。

(1)　2組の対辺がそれぞれ平行なとき（定義）

(2)　2組の対辺がそれぞれ等しいとき

(3)　2組の対角がそれぞれ等しいとき

(4)　対角線がたがいに他を2等分するとき

(5)　1組の対辺が平行で，かつその長さが等しいとき

注　平行四辺形 ABCD を，記号□を使って □ABCD と書く。

基本問題

1. □ABCD で，∠A と ∠B の大きさの比が 4:5 のとき，∠A，∠B，∠C，∠D の大きさを求めよ。

2. 右の図で，四角形 ABED と四角形 CBEF は合同な平行四辺形であり，△DEF は正三角形である。このとき，∠DAB，∠CFE の大きさを求めよ。

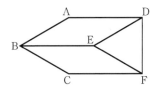

●**例題1**● 右の図の □ABCD で，辺 BC 上に点 E を，BE＝BA となるようにとる。
∠CDA＝78°，∠CAE＝12° のとき，∠ACD の大きさを求めよ。

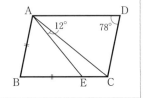

(解説) 平行四辺形の性質「2組の対角はそれぞれ等しい」と，平行四辺形の定義「2組の対辺はそれぞれ平行である」を利用する。

(解答) □ABCD より　∠ABE＝∠CDA＝78°

△BEA で，BE＝BA より　∠BEA＝∠BAE

よって　∠BAE＝$\frac{1}{2}$（180°－∠ABE）＝$\frac{1}{2}$（180°－78°）＝51°

ゆえに　∠BAC＝∠BAE＋∠CAE＝51°＋12°＝63°

AB∥DC（仮定）より　∠ACD＝∠BAC（錯角）

ゆえに　∠ACD＝63°　　　　　　　　　　　　　　　　（答）　63°

演習問題

3. 次の図で，x，y の値を求めよ。

(1)

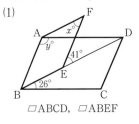

□ABCD，□ABEF

(2)

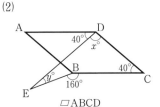

□ABCD

4. 右の図の □ABCD で，DC＝DE，FC＝FD である。∠A＝a° とするとき，∠ABD の大きさを a° を使って表せ。

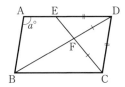

5. 右の図の四角形 ABCD は平行四辺形である。
△EBC，△CDF の面積がそれぞれ 27 cm²，
24 cm² のとき，△AEF の面積を求めよ。

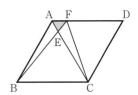

●**例題2**● 次の図の □ABCD で，影の部分の四角形は平行四辺形である
ことを証明せよ。

(1)
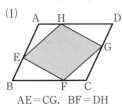
AE=CG，BF=DH

(2)
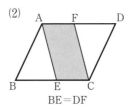
BE=DF

(3)
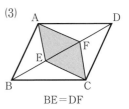
BE=DF

解説 平行四辺形になるための条件が 5 つある。そのどれがあてはまるかを考える。

証明 (1)　△AEH と △CGF において

$$AE=CG（仮定）………①$$

□ABCD より　∠A=∠C ………②　　AD=BC ………③

③と HD=BF（仮定）より　AH=CF ………④

①，②，④より　△AEH≡△CGF（2辺夾角）

よって　　　　　EH=GF　………⑤

同様に，△DHG≡△BFE（2辺夾角）より　HG=FE ………⑥

⑤，⑥より，2組の対辺がそれぞれ等しいから，四角形 EFGH は平行四辺形である。

(2) □ABCD より　AF∥EC ………①　　AD=BC ………②

②と FD=BE（仮定）より　AF=EC ………③

①，③より，1組の対辺が平行で，かつその長さが等しいから，四角形 AECF は平行四辺形である。

(3) □ABCD の対角線の交点を O とすると

$$OA=OC ………①$$
$$OB=OD ………②$$

②と BE=DF（仮定）より　OE=OF ………③

①，③より，対角線がたがいに他を2等分する
から，四角形 AECF は平行四辺形である。

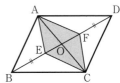

演習問題

6. 右の図のように，□ABCD の ∠A，∠C の二
等分線と辺 BC，AD との交点をそれぞれ E，F
とするとき，四角形 AECF は平行四辺形であ
ることを証明せよ。

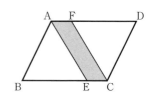

7. □ABCD で，辺 AB，CD の中点をそれぞれ
E，F とし，線分 AF と DE との交点を G，線
分 BF と CE との交点を H とするとき，四角形
EHFG は平行四辺形であることを証明せよ。

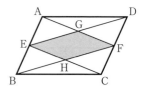

8. AB＝AC の二等辺三角形 ABC の辺 AB，AC 上
にそれぞれ点 D，E を，BD＝CE となるようにと
る。頂点 C を通り辺 AB に平行な直線と直線 DE
との交点を F とするとき，四角形 DBCF は平行四
辺形であることを証明せよ。

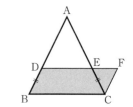

9. 右の図の □ABCD で，頂点 A，C から対角線 BD
に垂線をひき，BD との交点をそれぞれ E，F とす
る。このとき，四角形 AECF は平行四辺形である
ことを証明せよ。

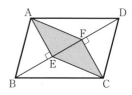

10. 右の図の □ABCD で，辺 AD，BC の中点
をそれぞれ E，F とし，線分 EF と対角線 BD
との交点を G とする。
　⑴　四角形 EBFD は平行四辺形であることを
　　　証明せよ。
　⑵　四角形 ABGE の面積は，□ABCD の面積の何倍か。

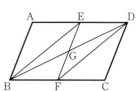

11. 右の図のように，正三角形 ABC の内部に点 P
をとり，PB を 1 辺とする正三角形 QBP と，PC を
1 辺とする正三角形 RPC をつくる。このとき，四
角形 AQPR は平行四辺形であることを証明せよ。

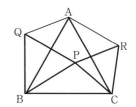

12. 右の図の □ABCD で，直線 BD 上に点
P，Q を，それぞれ ∠APB＝∠ABP，
∠CQB＝∠CBQ となるようにとるとき，
D は線分 PQ の中点となることを証明せよ。

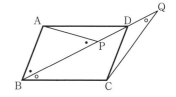

13. AB＜AD の □ABCD で，∠BAD の二等分
線と辺 BC との交点を E とするとき，
EC＋CD＝AD であることを証明せよ。

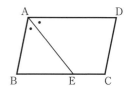

14. AB＝AC の二等辺三角形 ABC で，底辺 BC 上
の点 P から辺 AB，AC にそれぞれ平行にひいた直
線と辺 AC，AB との交点を D，E とするとき，
PD＋PE＝AB であることを証明せよ。

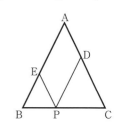

15. 四角形 ABCD の辺 AB の中点を M とする。辺 AD と線分 AM を 2 辺とす
る □AMGD と，辺 BC と線分 BM を 2 辺とする □MBCH をつくるとき，線
分 GH は辺 CD の中点を通ることを証明せよ。

16. 右の図のように，□ABCD の頂点 D を通り直
線 BC に垂直な直線と，頂点 B を通り直線 CD
に垂直な直線との交点を O とする。直線 OD，
OB について頂点 C と対称な点をそれぞれ E，F
とするとき，E，F は直線 OA について対称であ
ることを証明せよ。

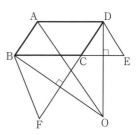

進んだ問題の解法 ||||||||||||||||||||||||||||||||||||||||||||||||||||||||||||||||||

||||**問題1** 右の図のように，四角形 ABCD の辺
BA，CD の延長の交点を P とし，線分 PB，
PC 上にそれぞれ点 E，F を，PE＝AB，
PF＝DC となるようにとる。また，辺 AD，
BC の延長の交点を Q とし，線分 QB，QA 上
にそれぞれ点 G，H を，QG＝CB，QH＝DA
となるようにとる。このとき，四角形 EGHF
は平行四辺形であることを証明せよ。

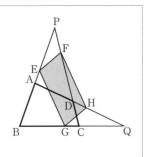

解法 △PEF を線分 PB にそって，点 P が頂点 A に，点 E が頂点 B に重なるように平行
移動し，点 F の移る点を I とすると，四角形 AICD は平行四辺形となる。

証明 右の図のように，△PEF を線分 PB にそって，点 P が頂点 A に，点 E が頂点 B に
重なるように平行移動し，点 F の移る点を I とすると，PF＝AI，PF∥AI ……①
四角形 AICD で，①と PF＝DC（仮定）より
  　　AI＝DC，AI∥DC
ゆえに，四角形 AICD は平行四辺形である。
△IBC と △HGQ において
  　　BC＝GQ（仮定）
IC＝AD（□AICD の対辺）と AD＝HQ（仮定）より
  　　IC＝HQ
IC∥AQ より ∠ICB＝∠HQG（同位角）
よって △IBC≡△HGQ（2辺夾角）
ゆえに BI＝GH ………② ∠IBC＝∠HGQ ………③
②と BI＝EF より EF＝GH
③より BI∥GH また，BI∥EF より EF∥GH
ゆえに，1組の対辺が平行で，かつその長さが等しいから，四角形 EGHF は平行
四辺形である。

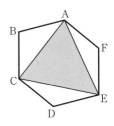

||||||**進んだ問題** ||||||

17. 右の図の六角形 ABCDEF で，向かい合う3組の
辺 AB と ED，BC と FE，CD と AF がそれぞれ平行
で，かつその長さが等しいならば，六角形 ABCDEF
の面積は △ACE の面積の2倍であることを証明せよ。

2 … いろいろな四角形

1　**長方形**　4つの角が等しい四角形
　(1)　長方形の対角線は長さが等しく，かつたがいに他を2等分する。
　(2)　対角線の長さが等しく，かつたがいに他を2等分する四角形は長方形である。

2　**ひし形**　4つの辺が等しい四角形
　(1)　ひし形の対角線はたがいに他を垂直に2等分する。
　(2)　対角線がたがいに他を垂直に2等分する四角形はひし形である。

3　**正方形**　4つの角と4つの辺が等しい四角形
　(1)　正方形の対角線は長さが等しく，かつたがいに他を垂直に2等分する。
　(2)　対角線の長さが等しく，かつたがいに他を垂直に2等分する四角形は正方形である。

4　**台形**　1組の対辺が平行な四角形
　平行でない1組の対辺が等しい台形を**等脚台形**という。
　①　等脚台形の1つの底の両側の角は等しい。
　②　等脚台形の対角線の長さは等しい。

5　**いろいろな四角形**
　いろいろな四角形は，定義に着目すると，次の図のような関係にある。

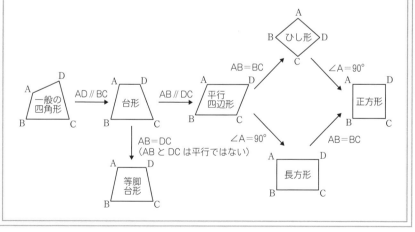

●基本問題●

18. 次の条件に最も適する四角形を，長方形，ひし形，正方形の中から選べ。
  (1) 1つの内角が直角である平行四辺形
  (2) 1つの内角が直角であるひし形
  (3) 1組の隣り合う辺の長さが等しい平行四辺形
  (4) 対角線の長さが等しい平行四辺形
  (5) 対角線がたがいに他を垂直に2等分する四角形

●**例題3**● 右の図で，AD∥BC のとき，x，y の値を求めよ。

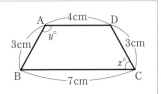

(解説) 辺 BC 上に点 E を，BE＝AD となるようにとると，四角形 ABED は平行四辺形となる。

(解答) 辺 BC 上に点 E を，BE＝AD となるようにとる。

AD∥BE (仮定)，AD＝BE より，1組の対辺が平行で，かつその長さが等しいから，四角形 ABED は平行四辺形である。

よって　DE＝AB＝3　　また　CD＝3

BC＝7 より　EC＝BC－BE＝BC－AD＝3

ゆえに，△DEC は正三角形である。

よって　$x°＝60°$

また　　∠A＋∠B＝180°　　∠B＝∠C

ゆえに　$y°＝120°$

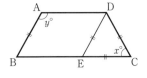

（答）　$x＝60$，$y＝120$

演習問題

19. 次の図で，x，y の値を求めよ。

(1)

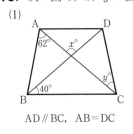

AD∥BC，AB＝DC

(2)

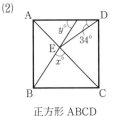

正方形 ABCD

(3)

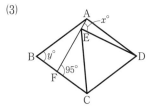

ひし形 ABCD，正三角形 ECD

20. AD∥BC の四角形 ABCD で，頂点 B と D は対角線 AC について対称である。辺 BC の延長上に点 E をとる。∠DAC＝56°，AB＝2cm であるとき，∠DCE の大きさと四角形 ABCD の周の長さを求めよ。

21. 長方形 ABCD の内部に点 P があって，△PAB，△PBC，△PCD の面積がそれぞれ 7cm²，15cm²，28cm² であるとき，△PDA の面積を求めよ。

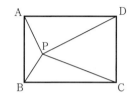

●**例題4**● 右の図のように，□ABCD の頂点 A から辺 BC，CD にひいた垂線をそれぞれ AP，AQ とする。AP＝AQ とするとき，□ABCD はひし形であることを証明せよ。

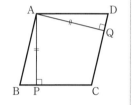

(解説) 四角形が平行四辺形で，かつ1組の隣り合う辺の長さが等しいならば，その四角形はひし形である。

(証明) △ABP と △ADQ において

  AP＝AQ（仮定）

  ∠APB＝∠AQD（＝90°）

  ∠B＝∠D（□ABCD の対角）

 よって △ABP≡△ADQ（2角1対辺）

 ゆえに AB＝AD

四角形 ABCD は平行四辺形で，かつ1組の隣り合う辺の長さが等しいから，ひし形である。

演習問題

22. 長方形 ABCD の各辺の中点を順に結んでできる四角形は，ひし形であることを証明せよ。

23. ひし形 ABCD の各辺の中点を順に結んでできる四角形は，長方形であることを証明せよ。

24. 四角形 ABCD で，AB＝CD，∠B＝∠C のとき，この四角形は等脚台形であることを証明せよ。ただし，AD＜BC，∠B＝∠C≠90° とする。

25. 右の図のように，□ABCD の辺 BC の延長上に
点 E を，AE＝AB となるようにとるとき，四角形
ACED は等脚台形であることを証明せよ。

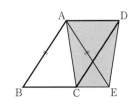

26. 右の図のように，長方形 ABCD の対角線 BD の
垂直二等分線と辺 AD，BC との交点をそれぞれ E，
F とするとき，四角形 EBFD はひし形であること
を証明せよ。

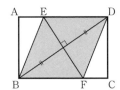

27. ∠A＝90° の直角三角形 ABC で，∠B の
二等分線と辺 AC との交点を D とする。ま
た，点 A，D から辺 BC に垂線をひき，その
交点をそれぞれ E，F とし，線分 AE と BD
との交点を G とする。このとき，四角形
AGFD はひし形であることを証明せよ。

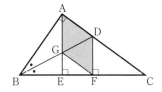

28. 右の図のように，□ABCD の対角線の交点
O を通り，たがいに垂直な直線が 2 組の対辺
AB，DC および BC，AD と交わる点をそれぞ
れ P，R および Q，S とする。このとき，四角
形 PQRS はひし形であることを証明せよ。

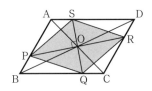

29. □ABCD の 4 つの内角の二等分線によって
できる四角形を，右の図のように四角形 EFGH
とする。このとき，四角形 EFGH は長方形であ
ることを証明せよ。

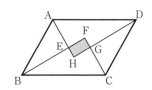

30. 右の図のように，□ABCD の各辺を斜辺とす
る直角二等辺三角形 APB，BQC，CRD，DSA
をつくるとき，四角形 PQRS は正方形であるこ
とを証明せよ。

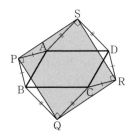

|||||進んだ問題 |||||

31. 右の図のように，正方形 ABCD を，頂点 C が辺 AD 上の点 G と重なるように折り返したとき，折り目 EF の長さは，線分 CG の長さに等しいことを証明せよ。

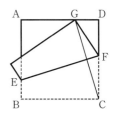

進んだ問題の解法 ||||||||||||||||||||||||||||||||||||||||||||||||||||||

> |||||問題2　右の図の立方体 ABCD–EFGH で，辺 AD 上に点 P を，AP：PD＝1：2 となるようにとる。この立方体を，3 点 C，P，E を通る平面で切るとき，切り口はどのような四角形になるかを説明せよ。

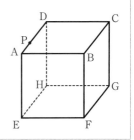

解法　切り口の四角形を PEQC とすると，点 Q は辺 FG 上にあり，PC∥EQ である。

解答　切り口の平面と辺 FG との交点を Q とする。

面 ABCD∥面 EFGH より，切り口の面 PEQC と面 ABCD との交線 PC と，面 PEQC と面 EFGH との交線 EQ は平行である。

同様に，面 AEHD∥面 BFGC より，切り口との交線 PE と CQ は平行である。

ゆえに，切り口の四角形 PEQC は平行四辺形である。

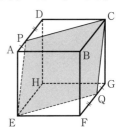

注　AP：PD＝GQ：QF である。

|||||進んだ問題 |||||

32. 右の図の立方体 ABCD–EFGH で，辺 BF の中点を P とする。この立方体を，次の 3 点を通る平面で切るとき，切り口はどのような四角形になるかを説明せよ。

(1)　3 点 P，C，D

(2)　3 点 A，P，G

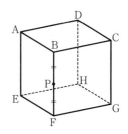

5章の問題

1 次の図で, x, y の値を求めよ。

(1)

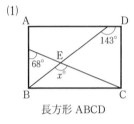

長方形 ABCD

(2)

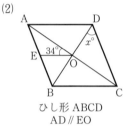

ひし形 ABCD
AD ∥ EO

(3)

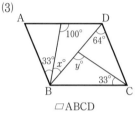

▱ABCD

2 右の図のように, ▱ABCD の辺 AB, BC, CD, DA 上にそれぞれ点 P, Q, R, S をとり, AS＝BQ とする。このとき, 四角形 PQRS の面積は, ▱ABCD の面積の何倍か。

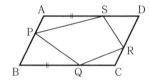

3 右の図のように, ▱ABCD の辺 BC の延長上に点 E をとる。∠DCB, ∠DCE の二等分線と直線 AD との交点をそれぞれ F, G とするとき, DF＝DG であることを証明せよ。

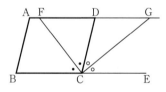

4 右の図の ▱ABCD の辺 AB, BC, CD, DA 上にそれぞれ点 P, Q, R, S をとり, AS＝QC, PS ∥ QR とする。このとき, 四角形 PQRS は平行四辺形であることを証明せよ。

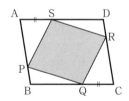

5 右の図の ▱ABCD で, 頂点 A から ∠D の二等分線にひいた垂線と辺 BC との交点を E とするとき, AB＝BE であることを証明せよ。

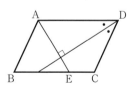

6 右の図の △ABC で, ∠C の二等分線と辺 AB との交点を D とし, 辺 BC 上に点 E を, CE＝AC となるようにとる。頂点 A を通り線分 DE に平行な直線と線分 CD との交点を F とする。

(1) 四角形 ADEF はひし形であることを証明せよ。

(2) AB＝BC, ∠ABC＝40° のとき, ∠DEF の大きさを求めよ。

7 右の図のように, AB＝1cm, AD＝2cm の長方形 ABCD の内側に正三角形 ABE, 外側に正三角形 BFC をつくり, 直線 BE と辺 AD との交点を G とする。点 G から直線 AF に垂線をひき, AF との交点を H, 辺 CB の延長との交点を I とする。このとき, AB＝IB であることを証明せよ。

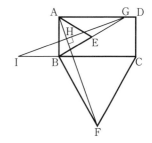

||||||進んだ問題||||||

8 正方形 ABCD の辺 BC 上の点を P とし, ∠PAD の二等分線と辺 CD との交点を Q とするとき, DQ＝AP－BP であることを証明せよ。

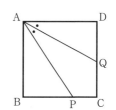

9 右の図で, 四角形 ABCD は平行四辺形, △AEB は AB＝AE の直角二等辺三角形, △ADF は AD＝AF の直角二等辺三角形である。また, G は直線 DB と FE との交点, H は直線 CA と EF との交点, I は線分 EF の中点である。このとき, 次のことを証明せよ。

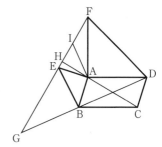

(1) AH⊥EF

(2) ∠BGE＝∠HAI

面積と比例

1… 等積

1 **等積**

(1) 2つの図形の面積が等しいとき，これらの図形は**等積**であるという。
△ABC と △DEF が等積であるとき，△ABC＝△DEF と書く。

(2) 合同な2つの図形は等積である。
△ABC≡△DEF のとき，△ABC＝△DEF である。

2 **三角形と等積**

底辺 BC を共有する △ABC と △A′BC について，

(1) 頂点 A，A′ が辺 BC の同じ側にあるとき

① AA′∥BC ならば，△ABC＝△A′BC

② △ABC＝△A′BC ならば，AA′∥BC

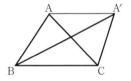

(2) 頂点 A，A′ が辺 BC の反対側にある
とき

① 線分 AA′ が辺 BC，またはその延
長によって2等分されるならば，
　　△ABC＝△A′BC

② △ABC＝△A′BC ならば，
線分 AA′ は辺 BC，またはその延長
によって2等分される。

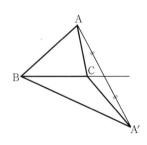

○基本問題 ○

1. 次の図で，△BCD の面積を求めよ。

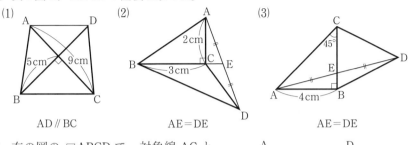

(1) AD // BC　　　(2) AE = DE　　　(3) AE = DE

2. 右の図の □ABCD で，対角線 AC と
BD との交点を O，辺 DC の中点を E，
線分 AE の延長と辺 BC の延長との交点
を F とするとき，△AED と等積な三角
形をすべて求めよ。

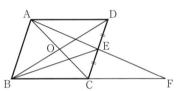

●**例題1**● □ABCD の辺 CD 上の点を E とし，線分 AE の延長と辺 BC の
延長との交点を F とするとき，△BCE＝△DEF であることを証明せよ。

(解説)　△BCE と等積となる三角形をさがしてみる。

　　△BCE と △ACE は，辺 CE を共有し，AB // EC であるから，等積である。

　　また，△ACF と △DCF は，辺 CF を共有し，AD // CF であるから，等積である。

(証明)　△BCE と △ACE は，辺 CE を共有し，

　　　　AB // EC であるから

　　　　　　　　△BCE＝△ACE ………①

　　　　△ACF と △DCF は，辺 CF を共有し，

　　　　AD // CF であるから

　　　　　　　　△ACF＝△DCF ………②

　　　　△ACE＝△ACF－△ECF，△DEF＝△DCF－△ECF と②より

　　　　　　　　△ACE＝△DEF ………③

　　　①，③より　△BCE＝△DEF

(参考)　②の代わりに △ACD＝△AFD を利用してもよい。

演習問題

3. 右の図の正三角形 ABC で，3 辺 BC，CA，AB の
中点をそれぞれ D，E，F とし，線分 DE，EF，FD
の中点をそれぞれ G，H，I とする。
(1) △AHG の面積は，△ABC の面積の何倍か。
(2) △AIG と四角形 FIGE の面積が等しいことを証
明せよ。

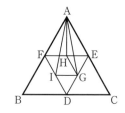

4. □ABCD について，次のことを証明せよ。
(1) 辺 BC 上に点 P をとるとき，
$$\triangle APD = \frac{1}{2}\square ABCD$$
(2) □ABCD の内部に点 Q をとるとき，
$$\triangle ABQ + \triangle CDQ = \frac{1}{2}\square ABCD$$

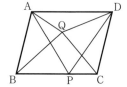

5. □ABCD の対角線 AC，またはその延長上に 2 点
P，Q をとるとき，△BPQ＝△DPQ であることを
証明せよ。

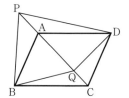

6. △ABC の辺 BC の中点を M，線分 AM の中点を
N とし，線分 BN の延長と辺 AC との交点を L と
するとき，△ABL＝△LBM＝△LMC であること
を証明せよ。

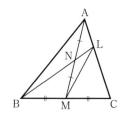

7. 右の図の AD∥BC の台形 ABCD で，頂点 A を通
り辺 DC に平行な直線と，頂点 C を通り対角線 DB に
平行な直線との交点を E とするとき，
△BEC＝△ABD であることを証明せよ。

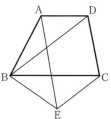

8. 右の図のように，△ABC の辺 BC 上に点 D をとり，頂点 B を通り線分 AD に平行な直線と，辺 CA の延長との交点を E，頂点 C を通り AD に平行な直線と，辺 BA の延長との交点を F とするとき，△DEF＝2△ABC であることを証明せよ。

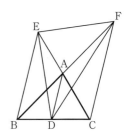

●**例題2**● 右の図の四角形 ABCD と等積で，辺 AB と∠B を共有する △ABE を作図する方法を述べよ。

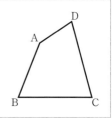

解説 面積を変えないで，形を変えたり，図形を動かしたりすることを，**等積変形**または**等積移動**という。

この問題では，平行線を利用し，△ADC を等積変形する。

解答 頂点 D を通り対角線 AC に平行な直線と，辺 BC の延長との交点を E とする。

点 A と E を結ぶと，△ABE は四角形 ABCD と等積である。

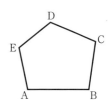

注 （四角形 ABCD）＝△ABE を証明すると，次のようになる。

△ADC と △AEC は，辺 AC を共有し，AC∥DE であるから，△ADC＝△AEC

また，　（四角形 ABCD）＝△ABC＋△ADC

　　　　△ABE＝△ABC＋△AEC

ゆえに，　（四角形 ABCD）＝△ABE

演習問題

9. 右の図の五角形 ABCDE と等積で，辺 AB を共有する三角形を作図する方法を述べよ。

10. 右の図のように，△ABC の辺 BC 上に点 P
がある。このとき，辺 BC の中点 M を利用し
て，点 P を通り △ABC の面積を 2 等分する直
線を作図する方法を述べよ。

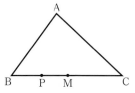

11. 右の図は，四角形 ABCD の面積を 2 等分する直
線 AF を作図する方法を示したものである。この方
法を述べよ。また，この方法が正しいことを証明せ
よ。

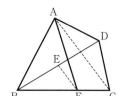

12. 右の図は，長方形 ABCD と等積である 1 辺の長さ
が a cm の長方形 CEFG を作図する方法を示したもの
である。この方法を述べよ。また，この方法が正しい
ことを証明せよ。

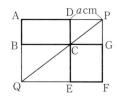

||||||**進んだ問題**||||||

13. 右の図において，次の 3 つの条件を満たす
三角形を考える。
　① 1 つの頂点が直線 ℓ 上にある。
　② △ABC と 1 辺を共有する。
　③ △ABC と面積が等しい。
このとき，直線 ℓ 上の頂点として考えられるものをすべてかけ。

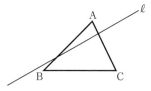

14. 右の図のような折れ線 ABCD がある。
△PAB＝△PBC＝△PCD となるような点 P を作図す
る方法を述べよ。また，その方法が正しいことを証明
せよ。ただし，点 P は直線 BC について点 A と同じ
側にあるものとする。

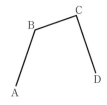

2 … 面積の比

1　底辺の等しい 2 つの三角形の
　面積の比は，それらの高さの比
　に等しい。
　　右の図で，$S : S' = h : h'$

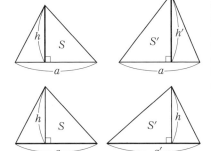

2　高さの等しい 2 つの三角形の
　面積の比は，それらの底辺の比
　に等しい。
　　右の図で，$S : S' = a : a'$

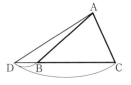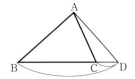

　とくに，△ABC の辺 BC，またはその延長上に点 D をとるとき，
　　　　△ABD : △ACD = BD : CD

基本問題

15. 右の図の △ABC で，点 D，E は辺 BC を 3 等
　分し，点 F は線分 AE を 2 等分する。
　　次の比を求めよ。
　(1)　△ABE : △AEC　　(2)　△ABC : △ADE
　(3)　△ABF : △EBF　　(4)　△ABC : △ABF

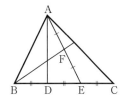

16. 四角形 ABCD の対角線の交点を O とするとき，
　　　　△ABO : △BCO = △ADO : △DCO
　であることを証明せよ。

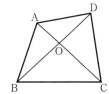

●**例題3**● △ABC で，辺 AB，AC 上にそれぞれ
点 D，E をとるとき，

$$\frac{\triangle ADE}{\triangle ABC}=\frac{AD \cdot AE}{AB \cdot AC}$$

であることを証明せよ。

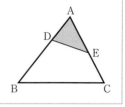

解説 比 $a:b$ に対して，分数の形で表した $\dfrac{a}{b}$ を比の値という。$a:b=c:d$ と $\dfrac{a}{b}=\dfrac{c}{d}$ は同じことである。また，AB・AC は AB×AC の意味である。

　証明については，点 D と C を結び，△ADC と △ABC，△ADC と △ADE の面積の関係に着目する。または，点 B と E を結び，△ABE と △ABC，△ABE と △ADE の面積の関係を考えてもよい。

証明 点 D と C を結ぶ。

△ABC：△ADC＝AB：AD であるから

$$\triangle ADC=\frac{AD}{AB}\triangle ABC \quad\cdots\cdots\cdots①$$

△ADC：△ADE＝AC：AE であるから

$$\triangle ADE=\frac{AE}{AC}\triangle ADC \quad\cdots\cdots\cdots②$$

①，②より　$\triangle ADE=\dfrac{AE}{AC}\cdot\dfrac{AD}{AB}\triangle ABC$

ゆえに　$\dfrac{\triangle ADE}{\triangle ABC}=\dfrac{AD \cdot AE}{AB \cdot AC}$

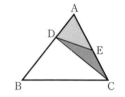

注 一般に，次の定理が成り立つ。

❖ **定理** ❖

　△ABC の辺 AB，AC，またはその延長上にそれぞれ点 D，E をとるとき，

$$\frac{\triangle ADE}{\triangle ABC}=\frac{AD \cdot AE}{AB \cdot AC}$$

演習問題

17. 次の図で，$\dfrac{\triangle ADE}{\triangle ABC}$ の値を求めよ。

(1)

AD：DB＝3：1
AE：EC＝1：3

(2)

AB：AD＝2：1
AC：AE＝1：1

(3)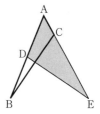

AD：DB＝1：1
AC：CE＝2：7

18. 右の図の △ABC で，AB＝5cm，AC＝4cm である。辺 AB 上に点 D を，AD＝2.5cm となるようにとり，辺 CA の延長上に点 E をとると，△ABC の面積が △DAE の面積の 8 倍となる。このとき，線分 AE の長さを求めよ。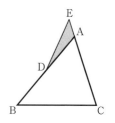

19. 次の図で，△PQR の面積は，△ABC の面積の何倍か。

(1)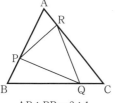

AP：PB＝2：1
BQ：QC＝3：1
CR：RA＝4：1

(2)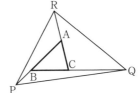

AP：PB＝3：1
BQ：QC＝5：3
CR：RA＝2：1

20. 右の図の AD∥BC の台形 ABCD で，辺 AB 上に点 E を，AE：EB＝1：4 となるようにとり，辺 BC 上に点 P を次のようにとる。AD＝2cm，BC＝4cm のとき，線分 BP の長さを求めよ。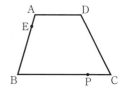

(1) 線分 AP が台形 ABCD の面積を 2 等分する。
(2) 線分 EP が台形 ABCD の面積を 2 等分する。

●**例題4**● 右の図の △ABC と △A'BC について，

$$\frac{\triangle ABC}{\triangle A'BC} = \frac{AP}{A'P}$$

が成り立つことを証明せよ。

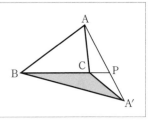

解説 △ABC＝△ABP－△ACP, △A'BC＝△A'BP－△A'CP であるから，

$\dfrac{\triangle ABC}{\triangle A'BC} = \dfrac{AP}{A'P}$ を証明するには，$\dfrac{\triangle ABP}{\triangle A'BP} = \dfrac{\triangle ACP}{\triangle A'CP} = \dfrac{AP}{A'P}$ を示せばよい。

証明 △BAA' で，辺 AA' 上に点 P があるから

$$\frac{\triangle ABP}{\triangle A'BP} = \frac{AP}{A'P} \quad \cdots\cdots\cdots ①$$

△CAA' で，辺 AA' 上に点 P があるから

$$\frac{\triangle ACP}{\triangle A'CP} = \frac{AP}{A'P} \quad \cdots\cdots\cdots ②$$

また $\quad$ △ABC＝△ABP－△ACP, △A'BC＝△A'BP－△A'CP $\cdots\cdots\cdots ③$

$\dfrac{AP}{A'P} = k$（k は正の定数）とすると，①，②，③より

$$\triangle ABP = k\triangle A'BP, \quad \triangle ACP = k\triangle A'CP$$

よって $\quad \dfrac{\triangle ABC}{\triangle A'BC} = \dfrac{k\triangle A'BP - k\triangle A'CP}{\triangle A'BP - \triangle A'CP} = \dfrac{k(\triangle A'BP - \triangle A'CP)}{\triangle A'BP - \triangle A'CP} = k$

ゆえに $\quad \dfrac{\triangle ABC}{\triangle A'BC} = \dfrac{AP}{A'P}$

注 一般に，次の定理が成り立つ。

❖**定理**❖

底辺 BC を共有する △ABC と △A'BC で，頂点 A，A' を結ぶ直線と辺 BC，また

はその延長との交点を P とするとき，$\dfrac{\triangle ABC}{\triangle A'BC} = \dfrac{AP}{A'P}$

 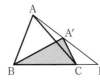 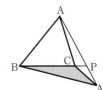

演習問題

21. 右の図で，△ABC：△A′BC：△A″BC
を求めよ。

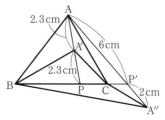

22. △ABC の辺 AB，BC 上にそれぞれ点 D，E
を，AD：DB＝3：1，BE＝EC となるようにと
り，直線 AE と CD との交点を F とする。
(1) △ADE：△ABC を求めよ。
(2) CF：FD を求めよ。

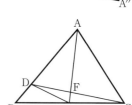

23. △ABC の辺 AB，BC 上にそれぞれ点 D，E
を，AD：DB＝3：5，BE：EC＝1：4 となるよ
うにとる。2直線 AE，CD の交点を P とし，線
分 BP の延長と辺 CA との交点を F とする。
(1) △PAC：△PBC，△PAB：△PAC を求めよ。
(2) AF：FC を求めよ。
(3) BP：PF を求めよ。

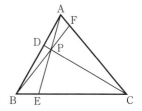

24. △ABC の3辺 AB，BC，CA 上にそれぞれ点 P，
Q，R を，AP：PB＝3：4，BQ：QC＝7：5，
CR：RA＝3：5 となるようにとり，線分 AQ と PR
との交点を D とする。
(1) △ABC の面積を S とするとき，△APQ の面積を
S を使って表せ。
(2) PD：DR を求めよ。

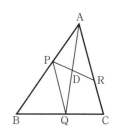

|||||進んだ問題|||||

25. 右の図の △ABC で，∠BAD＝∠CAE,
AB＝5cm，AC＝3cm，AD＝$a$cm，
AE＝$b$cm とする。

(1) $\dfrac{\mathrm{BD}}{\mathrm{CE}}$ を a，b を使って表せ。

(2) BD＝2cm，CD＝4cm のとき，線分 CE
の長さを求めよ。

26. 右の図の △ABC で，辺 AB，AC 上にそれぞれ点
D，E を，AD：DB＝5：2，AE：EC＝2：3 となる
ようにとる。

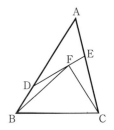

　線分 DE 上に点 F を，△FBC：△ABC＝1：2 とな
るようにとるとき，△FCE の面積は，△ABC の面積
の何倍か。

▶研究◀ チェバの定理

　△ABC の 3 つの頂点 A，B，C と，三角形の辺上にもその延長上にもな
い点 O とを結ぶ直線が，対辺
BC，CA，AB，またはその延
長とそれぞれ点 P，Q，R で交
わるとき，

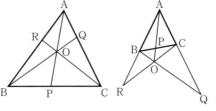

$$\frac{\mathrm{BP}}{\mathrm{PC}}\cdot\frac{\mathrm{CQ}}{\mathrm{QA}}\cdot\frac{\mathrm{AR}}{\mathrm{RB}}=1$$

が成り立つ。

◁証明▷　△ABO と △ACO は，辺 AO を共有するから

$$\frac{\triangle\mathrm{ABO}}{\triangle\mathrm{ACO}}=\frac{\mathrm{BP}}{\mathrm{PC}}$$

同様に　$\dfrac{\triangle\mathrm{BCO}}{\triangle\mathrm{BAO}}=\dfrac{\mathrm{CQ}}{\mathrm{QA}}$　$\dfrac{\triangle\mathrm{CAO}}{\triangle\mathrm{CBO}}=\dfrac{\mathrm{AR}}{\mathrm{RB}}$

よって　$\dfrac{\mathrm{BP}}{\mathrm{PC}}\cdot\dfrac{\mathrm{CQ}}{\mathrm{QA}}\cdot\dfrac{\mathrm{AR}}{\mathrm{RB}}=\dfrac{\triangle\mathrm{ABO}}{\triangle\mathrm{ACO}}\cdot\dfrac{\triangle\mathrm{BCO}}{\triangle\mathrm{BAO}}\cdot\dfrac{\triangle\mathrm{CAO}}{\triangle\mathrm{CBO}}=1$

ゆえに　$\dfrac{\mathrm{BP}}{\mathrm{PC}}\cdot\dfrac{\mathrm{CQ}}{\mathrm{QA}}\cdot\dfrac{\mathrm{AR}}{\mathrm{RB}}=1$

▶**研究1◀** △ABC の辺 BC，CA 上にそれぞれ点 P，Q を，BP：PC＝3：4，CQ：QA＝2：3 となるようにとる。2直線 AP，BQ の交点を O とし，直線 CO と辺 AB との交点を R とする。このとき，AR：RB を求めよ。

◀**解説**▶ チェバの定理の式にあてはめる。

◁**解答**▷ △ABC で，チェバの定理より

$$\frac{BP}{PC}\cdot\frac{CQ}{QA}\cdot\frac{AR}{RB}=1$$

$\dfrac{BP}{PC}=\dfrac{3}{4}$，$\dfrac{CQ}{QA}=\dfrac{2}{3}$ であるから

$$\frac{3}{4}\times\frac{2}{3}\times\frac{AR}{RB}=1$$

よって $\dfrac{AR}{RB}=2$

ゆえに AR：RB＝2：1 　　　　　　（答）2：1

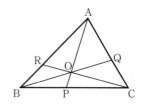

▶**研究問題◀**

27. 次の図の △ABC で，AR：RB を求めよ。

(1)

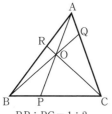

BP：PC＝1：2
AQ：QC＝1：3

(2)

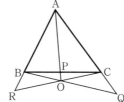

BP：PC＝9：10
AC：AQ＝3：4

(3)

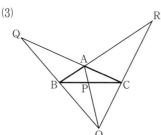

BP：PC＝7：8
AQ：QC＝7：11

(4)

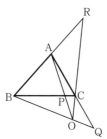

BP：PC＝5：1
AC：CQ＝4：3

28. 右の図の △ABC について，次の問いに答えよ。
(1) 線分 AQ の長さを求めよ。
(2) △ABO：△BCO：△CAO を求めよ。

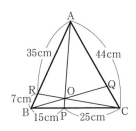

29. AB＝2AC の △ABC で，辺 BA，CA の延長上にそれぞれ点 D，E をとる。直線 BE と CD との交点を F，直線 AF と辺 BC との交点を G とする。
　　AD＝1cm，AE＝3cm，BG：GC＝4：1 のとき，辺 AB の長さを求めよ。

30. 右の図の △ABC の辺 AB，BC の中点をそれぞれ D，E とし，線分 AE と CD との交点を G とする。線分 BG の延長と辺 CA との交点を F とするとき，F は CA の中点であることを証明せよ。

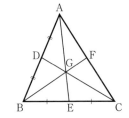

31. 右の図のように，△ABC の辺 BC，CA，AB 上にそれぞれ点 P，Q，R を，$\dfrac{BP}{BC}=\dfrac{AQ}{AC}=\dfrac{BR}{BA}$ となるようにとる。線分 BQ と CR との交点を S，線分 AS と QR との交点を T とするとき，$\dfrac{BP}{PC}=\dfrac{RT}{TQ}$ であることを証明せよ。

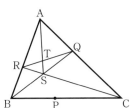

32. △ABC の辺 BC，CA，AB 上にそれぞれ点 P，Q，R があり，$\dfrac{BP}{PC}\cdot\dfrac{CQ}{QA}\cdot\dfrac{AR}{RB}=1$ が成り立つとする。また，線分 BQ と CR との交点を O とし，線分 AO の延長と辺 BC との交点を P′ とする。このとき，点 P と P′ が一致することから，3 直線 AP，BQ，CR は 1 点で交わることを証明せよ。

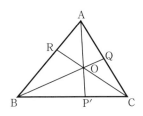

3 … 平行線と比

1 内分と外分

(1) **内分** 線分 AB 上に点 P があって,

$$AP : PB = m : n$$

のとき,点 P は線分 AB を $m : n$ に**内分する**という。

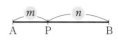

(2) **外分** 線分 AB(または BA)の延長上に点 P があって,

$$AP : PB = m : n$$

のとき,点 P は線分 AB を $m : n$ に**外分する**という。

2 三角形の2辺の内分と外分

(1) 三角形の 1 つの辺に平行な直線は,他の 2 つの辺を等しい比に内分するか,または等しい比に外分する。

　下の 3 つの図の △ABC で,DE∥BC ならば AD:DB=AE:EC

注 AB:BD=AC:CE, AB:AD=AC:AE=BC:DE も成り立つ。

(2) 三角形の 2 つの辺を等しい比にそれぞれ内分する 2 点,または等しい比にそれぞれ外分する 2 点を結ぶ直線は,残りの辺に平行である。

　下の 3 つの図の △ABC で,AD:DB=AE:EC ならば DE∥BC

注 AB:BD=AC:CE, AB:AD=AC:AE のときも,DE∥BC である。
しかし,AB:AD=BC:DE のときは,DE∥BC であるとは限らない。

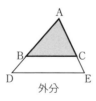
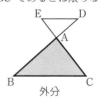

3 平行線と線分の比

　2 直線がいくつかの平行線に交わっているとき,平行線で切り取られる 2 直線の対応する部分の比は等しい。

　右の図で,AA′∥BB′∥CC′∥DD′ ならば

$$AB : A'B' = BC : B'C' = CD : C'D'$$

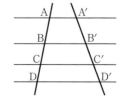

●基本問題●

33. 次の図で，BC∥DE のとき，x，y の値を求めよ。

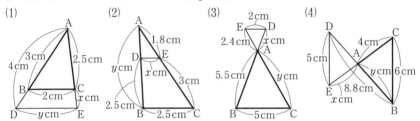

(1)　(2)　(3)　(4)

34. △ABC で，直線 AB，AC 上にそれぞれ点 D，E があるとき，DE∥BC ならば AD：DB＝AE：EC である（定理）ことを証明せよ。

●**例題5**● □ABCD で，辺 BC を 5：1 に外分する点を E とし，線分 AE と辺 CD，対角線 BD との交点をそれぞれ F，G とする。

(1) BG：GD を求めよ。

(2) EF：FG：GA を求めよ。

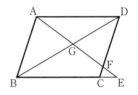

解説 □ABCD より，AB∥DC，AD∥BC であるから，まとめ[2](1)（→p.123）の平行線と比の定理を使うには，次の図のような場合が考えられる。求めるものによって，どれに着目すればよいかを判断する。

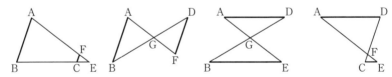

(2) $x：y＝a：b$，$y：z＝c：d$ のとき，$x：y：z＝ac：bc：bd$ である。

解答 (1) AD∥BE より　BG：GD＝BE：AD

　　　AD＝BC，BC：BE＝4：5 より　BE：AD＝5：4

　　　ゆえに　　　　　　　BG：GD＝5：4　　　　　　　　（答）　5：4

　(2) AD∥BE より　EG：GA＝BG：GD＝5：4 ((1)より) ………①

　　　FC∥AB より　EF：FA＝EC：CB＝1：4　　　　 ………②

　　　①，②より　　　EG：GA＝25：20　　　EF：FA＝9：36

　　　ゆえに　　　　　EF：FG：GA＝9：16：20　　　　（答）　9：16：20

演習問題

35. 右の図の △ABC で，D，E は辺 BC を 3 等分する点である。辺 AC 上に 2 点 F，G を，AB∥FD∥GE となるようにとり，線分 AE と FD との交点を H とする。AB＝9cm のとき，線分 FH の長さを求めよ。

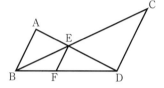

36. 右の図で，AB＝4cm，CD＝6cm，AB∥EF∥CD のとき，線分 EF の長さを求めよ。

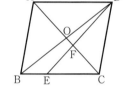

37. 右の図の □ABCD で，対角線 AC と BD との交点を O，辺 BC を 1：2 に内分する点を E，線分 AC と DE との交点を F とする。

(1) DF：FE を求めよ。

(2) AO：OF：FC を求めよ。

(3) □ABCD の面積は，△DOF の面積の何倍か。

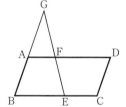

38. 右の図の □ABCD で，辺 BC を 3：2 に内分する点を E，辺 AD を 1：2 に内分する点を F，辺 BA の延長と線分 EF の延長との交点を G とする。

(1) GA：AB を求めよ。

(2) □ABCD の面積を 20cm² とするとき，△GAF の面積を求めよ。

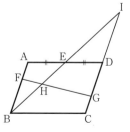

39. 右の図の □ABCD で，辺 AD の中点を E，辺 AB，CD を 1：2 に内分する点をそれぞれ F，G とする。線分 BE と FG との交点を H，線分 BE の延長と辺 CD の延長との交点を I とする。

(1) BF：IG を求めよ。

(2) BH：HE を求めよ。

(3) 四角形 HBCG の面積は，□ABCD の面積の何倍か。

40. 右の図の △ABC で，辺 BC の中点を D，辺 AB
を 3：4 に内分する点を E，辺 AC を 2：1 に内分す
る点を F とする。線分 AD と EF との交点を P とし，
頂点 B，C を通り線分 EF に平行な直線と，直線 AD
との交点をそれぞれ G，H とする。

(1) EP＝18cm のとき，線分 PF の長さを求めよ。

(2) AP＝24cm のとき，線分 HG，PD の長さを求めよ。

41. 右の図の △ABC で，D，E，F はそれぞれ辺 AB，
BC，CA 上の点で，四角形 DECF は平行四辺形であ
る。線分 BF と DE との交点を G，線分 AE と DF，
BF との交点をそれぞれ H，I とする。また，△DBG，
△DGF の面積をそれぞれ 56cm²，28cm² とする。

(1) 次の比を求めよ。

  (ⅰ) BG：GF   (ⅱ) DH：HF   (ⅲ) FI：IB   (ⅳ) FI：IG

(2) △HIF の面積を求めよ。

42. 右の図の □ABCD で，辺 AD，DC を 2：1 に
内分する点をそれぞれ E，F とし，線分 AF と EC
との交点を G とする。

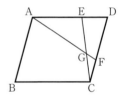

(1) AG：GF を求めよ。

(2) 四角形 DEGF と □ABCD の面積の比を求めよ。

●**例題6**● 四角形 ABCD の辺 AB 上の点 E か
ら辺 BC に平行な直線をひき，対角線 AC との
交点を F とし，F から辺 CD に平行な直線を
ひき，辺 AD との交点を G とする。このとき，
EG∥BD であることを証明せよ。

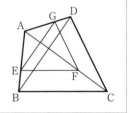

（解説） EG∥BD となるためには，どのような比例式が成り立てばよいかを考える。

（証明） △ABC で，EF∥BC（仮定）より　AE：AB＝AF：AC
　　　　△ACD で，FG∥CD（仮定）より　AF：AC＝AG：AD
　　　　よって，△ABD で　AE：AB＝AG：AD
　　　　ゆえに　EG∥BD

演習問題

43. 右の図のように，△ABC の辺 BC の 3 等分点を
M，N とする。点 M，N を通り，それぞれ辺 AB，
AC に平行な直線と，辺 AC，AB との交点をそれ
ぞれ P，Q とするとき，QP∥BC であることを証
明せよ。

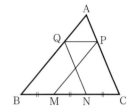

44. 右の図で，線分 EF は □ABCD の辺 BC と
平行である。直線 BE と CF との交点を G，直
線 AE と DF との交点を H とするとき，
GH∥AB であることを証明せよ。

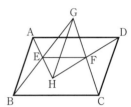

45. △ABC の辺 BC の中点を M とする。線分 AM
上に点 P をとり，線分 BP の延長と辺 AC との交点
を D，線分 CP の延長と辺 AB との交点を E とする
とき，ED∥BC であることを証明せよ。

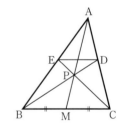

‖‖‖‖進んだ問題‖‖‖‖

46. 右の図のように，四角形 ABCD の辺 AD，BC の 3
等分点を K，L および M，N とする。四角形 ABCD
の面積を $165\,\text{cm}^2$ とする。
(1) △ABK と △CDN の面積の和を求めよ。
(2) 辺 AB，DC を $1:2$ に内分する点をそれぞれ P，
Q とし，線分 PQ と KM との交点を R とする。
QR＝2PR であることを証明せよ。

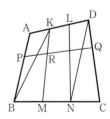

●**例題7**● △ABC で，辺 BC の中点を D とし，
線分 AD を 1：2 に内分する点を E とする。
線分 CE の延長と辺 AB との交点を F とする
とき，AF：FB を求めよ。

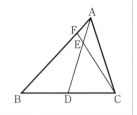

(解説) 点 D を通る線分 CF の平行線と，辺 AB との交点を G とする。CF∥DG より，
　△BCF，△AGD で，平行線と比の定理が利用できる。

(解答) 点 D を通り線分 CF に平行な直線と，辺 AB との交点を G とする。
　　　△BCF で，DG∥CF より
　　　　　　BG：GF＝BD：DC＝1：1＝2：2
　　　△AGD で，EF∥DG より
　　　　　　AF：FG＝AE：ED＝1：2
　　　よって　AF：FG：GB＝1：2：2
　　　FB＝FG＋GB より　AF：FB＝1：4　　（答）1：4

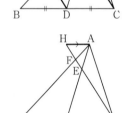

(別解) 頂点 A を通り辺 BC に平行な直線と，線分 CF の延長
　　　との交点を H とする。
　　　HA∥DC より　HA：DC＝AE：ED＝1：2
　　　よって　　　　HA：BC＝HA：2DC＝1：4
　　　HA∥BC より　AF：FB＝HA：BC＝1：4
　　　　　　　　　　　　　　　　　　　（答）1：4

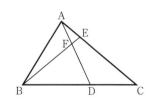

演習問題

47. △ABC で，辺 BC を 3：2 に内分する点を
D，辺 CA を 3：1 に内分する点を E とし，線
分 AD と BE との交点を F とするとき，
AF：FD を求めよ。

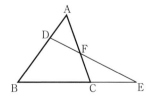

48. △ABC で，辺 AB を 1：2 に内分する点
を D，辺 BC を 5：2 に外分する点を E と
し，辺 AC と線分 DE との交点を F とする
とき，AF：FC を求めよ。

▶▶研究◀◀ メネラウスの定理

△ABC の 3 辺 BC，CA，AB，またはその延長が，頂点を通らない 1 つ
の直線とそれぞれ点P，Q，
R で交わるとき，

$$\frac{BP}{PC}\cdot\frac{CQ}{QA}\cdot\frac{AR}{RB}=1$$

が成り立つ。

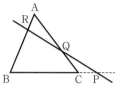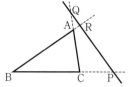

〈証明〉　右の図のように，頂点 C を通り直線 PQ に平
行な直線と，辺 AB との交点を R′ とすると

$$\frac{BP}{PC}=\frac{BR}{RR'}$$

$$\frac{CQ}{QA}=\frac{R'R}{RA}$$

よって　$\dfrac{BP}{PC}\cdot\dfrac{CQ}{QA}\cdot\dfrac{AR}{RB}=\dfrac{BR}{RR'}\cdot\dfrac{R'R}{RA}\cdot\dfrac{AR}{RB}=1$

ゆえに　$\dfrac{BP}{PC}\cdot\dfrac{CQ}{QA}\cdot\dfrac{AR}{RB}=1$

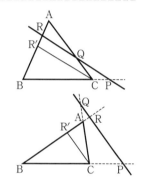

▶研究2◀　△ABC の辺 BC の中点を M，線分
AM の中点を N，線分 BN の延長と辺 AC
との交点を P とするとき，CP＝2AP である
ことを証明せよ。

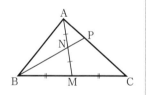

◀解説▶　比のわかっている線分 BC，AM と，比を求めたい線分 AC でつくられる
　△AMC と直線 BNP において，メネラウスの定理を利用する。

〈証明〉　△AMC と直線 BNP において，メネラウスの定理より

$$\frac{AN}{NM}\cdot\frac{MB}{BC}\cdot\frac{CP}{PA}=1$$

$\dfrac{AN}{NM}=\dfrac{1}{1}$，$\dfrac{MB}{BC}=\dfrac{1}{2}$ であるから　$\dfrac{1}{1}\times\dfrac{1}{2}\times\dfrac{CP}{PA}=1$

よって　$\dfrac{CP}{PA}=2$

ゆえに　CP＝2AP

▶研究問題◀

49. 次の図の △ABC で，AR：RB を求めよ。

(1)

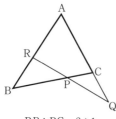

BP：PC＝2：1
AC：CQ＝2：1

(2)

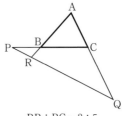

PB：BC＝3：5
AC：CQ＝2：3

50. △ABC の辺 AB，AC 上にそれぞれ点 D，E を
とると，AD：AE＝2：3，BD：CE＝3：1 となっ
た。直線 DE と BC との交点を F とするとき，次
の問いに答えよ。

(1) BF：CF を求めよ。

(2) AB：AC＝3：2 となるとき，DF：EF を求め
よ。

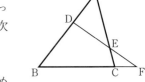

51. 右の図の △ABC について，次の問いに答えよ。

(1) △ABP と直線 COR において，メネラウスの
定理から得られる等式を書け。

(2) △APC と直線 BOQ において，メネラウスの
定理から得られる等式を書け。

(3) (1)，(2)で得た等式を利用して，

$$\frac{BP}{PC}\cdot\frac{CQ}{QA}\cdot\frac{AR}{RB}=1 \text{ （チェバの定理）}$$

であることを証明せよ。

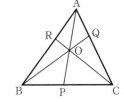

52. △ABC の辺 AB の延長上に点 P，辺 AC 上に点 Q があり，
AP：PB＝4：1，AQ：QC＝2：1 とする。直線 BQ と CP との交点を R とす
るとき，△RBC＝△ABC であることを証明せよ。

●**例題8**● 右の図で, AA′∥BB′∥CC′ である

とき, 次のことを証明せよ。

(1) AB:BC＝A′B′:B′C′

(2) AB:BC＝m:n のとき,

$$BB′＝\frac{1}{m+n}(n\,AA′+m\,CC′)$$

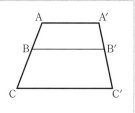

解説 台形 ACC′A′ を, 対角線 A′C（AC′）で 2 つの三角形に分けると, それぞれの三角形で平行線と比の定理が使える。

また, 台形を平行四辺形と三角形に分ける方法もある。

証明 線分 A′C と BB′ との交点を D とする。

(1) △ACA′ で, AA′∥BD（仮定）より

AB:BC＝A′D:DC

△A′CC′ で, DB′∥CC′（仮定）より

A′D:DC＝A′B′:B′C′

ゆえに AB:BC＝A′B′:B′C′

(2) (1)より, AB:BC＝A′B′:B′C′＝m:n である。

△ACA′ で, AA′∥BD より

AA′:BD＝CA:CB＝$(m+n)$:n

よって BD＝$\dfrac{n}{m+n}$AA′

△A′CC′ で, DB′∥CC′ より

DB′:CC′＝A′B′:A′C′＝m:$(m+n)$

ゆえに DB′＝$\dfrac{m}{m+n}$CC′

BB′＝BD＋DB′ より BB′＝$\dfrac{1}{m+n}(n\,AA′+m\,CC′)$

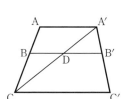

参考 (2) 右の図のように, 線分 A′C′ の平行線 AE をひき, 線分 BB′ との交点を F とすると,

BF＝$\dfrac{m}{m+n}$CE, FB′＝AA′＝EC′ より,

BB′＝BF＋FB′＝$\dfrac{m}{m+n}$CE＋EC′

＝$\dfrac{1}{m+n}(m\,CE+m\,EC′+n\,EC′)$

＝$\dfrac{1}{m+n}(m\,CC′+n\,EC′)＝\dfrac{1}{m+n}(n\,AA′+m\,CC′)$ と示してもよい。

53. 次の図で, x, y の値を求めよ。

(1)　　　　　　　　　　(2)　　　　　　　　　　(3)

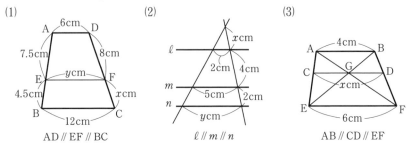

AD∥EF∥BC　　　　　ℓ∥m∥n　　　　AB∥CD∥EF

54. AD∥BC の台形 ABCD で, 辺 AB, CD 上にそれぞれ点 E, F を, AE：EB=DF：FC となるようにとると, EF∥BC であることを証明せよ。

55. 右の図で, AD∥BC, AM：MB=DN：NC=2：1 である。AD=6cm, BC=10cm のとき, 線分 PQ の 長さを求めよ。

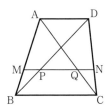

56. 右の図で, AD∥PQ∥BC, PR：RQ=1：3 で ある。AD=6cm, BC=9cm のとき, 線分 PQ の 長さを求めよ。

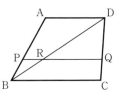

57. 次の図は, 与えられた線分 AB を, 内分または外分する方法を示したもの である。この方法を述べよ。

(1) 3：2 に内分　　　(2) 3：2 に外分　　　(3) 2：3 に外分

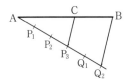　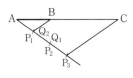　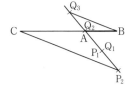

❖ 三角形の内角の二等分線 ❖

△ABC の ∠A の二等分線と対辺 BC との交点を
P とするとき,
$$BP : PC = AB : AC$$
（点 P は辺 BC を AB : AC の比に内分する）

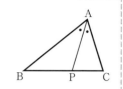

◆◆ 証明1 ◆◆ 頂点 C を通り線分 AP に平行な直線と，辺 BA
の延長との交点を D とする。

AP // DC より　BA : AD = BP : PC …………①

∠BAP = ∠ADC（同位角）

∠PAC = ∠ACD（錯角）

AP は ∠A の二等分線より　∠BAP = ∠PAC

よって　∠ADC = ∠ACD …………②

△ACD で，②より　AC = AD

ゆえに，①より　BP : PC = AB : AC

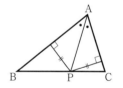

◆◆ 証明2 ◆◆ △ABP と △ACP において，∠BAP = ∠PAC であるから，点 P は 2 辺 AB，
AC から等距離にある。

よって　△ABP : △ACP = AB : AC …………①

また，△ABP と △ACP は，BP，PC をそれぞれの
底辺とみると，高さが共通であるから
$$△ABP : △ACP = BP : PC$$ …………②

①，②より　BP : PC = AB : AC

注 この定理の逆「△ABC の辺 BC 上に点 P を，BP : PC = AB : AC となるようにとる
とき，AP は ∠A の二等分線である」も成り立つ。証明は，演習問題 62（→ p.135）で
学習する。

❖ 三角形の外角の二等分線 ❖

△ABC の ∠A の外角の二等分線と対辺 BC
の延長との交点を Q とするとき,
$$BQ : QC = AB : AC$$
（点 Q は辺 BC を AB : AC の比に外分する）

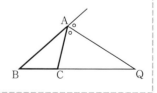

注 このことは，AB ≠ AC のときに成り立つ。証明は，演習問題 61（→ p.135）で学習
する。AB = AC のとき，∠A の外角の二等分線は辺 BC に平行になる。

基本問題

58. 次の図の △ABC で，線分 AD の長さを求めよ。

(1)

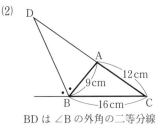

BD は ∠B の二等分線

(2)

BD は ∠B の外角の二等分線

59. △ABC で，AB＝12cm，BC＝11cm，CA＝10cm のとき，∠A およびその外角の二等分線と，辺 BC およびその延長との交点をそれぞれ P，Q とする。このとき，線分 PQ の長さを求めよ。

●**例題9**● △ABC の ∠B，∠C の二等分線とその対辺との交点をそれぞれ D，E とする。DE∥BC のとき，△ABC は二等辺三角形であることを証明せよ。

(**解説**) BD は ∠B の二等分線であるから，BA：BC＝AD：DC である。また，DE∥BC より，AD：DC＝AE：EB である。

(**証明**) BD は ∠B の二等分線であるから　AB：BC＝AD：DC

CE は ∠C の二等分線であるから　AC：CB＝AE：EB

また，DE∥BC（仮定）より

$$AD：DC＝AE：EB$$

ゆえに　AB：BC＝AC：CB

よって　AB＝AC

ゆえに，△ABC は AB＝AC の二等辺三角形である。

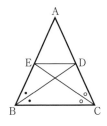

演習問題

60. 右の図の四角形 ABCD で，∠A，∠C の二等分線と対角線 BD との交点をそれぞれ P，Q とし，BP：PQ：QD＝12：1：7 とする。このとき，辺 AB，CD の長さを求めよ。

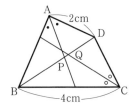

61. 右の図の △ABC で，∠A の外角の
二等分線と辺 BC の延長との交点を D
とすると，AB：AC＝BD：DC である
ことを証明せよ。

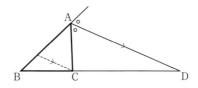

62. 右の図の △ABC で，辺 BC を AB：AC の比
に内分する点を P とするとき，線分 AP は ∠A を
2 等分することを証明せよ。

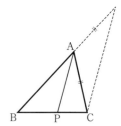

63. △ABC の辺 BC の中点を M とする。∠AMB,
∠AMC の二等分線と辺 AB，AC との交点をそれ
ぞれ D，E とするとき，次の問いに答えよ。
(1) DE∥BC であることを証明せよ。
(2) △ADM≡△AEM であることを証明せよ。

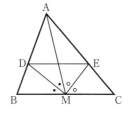

64. △ABC で，∠A の二等分線と辺 BC との交点
を D とするとき，AB：BD＝m：1 ならば，
AB＋AC＝mBC であることを証明せよ。

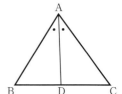

||||| 進んだ問題 |||||

65. 右の図のように，△ABC の内部に点 D をとり，
∠BDC，∠CDA，∠ADB の二等分線と辺 BC，
CA，AB との交点を P，Q，R とする。

(1) $\dfrac{BP}{PC}\cdot\dfrac{CQ}{QA}\cdot\dfrac{AR}{RB}=1$ であることを証明せよ。

(2) 線分 AP と BQ との交点を O とするとき，辺
AB と直線 CO との交点は R であることを証明せ
よ。

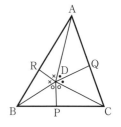

4 … 中点連結定理

中点連結定理
　三角形の 2 辺の中点を結ぶ線分は，残りの辺
に平行で，長さはその半分に等しい。

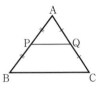

中点連結定理の逆
　三角形の 1 辺の中点を通り，他の 1 辺に平行
な直線をひくと，残りの辺の中点を通る。

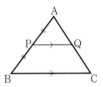

台形の平行でない 2 辺の中点を結ぶ線分は，
底に平行で，その長さは 2 つの底の和の半分に等しい。

台形の平行でない 1 辺の中点を通り，底に平行な直線をひくと，平行
でない残りの辺の中点を通る。

基本問題

66. 次の図で，x，y の値を求めよ。

(1)

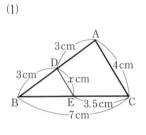

(2)

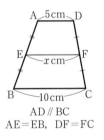

AD∥BC
AE＝EB，DF＝FC

(3)

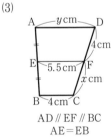

AD∥EF∥BC
AE＝EB

67. △ABC の 2 辺 AB，AC の中点をそれぞれ D，E とし，辺 BC 上に点 P を
とる。このとき，線分 AP と DE との交点 Q は線分 AP の中点であることを
証明せよ。

68. △ABC の辺 AB の中点を D とする。辺 AC 上に点 E があり，DE＝$\frac{1}{2}$BC
であるとき，E はつねに辺 AC の中点といえるか。

●**例題10**● 右の図の △ABC で，AD＝DB，
AE＝EF＝FC とするとき，CG：GD，
DE：BG を求めよ。

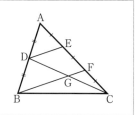

解説 △ABF で，中点連結定理より DE∥BF であるから，△CED で，中点連結定理の逆が利用できる。

解答 △ABF で，AD＝DB，AE＝EF であるから，中点連結定理より

$$DE \parallel BF \quad \cdots\cdots\text{①} \qquad DE = \frac{1}{2}BF \quad \cdots\cdots\text{②}$$

△CED で，CF＝FE，①より GF∥DE であるから，
中点連結定理の逆より CG＝GD ゆえに CG：GD＝1：1

また，このとき $GF = \frac{1}{2}DE$ ……③

②，③より $BG = BF - GF = 2DE - \frac{1}{2}DE = \frac{3}{2}DE$

ゆえに DE：BG＝2：3 （答） CG：GD＝1：1，DE：BG＝2：3

参考 △ADC と直線 BGF において，メネラウスの定理より，$\dfrac{DG}{GC}\cdot\dfrac{CF}{FA}\cdot\dfrac{AB}{BD}=1$ を利用してもよい。

演習問題

69. 右の図の △ABC で，辺 AC の中点を D，線分 BD
の中点を E，直線 AE と辺 BC との交点を F とする。
(1) BF：FC を求めよ。
(2) △AED の面積は，△ABC の面積の何倍か。
(3) △BFE の面積は，△ABC の面積の何倍か。

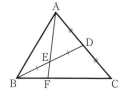

70. 右の図の四角形 ABCD の 4 つの頂点は円 O
の周上にあり，辺 AB は円 O の直径である。
OB＝BP，DC＝CP のとき，次の問いに答えよ。
(1) AB：BC を求めよ。
(2) 四角形 ABCD の面積は，△CBP の面積の
何倍か。

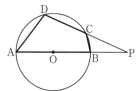

●**例題11**●　AB＞AC の △ABC で，辺 AB 上に点 D を，BD＝AC となるようにとる。また，辺 BC の中点を E，線分 AD の中点を F とする。線分 EF の延長と辺 CA の延長との交点を G とするとき，△AGF は二等辺三角形であることを証明せよ。

(**解説**)　△AGF が二等辺三角形であることを証明するには，2 辺が等しいことや，2 角が等しいことを示せばよい。この例題では，∠AFG＝∠AGF を示す。
　　　線分 CD の中点を M とすると，E，F はそれぞれ辺 BC，線分 AD の中点であるから，△CDB と △DCA で中点連結定理が利用できる。

(**証明**)　線分 CD の中点を M とする。
　　　△CDB で，E，M はそれぞれ辺 BC，CD の中点
　　　であるから，中点連結定理より

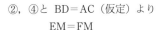

$$EM \parallel BD \quad \cdots\cdots① \qquad EM = \frac{1}{2}BD \quad \cdots\cdots②$$

　　　△DCA で，F，M はそれぞれ辺 AD，DC の中点
　　　であるから，中点連結定理より

$$FM \parallel AC \quad \cdots\cdots③ \qquad FM = \frac{1}{2}AC \quad \cdots\cdots④$$

　　　②，④と BD＝AC（仮定）より
　　　　　EM＝FM
　　　よって，△MEF で　∠MEF＝∠MFE
　　　①より　∠AFG＝∠MEF（同位角）
　　　③より　∠AGF＝∠MFE（同位角）
　　　よって　∠AFG＝∠AGF
　　　ゆえに，△AGF は AF＝AG の二等辺三角形である。

演習問題

71. △ABC で，∠B の大きさは ∠C の 2 倍である。辺 AB，BC の中点をそれぞれ D，E とし，頂点 A から辺 BC にひいた垂線を AH とする。このとき，△DHE は二等辺三角形であることを証明せよ。

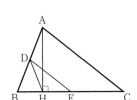

72. 四角形 ABCD の 4 辺 AB，BC，CD，DA の中
点をそれぞれ E，F，G，H とし，対角線 AC，BD
の中点をそれぞれ M，N とする。

(1) 四角形 EFGH，EMGN は平行四辺形であるこ
とを証明せよ。

(2) 3 直線 EG，FH，MN は 1 点で交わることを証
明せよ。

73. 四角形 ABCD の 4 辺 AB，BC，CD，DA の中
点をそれぞれ E，F，G，H とする。四角形 EFGH
が次の四角形になるための，四角形 ABCD の対角
線 AC と BD の条件を求めよ。

(1) 長方形　　(2) ひし形　　(3) 正方形

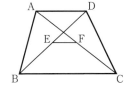

74. △ABC の 2 辺 AB，AC の中点をそれぞれ D，E とし，線分 BE，CD の延
長上にそれぞれ点 P，Q を，EP＝BE，DQ＝CD となるようにとる。このとき，
3 点 P，A，Q は一直線上にあり，A は線分 PQ の中点であることを証明せよ。

75. AD∥BC，AD＜BC の台形 ABCD で，対角線
BD，AC の中点をそれぞれ E，F とするとき，

$$EF \parallel BC, \quad EF = \frac{1}{2}(BC - AD)$$

であることを証明せよ。

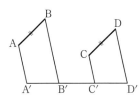

76. 右の図で，AA′∥BB′∥CC′∥DD′，AB∥CD，
AB＝CD であるとき，

$$AA' + DD' = BB' + CC'$$

であることを証明せよ。

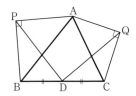

‖‖‖進んだ問題‖‖‖

77. 右の図の △ABC で，辺 BC の中点を D とす
る。また，辺 AB，AC をそれぞれ斜辺とする直
角二等辺三角形 ABP，ACQ を △ABC の外側に
つくる。このとき，PD＝DQ，∠PDQ＝90° であ
ることを証明せよ。

5 … 三角形の五心

1 **内心**

三角形の3つの内角の二等分線は1点で交わる。その点を三角形の**内心**という。内心は三角形の3辺から等距離にあるから，三角形の**内接円**（3辺に接する円）の中心となる。

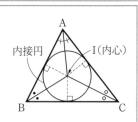

2 **傍心**

三角形の1つの内角と他の2つの角の外角の二等分線は1点で交わる。その点を三角形の**傍心**という。傍心は三角形の3辺，またはその延長から等距離にあるから，三角形の**傍接円**（1辺と他の2辺の延長に接する円）の中心となる。

注 傍心は3つある。（→演習問題85, p.146）

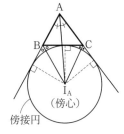

3 **外心**

三角形の3つの辺の垂直二等分線は1点で交わる。その点を三角形の**外心**という。外心は三角形の3頂点から等距離にあるから，三角形の**外接円**（3頂点を通る円）の中心となる。

4 **垂心**

三角形の3つの頂点からそれぞれの対辺，またはその延長にひいた垂線は1点で交わる。その点を三角形の**垂心**という。

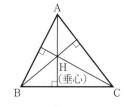

5 **重心**

三角形の頂点とその対辺の中点を結ぶ3つの線分（**中線**）は1点で交わる。その点を三角形の**重心**という。重心は中線を2:1に内分する。

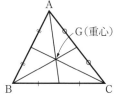

❖ 内心 ❖

> 　△ABC の 3 つの内角の二等分線は 1 点 I で交わり，I は △ABC の 3 辺から等距離にある。

◆◆証明◆◆ △ABC の ∠A，∠B の二等分線の交点を I とし，
I から辺 BC，CA，AB にそれぞれ垂線 ID，IE，
IF をひく。
I は ∠A の二等分線上の点であるから　IE＝IF
また，I は ∠B の二等分線上の点であるから　IF＝ID
よって　ID＝IE
ゆえに，点 I は ∠C の二等分線上にあるから，
△ABC の 3 つの内角の二等分線は 1 点 I で交わる。
また，ID＝IE＝IF であるから，点 I は △ABC の 3 辺から等距離にある。
（このことから，I は △ABC の内接円の中心であるといえる）

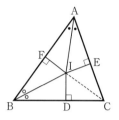

❖ 傍心 ❖

> 　△ABC の ∠A の内角と ∠B，∠C の外角の二等分線は 1 点 I_A で交わり，
> I_A は △ABC の 3 辺，またはその延長から等距離にある。

◆◆証明◆◆ △ABC の ∠B，∠C の外角の二等分線の交点
を I_A とし，I_A から直線 BC，CA，AB にそ
れぞれ垂線 $I_A D$，$I_A E$，$I_A F$ をひく。
I_A は ∠B の外角の二等分線上の点であるから
$$I_A F = I_A D$$
また，I_A は ∠C の外角の二等分線上の点であ
るから
$$I_A D = I_A E$$
よって　$I_A F = I_A E$

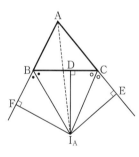

ゆえに，点 I_A は ∠A の内角の二等分線上にあるから，∠A の内角と ∠B，∠C
の外角の二等分線は 1 点 I_A で交わる。
また，$I_A D = I_A E = I_A F$ であるから，点 I_A は △ABC の 3 辺，またはその延長
から等距離にある。
（このことから，I_A は △ABC の傍接円の中心の 1 つであるといえる）

❖ **外心** ❖

> △ABC の 3 つの辺の垂直二等分線は 1 点 O で交わり，O は △ABC の 3
> 頂点から等距離にある。

◆◆**証明**◆◆ △ABC の辺 AB，BC の垂直二等分線の交点を O とする。

O は辺 AB の垂直二等分線上の点であるから

OA＝OB

また，O は辺 BC の垂直二等分線上の点であるから

OB＝OC

よって　　OC＝OA

ゆえに，点 O は辺 CA の垂直二等分線上にあるから，
△ABC の 3 つの辺の垂直二等分線は 1 点 O で交わる。

また，OA＝OB＝OC であるから，点 O は △ABC の 3 頂点から等距離にある。
（このことから，O は △ABC の外接円の中心であるといえる）

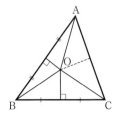

❖ **垂心** ❖

> △ABC の 3 つの頂点からそれぞれの対辺，またはその延長にひいた垂線
> は 1 点 H で交わる。

◆◆**証明**◆◆ △ABC の頂点 A，B，C から直線 BC，CA，AB にそれぞれ垂線 AD，BE，CF
をひく。頂点 A，B，C を通り，それぞれの対辺に平行な直線をひき，それら
の交点を，右の図のように A′，B′，C′ とする。

BC∥AB′，AB∥B′C より，
四角形 ABCB′ は平行四辺形であるから

BC＝AB′

同様に，四角形 C′BCA は平行四辺形であるから

BC＝C′A

よって　　AB′＝C′A

また，AD⊥BC，BC∥C′B′ より　AD⊥B′C′
ゆえに，AD は線分 B′C′ の垂直二等分線である。
同様に，BE，CF はそれぞれ線分 C′A′，A′B′ の垂直二等分線である。
よって，垂線 AD，BE，CF は △A′B′C′ の 3 つの辺の垂直二等分線となるから，
それらは 1 点 H で交わる。（すなわち，H は △A′B′C′ の外心である）
ゆえに，△ABC の 3 つの頂点からそれぞれの対辺，またはその延長にひいた垂
線は 1 点 H で交わる。

❖ 重心 ❖

> △ABC の 3 つの中線は 1 点 G で交わり，G はそれぞれの中線を 2：1 に内分する。

◆◆証明◆◆ △ABC の頂点 B，C からそれぞれ中線 BE，CF をひき，その交点を G とする。線分 AG の延長上に点 H を，GH＝AG となるようにとり，辺 BC と線分 GH との交点を D とする。

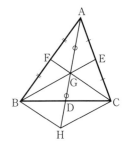

△ABH で，AF＝FB，AG＝GH であるから，
中点連結定理より

$$FG /\!/ BH \cdots\cdots① \qquad FG = \frac{1}{2}BH \cdots\cdots②$$

△AHC で，AE＝EC，AG＝GH であるから，
中点連結定理より

$$GE /\!/ HC \cdots\cdots③ \qquad GE = \frac{1}{2}HC \cdots\cdots④$$

①より BH /\!/ GC

③より BG /\!/ HC

ゆえに，四角形 BHCG は平行四辺形である。

よって，対角線 BC と GH との交点である D は辺 BC の中点である。

ゆえに，△ABC の 3 つの中線は 1 点 G で交わる。

また，GD＝DH であるから
$$2GD = GH = AG$$

②より 2FG＝BH＝GC

④より 2GE＝HC＝BG

ゆえに，AG：GD＝BG：GE＝CG：GF＝2：1 となるから，△ABC の 3 つの中線の交点 G は，それぞれの中線を 2：1 に内分する。

注 BD＝DC より，△GBD＝△GCD，△GAB＝△GAC
CE＝EA より，△GCE＝△GAE，△GBC＝△GBA
AF＝FB より，△GAF＝△GBF，△GCA＝△GCB
このことから， △GAF＝△GBF＝△GBD＝△GCD
＝△GCE＝△GAE

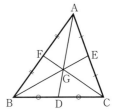

すなわち，△ABC は 3 つの中線で，面積の等しい 6 つの三角形に分割される。

（右の図で，6 つの三角形の面積はすべて等しい）

◯基本問題◯

78. 次の ☐ にあてはまる数または記号を入れよ。

(1) 図1で，I は △ABC の内心である。

　(i) 合同な三角形の組をすべてあげると，
　　　△ ⟨ア⟩ と ⟨イ⟩ ，△ ⟨ウ⟩ と △ ⟨エ⟩ ，
　　　△ ⟨オ⟩ と △ ⟨カ⟩ である。

　(ii) ID= ⟨キ⟩ = ⟨ク⟩ ，AF= ⟨ケ⟩ ，
　　　BD= ⟨コ⟩ ，CE= ⟨サ⟩ である。

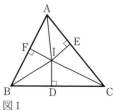

図1

(2) 図2で，I_A は △ABC の傍心の1つである。

　(i) 合同な三角形の組をすべてあげると，
　　　△ ⟨ア⟩ と ⟨イ⟩ ，△ ⟨ウ⟩ と △ ⟨エ⟩ ，
　　　△ ⟨オ⟩ と △ ⟨カ⟩ である。

　(ii) I_AD= ⟨キ⟩ = ⟨ク⟩ ，AF= ⟨ケ⟩ ，
　　　BD= ⟨コ⟩ ，CE= ⟨サ⟩ である。

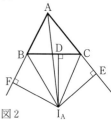

図2

(3) 図3で，O は △ABC の外心である。

　(i) 合同な三角形の組をすべてあげると，
　　　△ ⟨ア⟩ と ⟨イ⟩ ，△ ⟨ウ⟩ と △ ⟨エ⟩ ，
　　　△ ⟨オ⟩ と △ ⟨カ⟩ である。

　(ii) AO= ⟨キ⟩ = ⟨ク⟩ である。

　(iii) △AFO の外心は線分 ⟨ケ⟩ の中点である。

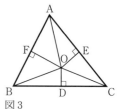

図3

(4) 図4で，H は △ABC の垂心である。

　(i) △HAE と △ ⟨ア⟩ ，△ ⟨イ⟩ ，△ ⟨ウ⟩
　　　は3つの内角の大きさがそれぞれ等しい直角三
　　　角形である。

　(ii) ∠CAB と ∠FHE の和は ⟨エ⟩ °である。

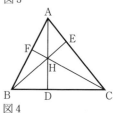

図4

(5) 図5で，G は △ABC の重心である。

　(i) △GAE と △ ⟨ア⟩ ，△ ⟨イ⟩ ，△ ⟨ウ⟩ ，
　　　△ ⟨エ⟩ ，△ ⟨オ⟩ は等積である。

　(ii) AD=$a$cm，BC=$b$cm とすると，
　　　AG= ⟨カ⟩ cm，BD= ⟨キ⟩ cm である。

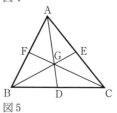

図5

79. 次の図で，x の値を求めよ。

(1)

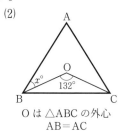

I は △ABC の内心

(2)

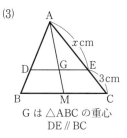

O は △ABC の外心
AB＝AC

(3)

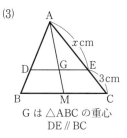

G は △ABC の重心
DE // BC

(4)

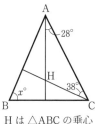

H は △ABC の垂心

(5)

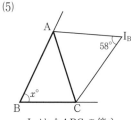

I_B は △ABC の傍心

●**例題12●** △ABC で，内心と重心が一致するならば，△ABC は正三角形であることを証明せよ。

（**解説**）内心は3つの角の二等分線の交点，重心は3つの中線の交点である。

（**証明**）△ABC の内心であり，かつ重心である点を P とし，線分 AP の延長と辺 BC との交点を M とする。

P は △ABC の内心であるから，AM は ∠A の二等分線である。

よって　　　AB：AC＝BM：MC ………①

P は △ABC の重心であるから，M は辺 BC の中点である。

よって　　　BM＝MC ………②

①，②より　AB＝AC　　　同様に　BA＝BC

ゆえに，△ABC は正三角形である。

 演習問題

80. △ABC で，重心と垂心が一致するならば，△ABC は正三角形であることを証明せよ。

81. 次の ☐ に内心，傍心，外心，垂心，重心のいずれかを入れよ。

(1) 正三角形の ☐(ア)，☐(イ)，☐(ウ)，☐(エ) は一致する。

(2) △ABC の 3 辺 BC，CA，AB の中点をそれぞれ D，E，F とする。△ABC の外心は △DEF の ☐(ア)，△ABC の重心は △DEF の ☐(イ) である。

(3) △ABC の内心を I とし，I から 3 辺 BC，CA，AB にそれぞれ垂線 IP，IQ，IR をひくと，I は △PQR の ☐(ア) である。

82. △ABC の外心を O とする。直線 AO が ∠BAC を 2 等分するならば，△ABC は AB＝AC の二等辺三角形であることを証明せよ。

83. △ABC の内心を I，∠A の内部にある傍心を I_A，外心を O，垂心を H とする。△ABC の ∠A の大きさを $a°$ とするとき，次の角の大きさを $a°$ を使って表せ。

(1) ∠BIC

(2) ∠BI_AC

(3) 点 O が △ABC の内部にあるときの ∠BOC

(4) 点 H が △ABC の内部にあるときの ∠BHC

84. △ABC の内心を I とし，直線 AI と辺 BC との交点を P とする。3 辺 BC，CA，AB の長さをそれぞれ a，b，c とするとき，$\dfrac{AI}{IP}$ の値を a，b，c を使って表せ。

85. △ABC の内心を I，∠A，∠B，∠C の内部にある傍心をそれぞれ I_A，I_B，I_C とする。

(1) I は △$I_A I_B I_C$ の垂心であることを証明せよ。

(2) 線分 I_AI の中点 M は △BIC の外心であり，かつ △BI_AC の外心でもあることを証明せよ。

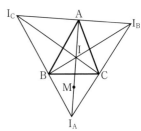

86. 右の図のように，△ABC の頂点 A，B，C および重心 G から，直線 ℓ にそれぞれ垂線 AL，BM，CN，GP をひく。このとき，AL＋BM＋CN＝3GP であることを証明せよ。

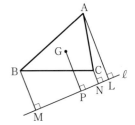

6章の問題

1 右の図の □ABCD で，BE：EC＝2：1 のとき，△AGD の面積は，△BEF の面積の何倍か。

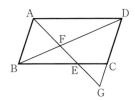

2 右の図の □ABCD で，AE＝$\frac{1}{2}$EB，BF＝FC，EG∥BC である。また，H は線分 AF と EG との交点で，AD＝6cm とする。

(1) 線分 HG の長さを求めよ。

(2) 四角形 HFCG の面積は，△AEH の面積の何倍か。

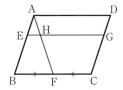

3 右の図の □ABCD で，BE：EC＝2：1，BD∥EF である。このとき，△AEF と □ABCD の面積の比を求めよ。

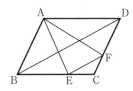

4 右の図で，△ABC の内心を I とする。AB＝16cm，BC＝12cm，CA＝14cm とするとき，次の問いに答えよ。

(1) 線分 AE の長さを求めよ。

(2) BI：IE を求めよ。

(3) △AIE の面積は，△ABC の面積の何倍か。

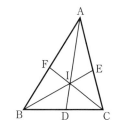

5 右の図のように，△ABC の内部に点 P があり，△APB：△APC：△PBC＝1：2：4 である。直線 AP と辺 BC との交点を D とし，D を通り辺 AB に平行な直線と，線分 PC との交点を E とする。

(1) AD：PD を求めよ。

(2) △PDE の面積は，△ABC の面積の何倍か。

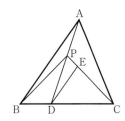

6 右の図のように，□ABCD の辺 AB の中点を E，辺 BC を 1：2 に内分する点を F とする。線分 AF と ED，EC との交点をそれぞれ G，H とするとき，GH：AF を求めよ。

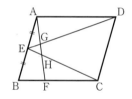

7 右の図のような 1 辺の長さが 4cm の正方形 ABCD がある。辺 AB，BC，CD，DA の中点をそれぞれ K，L，M，N とする。さらに，線分 AL と BN，KC との交点をそれぞれ P，Q とする。

(1) △PBL の面積と △QLC の面積を求めよ。

(2) 影の部分の面積を求めよ。

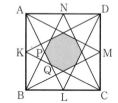

8 右の図の △ABC で，AP：PB＝CR：RA＝2：1，PQ∥AC である。辺 BC の中点を L とし，線分 AL，PR の中点をそれぞれ M，N とする。

(1) 四角形 APQR は平行四辺形であることを証明せよ。

(2) NM∥BC であることを証明せよ。

(3) NM：BC を求めよ。

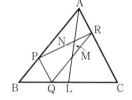

9 右の図のように，1 つの直線と □ABCD の辺 AB，BC，CD，DA，またはその延長との交点をそれぞれ P，Q，R，S とし，対角線 AC との交点を O とすると，OP：OS＝OR：OQ であることを証明せよ。

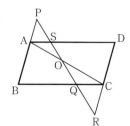

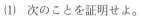

10 右の図のように，△ABC の傍接円を ∠A の内部にとり，その中心を O とする。円 O が直線 BC，AB，AC に接する点をそれぞれ D，E，F とする。

(1) 次のことを証明せよ。

 (i) AE＝AF (ii) $AF=\dfrac{1}{2}(AB+BC+CA)$

(2) ∠B＝90° で，AB＝4cm，BC＝3cm，CA＝5cm のとき，円 O の半径を求めよ。

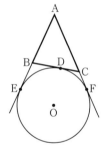

⑪ 正三角形 ABC の内部の点を P とし，P から辺
BC，CA，AB にひいた垂線をそれぞれ PD，PE，
PF とすると，線分の長さの和 PD＋PE＋PF は，
点 P がどこにあっても一定であることを証明せよ。

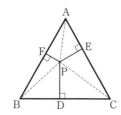

⑫ 右の図で，AA′∥BB′∥CC′ ならば，
$$\frac{1}{x}+\frac{1}{y}=\frac{1}{z}$$
であることを証明せよ。

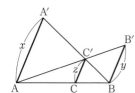

⑬ 右の図の △ABC で，∠APQ＝∠AQP の
とき，BP：CQ＝BR：CR であることを証明
せよ。

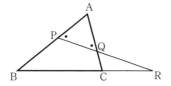

⑭ △ABC の内部の点 P と頂点 A，B，C を結ぶ
直線 AP，BP，CP と，辺 BC，CA，AB との交点
をそれぞれ D，E，F とするとき，
$$\frac{PD}{AD}+\frac{PE}{BE}+\frac{PF}{CF}=1$$
であることを証明せよ。

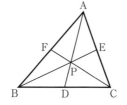

⑮ 1辺の長さが$a$cm の正方形 ABCD の辺 BC 上に点 P をとり，△ABP，
△ADP，△CDP の重心をそれぞれ Q，R，S とするとき，△QRS の面積をa
を使って表せ。

‖‖‖‖ **進んだ問題** ‖‖‖‖

⑯ 長方形 ABCD で，△ABC の内心を I とし，I から長方形の辺 AD，CD に
ひいた垂線をそれぞれ IE，IF とすると，
$$(長方形 EIFD)=\frac{1}{2}×(長方形 ABCD)$$
であることを証明せよ。

7章

相似な図形

1 … 相似な図形

1 **相似の位置**

右の図のように，2つの図形F，F′と点Oがあって，F上の点PとF′上の点P′についてつねに，

(i) 3点O，P，P′は一直線上にある

(ii) OP：OP′は一定である

が成り立つとき，図形FとF′は**相似の位置**にあるといい，点Oを**相似の中心**という。（ただし，すべての点PとP′の組について，OPとOP′は同じ向きにあるか，または，逆の向きにある）

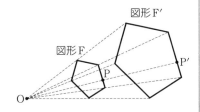

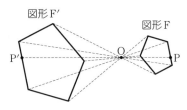

2 **相似**

移動して相似の位置におくことができる2つの図形は，**相似**であるといい，相似な図形で対応する線分の長さの比を**相似比**という。△ABCと△A′B′C′が相似のとき，記号∽を使って，**△ABC ∽ △A′B′C′** と書く。相似比は AB：A′B′（または BC：B′C′，CA：C′A′）である。

3 **性質**

(1) 相似の位置にある2つの多角形では，

① 対応する辺は平行で，対応する角はそれぞれ等しい。

② 相似比は，相似の中心から対応する点までの距離の比（一定）に等しい。

> (2) 相似な2つの多角形では,
>   ① 対応する辺の比はすべて等しい。
>   ② 対応する角はそれぞれ等しい。
> (3) 辺数の等しい2つの多角形で,角が順にそれぞれ等しく,それらにはさまれる辺の比がすべて等しいとき,2つの多角形は相似である。

基本問題

1. 右の図の四角形 ABCD について,O を相似の中心として,2倍,$\frac{1}{2}$ 倍した四角形を相似の位置にそれぞれかけ。

2. 右の図で,O を相似の中心として,△ABC と △A′B′C′ の相似比が 2:3 である △A′B′C′ を相似の位置にかけ。

3. 右の図で,△ABC と △DEF は,O を相似の中心として相似の位置にある。

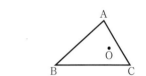

(1) △ABC と △DEF で,平行な辺の組をすべてあげよ。

(2) △ABC と △DEF の相似比を求めよ。

(3) x, y, z の値を求めよ。

4. 右の図の四角形 ABCD と四角形 A′B′C′D′ で,直線 AA′, BB′, CC′, DD′ は1点Oで交わり,AB∥A′B′, BC∥B′C′, CD∥C′D′, DA∥D′A′ である。

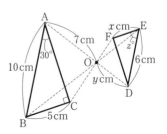

(1) 四角形 ABCD と四角形 A′B′C′D′ はどのような位置関係にあるか。

(2) OB′=5cm のとき,線分 BB′ の長さを求めよ。

(3) AD=10cm のとき,辺 A′D′ の長さを求めよ。

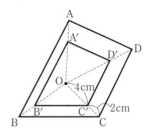

5. 右の図で，四角形 ABCD∽四角形 EFGH である。

(1) 四角形 ABCD と四角形 EFGH の相
似比を求めよ。

(2) ∠H の大きさを求めよ。

(3) 辺 EH に対応する四角形 ABCD の
辺はどれか。また，その長さを求めよ。

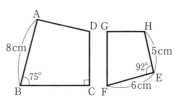

●**例題1**● 辺数の等しい2つの多角形で，角が順にそれぞれ等しく，それ
らにはさまれる辺の比がすべて等しいとき，2つの多角形は相似である
（定理）ことを，四角形について証明せよ。

(解説) 2つの四角形を ABCD，A′B′C′D′ とおくと，四角形 ABCD∽四角形 A′B′C′D′ で
あることを証明するには，相似の定義にしたがって，2つの四角形が相似の位置にある
ことを示せばよい。そのために，四角形 A′B′C′D′ を移動しようとしても手がかりがな
い。そこで，四角形 ABCD と相似の位置にある別の四角形 A″B″C″D″ をつくって，四
角形 A′B′C′D′ と合同になることを示す。

(証明) 四角形 ABCD と四角形 A′B′C′D′ において，

∠A＝∠A′，∠B＝∠B′，∠C＝∠C′，∠D＝∠D′ ………①

AB：A′B′＝BC：B′C′＝CD：C′D′＝DA：D′A′＝1：k ………② とする。

1点Oをとり，直線 OA，OB,
OC，OD 上にそれぞれ点 A″，
B″，C″，D″ を，

OA：OA″＝OB：OB″＝OC：OC″
　　　＝OD：OD″＝1：k ………③

となるようにとる。

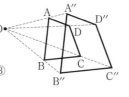

四角形 ABCD と四角形 A″B″C″D″ は相似の位置にあるから

四角形 ABCD∽四角形 A″B″C″D″ ………④

また，③より，四角形 ABCD と四角形 A″B″C″D″ の相似比は 1：k であるから

AB：A″B″＝BC：B″C″＝CD：C″D″＝DA：D″A″＝1：k ………⑤

∠A＝∠A″，∠B＝∠B″，∠C＝∠C″，∠D＝∠D″ ………⑥

②，⑤より　A′B′＝A″B″，B′C′＝B″C″，C′D′＝C″D″，D′A′＝D″A″ ………⑦

①，⑥より　∠A′＝∠A″，∠B′＝∠B″，∠C′＝∠C″，∠D′＝∠D″ ………⑧

⑦，⑧より　四角形 A′B′C′D′≡四角形 A″B″C″D″ ………⑨

④，⑨より　四角形 ABCD∽四角形 A′B′C′D′

演習問題

6. 次の図のような形の窓枠を，一定の幅の木でつくった。㋐〜㋔のうち，窓枠の外周と内周の図形が相似の位置にあるものはどれか。

㋐	㋑	㋒	㋓	㋔
円	長方形	正方形	ひし形	台形

7. 右の図で，△ABC と △A′B′C′ は，O を相似の中心として相似の位置にある。△ABC 内の点 P に対応する点 P′ を △A′B′C′ 内に求める方法を述べよ。

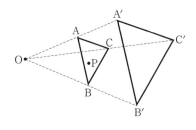

8. 右の図で，B′C′ は長さの定まった線分で，BC // B′C′ である。四角形 ABCD と相似の位置にあり，線分 B′C′ が辺 BC に対応する四角形 A′B′C′D′ をかけ。

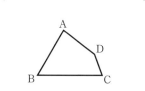

9. 右の図の △ABC で，D，E，F はそれぞれ辺 BC，CA，AB の中点である。△ABC と △DEF は相似の位置にあることを証明せよ。また，△ABC と △DEF の相似比を求めよ。

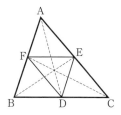

10. 次の図で，△ABC∽△A′B′C′ であるとき，△ABC と O を相似の中心として相似の位置にあり，かつ △A′B′C′ と合同な三角形をかけ。

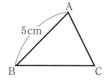

O•

●**例題2**● 右の図のような △ABC の3辺 BC，CA，AB 上にそれぞれ点 D，E，F をとり，△DEF が正三角形となり，かつ EF // BC であるようにするには，どのように作図すればよいか。その方法と理由を述べよ。

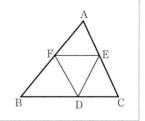

(解説) 正三角形 DEF と A を相似の中心として相似の位置にあるような正三角形 D′E′F′ をつくり，それを拡大（または縮小）して，条件を満たす正三角形 DEF をつくる。

(解答) （方法）① 辺 AB，AC 上にそれぞれ点 F′，E′ を，F′E′ // BC となるようにとる。

② 線分 E′F′ を1辺とする正三角形 D′E′F′ を，直線 E′F′ について頂点 A と反対側につくる。

③ 直線 AD′ と辺 BC との交点を D とする。

④ 点 D を通り辺 D′E′ に平行な直線をひき，辺 AC との交点を E とする。また，点 D を通り辺 D′F′ に平行な直線をひき，辺 AB との交点を F とする。

⑤ 点 E と F を結ぶ。

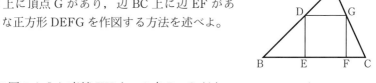

（理由）DE // D′E′，DF // D′F′ より　AD : AD′ = AE : AE′ = AF : AF′

よって，△DEF と △D′E′F′ は，A を相似の中心として相似の位置にある。

ゆえに，△DEF は正三角形 D′E′F′ と相似であるから正三角形である。

演習問題

11. 右の図のような △ABC の辺 AB 上に頂点 D，辺 AC 上に頂点 G があり，辺 BC 上に辺 EF があるような正方形 DEFG を作図する方法を述べよ。

12. 右の図のような直線 XY と，2点 P，Q がある。辺 AB，AC 上にそれぞれ点 P，Q があり，辺 BC が直線 XY 上にあるような正三角形 ABC を作図する方法を述べよ。

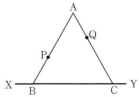

2 … 三角形の相似

┌───┐
│ 1　三角形の相似条件
│　　2つの三角形は，次のそれぞれの場合に相似である。
│　(1)　3組の辺の比がすべて等しいとき　（**3辺の比の相似**）
│　(2)　2組の辺の比とその間の角がそれぞれ等しいとき
│　　　　　　　　　　　　　　　　（**2辺の比と間の角の相似**）
│　(3)　2組の角がそれぞれ等しいとき　（**2角の相似**）
└───┘

●基本問題●

13. 次の図の三角形の中から相似なものを選び，記号∽を使って表せ。また，そのときの相似条件を書け。

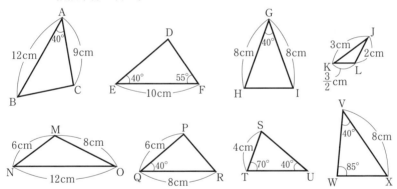

14. 次の図で，それぞれ △ABC∽△A′B′C′ である。x, y の値を求めよ。

(1)　(2)　(3)

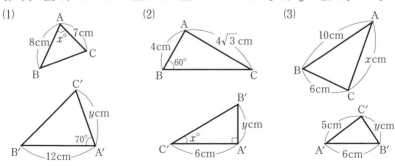

●**例題3**● 右の図で，△ABC∽△ADE である。線分 BD の延長と EC の延長との交点を F とするとき，次のことを証明せよ。

(1) △ABD∽△ACE

(2) ∠DFC＋∠BAC＝180°

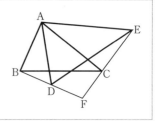

(**解説**) 2つの三角形が相似であることを証明するには，次の相似条件のいずれかを示せばよい。

(ⅰ) 3辺の比 　(ⅱ) 2辺の比と間の角 　(ⅲ) 2角

(**証明**) (1) △ABC∽△ADE（仮定）であるから

∠BAC＝∠DAE ………① 　AB：AD＝AC：AE ………②

△ABD と △ACE において

①の両辺から ∠DAC をひいて 　∠BAD＝∠CAE

②より 　AB：AC＝AD：AE

ゆえに 　△ABD∽△ACE（2辺の比と間の角）

(2) (1)より 　　　∠ABD＝∠ACE

直線 ECF で 　∠ACE＋∠ACF＝180°

よって 　　　∠ABF＋∠ACF＝180°

四角形 ABFC で 　∠BAC＋∠ABF＋∠BFC＋∠ACF＝360°

ゆえに 　∠DFC＋∠BAC＝180°

(**注**) △ABD を A を中心として反時計まわりに ∠BAC と同じ角度だけ回転した △AB′D′ は，A を相似の中心として △ACE と相似の位置にあるから，直線 BD と EC のつくる角は ∠BAC に等しくなる。すなわち，点 G を線分 BF の延長上にとると，∠CFG＝∠BAC である。

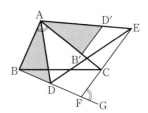

演習問題

15. 次の図で，2つの三角形が相似であるとき，x の値を求めよ。

(1) △ABC∽△ACD 　　(2) △ABC∽△DBA 　　(3) △ABC∽△DCA

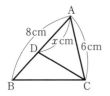
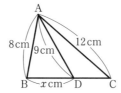
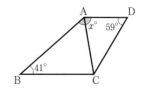

16. 次の図で，x の値を求めよ。

(1)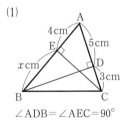

$\angle ADB = \angle AEC = 90°$

(2)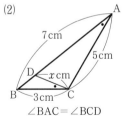

$\angle BAC = \angle BCD$

(3)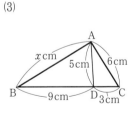

17. 右の図のように，四角形 ABCD の対角線の交点を E とする。$\angle ABD = \angle DBC$，CD = CE のとき，$\triangle ABE \backsim \triangle CBD$ であることを証明せよ。

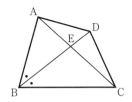

18. 右の図のように，AB < AD である長方形 ABCD の対角線の交点を E とする。この長方形を，対角線 BD を折り目として折り返したとき，辺 BC が線分 AE と交わる点を F とする。ただし，$\triangle ABE$ は正三角形ではないものとする。

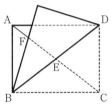

(1) 右の図の点 A，B，C，D，E，F から 3 点を選んでできる三角形のうち，$\triangle EBF$ と相似な三角形を答え，相似であることを証明せよ。

(2) BF = 4cm，CF = 6cm のとき，線分 EB，辺 BC の長さを求めよ。

19. 右の図のように，$\triangle ABC$ の辺 BC 上に点 D をとり，BD = AD = AC とする。
    BC = 2cm，$AC = (\sqrt{5} - 1)$cm のとき，次の問いに答えよ。

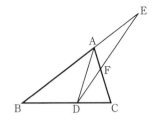

(1) BC·CD = AC·AD であることを示し，このことを利用して，$\triangle ABC \backsim \triangle CAD$ であることを証明せよ。

(2) 辺 BA の延長上に点 E を，AE = AC となるようにとり，辺 AC と線分 DE との交点を F とするとき，$\angle CFE$ の大きさを求めよ。

●**例題4**● 右の図のように，1辺の長さが4cmの正三角形ABCがある。この三角形を，辺ACの中点Dと辺AB上の点Eを結ぶ線分DEを折り目として折り返すと，頂点Aは点Fに移った。このとき，線分EF，DFと辺BCとの交点をそれぞれG，Hとする。

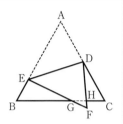

$FG=\dfrac{2}{3}$cm のとき，次の問いに答えよ。

(1) $FH=a$cm とするとき，線分CH，DH，BGの長さをaを使って表せ。

(2) 線分FHの長さを求めよ。

(**解説**) (1) △AED≡△FED であることを利用して，△FHGと相似な三角形を見つける。

(2) 線分BE，GEの長さを，それぞれaを使って表す。

(**解答**) (1) △FHG と △CHD において

　　　　∠GFH＝∠A より ∠GFH＝∠DCH（＝60°）

　　　　　　∠FHG＝∠CHD（対頂角）

　　　よって △FHG∽△CHD（2角）

　　　相似比は $FG:CD=\dfrac{2}{3}:2=1:3$ であるから

　　　　　CH＝3FH＝3a

　　　また　 DH＝DF－HF＝AD－HF＝2－a

　　　よって　GH＝$\dfrac{1}{3}$DH＝$\dfrac{1}{3}$(2－a)

　　　ゆえに　BG＝BC－GH－CH＝4－$\dfrac{1}{3}$(2－a)－3a＝$\dfrac{2}{3}$(5－4a)

　　　　　　　　（答）　CH＝3$a$cm，DH＝(2－a)cm，

　　　　　　　　　　　　BG＝$\left\{\dfrac{2}{3}(5-4a)\right\}$cm

　　(2) △FHG と △BEG において

　　　　　　∠GFH＝∠GBE（＝60°）

　　　　　　∠HGF＝∠EGB（対頂角）

　　　よって　△FHG∽△BEG（2角）

　　　ゆえに　FG：BG＝FH：BE 　$\dfrac{2}{3}:\dfrac{2}{3}(5-4a)=a:BE$

　　　よって　BE＝a(5－4a)

また　　　　FG：BG＝GH：GE　　　$\dfrac{2}{3}:\dfrac{2}{3}(5-4a)=\dfrac{1}{3}(2-a):GE$

よって　　　$GE=\dfrac{1}{3}(2-a)(5-4a)$

AB＝AE＋EB＝FG＋GE＋EB＝4 であるから

$$\dfrac{2}{3}+\dfrac{1}{3}(2-a)(5-4a)+a(5-4a)=4$$

整理して　$4a^2-a=0$　　　$a(4a-1)=0$

$a>0$ より　$a=\dfrac{1}{4}$　　　　　　　　　　　　　　（答）$\dfrac{1}{4}$cm

演習問題

20. 次の図で，x の値を求めよ。

(1)

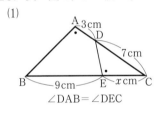

∠DAB＝∠DEC

(2)

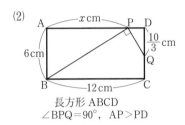

長方形 ABCD
∠BPQ＝90°，AP＞PD

21. 右の図のように，△ABC の辺 BC の延長
上に点 D を，∠CAD＝∠CBA となるよう
にとる。∠ADC の二等分線と辺 AC，AB
との交点をそれぞれ E，F とする。

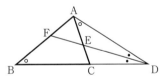

(1) △ADF∽△CDE であることを証明せよ。

(2) AE＝3cm，EC＝2cm，DE＝7cm のとき，線分 EF の長さを求めよ。

22. 右の図のように，長方形 ABCD の辺 CD の中点を
M とし，△ADM を，線分 AM を折り目として折り返
したとき，頂点 D の移った点を E とする。

　AE＝4cm，AM＝5cm，EM＝3cm のとき，次の問
いに答えよ。

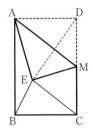

(1) 線分 DE の長さを求めよ。

(2) △DEC∽△ADM であることを証明せよ。

(3) △EBC の面積を求めよ。

●**例題5**● ∠A＝90°の直角三角形 ABC の頂点 A から斜辺 BC に垂線 AD をひくとき，次のことを証明せよ。
(1) $AB^2＝BD・BC$, $AC^2＝CD・CB$
(2) $AD^2＝BD・CD$

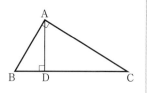

（解説） $AB^2＝BD・BC$ を証明するには，比例式 AB：BD＝BC：AB が成り立つことを示せばよい。このように，積の形の式は比例式に，比例式は積の形の式になおして考えるとよい。なお，比例式を導くには，相似な図形の対応する辺の比を調べる。

（証明） (1) △ABC と △DBA において
$$∠ABC＝∠DBA（共通）$$
$$∠BAC＝∠BDA＝90°$$
ゆえに　△ABC∽△DBA（2角）
よって　AB：DB＝BC：BA
ゆえに　$AB^2＝BD・BC$
同様に，△ABC∽△DAC（2角）より
$$AC：DC＝CB：CA$$
ゆえに　$AC^2＝CD・CB$

(2) (1)の証明より，△ABC∽△DBA，△ABC∽△DAC であるから
$$△DBA∽△DAC$$
よって　AD：CD＝BD：AD
ゆえに　$AD^2＝BD・CD$

（注） (1)より，$AB^2＋AC^2＝BD・BC＋CD・CB＝(BD＋DC)・BC＝BC^2$ が成り立つ。これを三平方の定理という。この定理については，9章（→p.203）でくわしく学習する。

演習問題

23. 右の図の ∠A＝90° の直角三角形 ABC で，頂点 A から斜辺 BC に垂線 AD をひく。
AB＝13cm，BD＝12cm，AD＝5cm のとき，線分 CD，辺 AC の長さを求めよ。

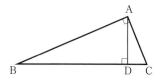

24. 右の図のように，△ABC の内心を I とし，I を
通り線分 AI に垂直な直線と，辺 AB，AC との交
点をそれぞれ D，E とする。

(1) △BID∽△ICE であることを証明せよ。

(2) $ID^2 = BD \cdot CE$ であることを証明せよ。

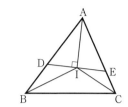

25. 右の図の ∠A＝90°，AB≠AC の直角三角
形 ABC で，頂点 A から斜辺 BC に垂線 AD を
ひく。辺 AC の中点を M，直線 MD と辺 AB
の延長との交点を E とするとき，
AB：AC＝DE：AE であることを証明せよ。

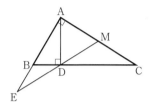

進んだ問題の解法 ||||||||||||||||||||||||||||||||||||||||||||||||||

||||**問題1** 右の図のように，四角形 ABCD の対
角線の交点を E とする。∠ABD＝∠ACD の
とき，次の問いに答えよ。

(1) △ADE∽△BCE であることを証明せよ。

(2) AB＝AD で，BC＝3cm，CD＝6cm，
CE＝2cm のとき，線分 AE，対角線 BD の
長さを求めよ。

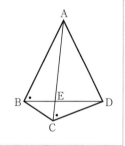

解法 (1) △ABE∽△DCE であることを利用する。

(2) 与えられた三角形の中で，相似であるものを見つける。(1)から，∠ADE＝∠BCE
となって，CE が ∠BCD の二等分線になることがいえる。

解答 (1) △ABE と △DCE において

$\qquad$ ∠ABE＝∠DCE（仮定）………①

$\qquad$ ∠AEB＝∠DEC（対頂角）

$\quad$ よって　△ABE∽△DCE（2角）

$\quad$ ゆえに　AE：DE＝BE：CE ………②

$\quad$ △ADE と △BCE において

$\qquad$ ∠AED＝∠BEC（対頂角）

$\quad$ ②より　AE：BE＝DE：CE

$\quad$ よって　△ADE∽△BCE（2辺の比と間の角）

(2) (1)より　　∠DAE＝∠CBE　………③　　∠ADE＝∠BCE　………④

　　△ACD と △BCE において

　　③より　　　∠DAC＝∠EBC

　　AB＝AD（仮定）より　∠ABD＝∠ADB

　　これと①，④より　∠ACD＝∠BCE　………⑤

　　よって　　　△ACD∽△BCE（2角）

　　ゆえに　　　AC：BC＝CD：CE　　AC：3＝6：2

　　よって　　　AC＝9

　　ゆえに　　　AE＝AC－EC＝9－2＝7

　　また，⑤より，CE は ∠BCD の二等分線であるから

　　　　　　　　BE：ED＝CB：CD＝3：6＝1：2

　　よって，BE＝$a$cm とすると　ED＝2a

　　②より　　　7：2a＝a：2　　　a^2＝7

　　$a>0$ より　$a=\sqrt{7}$

　　ゆえに　　　BD＝3a＝3$\sqrt{7}$

（答）　AE＝7cm，BD＝3$\sqrt{7}$ cm

||||| 進んだ問題 |||||

26. 右の図の △ABC で，∠C＝∠DAB，
AD＝9cm，DC＝10cm，CA＝15cm とする。
このとき，線分 BD の長さを求めよ。

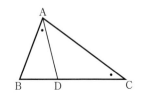

27. 右の図のように，△ABC の辺 BC 上に点 D
を，∠BDA＝∠CAB となるようにとる。∠B の
二等分線と辺 AC，線分 AD との交点をそれぞれ
E，F とする。

　　AB＝6cm，BC＝10cm のとき，次の問いに答
えよ。

(1) 線分 BD の長さを求めよ。

(2) △AFE と △BDF の面積の比を求めよ。

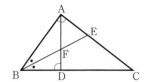

3…相似の応用

1　**相似な平面図形の周と面積**

　2つの相似な平面図形では，次のことが成り立つ。

(1)　周の比は，相似比に等しい。

(2)　面積の比は，相似比の2乗に等しい。

　（例）　多角形 ABC…K と多角形 A′B′C′…K′ は相似で，相似比が

　$a:b$ であるとき，

$$\frac{\mathrm{AB+BC+\cdots+KA}}{\mathrm{A′B′+B′C′+\cdots+K′A′}}=\frac{\mathrm{AB}}{\mathrm{A′B′}}=\frac{a}{b}$$

$$\frac{（多角形\ \mathrm{ABC\cdots K}\ の面積）}{（多角形\ \mathrm{A′B′C′\cdots K′}\ の面積）}=\left(\frac{\mathrm{AB}}{\mathrm{A′B′}}\right)^2=\frac{a^2}{b^2}$$

2　**相似な立体図形**

　2つの立体図形 F，F′ の対応する点を結ぶ直線がすべて点 O で交わり，O から対応する点までの距離の比が一定であるとき，立体図形 F と F′ は**相似の位置**にあるといい，点 O を**相似の中心**という。

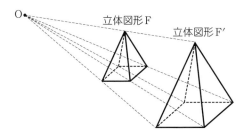

　移動して相似の位置におくことができる2つの立体図形は，**相似である**といい，相似な立体図形で対応する線分の長さの比を**相似比**という。

　2つの相似な立体図形では，次のことが成り立つ。

(1)　対応する曲線，線分などの長さの比は，相似比に等しい。

(2)　対応する面の面積の比は，相似比の2乗に等しい。

(3)　体積の比は，相似比の3乗に等しい。

③ 縮図と測量

　下の図の①，②，③のような距離 AB や④，⑤のような高さ AB は，直接はかることはできないが，縮尺 $\dfrac{1}{n}$ の縮図をかいて線分 A′B′ の長さを求め，n 倍すれば求めることができる。

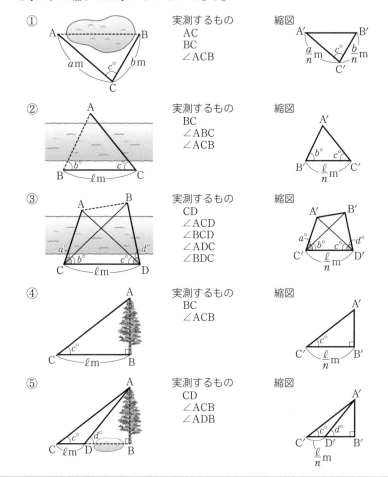

①　　　　　　　　　実測するもの　　　　　縮図
　　　　　　　　　　　AC
　　　　　　　　　　　BC
　　　　　　　　　　∠ACB

②　　　　　　　　　実測するもの　　　　　縮図
　　　　　　　　　　　BC
　　　　　　　　　　∠ABC
　　　　　　　　　　∠ACB

③　　　　　　　　　実測するもの　　　　　縮図
　　　　　　　　　　　CD
　　　　　　　　　　∠ACD
　　　　　　　　　　∠BCD
　　　　　　　　　　∠ADC
　　　　　　　　　　∠BDC

④　　　　　　　　　実測するもの　　　　　縮図
　　　　　　　　　　　BC
　　　　　　　　　　∠ACB

⑤　　　　　　　　　実測するもの　　　　　縮図
　　　　　　　　　　　CD
　　　　　　　　　　∠ACB
　　　　　　　　　　∠ADB

基本問題

28. △ABC の 3 辺 BC，CA，AB の中点をそれぞれ D，E，F とするとき，△ABC と △DEF の周の比と面積の比を求めよ。

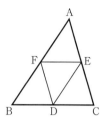

29. 右の図で，おうぎ形 ABC とおうぎ形 DEF の周の比と面積の比を求めよ。

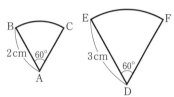

30. 右の図で，四角形 ABCD と四角形 AB′C′D′ は相似の位置にある。

(1) 四角形 ABCD の周の長さが 36cm のとき，四角形 AB′C′D′ の周の長さを求めよ。

(2) 四角形 AB′C′D′ の面積が 54cm² のとき，四角形 ABCD の面積を求めよ。

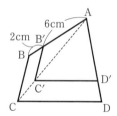

31. 半径がそれぞれ 2cm，6cm の 2 つの球の表面積の比と体積の比を求めよ。

32. 2 つの相似な円柱がある。底面の半径がそれぞれ 8cm，10cm で，大きいほうの円柱の体積が 2500π cm³ であるとき，小さいほうの円柱の体積を求めよ。

33. 右の図の ∠C=90° である直角三角形 ABC で，DE∥BC である。

(1) △ADE と台形 DBCE の面積の比を求めよ。

(2) △ADE と台形 DBCE を，辺 AC を軸として 1 回転してできる立体の体積をそれぞれ U, V とするとき，$U:V$ を求めよ。

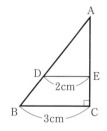

34. 池の両側の2地点A，B間の距離をはかる
ため，A，Bを見通す地点Cを選んで画用紙を
置き，△ABCと相似な△A′B′Cをかいた。
CA，CBの距離はそれぞれ70m，55mであった。
　画用紙上でCA′＝28cmとするとき，次の
問いに答えよ。

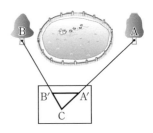

(1) 辺CB′は何cmにすればよいか。

(2) 辺A′B′の長さをはかったら32cmであった。2地点A，B間の距離を求
　めよ。

●**例題6**● AB＝5cm，BC＝6cm，CA＝4cm
の△ABCがある。△ABCと△DEFは相似
で，AB：DE＝2：1である。右の図のように，
△ABCと△DEFをFE∥BCとなるように
重ねる。辺ABと辺DF，EFとの交点をそれ
ぞれG，Hとし，辺ACと辺EF，DEとの交点をそれぞれI，Jとする。

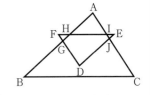

　HI＝2cmのとき，次の問いに答えよ。

(1) FH＝2IEのとき，△GHFの面積は，△ABCの面積の何倍か。

(2) 五角形DJIHGの面積が，△ABCの面積の$\dfrac{11}{48}$倍であるとき，線分
　FHの長さを求めよ。ただし，FH＞IEとする。

(解説) (1) △GHFは△ABCと相似である。

(2) FH＝$x$cmとおき，五角形DJIHGの面積と△ABCの面積の関係式をつくる。

(解答) (1) △ABC∽△DEF，AB：DE＝2：1（ともに仮定）より BC：EF＝2：1

BC＝6より EF＝3

また，HI＝2，FH＝2IEより

$$EF＝FH＋HI＋IE＝FH＋2＋\frac{1}{2}FH＝3$$

よって FH＝$\dfrac{2}{3}$

△ABCと△GHFにおいて

△ABC∽△DEFより ∠BCA＝∠HFG

FE∥BC（仮定）より ∠ABC＝∠GHF（錯角）

ゆえに △ABC∽△GHF（2角）

△ABC と △GHF の相似比は BC：HF＝6：$\frac{2}{3}$＝9：1 であるから，面積の比は

$$9^2：1^2＝81：1$$

ゆえに　　△GHF＝$\frac{1}{81}$△ABC　　　　　　　　　　　　　（答）　$\frac{1}{81}$ 倍

(2)　FH＝x cm とすると

$$IE＝EF－FH－HI＝3－x－2＝1－x$$

(1)より　　△ABC∽△GHF

同様に，△ABC∽△JEI（2角）であるから，

△ABC と △GHF と △JEI の相似比は

$$BC：HF：EI＝6：x：(1－x)$$

よって，面積の比は　　$6^2：x^2：(1－x)^2$

また，△ABC と △DEF の面積の比は $2^2：1^2$ であるから

$$△GHF＝\frac{x^2}{36}△ABC$$

$$△JEI＝\frac{(1－x)^2}{36}△ABC$$

$$△DEF＝\frac{1}{4}△ABC$$

ゆえに　　（五角形 DJIHG）＝$\left\{\frac{1}{4}－\frac{x^2}{36}－\frac{(1－x)^2}{36}\right\}$△ABC

よって　　$\frac{1}{4}－\frac{x^2}{36}－\frac{(1－x)^2}{36}＝\frac{11}{48}$

整理して　$8x^2－8x+1＝0$

$$x＝\frac{2\pm\sqrt{2}}{4}$$

FH＞IE より，$x＞1－x$ であるから　$x＞\frac{1}{2}$

ゆえに　　$x＝\frac{2+\sqrt{2}}{4}$　　　　　　　　　　　　（答）　$\frac{2+\sqrt{2}}{4}$ cm

演習問題

35. 右の図で，BP：PC＝1：2，AB∥RP，
AC∥QP である。

(1)　△QBP と △ABC の面積の比を求めよ。

(2)　□AQPR と △ABC の面積の比を求めよ。

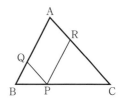

36. 右の図のように，AD∥BC の台形 ABCD があ
る。対角線 AC と BD との交点を O とし，
AD＝12cm，BC＝18cm，△ODA＝32cm² とする。

(1)　△OBC の面積を求めよ。

(2)　台形 ABCD の面積を求めよ。

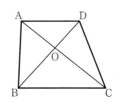

37. 右の図で，AD：DB＝2：3，DE∥BC である。
△OED＝12cm² のとき，△OBC，△ADE の面
積を求めよ。

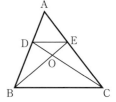

38. 右の図のように，AB＝2cm，AD＝7cm の
▱ABCD がある。辺 BC と ∠A，∠D の二等分線
との交点をそれぞれ E，F とする。∠A の二等分線
と，∠D の二等分線，辺 DC の延長との交点をそれ
ぞれ G，H とするとき，△GFE と △GDH の面積
の比を求めよ。

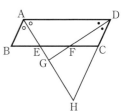

39. 右の図の △ABC で，辺 BC 上に点 P を，
BP：PC＝2：1 となるようにとり，線分 AP 上に点 Q
を，AQ：QP＝4：1 となるようにとる。点 Q を通り
各辺に平行な直線をひき，3つの三角形⑦，①，⑨と
3つの平行四辺形に分ける。また，辺 AB と点 Q を
通る辺 AC，BC の平行線との交点をそれぞれ D，E と
する。

(1)　AD：DE：EB を求めよ。

(2)　△ABC の面積を 50cm² とするとき，⑦，①，⑨の面積の和を求めよ。

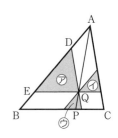

40. 正三角形 ABC の辺 BC，CA 上にそれぞれ点 D，
E を，∠ADE＝60° となるようにとる。ただし，
BD＜DC とする。
AE：EC＝4：1 のとき，△ABD の面積は，
△DCE の面積の何倍か。

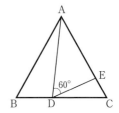

●**例題7**● 図1のような，容積が 216 cm³ の三角すいの容器 O–ABC があり，8 cm³ の水がはいっている。

(1) 図1のように，この容器に水を加えて，その水面 PQR が平面 ABC に平行で，OP：PA＝2：1 にするためには，何 cm³ の水を加えればよいか。

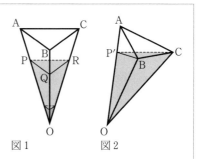

図1　　　図2

(2) さらに水を加えて水の量を全部で 156 cm³ にし，図2のように，水面がちょうど辺 BC に重なるように容器を傾けた。水面と辺 OA との交点を P′ とするとき，OP′：P′A を求めよ。

(**解説**) (1) 平面 PQR // 平面 ABC であるから，三角すい O–PQR と三角すい O–ABC は相似で，相似比は OP：OA である。

(2) 水がはいっている部分（三角すい O–P′BC）と水がはいっていない部分（三角すい A–P′BC）は，頂点を C，底面をそれぞれ △OBP′，△AP′B とみると，体積の比は △OBP′：△AP′B である。

(**解答**) (1) 平面 PQR // 平面 ABC であるから，三角すい O–PQR と三角すい O–ABC は相似で，体積の比は $OP^3 : OA^3$ である。

OP：PA＝2：1 より　OP：OA＝2：3

x cm³ の水を加えるとすると　$(x+8) : 216 = 2^3 : 3^3$

よって　$27(x+8) = 216 \times 8$

ゆえに　$x=56$

(答)　56 cm³

(2) （三角すい O–P′BC の体積）：（三角すい A–P′BC の体積）は，頂点を C，底面をそれぞれ △OBP′，△AP′B とみると，高さが等しいから，

△OBP′：△AP′B＝OP′：P′A に等しい。

ゆえに　OP′：P′A＝156：(216−156)＝13：5

(答)　13：5

(**注**) 一般に，右の図で，

$$\frac{（三角すい O–PQR の体積）}{（三角すい O–ABC の体積）} = \frac{OP \cdot OQ \cdot OR}{OA \cdot OB \cdot OC}$$

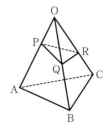

である。

(2)は，$\dfrac{OP' \cdot OB \cdot OC}{OA \cdot OB \cdot OC} = \dfrac{156}{216} = \dfrac{13}{18}$ より，$\dfrac{OP'}{OA} = \dfrac{13}{18}$

ゆえに，OP′：P′A＝13：5 と求めてもよい。

演習問題

41. 右の図で，平面Pと平面Qは平行で，3点A，B，Cは平面P上に，3点A′，B′，C′は平面Q上にある。直線A′A，B′B，C′Cは1点Oで交わっている。このとき，△ABC∽△A′B′C′であることを証明せよ。

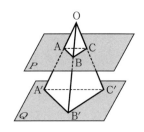

42. 右の図のように，円すいを底面に平行な平面で，高さを3等分するように切ってできる立体を上から⑦，⑦，⑦とする。⑦，⑦，⑦の側面積の比と体積の比を求めよ。

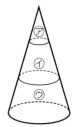

43. 右の図は，AB=15cm の三角すい A-BCD である。この三角すいを，辺 AB 上にある点 P を通り底面 BCD に平行な平面で切って 2 つに分ける。

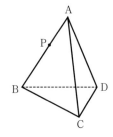

(1) AP=6cm のとき，2 つに分けた立体のうち，頂点 B をふくむほうの立体の体積は，もとの三角すいの体積の何倍か。

(2) 切り口の面積が △BCD の面積の $\frac{1}{5}$ 倍になるとき，線分 AP の長さを求めよ。

44. 右の図のような三角柱 ABC-DEF があり，AB=5cm，AC=6cm，BE=4cm，∠BAC=90° である。辺 AB 上に点 P を，AP=3cm となるようにとる。この三角柱を，3点 P，E，F を通る平面で切って 2 つに分けるとき，頂点 B をふくむほうの立体の体積を求めよ。

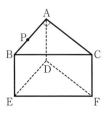

45. 右の図の三角すい O–ABC で，△ABC は 1 辺の長
さが 3cm の正三角形，OA＝OB＝OC＝4cm である。
(1) 右の図のように，頂点 A から側面を通って，ま
た A にもどるように糸を張るとき，その最短経路
が A→D→E→A である。その最短となる糸の長さ
を求めよ。
(2) この三角すいを，(1)の △ADE をふくむ平面で切っ
て 2 つに分けた。頂点 O をふくむほうの立体を V_1，
ふくまないほうの立体を V_2 とするとき，V_1 と V_2 の体積の比を求めよ。

46. 次の問いに答えよ。
(1) 右の図の四角形 ABCD，A′B′C′D′ で，
∠ABC＝∠A′B′C′，∠DBC＝∠D′B′C′，
∠ACB＝∠A′C′B′，∠DCB＝∠D′C′B′
のとき，AD：A′D′＝BC：B′C′ である
ことを証明せよ。

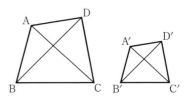

(2) 海に浮かぶ島の 2 地点 P，Q 間の距離を
はかるために測量したところ，右の図のよ
うになった。縮図を利用して，2 地点 P，
Q 間の距離を求めよ。

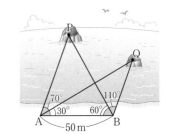

47. 木の高さ PQ をはかるために測
量したところ，右の図のようになっ
た。縮図を利用して，木の高さを求
めよ。ただし，目の高さは 1.5m と
する。

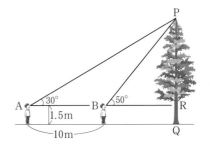

48. 高さ 60 m のビルの屋上から，テレビ塔の
先端 P と地点 Q までの角度をはかると，右の
図のようになった。縮図を利用して，テレビ塔
の高さを求めよ。

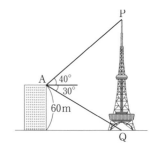

49. 右の図のように，地面に垂直に立
つ壁から 12 m 離れた地点に高さ 4.5
m の街灯（A）がある。身長 1.5 m の
人（P）が街灯の真下の点 B から壁に
向かって，壁に垂直な方向に秒速 1 m
で歩きはじめた。歩きはじめてからの
時間を t 秒とする。

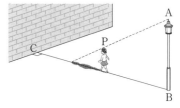

(1) P の影の先端が地点 C に達するのは，歩きはじめてから何秒後か。
(2) 壁に影ができるとき，次の問いに答えよ。
　(i) 壁に映る影の先端の地面からの高さを，t を使って表せ。
　(ii) 影全体の長さ（地面と壁に映る影の長さの和）が 2.5 m となるのは，歩
　　きはじめてから何秒後か。

進んだ問題の解法

||||**問題2**　右の図のような，AD∥BC である台
形 ABCD の面積を 2 等分する底辺 BC に平行
な直線と，辺 AB，CD との交点をそれぞれ E，
F とするとき，$AD^2+BC^2=2EF^2$ であること
を証明せよ。

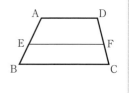

解法　線分の平方をふくむ式についての問題は，相似や 9 章で学習する三平方の定理を利
用して解くことが多い。
　辺 BA の延長と CD の延長との交点を O とすると，AD∥EF∥BC であるから，
△OAD∽△OEF∽△OBC であり，△OAD：△OEF：△OBC＝AD^2：EF^2：BC^2 であ
ることに着目する。

[証明] 辺 BA の延長と CD の延長との交点を O とする。

(台形 AEFD)＝(台形 EBCF) (仮定) より

$$\triangle OEF - \triangle OAD = \triangle OBC - \triangle OEF$$

よって $\triangle OAD + \triangle OBC = 2\triangle OEF$

ゆえに $\dfrac{\triangle OAD}{\triangle OEF} + \dfrac{\triangle OBC}{\triangle OEF} = 2$ ………①

AD∥EF∥BC (仮定) より

$$\triangle OAD \backsim \triangle OEF \backsim \triangle OBC \text{（2角）}$$

よって $\triangle OAD : \triangle OEF : \triangle OBC = AD^2 : EF^2 : BC^2$

ゆえに $\dfrac{\triangle OAD}{\triangle OEF} = \dfrac{AD^2}{EF^2}, \quad \dfrac{\triangle OBC}{\triangle OEF} = \dfrac{BC^2}{EF^2}$ ………②

①，②より $\dfrac{AD^2}{EF^2} + \dfrac{BC^2}{EF^2} = 2$

ゆえに $AD^2 + BC^2 = 2EF^2$

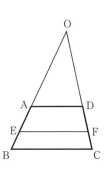

|||||進んだ問題|||||

50. 次の式が成り立つことを証明せよ。

(1) 右の図で，DE∥BC，△ADE＝△FBC のとき，

$$AD^2 = AB \cdot FB$$

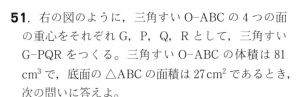

(2) ∠C＝90° の直角三角形 ABC の斜辺 BA 上に点 D，その延長上に点 E を，∠ACD＝∠ACE＝∠B となるようにとるとき，

$$\frac{EC^2}{EB^2} = \frac{AD}{BD}$$

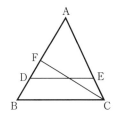

51. 右の図のように，三角すい O-ABC の 4 つの面の重心をそれぞれ G，P，Q，R として，三角すい G-PQR をつくる。三角すい O-ABC の体積は 81 cm³ で，底面の △ABC の面積は 27 cm² であるとき，次の問いに答えよ。

(1) △PQR の面積を求めよ。

(2) 三角すい G-PQR の体積を求めよ。

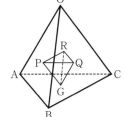

7章の問題

1 次の図で，x，y の値を求めよ。

(1)

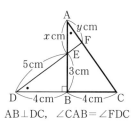

AB⊥DC，∠CAB＝∠FDC

(2)

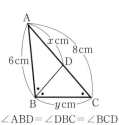

∠ABD＝∠DBC＝∠BCD

2 右の図のように，AB＝8cm，BC＝12cm の △ABC があり，辺 AB 上に点 D を，AD＝2cm となるようにとる。また，BC，BD を隣り合う 2辺とする □DBCE をつくり，辺 AC と辺 DE，対角線 BE との交点をそれぞれ F，G とする。

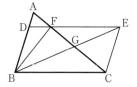

(1) △DBF∽△CBE であることを証明せよ。

(2) BF＝$\dfrac{15}{2}$cm のとき，線分 GE の長さを求めよ。

3 右の図で，△ABC と △ADE は合同な正三角形で，DQ＝2cm，QE＝3cm である。

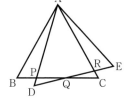

(1) △AER∽△QCR であることを証明せよ。また，その相似比を求めよ。

(2) 線分 QR，RC の長さを求めよ。

4 右の図の △ABC において，PQ∥RS∥BC で，△APQ，四角形 PRSQ，四角形 RBCS の面積はすべて等しい。

AP＝1cm のとき，線分 RB の長さを求めよ。

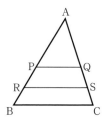

5 右の図のように，∠A＝90°の直角三角形
ABC があり，辺 BC 上の2点 D，E を直径の両
端とする半円 O が，辺 AB，AC に接している。
AB＝3cm，BC＝5cm，CA＝4cm のとき，半
円 O の半径と線分 BD，CE の長さを求めよ。

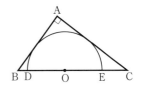

6 右の図のような △ABC がある。点 P は辺 AB
上を頂点 B から A に，点 Q は辺 AC 上を頂点 C か
ら A に，それぞれ一定の速さで向かうものとする。
また，2点 P，Q はそれぞれ頂点 B，C を同時に出
発し，A に同時に到着するような速さで移動する。
線分 BQ と CP との交点を O とし，
△OBC：△OPQ＝25：9 となるとき，次の問いに答えよ。

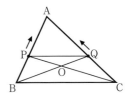

(1) AP：PB を求めよ。

(2) △APQ の面積は，四角形 APOQ の面積の何倍か。

7 右の図のような AB＝3cm，AC＝2cm の
△ABC がある。辺 AC 上に点 P，辺 AB 上に点 Q
を，∠APQ＝∠ABC となるようにとる。

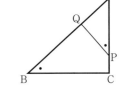

(1) △APQ と四角形 BCPQ の面積の比が 4：21 と
なるとき，線分 AP の長さを求めよ。

(2) PC＝PQ，BC＝BQ となるとき，線分 AP の
長さを求めよ。また，このときの ∠C の大きさを求めよ。

8 右の図の ∠A＝90° の直角三角形 ABC で，
辺 AB，AC 上にそれぞれ点 P，Q をとる。頂点
A を通り線分 PQ に垂直な直線と，辺 BC との交
点を D とする。

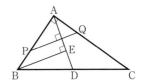

(1) 頂点 B から直線 AD に垂線 BE をひくとき，
△APQ∽△EBA であることを証明せよ。

(2) BD：CD＝AP・AB：AQ・AC であることを証明せよ。

（9） 右の図のように，△ABC の内部にある点 P を通
り，辺 BC，CA，AB と平行に，他の 2 辺間にそれぞ
れ直線 DE，FG，HI をひくとき，次の式が成り立つ
ことを証明せよ。

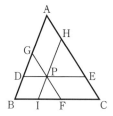

$$\frac{BI}{BC}+\frac{CE}{CA}+\frac{AG}{AB}=1$$

（10） 右の図のように，正四面体 OABC を底面に平
行な平面で切ったときの切り口を△DEF とし，
△ABC と△DEF の面積の比を 3：1 とする。
△ABC の重心を G とするとき，立体 DEF–ABC
の体積は，三角すい G–DEF の体積の何倍か。

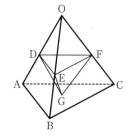

|||||| **進んだ問題** ||||||

（11） AB＝3cm，AD＝4cm で，AC＝5cm
の長方形 ABCD がある。右の図のように，
この長方形を，A を中心として回転したも
のを長方形 AB′C′D′ とし，点 C′ が直線 BC
上にあるとき，次の問いに答えよ。

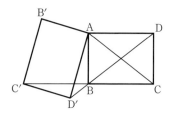

(1) 線分 DD′ の長さを求めよ。

(2) 頂点 B は直線 DD′ 上にあることを証明せよ。

(3) △AD′B の面積を求めよ。

（12） 右の図のように，1 辺の長さが 4cm の立方体
ABCD–EFGH がある。この立方体を，△AFC に
平行な平面で切ったところ，切り口が六角形
PQRSTU になった。ただし，P は辺 AE の中点で
ある。

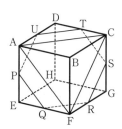

(1) 2 つに分けた立体のうち，頂点 B をふくむほう
の立体の体積を求めよ。

(2) 六角形 PQRSTU を底面とし，B を頂点とする六角すい B–PQRSTU の体
積を求めよ。

1… 円の基本性質

1 **円の対称性**
  (1) 円は中心について点対称である。
  (2) 円は直径について線対称である。

2 **弧と中心角**
    1つの円，または半径の等しい円で，

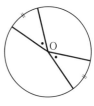

  (1) 大きさの等しい中心角に対する弧の長さは
     等しい。
  (2) 長さの等しい弧に対する中心角の大きさは
     等しい。
  (3) 中心角の大きさとそれに対する弧の長さは比例する。

3 **弧と弦**
    1つの円，または半径の等しい円で，
  (1) 長さの等しい弧に対する弦の長さは等しい。
  (2) 長さの等しい弦に対する劣弧の長さは等しい。また，優弧の長さも
     等しい。（円周上の2点で分けられた弧のうち，小さいほうを劣弧，
     大きいほうを優弧という。ふつう，弧というときは劣弧をさす）

4 **弦と中心**
  (1) 円の中心から弦にひいた垂線は，その弦を
     2等分する。

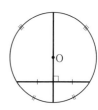

  (2) 直径ではない弦の中点と円の中心を通る直
     線は，その弦に垂直である。
  (3) 弦の垂直二等分線は，円の中心を通る。
  (4) 弦に垂直な直径は，その弦およびその弦に対する弧を2等分する。

---

5 **中心から弦までの距離と弦の長さ**

　1つの円，または半径の等しい円で，

(1) 中心からの距離が等しい2つの弦の長さは
等しい。

(2) 長さが等しい2つの弦の中心からの距離は
等しい。

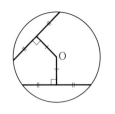

●基本問題●

1. 次の図で，x の値を求めよ。ただし，O は円の中心である。

(1)

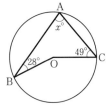

(2)

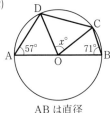

AB は直径

(3)

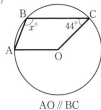

AO∥BC

2. 円 O の周上に3点 A，B，C がある。

(1) $\overset{\frown}{AB} : \overset{\frown}{BC} : \overset{\frown}{CA} = 5 : 6 : 7$ のとき，∠AOB，∠BOC の大きさを求めよ。

(2) AB は円 O の直径で，その長さが 8 cm，∠AOC＝40° のとき，$\overset{\frown}{AB}$，$\overset{\frown}{BC}$，$\overset{\frown}{CA}$ の長さを求めよ。

3. 右の図のような円が与えられたとき，この円の中心
O を作図せよ。

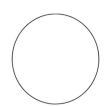

4. 右の図のように，円 O の弦を AB とし，$\overset{\frown}{AB}$ を2等
分する点を C とするとき，線分 OC は弦 AB を垂直
に2等分することを証明せよ。

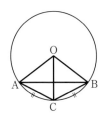

●**例題1**● 右の図のように，長さが等しく，かつ平行でない円Oの2つの弦をAB，CDとし，それぞれの中点をM，Nとする。また，直線MNと円Oとの交点のうち，$\overset{\frown}{AB}$ 上にある点をP，$\overset{\frown}{CD}$ 上にある点をQとする。
　このとき，PM＝QN であることを証明せよ。

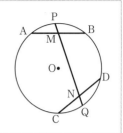

解説 中心Oから弦PQに垂線OHをひくと，PH＝QH である。よって，PM＝QN を証明するには，MH＝NH を示せばよい。そのために，中心Oと弦AB，CDの中点M，Nをそれぞれ結んで考える。

証明 中心Oから弦PQに垂線OHをひくと
$$PH＝QH \quad \text{………①}$$
△OMH と △ONH において
　　　OH は共通
　　　∠OHM＝∠OHN＝90°
M，N はそれぞれ長さの等しい弦の中点であるから
　　　OM＝ON
よって　　△OMH≡△ONH（斜辺と1辺）
ゆえに　　MH＝NH ………②
①，②より　PH－MH＝QH－NH
ゆえに　　PM＝QN

演習問題

5．次の図で，x の値を求めよ。ただし，O は円または半円の中心である。

(1)

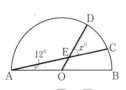

AB は直径，$\overset{\frown}{BC}:\overset{\frown}{CD}=2:3$

(2)

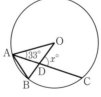

AB＝AD

(3)

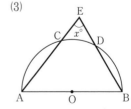

AB は直径，$\overset{\frown}{CD}=\dfrac{2}{9}\overset{\frown}{AB}$

6. 図1のように，AB を直径とする半円 O と AB に平行な直線 ℓ が2点 P，Q で交わっている。$\overset{\frown}{PQ}$ の長さが $\overset{\frown}{AP}$ の長さの2倍になるような直線 ℓ を，図2に作図せよ。

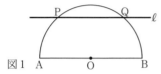

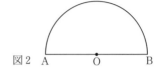

図1 A　　O　　B　　　　　図2 A　　O　　B

7. 右の図のように，O を中心とする2つの同心円がある。大きい円の弦 AB が，小さい円と2点 C，D で交わるとき，AC＝BD であることを証明せよ。

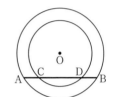

8. 右の図で，2つの円 O，O′ の半径は等しく，M は線分 OO′ の中点である。点 M を通る直線と円 O，O′ との交点をそれぞれ A，B，C，D とするとき，AB＝CD であることを証明せよ。

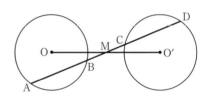

9. 右の図で，AB は円 O の直径で，∠DOC：∠ODC＝4：3 である。

(1)　$\overset{\frown}{AE}$：$\overset{\frown}{BD}$ を求めよ。

(2)　AE＝DE であるとき，∠DOC の大きさを求めよ。

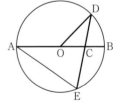

10. 右の図のように，O を中心とする2つの同心円があり，大きい円の直径 AB と小さい円との交点を C，D とする。大きい円の周上に点 P をとり，半径 OP と小さい円との交点を Q とし，線分 DQ の延長と線分 AP との交点を R とする。

　このとき，直線 AP と QR は垂直であることを証明せよ。

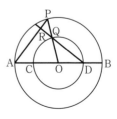

2 … 円と直線

1　円と直線の位置関係

　円の半径を r，円の中心から直線までの距離を d とするとき，円と直線の位置関係は次のようになる。

(1)　2点を共有する　　(2)　1点を共有する　　(3)　共有点をもたない
　　（2点で交わる）

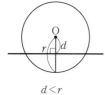
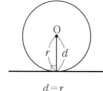
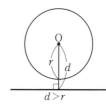

2　接線

　円と直線が1点だけを共有するとき，直線は円に**接する**という。その共有点を円の**接点**，直線を円の**接線**という。また，円外の1点から接線をひいたとき，その点と接点との距離を**接線の長さ**という。

(1)　円の接線は，接点を通る半径に垂直である。

　　逆に，円周上の1点で，その点を通る半径に垂直な直線は円の接線である。

(2)　円外の1点からその円にひいた2本の接線の長さは等しい。また，この2本の接線のつくる角は，その円外の1点と円の中心とを結ぶ直線によって2等分される。

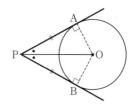

　　右の図で，点 P から円 O に接線をひき，その接点を A，B とするとき，

　　　　PA＝PB，∠OPA＝∠OPB

3　円に外接する四角形

　円に外接する四角形の向かい合った辺の長さの和は等しい。

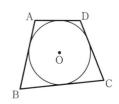

　右の図で，四角形 ABCD が円 O に外接するとき，AB＋CD＝AD＋BC

〇基本問題〇

11. 円 O の周上に点 P がある。点 P における円 O の
接線を作図せよ。

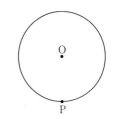

12. 右の図のように，点 P から円 O に接線をひき，
その接点を A, B とするとき，
$$PA=PB, \angle OPA = \angle OPB$$
であることを証明せよ。

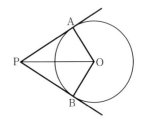

13. 次の図で，AP, AQ はそれぞれ点 P, Q における円 O の接線であるとき，
x の値を求めよ。

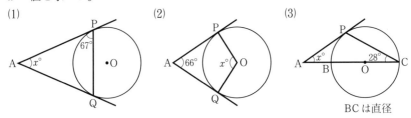

(1)　　　　　　　(2)　　　　　　　(3)

BC は直径

14. 次の図で，△ABC の 3 辺と円 O との接点をそれぞれ D, E, F とするとき，
x, y の値を求めよ。

(1)　　　　　　　(2)

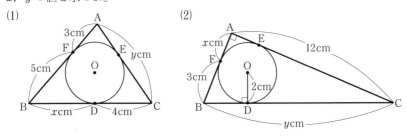

15. 四角形 ABCD が円に外接するとき，
$$AB+CD=AD+BC$$
であることを証明せよ。

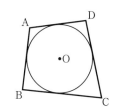

●**例題2**● 右の図のように，3辺の長さが a，b，c の $\triangle ABC$ があり，$\triangle ABC$ の内接円 I と各辺が3点 D，E，F で接している。内接円 I の半径を r，$\triangle ABC$ の面積を S，周の長さの半分を s，すなわち $s=\dfrac{1}{2}(a+b+c)$ とするとき，次の式が成り立つことを証明せよ。

(1) $AE=AF=s-a$，$BD=BF=s-b$，$CD=CE=s-c$

(2) $S=sr$

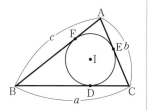

(**解説**) (1) 円外の1点から円にひいた2本の接線の長さが等しいことを利用する。

(2) $\triangle ABC$ を $\triangle IBC$，$\triangle ICA$，$\triangle IAB$ の3つの三角形に分けて考える。

(**証明**) (1) 円外の1点から円にひいた2本の接線の長さは等しいから

$$AE=AF,\ BF=BD,\ CD=CE$$

よって $a+b+c=2AE+2BF+2CD$

$a+b+c=2s$ であるから

$$AE+BF+CD=s$$

ゆえに $AE=AF=s-(BF+CD)=s-(BD+CD)=s-a$

同様に $BD=BF=s-b$

$CD=CE=s-c$

(2) $ID\perp BC$，$IE\perp CA$，$IF\perp AB$ で，$ID=IE=IF=r$ より

$$S=\triangle IBC+\triangle ICA+\triangle IAB$$
$$=\frac{1}{2}ar+\frac{1}{2}br+\frac{1}{2}cr$$
$$=\frac{1}{2}(a+b+c)r$$

$a+b+c=2s$ であるから

$$S=sr$$

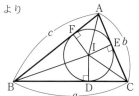

演習問題

16. 右の図のように，△ABC の内接円と各辺が
3点 D，E，F で接するとき，線分 AF，BD，
CE の長さを求めよ。

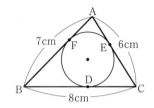

17. ∠A＝90° の直角三角形 ABC の内接円を円 I
とする。
(1) AB＝24cm，BC＝25cm，CA＝7cm のとき，
円 I の半径を求めよ。
(2) △ABC の面積が 26cm²，円 I の半径が 2cm
のとき，辺 BC の長さを求めよ。

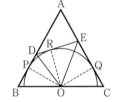

18. 右の図のように，正三角形 ABC の辺 BC 上に点 O
があり，O を中心とする半円が辺 AB，AC とそれぞ
れ点P，Qで接している。
$\overparen{PQ}$ 上の点 R における半円 O の接線と，辺 AB，
AC との交点をそれぞれ D，E とするとき，
△ODB∽△EOC であることを証明せよ。

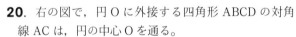

19. 右の図のように，四角形 ABCD が円 O に外接す
るとき，次のことを証明せよ。
(1) △OAB＋△OCD＝△OAD＋△OBC
(2) ∠AOB＋∠COD＝180°

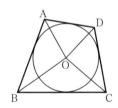

20. 右の図で，円 O に外接する四角形 ABCD の対角
線 AC は，円の中心 O を通る。
∠ABC＝90°，AB＝5cm，CD＝7cm のとき，円 O
の半径を求めよ。

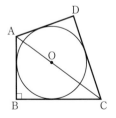

進んだ問題の解法 ||||||||||||||||||||||||||||||||||||||||||||||||||||||||||||||||

> ||||**問題1**　右の図のように，四角形 ABCD が円に
> 外接するとき，△ABC の内接円 O と △ACD の
> 内接円 O′ が，対角線 AC に接する点は一致す
> ることを証明せよ。

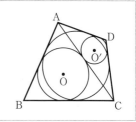

[解法]　円 O，O′ が対角線 AC に接する点をそれぞれ T，T′ として，T，T′ が一致するこ
と，すなわち AT＝AT′ を示せばよい。例題2（→p.183）を利用する。

[証明]　円 O，O′ が対角線 AC に接する点をそれぞれ T，T′ とする。

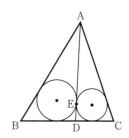

円 O は △ABC の内接円であるから，

$s=\dfrac{1}{2}(AB+BC+CA)$ とすると

$$AT=s-BC=\dfrac{1}{2}(AB+BC+CA)-BC$$

$$=\dfrac{1}{2}(AB+AC-BC) \quad\cdots\cdots\cdots①$$

同様に，円 O′ は △ACD の内接円であるから

$$AT'=\dfrac{1}{2}(AC+AD-CD) \quad\cdots\cdots\cdots②$$

また，四角形 ABCD は円に外接するから　AB+CD＝AD+BC

よって　AB-BC＝AD-CD　　　　　$\cdots\cdots\cdots③$

①，②，③より　AT＝AT′

すなわち，点 T と T′ は一致する。

ゆえに，円 O と円 O′ が対角線 AC に接する点は一致する。

||||||**進んだ問題** ||||||

21. 右の図のように，AB＝9cm，BC＝7cm，
CA＝8cm の △ABC があり，辺 BC 上に点 D を，
△ABD の内接円と △ADC の内接円が線分 AD 上
の点 E で接するようにとる。

(1)　線分 BD の長さを求めよ。

(2)　△ABC の内接円が辺 BC に点 P で接するとき，
点 D と P は一致することを証明せよ。

3…円周角

1 円周角

(1) 円周角の定理

① 1つの弧に対する円周角の大きさは，その弧に対する中心角の大きさの半分である。

右の図で，$\angle APB = \dfrac{1}{2}\angle AOB$

② 同じ弧に対する円周角の大きさは等しい。

(2) 1つの円，または半径の等しい円で，

① 長さの等しい弧に対する円周角の大きさは等しい。

② 大きさの等しい円周角に対する弧および弦の長さはそれぞれ等しい。

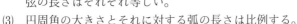

(3) 円周角の大きさとそれに対する弧の長さは比例する。

(4) 直径と円周角

① 直径に対する円周角は直角である。

右の図で，$\angle APB = 90°$

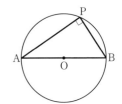

② 円周角が直角のとき，その円周角に対する弦および弧は，その円の直径および半円周である。

(5) 円 O の $\overset{\frown}{AB}$ に対する円周角を $a°$ とし，点 P を直線 AB について $\overset{\frown}{AB}$ と反対側にとるとき，

(i) P が円 O の周上にあれば $\angle APB = a°$

(ii) P が円 O の内部にあれば $\angle APB > a°$

(iii) P が円 O の外部にあれば $\angle APB < a°$

である。

また，この逆も成り立つ。

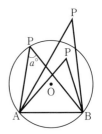

円 O の $\overset{\frown}{AB}$ に対する円周角を $a°$ とし，点 P を直線

AB について $\overset{\frown}{AB}$ と反対側にとるとき，

 (i) P が円 O の周上にあれば ∠APB＝$a°$

 (ii) P が円 O の内部にあれば ∠APB＞$a°$

 (iii) P が円 O の外部にあれば ∠APB＜$a°$

である。また，この逆も成り立つ。

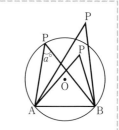

◆◆**証明**◆◆ (i) P は円 O の周上の点であるから，∠APB

   は $\overset{\frown}{AB}$ に対する円周角である。

   ゆえに   ∠APB＝$a°$

  (ii) 図 1 のように，線分 BP の延長と円 O との

   交点を C とすると，∠ACB は $\overset{\frown}{AB}$ に対する

   円周角であるから ∠ACB＝$a°$

   △APC において，∠APB＝∠ACP＋∠CAP

   であるから ∠APB＞∠ACP

   ゆえに   ∠APB＞$a°$

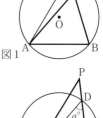

図 1

  (iii) 図 2 のように，線分 BP と円 O との点 B 以

   外の交点を D とすると，∠ADB は $\overset{\frown}{AB}$ に対

   する円周角であるから ∠ADB＝$a°$

   △ADP において，∠ADB＝∠APD＋∠DAP

   であるから ∠ADB＞∠APD

   ゆえに   ∠APB＜$a°$

   また，図 3 のように，線分 BP が円 O と点 B

   以外で交わらないときは，線分 AP との交点

   を E として同様に証明できる。

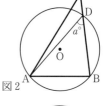

図 2

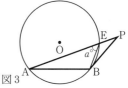

図 3

◆◆**逆の証明**◆◆ (i)の逆「∠APB＝$a°$ ならば点 P は円 O の周上にある」ことを証明する。

    点 P が円 O の周上にないとすると，P は円 O の内部か外部のどちらかにあ

    ることになる。

    もし，点 P が円 O の内部にあるとすると，上の証明から ∠APB＞$a°$ である。

    もし，点 P が円 O の外部にあるとすると，上の証明から ∠APB＜$a°$ である。

    これらは ∠APB＝$a°$（仮定）であることに反する。

    ゆえに，∠APB＝$a°$ ならば，点 P は円 O の周上にある。

  (ii)，(iii)の逆も，(i)と同様に証明できる。

注 このような証明法を背理法という。（→3 章の研究，p.72）

●基本問題●

22. 次の図で，x，y の値を求めよ。ただし，O は円の中心である。

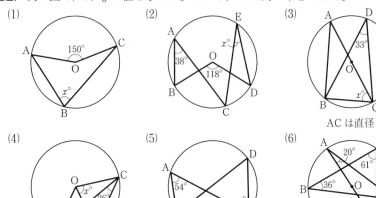

(1)

(2)

(3)

AC は直径

(4)

OA∥CB

(5)

$\overarc{BC}=2\overarc{AB}$

(6)

AC は直径

23. 右の図のように，半径 6cm の円の周上に 5 点 A，B，C，D，E をとるとき，$\overarc{AB}$ の長さを求めよ。

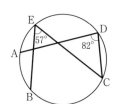

24. 右の図のように，4 点 A，B，C，D が円周上にあるとき，弦 AC，BD のうち，この円の直径になるのはどちらか。また，その理由をいえ。

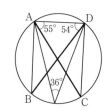

25. 右の図で，△ABC は正三角形である。点 P が直線 AB について頂点 C と同じ側にあり，∠APB＝65° のとき，P は △ABC の外接円 O の内部にあるか，外部にあるか。また，その理由をいえ。

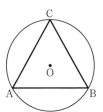

●**例題3**● 右の図で，BD，CE は
それぞれ ∠ABC，∠ACB の二等
分線である。∠EPB＝56°，
∠EQB＝18° のとき，∠ABC，
∠ACB の大きさを求めよ。

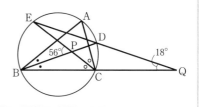

解説 ∠DBC＝x°，∠ECB＝y° として，x，y の連立方程式をつくる。

解答 ∠DBC＝x°，∠ECB＝y° とする。

△PBC で，∠PBC＋∠PCB＝∠EPB であるから $x+y=56$ ………①

△DBQ で ∠DBQ＋∠DQB＝∠EDB

$\overparen{EB}$ に対する円周角は等しいから ∠EDB＝∠ECB＝y°

よって $x+18=y$ ………②

①，②を解いて $x=19$，$y=37$

ゆえに ∠ABC＝$2x$°＝38°，∠ACB＝$2y$°＝74°

（答） ∠ABC＝38°，∠ACB＝74°

参考 $\overparen{CD}$ に対する円周角は等しいから，∠DEC＝∠DBC＝x°

3章の演習問題20（→p.60）より，∠EPB＝$2x$°＋18°＝56° から求めてもよい。

演習問題

26. 次の図で，x，y の値を求めよ。ただし，O は円の中心である。

(1)

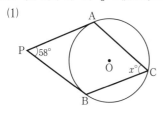

A，B は接点

(2)

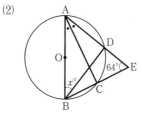

AB は直径，∠BAC＝∠CAD

(3)

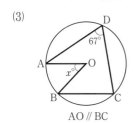

AO // BC

(4)

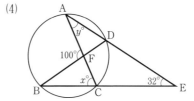

27. 右の図のように，五角形 ABCDE は円に内接し，
$\overgroup{AB}:\overgroup{BC}:\overgroup{CD}:\overgroup{DE}:\overgroup{EA}=1:2:3:4:5$ であるとき，
∠ABC の大きさを求めよ。また，対角線 AD と CE と
の交点を F とするとき，∠CFD の大きさを求めよ。

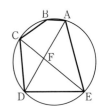

28. 直径に対する円周角は直角であることを
利用して，円 O 外の 1 点 P を通り円 O に接
する 2 本の接線を作図せよ。　　　　　P•

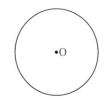

29. 右の図のように，△ABC の 3 つの内角の二等分線と
△ABC の外接円との交点をそれぞれ A′，B′，C′ とする。
(1) ∠A＝58°，∠B＝76° のとき，∠C′A′B′ の大きさ
を求めよ。
(2) A′B′⊥CC′ であることを証明せよ。

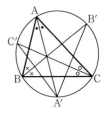

●**例題4**●　右の図のように，AB を直径とする円
O の周上に点 C があり，AC＝BC である。また，
$\overgroup{AC}$ 上に点 D をとり，弦 AD の延長と BC の延長
との交点を E，弦 AC と BD との交点を F とする。
(1) △ACE≡△BCF であることを証明せよ。
(2) AD＝6cm，DE＝4cm のとき，線分 BF，
DF の長さをそれぞれ求めよ。

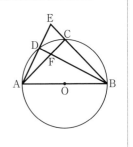

(解説) (1) $\overgroup{CD}$，直径 AB に対する円周角より，2 組の対応する角が等しいことを示せば
よい。

(2) (1)を利用して，線分 BF の長さを求める。さらに，△ADF∽△BDE を示し，線分
DF の長さを求める。

(解答) (1) △ACE と △BCF において

　　　　　　AC＝BC（仮定）　　　∠EAC＝∠FBC（$\overgroup{CD}$ に対する円周角）

　　　　AB は直径であるから　∠ACE＝∠BCF（＝90°）

　　　ゆえに　△ACE≡△BCF（2 角夾辺）

(2) (1)より   BF＝AE＝AD＋DE＝6＋4＝10

△ADF と △BDE において

　　　　∠DAF＝∠DBE（⌢CD に対する円周角）

AB は直径であるから   ∠ADF＝∠BDE（＝90°）

ゆえに   △ADF∽△BDE（2角）

よって   AD：BD＝DF：DE

DF＝$x$cm とすると，BD＝BF＋DF＝10＋x であるから

　　　　6：（10＋x）＝x：4 x（10＋x）＝24

整理して $x^2＋10x－24＝0$ $(x－2)(x＋12)＝0$

$x>0$ より $x＝2$

ゆえに   DF＝2   （答）　BF＝10cm，DF＝2cm

演習問題

30. 右の図のように，△ABC の外接円の ⌢AC 上に点 D をとり，線分 AD の延長と辺 BC の延長との交点を E とする。

(1) △ACE∽△BDE であることを証明せよ。

(2) AD＝2cm，DE＝4cm，BC＝5cm で，弦 BD が ∠ABC の二等分線であるとき，線分 CE，辺 AB の長さを求めよ。

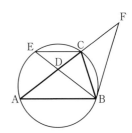

31. 右の図で，△ABC は AB＝AC の二等辺三角形である。線分 AC 上に点 D を，∠DAB＝∠DBA となるようにとり，線分 BD の延長と △ABC の外接円との交点を E とする。また，線分 AC の延長上に点 F を，∠CBF＝∠CBE となるようにとる。

(1) △CBE≡△CBF であることを証明せよ。

(2) CF＝3cm，FB＝5cm のとき，線分 CD の長さを求めよ。

32. 右の図のように，円周上に5点 A，B，C，D，E をとり，⌢AB＝⌢BC，⌢AE＝⌢ED とする。弦 BE と AC，AD との交点をそれぞれ F，G とするとき，AF＝AG であることを証明せよ。

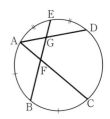

33. 右の図のように，円に内接する四角形 ABCD の対角
線 AC，BD が点 P で垂直に交わっているとき，P を通
り辺 AD に垂直にひいた直線は，辺 BC を 2 等分するこ
とを証明せよ。

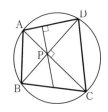

進んだ問題の解法 ‖‖‖‖‖‖‖‖‖‖‖‖‖‖‖‖‖‖‖‖‖‖‖‖‖‖‖‖‖‖

> ‖‖‖**問題2** 右の図のように，AB を直径とする半
> 円 O の $\overset{\frown}{AB}$ を 2 等分する点を C，$\overset{\frown}{AB}$ 上の点を
> P とする。点 P から線分 OC に垂線 PH をひき，
> 線分 OP 上に点 Q を，OQ＝OH となるように
> とる。点 P が $\overset{\frown}{AB}$ 上を点 A から B まで動くとき，点 Q はどのような図形
> をえがくか。ただし，点 P が点 C と一致するとき，点 Q は C と一致する
> ものとする。

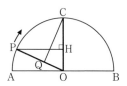

解法 一般に，2 つの定点を A，B とするとき，∠APB＝$a°$（一定）
である点 P のえがく図形は，右の図のような，AB を弦とし $a°$ を
円周角とする円の弧（点 A，B を除く）である。
　この問題では，∠OQC の大きさが一定であることを示す。

解答 (i) 点 P が点 A，C，B と一致しないとき
　　　　△OCQ と △OPH において
　　　　　　OQ＝OH（仮定）
　　　　　　OC＝OP（半径）
　　　　　　∠COQ＝∠POH（共通）
　　　　よって　△OCQ≡△OPH（2 辺夾角）
　　　　ゆえに　∠OQC＝∠OHP
　　　　∠OHP＝90°（仮定）であるから
　　　　　　∠OQC＝90°
　　　　よって，点 Q は OC を直径とする円（点 O，C を除く）をえがく。
　(ii) 点 P が点 A，C，B と一致するとき
　　　点 Q はそれぞれ点 O，C，O と一致する。
　　ゆえに，点 Q は OC を直径とする円をえがく。

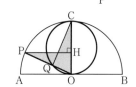

（答）　OC を直径とする円

||||| **進んだ問題** |||||

34. 右の図のように，線分 AB 上に点 A，B と
異なる点 P をとり，AP を1辺とする正三角形
APC と，PB を1辺とする正三角形 PBD を，
AB について同じ側につくる。また，線分 AD
と CB との交点を Q とする。

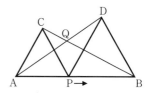

　点 P が線分 AB 上を点 A から B まで動くとき，点 Q はどのような図形をえ
がくか。

35. 右の図のように，△ABC の各頂点から対辺にそれ
ぞれひいた垂線 AD，BE，CF の交点を H とする。
また，3辺 BC，CA，AB の中点をそれぞれ L，M，N
とする。

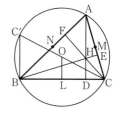

(1)　△ABC の外接円 O と線分 CO の延長との交点を
C′ とするとき，OL // AH // C′B，OL = $\dfrac{1}{2}$AH であ
ることを証明せよ。

(2)　線分 AH の中点を P とする。(1)を利用して，3
点 D，L，P は，線分 OH の中点を中心とし，
△ABC の外接円 O の半径の $\dfrac{1}{2}$ を半径とする円の
周上にあることを証明せよ。

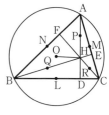

(3)　線分 BH，CH の中点をそれぞれ Q，R とする。
　3点 E，M，Q および3点 F，N，R は(2)の円の周上にあることを証明せよ。

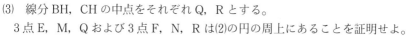

4 … 円に内接する四角形

$\boxed{1}$ **円に内接する四角形**

四角形が円に内接するとき,

(1) 向かい合う1組の内角の和は $180°$ である。

右の図で, $\angle A + \angle C = 180°$

$\angle B + \angle D = 180°$

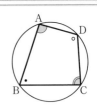

(2) 1つの内角はその向かい合う内角の外角に等しい。

右の図で, $\angle A = \angle DCE$

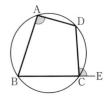

(3) 同じ弧に対する2つの円周角は等しい。

右の図で, $\angle BAC = \angle BDC$

$\boxed{2}$ **4点が同一円周上にある条件**

$\boxed{1}$の(1), (2), (3)のいずれかが成り立つとき, 四角形 ABCD は円に内接する。すなわち, 4点 A, B, C, D は同一円周上にある。

$\boxed{3}$ **円周角の定理の逆**

2点 P, Q が直線 AB について同じ側にあるとき, $\angle APB = \angle AQB$ ならば, 4点 A, B, P, Q は同一円周上にある。

(基本問題)

36. 四角形 ABCD が円 O に内接するとき, $\angle A + \angle C = 180°$ であることを証明せよ。

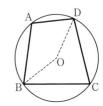

37. 次の図で，x の値を求めよ。ただし，O は円の中心である。

(1)　　　　　　　　　(2)　　　　　　　　　(3)

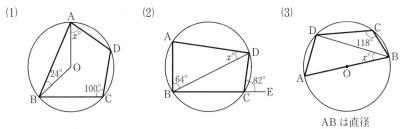

AB は直径

38. 円に内接する四角形 ABCD で，∠A＝2∠C であるとき，∠A の大きさを求めよ。

39. 次の(ア)～(ウ)の四角形 ABCD のうち，円に内接するものはどれか。

(ア)　　　　　　　　　(イ)　　　　　　　　　(ウ)

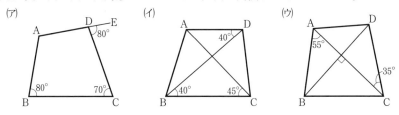

●**例題5**●　円に内接する六角形 ABCDEF があって，AB∥ED，BC∥FE である。このとき，AF∥CD であることを証明せよ。

（**解説**）四角形 ABCD と四角形 ADEF に分けて，円に内接する四角形の性質を利用し，錯角が等しいことを示す。

（**証明**）四角形 ABCD が円に内接するから

　　　　　∠ABC＋∠CDA＝180°　………①

四角形 ADEF が円に内接するから

　　　　　∠DEF＋∠FAD＝180°　………②

AB∥ED（仮定）より　∠ABE＝∠BED（錯角）

BC∥FE（仮定）より　∠CBE＝∠BEF（錯角）

よって　∠ABC＝∠DEF　　　………③

①，②，③より　∠CDA＝∠FAD

錯角が等しいから　AF∥CD

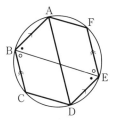

演習問題

40. 次の図で，x，y の値を求めよ。ただし，O は円の中心である。

(1)

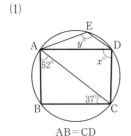

AB＝CD

(2)

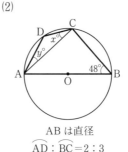

AB は直径
$\overparen{AD}:\overparen{BC}=2:3$

(3)

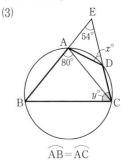

$\overparen{AB}=\overparen{AC}$

41. 右の図のように，円に内接する四角形 ABCD があり，辺 AB の延長と DC の延長との交点を E，辺 AD の延長と BC の延長との交点を F とする。

　　∠AED＝43°，∠AFB＝31° のとき，四角形 ABCD の 4 つの内角を求めよ。

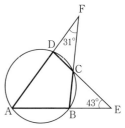

42. 右の図のように，四角形 ABCD は円 O に内接し，辺 BA の延長と CD の延長との交点を P とする。

　　$\overparen{DAB}:\overparen{BC}:\overparen{CD}=3:5:7$，∠BPC＝42° のとき，$\overparen{AB}$ は円 O の周の何倍か。

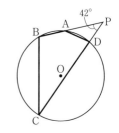

43. 次の図のように，2 つの円が 2 点 A，B で交わっている。2 点 A，B のそれぞれを通る直線が，2 つの円と点 K，L，M，N で交わるとき，KM∥LN であることを，(1)，(2)についてそれぞれ証明せよ。

(1)

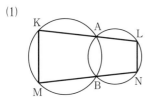

(2)

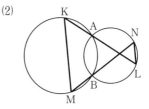

44. 右の図の円 O，O′ は 2 点 A，B で交わって
いる。2 点 C，D は円 O の周上にあり，
AC＝AD である。直線 CB，DB と円 O′ との
交点のうち，B と異なる点をそれぞれ E，F と
するとき，AE＝AF であることを証明せよ。

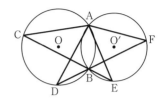

●**例題6**● 　右の図のように，円 O の $\overset{\frown}{AB}$ を 2 等分す
る点 M を通る 2 つの弦 MC，MD と，弦 AB との
交点をそれぞれ E，F とするとき，四角形 CEFD
は円に内接することを証明せよ。

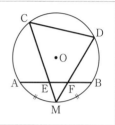

（**解説**）四角形 CEFD が円に内接することを証明するには，次のいずれかを示せばよい。
　(i)　∠DCE＋∠EFD＝180°　など
　(ii)　∠DCE＝∠EFM　など
　(iii)　∠ECF＝∠EDF　など

（**証明**）$\overset{\frown}{AM}＝\overset{\frown}{BM}$（仮定）であるから
　　　　　　　∠ABM＝∠BCM　………①
　また，$\overset{\frown}{BD}$ に対する円周角は等しいから
　　　　　　　∠BMD＝∠BCD　………②
　①，②より　∠ABM＋∠BMD＝∠BCM＋∠BCD
　△FMB で，∠EFM＝∠FBM＋∠FMB であるから
　　　　　　　∠EFM＝∠DCE
　ゆえに，四角形 CEFD は円に内接する。

（**別解**）右の図のように，直線 OM と円 O，弦 AB との交点をそれぞれ G，H とする。
　GM は直径で，$\overset{\frown}{AM}＝\overset{\frown}{BM}$（仮定）であるから
　　　　　　　∠FDG＝∠GHF＝90°
　四角形 GHFD で
　　　　　　　∠DGH＋∠GHF＋∠HFD＋∠FDG＝360°
　よって　　　∠DGH＋∠HFD＝180°　………①
　また，$\overset{\frown}{DM}$ に対する円周角は等しいから
　　　　　　　∠DGM＝∠DCM　　　………②
　①，②より　∠DCE＋∠EFD＝180°
　ゆえに，四角形 CEFD は円に内接する。

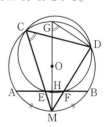

演習問題

45. 右の図で，△ABC は正三角形，△ACD は
∠ADC＝90° の直角二等辺三角形，M は辺 AC の
中点，E は辺 BC の延長上の点で，BE⊥DE であ
る。

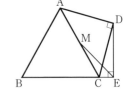

(1)　4点 M，C，E，D は同一円周上にあることを
証明せよ。

(2)　∠CME の大きさを求めよ。

46. 右の図のように，四角形 ABCD は円に内接して
いる。直線 AD と BC との交点を E，直線 AB と
DC との交点を F，△CED の外接円と直線 EF との
交点を G とするとき，四角形 BFGC は円に内接す
ることを証明せよ。

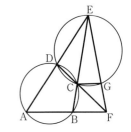

47. 右の図のように，円に内接する四角形 ABCD
があり，円内の点 P を通り辺 AB，CD に垂直な
直線をそれぞれ ℓ，m とする。

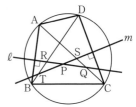

　　直線 ℓ と対角線 AC，BD との交点をそれぞれ
Q，R，直線 m と対角線 AC，BD との交点をそ
れぞれ S，T とするとき，4点 Q，R，S，T は同
一円周上にあることを証明せよ。

48. 右の図のように，AB を直径とする円 O の弦 CD
が AB に直交している。点 P，Q をそれぞれ $\overset{\frown}{AC}$，
$\overset{\frown}{CB}$ 上にとり，点 C を通り線分 AP に平行な直線と，
線分 PQ，円 O との交点をそれぞれ R，E とする。ま
た，線分 AQ と CD との交点を S とする。

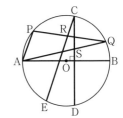

　　このとき，次のことを証明せよ。

(1)　$\overset{\frown}{PC}=\overset{\frown}{AE}$

(2)　4点 C，Q，R，S は同一円周上にある。

進んだ問題の解法

> ||||**問題3** 右の図のように，△ABC の頂点 C，B
> から辺 AB，AC にそれぞれ垂線 CP，BQ をひ
> き，その交点を H とする。直線 AH と辺 BC
> との交点を R とするとき，BC⊥AR であるこ
> とを証明せよ。

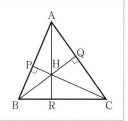

解法 四角形 PBCQ，APHQ がそれぞれ円に内接することを利用して，四角形 ABRQ が
円に内接することを示す。

証明 四角形 PBCQ は ∠BPC＝∠BQC（＝90°）であるから，円に内接する。

よって ∠QBC＝∠QPC（$\overset{\frown}{\text{QC}}$ に対する円周角）…①
また，四角形 APHQ は ∠APH＋∠AQH＝180° で
あるから，円に内接する。

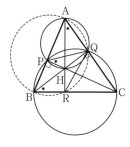

よって ∠QPH＝∠QAH（$\overset{\frown}{\text{QH}}$ に対する円周角）…②
①，②より ∠QBR＝∠QAR
よって，四角形 ABRQ は円に内接するから
∠ARB＝∠AQB＝90°（$\overset{\frown}{\text{AB}}$ に対する円周角）
ゆえに BC⊥AR

㊟ この問題は，三角形の 3 つの頂点からそれぞれの対辺にひいた垂線が 1 点で交わるこ
と（→6 章，p.142，垂心）の証明である。

||||進んだ問題||||

49. 右の図のように，△ABC の外接円の $\overset{\frown}{\text{AC}}$ 上の点 D
から △ABC の 3 辺 BC，CA，AB，またはその延長
に垂線をひき，その交点をそれぞれ P，Q，R とする。
3 点 P，Q，R は一直線上にあることを証明せよ。

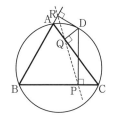

50. 右の図のように，正方形 ABCD の辺 AB，AD 上に
それぞれ点 P，Q を，AP＝AQ となるようにとる。点 P
から線分 CQ に垂線 PR をひく。

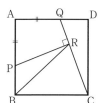

(1) △BCR は二等辺三角形であることを証明せよ。
(2) AB＝4cm とする。点 P が辺 AB 上を頂点 A から
B まで動くとき，点 R が動いたあとの長さを求めよ。
ただし，点 P が頂点 A と一致するとき，点 R は A と一致するものとする。

8章の問題

1 次の図で，x の値を求めよ。ただし，O は円の中心である。

(1)

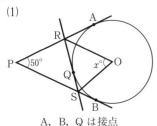

A, B, Q は接点

(2)

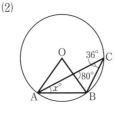

(3)

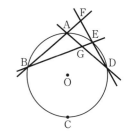

AB は直径，$\overparen{BC}=2\overparen{CD}$

2 右の図で，$2\overparen{BCD}=5\overparen{AB}$，$\overparen{DE}=\overparen{EA}=\dfrac{1}{2}\overparen{AB}$ である。直線 AB と DE，直線 AD と BE との交点をそれぞれ F，G とするとき，∠AFE，∠BGD の大きさを求めよ。

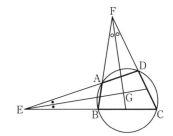

3 右の図のように，円に内接する四角形 ABCD がある。辺 DA の延長と CB の延長との交点を E，辺 BA の延長と CD の延長との交点を F とし，∠DEC，∠CFB の二等分線の交点を G とする。

∠AEB＝18°，∠ADC＝99° のとき，∠EAB，∠AFG，∠EGF の大きさを求めよ。

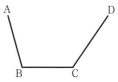

4 次の問いに答えよ。
(1) 右の図で，線分 AB，BC，CD のすべてに接する円を作図せよ。

(2) 右の図で，直線 ℓ 上にあり，∠APB＝60° となる点 P を作図せよ。

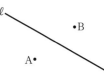

5 右の図のように，線分 AB を共通の弦とする 2 つの円 O，O′ があり，点 A を通る 2 直線 AX，AY は ∠XAB＝∠YAB を満たす。直線 AX と円 O，O′ との交点のうち，A と異なる点をそれぞれ P，Q とする。同様に，直線 AY と円 O，O′ との交点を R，S とする。

このとき，△BPQ≡△BRS であることを証明せよ。

6 右の図のように，円に内接する四角形 ABCD がある。対角線 BD，AC 上にそれぞれ点 P，Q を，AP∥DC，DQ∥AB となるようにとる。

(1) 4 点 A，P，Q，D は，同一円周上にあることを証明せよ。

(2) PQ∥BC を証明せよ。

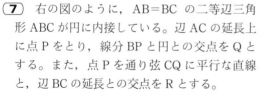
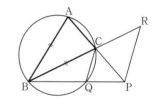

7 右の図のように，AB＝BC の二等辺三角形 ABC が円に内接している。辺 AC の延長上に点 P をとり，線分 BP と円との交点を Q とする。また，点 P を通り弦 CQ に平行な直線と，辺 BC の延長との交点を R とする。

(1) △BPC∽△BRP であることを証明せよ。

(2) BQ＝6cm，QP＝4cm のとき，線分 BR の長さを求めよ。

8 右の図のように，円 O の優弧 AB 上に点 A，B と異なる点 P があり，△ABP の内心を Q とする。

∠OAB＝a° とするとき，次の問いに答えよ。

(1) 次の角の大きさを a° を使って表せ。

(i) ∠APB

(ii) ∠AQB

(2) 点 P が優弧 AB 上を点 A から B まで動くとき，点 Q もある円の周上を動く。その円の中心は円 O の周上にあることを証明せよ。

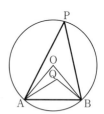

進んだ問題

⑨ 右の図のように，正三角形 ABC の外接円の $\overset{\frown}{BC}$ 上に点 P をとり，線分 AP と辺 BC との交点を Q とする。また，頂点 B を通り線分 PC に平行な直線と，線分 AQ との交点を D とする。

BQ：QC＝2：5 で，BD＝a cm とするとき，線分 CP，PQ，AQ の長さを a を使って表せ。

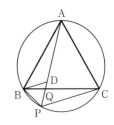

⑩ 次の問いに答えよ。

(1) 「円に内接する四角形の2組の向かいあう2辺の長さの積の和は，その対角線の長さの積に等しい」ことを次の順で証明せよ。

右の図のように，円に内接する四角形 ABCD の対角線 BD 上に点 E を，∠BAE＝∠DAC となるようにとるとき，

(i) AB・CD＝AC・BE

(ii) AD・BC＝AC・ED

(iii) AB・CD＋AD・BC＝AC・BD

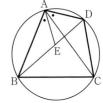

(2) 右の図のように，円 O の $\overset{\frown}{AB}$ を2等分する点 C を通る2つの弦 CD，CE をひき，弦 AB との交点をそれぞれ F，G とする。このとき，次の式が成り立つことを示せ。

$$FD・GE＋FG・DE＝DG・EF$$

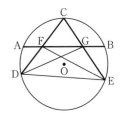

⑪ 右の図の円 O で，AB，CD を平行な2つの弦とし，E を弦 CD の中点とする。3点 A，O，E を通る円と円 O との交点のうち，A と異なる点を F とするとき，3点 F，E，B は一直線上にあることを証明せよ。

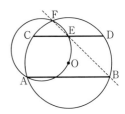

9章

三平方の定理

1… 三平方の定理

1　三平方の定理（ピタゴラスの定理）

直角三角形の直角をはさむ2辺の長さを a, b, 斜辺の長さを c とするとき，

$$a^2+b^2=c^2$$

△ABC で，∠C＝90° ならば，

$$BC^2+CA^2=AB^2$$

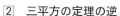

2　三平方の定理の逆

三角形の3辺の長さ a, b, c の間に

$$a^2+b^2=c^2$$

が成り立てば，その三角形は，斜辺の長さを c とする直角三角形である。

△ABC で，$BC^2+CA^2=AB^2$ ならば，

$$∠C＝90°$$

3　鋭角三角形と鈍角三角形

3つの内角がすべて 90° より小さい三角形を **鋭角三角形**，1つの内角が 90° より大きい三角形を **鈍角三角形**という。

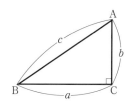

△ABC で，

∠C が鋭角ならば，$BC^2+CA^2>AB^2$

∠C が鈍角ならば，$BC^2+CA^2<AB^2$

である。

また，この逆も成り立つ。

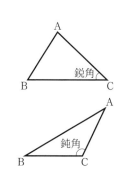

基本問題

1. ∠C＝90°の直角三角形 ABC の直角をはさむ 2
辺の長さを a, b, 斜辺の長さを c として, 右の
表の空らんをうめよ。

a	3	5		6	
b	4		1	6	5
c		13	5		9

●**例題1**● 　直角三角形の直角をはさむ 2
辺をそれぞれ 1 辺とする正方形の面積の
和は, 斜辺を 1 辺とする正方形の面積に
等しいことを, 右の図を使って示し, 三
平方の定理が成り立つことを証明せよ。
ただし, 四角形 BFGC, CHIA, ADEB
はすべて正方形である。

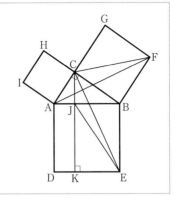

解説 三角形の合同と図形の等積変形を利用して, 正方形 BFGC と長方形 BJKE の面積
が等しいことを示す。

証明 △ABF と △EBC において

$$AB＝EB（正方形 ADEB の辺）$$
$$BF＝BC（正方形 BFGC の辺）$$
$$∠ABF＝∠EBC（＝∠ABC＋90°）$$

よって　　　　　△ABF≡△EBC（2 辺夾角）………①
AC∥BF より　　△ABF＝△CBF　　　………②
CJ∥BE より　　△EBC＝△EBJ　　　………③
①, ②, ③より, △CBF＝△EBJ であるから

$$\frac{1}{2}×（正方形 BFGC）＝\frac{1}{2}×（長方形 BJKE）$$

よって　　　　（正方形 BFGC）＝（長方形 BJKE）　………④
同様に　　　　（正方形 CHIA）＝（長方形 ADKJ）　………⑤
④, ⑤より　　（正方形 BFGC）＋（正方形 CHIA）＝（正方形 ADEB）
ゆえに, 直角三角形の直角をはさむ 2 辺をそれぞれ 1 辺とする正方形の面積の和は,
斜辺を 1 辺とする正方形の面積に等しい。
すなわち, $BC^2＋CA^2＝AB^2$ が成り立つ。

演習問題

2. 次の図を使って，三平方の定理が成り立つことをそれぞれ証明せよ。

(1)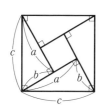

(2)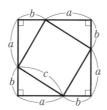

3. 右の図の長さ 2 cm の線分 AB を使って，次の線分をそれぞれ作図せよ。

(1) 長さが $\sqrt{5}$ cm の線分 AC

(2) 長さが $\sqrt{3}$ cm の線分 AD

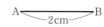

4. 次の問いに答えよ。

(1) $\triangle$ABC で，BC$=a$，CA$=b$，AB$=c$ とするとき，$a^2+b^2=c^2$ が成り立つ。

  (i)　∠C$'=90°$，B$'$C$'=a$，C$'$A$'=b$ である直角三角形 A$'$B$'$C$'$ について，

    $\triangle$ABC$\equiv\triangle$A$'$B$'$C$'$ であることを証明せよ。

  (ii)　(i)を利用して，∠C$=90°$ であることを示せ。

(2) 次の長さを 3 辺とする三角形のうち，直角三角形はどれか。

  ㋐　6 cm，　8 cm，　10 cm　　　　㋑　7 cm，　8 cm，　9 cm

  ㋒　8 cm，　15 cm，　17 cm　　　　㋓　12 cm，　35 cm，　39 cm

5. $a^2+b^2=c^2$ が成り立つときの正の整数 a，b，c の組 $\{a, b, c\}$ をピタゴラス数という。ただし，$a<b$ とする。

(1) 次の □ にあてはまる数を入れよ。

  $(x+1)^2=x^2+2x+1$ を $(x+1)^2=x^2+(2x+1)$ とみることによって，

  $2x+1$ が平方数となるような正の整数 x を考える。$2x+1=3^2$ のとき，ピタゴラス数は $\{3, \square, \square\}$ であり，$x=\square$ のとき，ピタゴラス数は $\{5, 12, 13\}$ である。

(2) $(x+2)^2=x^2+4(x+1)$ の式を利用して，ピタゴラス数を(1)であげた組以外（相似な直角三角形であるものも除く）で 2 組求めよ。

6. $m>n>0$ として，m^2-n^2，$2mn$，m^2+n^2 を 3 辺の長さとする三角形がある。

(1) この三角形は直角三角形であることを証明せよ。

(2) ピタゴラス数を演習問題 5 であげた組以外で 2 組求めよ。

●**例題2**● ∠C が鋭角である
△ABC の頂点 A から辺 BC，
またはその延長に垂線 AH を
ひくとき，
$$AB^2=BC^2+CA^2-2BC\cdot CH$$
であることを証明せよ。

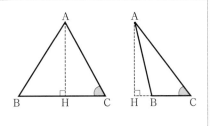

(**解説**) △ABH，△ACH において，三平方の定理より，AB^2，AC^2 を他の線分で表す。

(**証明**) △ABH で，∠AHB＝90° であるから $AB^2=AH^2+BH^2$ ………①

点 H は辺 BC，またはその延長上にあるから

$$BH=BC-CH \quad または \quad BH=CH-BC$$

どちらの場合でも $BH^2=BC^2-2BC\cdot CH+CH^2$

①より $AB^2=AH^2+BC^2-2BC\cdot CH+CH^2=BC^2+(AH^2+CH^2)-2BC\cdot CH$

△ACH で，∠AHC＝90° であるから $AC^2=AH^2+CH^2$

ゆえに $AB^2=BC^2+CA^2-2BC\cdot CH$

(**注**) $BH=BC-CH$ または $BH=CH-BC$ を，$BH=|BC-CH|$ と書いてもよい。

演習問題

7. 例題2で，∠C が鈍角であるとき，
$$AB^2=BC^2+CA^2+2BC\cdot CH$$
であることを証明せよ。

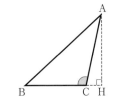

8. 四角形 ABCD の対角線が直交しているとき，
$$AB^2+CD^2=AD^2+BC^2$$
であることを証明せよ。

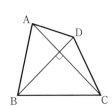

9. ∠A＝90° の直角二等辺三角形 ABC の辺 BC 上に
点 P を，$BP>CP$ となるようにとるとき，
$$2AP^2=BP^2+CP^2$$
であることを証明せよ。

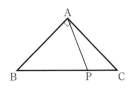

進んだ問題の解法 ||||||||||||||||||||||||||||||||||||||||||||||||||||||||||

||||**問題1** 下の①〜③を利用して，次のことを証明せよ。

① △ABC で，∠C が直角ならば，$BC^2+CA^2=AB^2$

② △ABC で，∠C が鋭角ならば，$BC^2+CA^2>AB^2$

③ △ABC で，∠C が鈍角ならば，$BC^2+CA^2<AB^2$

(1) $BC^2+CA^2>AB^2$ ならば，∠C は鋭角である。

(2) $BC^2+CA^2<AB^2$ ならば，∠C は鈍角である。

解法 ①，②，③は三平方の定理と例題2，演習問題7より得られる。

(1)，(2)は背理法を使って証明する。（→3章の研究，p.72）

証明 (1) ∠C が鋭角でないと仮定すると，次のどちらかになり，これ以外はない。

(i) ∠C が直角　または　(ii) ∠C が鈍角

(i)のとき，①より　$BC^2+CA^2=AB^2$　　　(ii)のとき，③より　$BC^2+CA^2<AB^2$

どちらの場合でも，$BC^2+CA^2>AB^2$ に反する。

ゆえに，$BC^2+CA^2>AB^2$ ならば，∠C は鋭角である。

(2) ∠C が鈍角でないと仮定すると，次のどちらかになり，これ以外はない。

(i) ∠C が直角　または　(ii) ∠C が鋭角

(i)のとき，①より　$BC^2+CA^2=AB^2$　　　(ii)のとき，②より　$BC^2+CA^2>AB^2$

どちらの場合でも，$BC^2+CA^2<AB^2$ に反する。

ゆえに，$BC^2+CA^2<AB^2$ ならば，∠C は鈍角である。

||||||**進んだ問題** ||||||

10. 次の長さを3辺とする三角形は，鋭角三角形，直角三角形，鈍角三角形のどれか。

(1) 5cm，7cm，8cm

(2) 7cm，24cm，25cm

(3) 6cm，7cm，10cm

(4) 9cm，14cm，16cm

11. n を正の整数とするとき，n, n^2-2, n^2+2 を3辺の長さとする三角形ができる条件を求めよ。また，この三角形は，鋭角三角形，直角三角形，鈍角三角形のどれか。

12. 右の図の △ABC で，頂点 A から辺 BC に垂線 AD をひき，点 D から辺 AB，AC にそれぞれ垂線 DE，DF をひく。$AE \cdot EB + AF \cdot FC = EF^2$ ならば，△ABC は直角三角形であることを証明せよ。

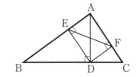

2 … 平面図形への応用

1 **特別な形の直角三角形の3辺の比**

　3つの角が30°，60°，90°の直角三角形と，45°，45°，90°の直角二等辺三角形の3辺の比は，次のようになる。

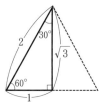

　1辺の長さが a の正三角形で，

$$（高さ）＝\frac{\sqrt{3}}{2}a \qquad （面積）＝\frac{\sqrt{3}}{4}a^2$$

2 **座標平面上の2点間の距離**

　2点 $P(x_1,\ y_1)$，$Q(x_2,\ y_2)$ のとき，

$$PQ＝\sqrt{(x_2-x_1)^2+(y_2-y_1)^2}$$

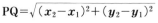
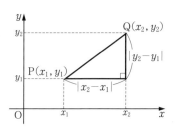

3 **円の弦の長さ**

　半径 r の円Oで，中心Oからの距離が d である弦の長さを ℓ とするとき，

$$\ell＝2\sqrt{r^2-d^2}$$

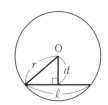

4 **円にひいた接線の長さ**

　半径 r の円Oで，中心Oからの距離が d（$d>r$）である点Pから，この円にひいた接線の長さを ℓ とするとき，

$$\ell＝\sqrt{d^2-r^2}$$

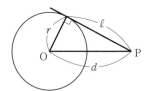

⬤基本問題⬤

13. 次の図で，x，y の値を求めよ。

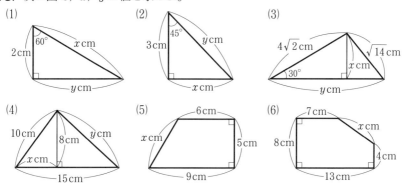

(1)　60°　x cm　2cm　y cm

(2)　45°　3cm　y cm　x cm

(3)　$4\sqrt{2}$ cm　$\sqrt{14}$ cm　30°　x cm　y cm

(4)　10cm　8cm　y cm　x cm　15cm

(5)　6cm　x cm　5cm　9cm

(6)　7cm　x cm　8cm　4cm　13cm

14. 次の四角形の対角線の長さを求めよ。
 (1)　縦 5cm，横 $5\sqrt{3}$ cm の長方形
 (2)　1辺の長さが 8cm の正方形

15. 次の △ABC で，頂点 A からの高さと面積を求めよ。
 (1)　AB＝AC＝7cm，BC＝6cm の二等辺三角形 ABC
 (2)　1辺の長さが 4cm の正三角形 ABC

16. 次の2点間の距離を求めよ。
 (1)　O(0, 0)，　A(−5, 7)　　　(2)　B(−3, 1)，　C(2, −4)

17. 3点 A(6, −6)，B(1, 9)，C(−3, −9) を頂点とする △ABC の3辺の
 長さを求めよ。また，この三角形はどのような三角形か。

18. 半径 8cm の円 O で，次の長さを求めよ。
 (1)　長さが 14cm の弦と中心 O との距離
 (2)　中心 O との距離が 6cm である弦の長さ
 (3)　中心 O からの距離が 17cm である点から円 O にひいた接線の長さ

19. 右の図で，PA，PB はそれぞれ点 A，B にお
 ける円 O の接線である。円 O の半径が 1cm，
 ∠APB＝60° のとき，影の部分の面積を求めよ。

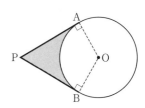

●**例題3**　右の図のように，長方形 ABCD
の頂点 D から対角線 AC に垂線 DE をひく。
AB＝2cm，BC＝$2\sqrt{3}$ cm のとき，線分 BE
の長さを求めよ。

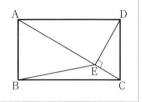

(解説) △ABC で，∠ABC＝90°，AB：BC＝1：$\sqrt{3}$ より，∠BAC＝60° であるから，
∠ECD＝60° である。点 E から辺 BC に垂線 EH をひいて直角三角形 EHC をつくり，
その辺の長さを求めて，△EBH で三平方の定理を使う。

(解答) 点 E から辺 BC に垂線 EH をひく。

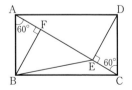

△ABC で，∠ABC＝90°，AB：BC＝1：$\sqrt{3}$ で
あるから
$$\angle BAC＝60°$$
また，AB∥EH∥DC より
$$\angle ECD－\angle HEC＝\angle BAC＝60°$$
ゆえに，△DEC，△EHC はどちらも 30°，60°，90° の直角三角形である。

よって　$EC＝\dfrac{1}{2}DC＝\dfrac{1}{2}\times 2＝1$

$EH＝\dfrac{1}{2}EC＝\dfrac{1}{2}\times 1＝\dfrac{1}{2}$

$HC＝\sqrt{3}\,EH＝\sqrt{3}\times\dfrac{1}{2}＝\dfrac{\sqrt{3}}{2}$

$BH＝BC－HC＝2\sqrt{3}－\dfrac{\sqrt{3}}{2}＝\dfrac{3\sqrt{3}}{2}$

△EBH で，∠EHB＝90° であるから
$$BE^2＝BH^2＋EH^2＝\left(\dfrac{3\sqrt{3}}{2}\right)^2＋\left(\dfrac{1}{2}\right)^2＝7$$

ゆえに　$BE＝\sqrt{7}$

(答)　$\sqrt{7}$ cm

(参考) 頂点 B から対角線 AC に垂線 BF をひくと，
　△ABF≡△CDE（斜辺と1鋭角 または 2角1対辺）
よって，AF＝CE＝1 より，FE＝AC－2CE＝2
また，BF＝DE＝$\sqrt{3}$
△BEF で，三平方の定理を利用して求めてもよい。

演習問題

20. 次の図で，x，y の値を求めよ。

(1)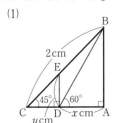

(2)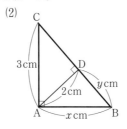

(3)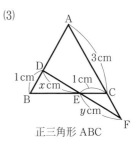

正三角形 ABC

21. 右の図で，四角形 ABCD は 1 辺の長さが 4cm の
正方形である。辺 BC 上に点 E を，∠BEA=60° と
なるようにとり，線分 AE 上に点 F を，AF=DF と
なるようにとる。

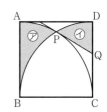

(1) 頂点 D から線分 AE にひいた垂線 DH の長さを
求めよ。

(2) △BEF の面積を求めよ。

22. 正三角形 ABC の辺 BC 上に点 D を，BD：DC＝5：3 となるようにとる。
AD＝7cm のとき，正三角形 ABC の 1 辺の長さを求めよ。

23. 右の図で，四角形 ABCD は 1 辺の長さが 1cm の
正方形で，$\overset{\frown}{AC}$，$\overset{\frown}{BD}$ はそれぞれ頂点 B，C を中心と
する円の弧である。$\overset{\frown}{AC}$ と $\overset{\frown}{BD}$ との交点を P とし，P
における $\overset{\frown}{AC}$ の接線と辺 CD との交点を Q とすると
き，図の⑦，①の面積を求めよ。

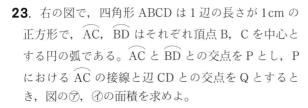

24. 右の図の長方形 ABCD で，BC＝$\sqrt{6}$ cm，
∠DBC＝30° である。対角線 BD の垂直二等分線
と BD，辺 AD，BC との交点をそれぞれ E，F，G
とする。対角線 BD と線分 FC との交点を H とす
るとき，四角形 EGCH の面積を求めよ。

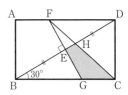

25. 右の図のように，∠A＝90° の直角二等辺三角
形 ABC がある。辺 AB 上に点 D をとり，
∠E＝90° の直角二等辺三角形 EDC をつくる。
AB＝6cm，∠ADE＝15° のとき，次の問いに答え
よ。

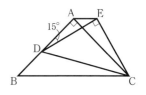

(1) 線分 CD の長さを求めよ。　　(2) 線分 BD の長さを求めよ。

(3) 四角形 ABCE の面積を求めよ。

●**例題4**●　右の図のように，BC＝4cm を共有
する正三角形 ABC と △DBC がある。辺 BC
の中点を M，AM＝DM，BD＝5cm とすると
き，△DBC の面積を求めよ。

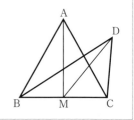

(解説) △DBC で，頂点 D から辺 BC，またはその延長にひいた垂線の長さを求める。そ
の垂線を DH とし，MH＝$x$cm とおいて，直角三角形 DBH と DMH で三平方の定理を
使って，DH^2 を x の式で2通りで表し，方程式をつくる。

(解答) 頂点 D から辺 BC，またはその延長に垂線 DH をひき，MH＝$x$cm とする。

△DBH で，∠DHB＝90°，BD＝5，BM＝2 であるから

$$DH^2 = BD^2 - BH^2 = 5^2 - (2+x)^2 \cdots\cdots①$$

また，△DMH で，∠DHM＝90°，DM＝AM＝$\dfrac{\sqrt{3}}{2}$AB＝$2\sqrt{3}$ であるから

$$DH^2 = DM^2 - MH^2 = (2\sqrt{3})^2 - x^2 \cdots\cdots②$$

①，②より　　$5^2 - (2+x)^2 = (2\sqrt{3})^2 - x^2$

これを解いて　$x = \dfrac{9}{4}$

②に代入して　$DH^2 = (2\sqrt{3})^2 - \left(\dfrac{9}{4}\right)^2 = \dfrac{111}{16}$

よって　　　$DH = \dfrac{\sqrt{111}}{4}$

ゆえに　　　$\triangle DBC = \dfrac{1}{2}BC \cdot DH = \dfrac{1}{2} \times 4 \times \dfrac{\sqrt{111}}{4} = \dfrac{\sqrt{111}}{2}$　（答）　$\dfrac{\sqrt{111}}{2}$cm²

(注) MC＝2，MH＝$\dfrac{9}{4}$ より，MC＜MH であるから，点 H は辺 BC の延長上にある。

参考 点 M から線分 BD に垂線 MI をひくと，MI² ＝ BM² － BI² ＝ DM² － DI²

$\triangle$DBC＝2$\triangle$MDB＝2$\left(\dfrac{1}{2}\cdot\text{DB}\cdot\text{MI}\right)$ から求めてもよい。

演習問題

26. 次の図のような $\triangle$ABC がある。頂点 A から辺 BC，またはその延長に垂線 AH をひくとき，線分 BH の長さを求めよ。

(1)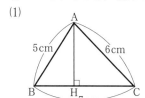

(2)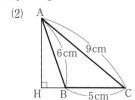

27. 右の図のように，正方形 ABCD に正三角形 AEF を内接させる。正三角形 AEF の面積が $2\sqrt{3}$ cm² のとき，次の問いに答えよ。

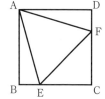

(1) 正三角形 AEF の1辺の長さを求めよ。

(2) 正方形 ABCD の1辺の長さを求めよ。

28. 右の図のように，座標平面上に2点 A(3, 2)，B(9, 3) があり，点 P は x 軸上を動く。

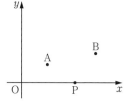

(1) $\triangle$APB が AP を底辺とする二等辺三角形となるとき，点 P の x 座標をすべて求めよ。

(2) $\triangle$APB が AB を斜辺とする直角三角形となるとき，点 P の x 座標をすべて求めよ。

(3) 線分の長さの和 AP＋PB の最小値を求めよ。また，そのときの点 P の x 座標を求めよ。

29. AB＝5cm，BC＝4cm の長方形 ABCD の紙がある。この紙を次のように折り返すとき，重なる部分（影の部分）の面積を求めよ。

(1) 対角線 AC で折り返すとき

(2) 頂点 D が辺 AB 上にくるように折り返すとき

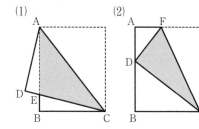

●**例題5**● 右の図のように，AB を直径とする円
の周上に点 C をとる。点 C から直径 AB に垂線
CD をひく。また，∠CAB の二等分線と線分 CD,
BC との交点をそれぞれ E，F とし，F から直径
AB に垂線 FG をひく。AB＝8cm，AC＝6cm
のとき，線分 FG，EF の長さを求めよ。

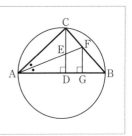

解説 △ABC は ∠C＝90° の直角三角形，△AFG≡△AFC，AF は ∠CAB の二等分線
であるから AB：AC＝BF：FC，これらのことから，線分 FG の長さが求められる。

解答 AB は △ABC の外接円の直径であるから ∠ACB＝90°

よって BC＝$\sqrt{AB^2-AC^2}$＝$\sqrt{8^2-6^2}$＝$2\sqrt{7}$

△AFG と △AFC において

∠AGF＝∠ACF＝90°

AF は共通　　∠FAG＝∠FAC（仮定）

ゆえに △AFG≡△AFC（斜辺と 1 鋭角 または 2 角 1 対辺）

よって FG＝FC，AG＝AC

また，AF は ∠CAB の二等分線であるから

BF：FC＝AB：AC＝8：6＝4：3

ゆえに FG＝FC＝$\dfrac{3}{7}$BC＝$\dfrac{3}{7}\times 2\sqrt{7}$＝$\dfrac{6\sqrt{7}}{7}$

△ABC と △ACD において

∠CAB＝∠DAC（共通）　　∠ACB＝∠ADC（＝90°）

よって △ABC∽△ACD（2 角）

ゆえに AB：AC＝AC：AD　　　8：6＝6：AD

よって AD＝$\dfrac{9}{2}$

△AFG で，AG＝AC＝6，ED∥FG であるから

AF：EF＝AG：DG＝6：$\left(6-\dfrac{9}{2}\right)$＝4：1

ゆえに EF＝$\dfrac{1}{4}$AF

△AFC で，∠ACF＝90° であるから

AF＝$\sqrt{AC^2+FC^2}$＝$\sqrt{6^2+\left(\dfrac{6\sqrt{7}}{7}\right)^2}$＝$\dfrac{12\sqrt{14}}{7}$

ゆえに EF＝$\dfrac{1}{4}\times\dfrac{12\sqrt{14}}{7}$＝$\dfrac{3\sqrt{14}}{7}$　　　（答） FG＝$\dfrac{6\sqrt{7}}{7}$cm，EF＝$\dfrac{3\sqrt{14}}{7}$cm

演習問題

30. 右の図のように，半径 $\sqrt{6}$ cm の円 O に内接する
△ABC がある。∠B＝45°，∠C＝60° のとき，3 辺
AB，AC，BC の長さを求めよ。

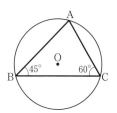

31. 右の図のように，△ABC で，∠C＝90°，∠A の
二等分線と辺 BC との交点を D とする。BD＝6cm，
DC＝4cm のとき，次の問いに答えよ。
(1) 線分 AD の長さを求めよ。
(2) △ABC の外接円と線分 AD の延長との交点を E
とするとき，線分 BE，DE の長さを求めよ。

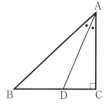

32. 次の三角形と四角形にそれぞれ内接する円 O の半径を求めよ。

(1)

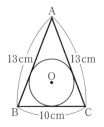

(2)

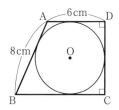

33. 右の図で，四角形 ABCD は AD∥BC の台形で
ある。円 O は頂点 A，D を通り，頂点 C で辺 BC
に接する。また，E は円 O と辺 AB との交点であ
る。
(1) △ABC∽△DCE であることを証明せよ。
(2) AB＝$3\sqrt{2}$ cm，BC＝3cm，AD＝2cm のとき，
次の問いに答えよ。
(i) 線分 AC の長さを求めよ。
(ii) 線分 EC の長さを求めよ。
(iii) 円 O の半径を求めよ。

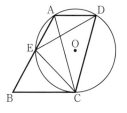

進んだ問題の解法

> ‖‖‖**問題2** 右の図の △ABC で，AB＝AC，辺 BC の長さが6cm，頂点Aからの高さも6cm である。また，D は辺 AC の3等分点のうち，頂点Aに近いほうの点である。この △ABC を線分 BD を折り目として折り返したとき，頂点Cの移った点を E，線分 DE と辺 AB との交点を F とする。
>
> (1) 線分 BD の長さを求めよ。
>
> (2) 折り返して重なった部分（△BDF）の面積を求めよ。

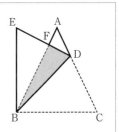

解法 (1) 点 A，D から辺 BC にそれぞれ垂線 AG，DH をひき，線分 BH，DH の長さを求める。

(2) △BCD を対称移動した図形が △BED である。△ABG∽△BEF を利用する。

解答 (1) 点 A，D から辺 BC に垂線をひき，その交点をそれぞれ G，H とする。

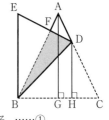

AG∥DH より

$$DH:AG=CH:CG=CD:CA=2:3$$

また，AG＝BC＝6，CG＝$\frac{1}{2}$BC＝3 より

$$DH=\frac{2}{3}AG=4,\quad CH=\frac{2}{3}CG=2$$

$$BH=BC-CH=6-2=4$$

BH＝DH（＝4）より，△DBH は直角二等辺三角形である。……①

ゆえに BD＝$\sqrt{2}$ BH＝$4\sqrt{2}$　　　　　　（答）$4\sqrt{2}$ cm

(2) ①と △BED≡△BCD より，∠EBG＝2∠DBC＝90°であるから

$$EB\parallel AG \quad\cdots\cdots②$$

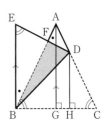

△ABG と △BEF において

$$\angle ABG=\angle BEF\ (=\angle ACG)$$

②より ∠GAB＝∠FBE（錯角）

よって △ABG∽△BEF（2角）

ゆえに AB：BE＝BG：EF

また BE＝BC＝6　　　BG＝CG＝3

△ABG で，∠AGB＝90°であるから

$$AB=\sqrt{AG^2+BG^2}=\sqrt{6^2+3^2}=3\sqrt{5}$$

よって $3\sqrt{5}:6=3:EF$

ゆえに EF＝$\frac{6\sqrt{5}}{5}$

また，AC：CD＝3：2 より

$$DF＝ED－EF＝CD－EF$$

$$=\frac{2}{3}AC－EF＝\frac{2}{3}\times 3\sqrt{5}－\frac{6\sqrt{5}}{5}＝\frac{4\sqrt{5}}{5}$$

よって　$EF：DF＝\dfrac{6\sqrt{5}}{5}：\dfrac{4\sqrt{5}}{5}＝3：2$

ゆえに　$\triangle BDF＝\dfrac{2}{5}\triangle BED＝\dfrac{2}{5}\triangle BCD$

$$=\frac{2}{5}\times\left(\frac{1}{2}\times 6\times 4\right)＝\frac{24}{5}$$

（答）　$\dfrac{24}{5}$cm²

参考 (2)　$\triangle ABG\backsim\triangle BEF$ で，相似比は $AB：BE＝3\sqrt{5}：6＝\sqrt{5}：2$ であるから，

$\triangle ABG：\triangle BEF＝(\sqrt{5})^2：2^2＝5：4$ より，$\triangle BEF＝\dfrac{4}{5}\triangle ABG＝\dfrac{4}{5}\times\left(\dfrac{1}{2}\times 3\times 6\right)＝\dfrac{36}{5}$

また，$\triangle BED＝\triangle BCD＝\dfrac{1}{2}BC\cdot DH＝\dfrac{1}{2}\times 6\times 4＝12$ より，$\triangle BDF＝\triangle BED－\triangle BEF$ から求めてもよい。

‖‖‖進んだ問題‖‖‖

34. 右の図のような AB＝5cm，BC＝7cm，CA＝8cm の △ABC がある。頂点 C から辺 AB に垂線 CH をひき，辺 BC 上に点 P をとる。

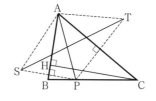

(1)　線分 AH の長さを求めよ。

(2)　AP＝$a$cm とする。辺 AB，AC について点 P と対称な点をそれぞれ S，T とするとき，線分 ST の長さを a を使って表せ。

(3)　△ABC の辺 AC，AB 上にそれぞれ点 Q，R をとる。線分の長さの和 PQ＋QR＋RP が最小となるとき，線分 QR の長さを求めよ。

35. 右の図のような 1 辺の長さが 8cm のひし形 ABCD があり，2 点 P，Q はひし形の辺上を秒速 2cm で動く。点 P は頂点 A を出発し，B を通って C まで動き，点 Q は P と同時に頂点 B を出発し，C を通って D まで動く。

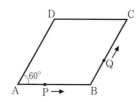

(1)　出発してから 5 秒後の線分 PQ の長さを求めよ。

(2)　出発してから x 秒後の △APQ の面積を Scm² とするとき，S を x の式で表せ。ただし，$0<x\leqq 8$ とする。

(3)　△APQ の面積が $14\sqrt{3}$cm² になるのは，出発してから何秒後か。

▶▶研究◀◀ 中線定理（パップスの定理）

△ABC で，辺 BC の中点を M とするとき，
$$AB^2+AC^2=2(AM^2+BM^2)$$

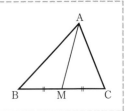

◁証明▷ 頂点 A から辺 BC，またはその延長に垂線 AH をひき，BM＝CM＝x，MH＝y，AH＝h とする。

(i)　点 H が線分 MC 上にあるとき

$$BH=x+y,\quad CH=x-y$$

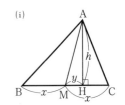

△ABH で，∠AHB＝90° であるから
$$AB^2=(x+y)^2+h^2 \quad\cdots\cdots\cdots①$$

△ACH で，∠AHC＝90° であるから
$$AC^2=(x-y)^2+h^2 \quad\cdots\cdots\cdots②$$

△AMH で，∠AHM＝90° であるから
$$AM^2=y^2+h^2 \quad\cdots\cdots\cdots③$$

①，②より　$AB^2+AC^2=(x+y)^2+h^2+(x-y)^2+h^2$
$$=2(x^2+y^2+h^2)$$

③より　　$2(AM^2+BM^2)=2(y^2+h^2+x^2)$
$$=2(x^2+y^2+h^2)$$

ゆえに　　$AB^2+AC^2=2(AM^2+BM^2)$

(ii)　点 H が線分 BM 上にあるとき

$$BH=x-y,\quad CH=x+y$$

(iii)　点 H が辺 BC の延長上にあるとき

$$BH=x+y,\quad CH=y-x$$

(iv)　点 H が辺 CB の延長上にあるとき

$$BH=y-x,\quad CH=x+y$$

(ii)，(iii)，(iv)のときも，(i)と同様に証明できる。

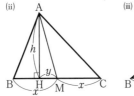
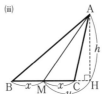
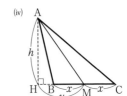

▶研究問題◀

36. 次の図で，x の値を求めよ。ただし，M は辺 BC の中点である。

(1)

(2)

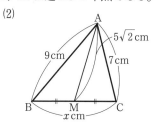
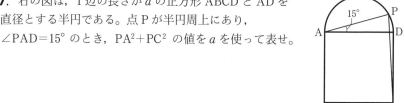

37. 右の図は，1辺の長さが a の正方形 ABCD と AD を直径とする半円である。点 P が半円周上にあり，$\angle PAD=15°$ のとき，PA^2+PC^2 の値を a を使って表せ。

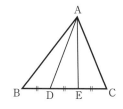

38. 右の図のように，△ABC の辺 BC を2点 D，E で3等分するとき，
$$AB^2+AC^2=AD^2+AE^2+BE^2$$
であることを証明せよ。

39. 右の図のように，$\angle A=90°$ の △ABC で，P を辺 AC 上の点とする。点 P を通り辺 AB に平行な直線と，辺 BC との交点を Q とする。また，R は辺 AB 上の点とする。

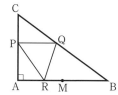

(1) 点 P を固定するとき，PR^2+QR^2 が最小となる点 R の位置はどこか。

(2) 辺 AB の中点を M とする。点 P が辺 AC 上を動くとき，PR^2+QR^2 が最小となる点 Q，R について，$QR\perp CM$ であることを証明せよ。

3… 空間図形への応用

1 直方体・立方体の対角線の長さ

(1) 3辺の長さが a, b, c の直
方体の対角線の長さは

$$\sqrt{a^2+b^2+c^2}$$

(2) 1辺の長さが a の立方体の
対角線の長さは

$$\sqrt{3}\,a$$

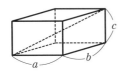

2 球の切り口の円の半径と面積

半径 r の球を，中心から d ($d<r$) の距離にあ
る平面で切ったとき，

切り口の円の半径は $\sqrt{r^2-d^2}$

切り口の円の面積は $\pi(r^2-d^2)$

基本問題

40. 次の立体の対角線の長さを求めよ。
  (1) 3辺の長さが 2cm，3cm，4cm の直方体
  (2) 1辺の長さが 5cm の立方体

41. 半径 6cm の球がある。
  (1) 中心から 4cm の距離にある平面で切ったとき，切り口の面積を求めよ。
  (2) ある平面で切ったとき，切り口の円の直径が 10cm になった。このとき，
    球の中心からその平面までの距離を求めよ。

42. 底面の半径が 3cm，母線の長さが 7cm の円すいの体積を求めよ。

43. 半径 9cm の球に内接する立方体の 1辺の長さを求めよ。

●**例題6**● 正四面体 ABCD の頂点 A から底面
BCD に垂線をひき，その交点を H とする。

(1) H は △BCD の重心である（定理）ことを
証明せよ。

(2) AB＝$a$cm のとき，垂線 AH の長さ，およ
び正四面体 ABCD の体積を a を使って表せ。

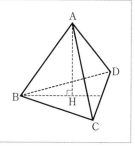

(解説) (1) 直線 BH と辺 CD との交点を M とすると，M が辺 CD の中点になることを示す。

(2) H は △BCD の重心であるから，BH：HM＝2：1 である。

(解答) (1) △ACH と △ADH において

$$\angle AHC = \angle AHD = 90°$$

AH は共通　　AC＝AD（正四面体の辺）

ゆえに　△ACH≡△ADH（斜辺と1辺）………①

△BCH と △BDH において

BH は共通　　BC＝BD（正四面体の辺）

①より　CH＝DH

ゆえに　△BCH≡△BDH（3辺）

よって，辺 BH を共有する △BCH と △BDH は面積が等しいから，線分 BH の
延長と辺 CD との交点を M とすると，CM＝DM となる。

同様に，線分 CH の延長と辺 BD との交点を N とすると，BN＝DN がいえる。

ゆえに，H は △BCD の重心である。

(2) BM は1辺の長さが $a$cm の正三角形 BCD の高さであるから

$$BM = \frac{\sqrt{3}}{2}a$$

(1)より，H は △BCD の重心であるから　BH：HM＝2：1

よって　$BH = \frac{2}{3} \times \frac{\sqrt{3}}{2}a = \frac{\sqrt{3}}{3}a$

△ABH で，∠AHB＝90° であるから

$$AH = \sqrt{AB^2 - BH^2} = \sqrt{a^2 - \left(\frac{\sqrt{3}}{3}a\right)^2} = \frac{\sqrt{6}}{3}a$$

ゆえに，求める体積は

$$\frac{1}{3}\triangle BCD \cdot AH = \frac{1}{3} \times \frac{\sqrt{3}}{4}a^2 \times \frac{\sqrt{6}}{3}a = \frac{\sqrt{2}}{12}a^3$$

（答）　$AH = \frac{\sqrt{6}}{3}a$ cm，体積 $\frac{\sqrt{2}}{12}a^3$cm³

演習問題

44. 右の図のように，OA=6cm，AB=4cm の
正四角すい O−ABCD がある。頂点 O から底面
ABCD に垂線をひき，その交点を H とする。
(1) 線分 OH の長さを求めよ。
(2) 正四角すい O−ABCD の体積を求めよ。

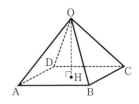

45. 右の図のような 1 辺の長さが 10cm の正方形の紙が
ある。辺 BC，CD の中点をそれぞれ E，F として，線
分 AE，EF，AF で折り曲げて三角すいをつくる。
(1) この三角すいの体積を求めよ。
(2) △AEF を底面としたときの高さを求めよ。

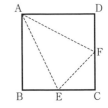

46. 右の図のように，1 辺の長さが 4cm の立方体
ABCD−EFGH があり，2 辺 AD，DC の中点をそれぞ
れ M，N とする。この立方体を，4 点 M，E，G，N
を通る平面で切って 2 つに分ける。
(1) 平面 MEGN と辺 HD の延長との交点を P とする
とき，線分 PM の長さを求めよ。
(2) 切り口の四角形 MEGN の面積を求めよ。
(3) 2 つに分けた立体のうち，頂点 D をふくむほうの立体の体積を求めよ。

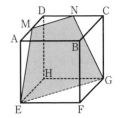

47. 右の図のように，すべての辺の長さが 1cm
の正四角すい O−ABCD がある。辺 AB の中点
を P とする。辺 OB，OC 上にそれぞれ点 Q，
R をとり，線分の長さの和 PQ+QR+RD が
最小になるようにした。このとき，次の問いに
答えよ。
(1) 線分 OR，OQ の長さを求めよ。
(2) PQ+QR+RD の長さを求めよ。

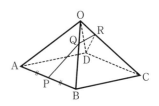

●**例題7**● 1辺の長さが2cmの正四面体で，次の球の半径を求めよ。

(1) この正四面体に内接する球

(2) この正四面体に外接する球（4つの頂点を通る球）

（解説） 正四面体に内接する球の中心と外接する球の中心は一致する。

(1) 正四面体の体積は，内接する球の中心をOとすると，Oを頂点とし，各面を底面とする4つの合同な三角すいの体積の和である。

(2) 正四面体の1つの頂点と中心Oとの距離が求める球の半径である。

（解答） 正四面体に内接する球の中心と外接する球の中心は一致する。正四面体をABCD，それに内接（外接）する球の中心をOとし，頂点Aから△BCDに垂線AHをひくと，OはAH上にあり，Hは△BCDの重心となる。

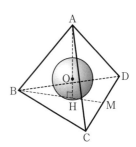

(1) 正四面体ABCDの体積は，4つの合同な三角すいO-BCD，O-ABC，O-ACD，O-ABDの体積の和となるから，内接する球の半径を$r$cmとすると

$$\frac{1}{3}\triangle\text{BCD}\cdot\text{AH}=4\times\left(\frac{1}{3}\times\triangle\text{BCD}\times r\right)$$

よって $r=\dfrac{1}{4}\text{AH}$

辺CDの中点をMとすると

$$\text{AH}=\sqrt{\text{AB}^2-\text{BH}^2}=\sqrt{\text{AB}^2-\left(\frac{2}{3}\text{BM}\right)^2}$$
$$=\sqrt{2^2-\left(\frac{2}{3}\times\sqrt{3}\right)^2}=\frac{2\sqrt{6}}{3}$$

ゆえに $r=\dfrac{1}{4}\times\dfrac{2\sqrt{6}}{3}=\dfrac{\sqrt{6}}{6}$

（答） $\dfrac{\sqrt{6}}{6}$cm

(2) 上の図より，求める半径はOAであるから

$$\text{OA}=\text{AH}-\text{OH}=\frac{2\sqrt{6}}{3}-\frac{\sqrt{6}}{6}=\frac{\sqrt{6}}{2}$$

（答） $\dfrac{\sqrt{6}}{2}$cm

注 (1)から，AO：OH＝3：1であることがわかる。

演習問題

48. 右の図のように，半径が25cmの球に母線の長さが40cmの円すいが内接している。このとき，円すいの体積を求めよ。

49. 底面の円の半径が 3 cm，高さが 9 cm である円すいに内接する球 O の半径を求めよ。

50. 右の図の四面体 ABCD で，AB＝CD＝2 cm，AC＝BC＝AD＝BD＝3 cm とする。辺 AB，CD の中点をそれぞれ E，F とし，頂点 A から底面 BCD に垂線をひき，底面 BCD との交点を H とする。

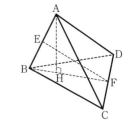

(1) 線分 EF の長さを求めよ。
(2) 線分 AH の長さを求めよ。
(3) 四面体 ABCD に内接する球の半径を求めよ。

●**例題8**● 右の図のように，1 辺の長さが 4 cm の立方体 ABCD–EFGH に球 O が内接している。辺 AB，AD，AE 上にそれぞれ点 P，Q，R を，AP＝AQ＝AR＝x cm となるようにとる。

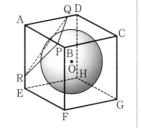

(1) $x＝3$ とする。球 O を，3 点 P，Q，R を通る平面で切るとき，切り口の円の面積を求めよ。

(2) 平面 PQR が球に接するときの x の値を求めよ。

解説 (1) 平面が球を切るとき，球の中心からこの平面にひいた垂線と平面との交点は，切り口の円の中心であることを利用する。

(2) 平面が球に接するとき，その接点と球の中心を結んだ線分は，平面に垂直であることを利用する。

解答 (1) この立体を平面 AEGC で切ったときの切り口は，下の図のようになる。S は線分 PQ の中点，T は球 O と平面 ABCD との接点，O′ は線分 OA と平面 PQR との交点である。

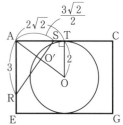

　△ARS と △TAO において

　∠RAS＝∠ATO（＝90°）

　AR：TA＝3：$2\sqrt{2}$

　AS：TO＝$\dfrac{3\sqrt{2}}{2}$：2＝$3\sqrt{2}$：4＝3：$2\sqrt{2}$

よって　△ARS∽△TAO（2 辺の比と間の角）

ゆえに　∠ARS＝∠TAO

よって，∠O′AR＋∠ARS＝∠O′AR＋∠TAO＝90° であるから　∠AO′R＝90°

同様に，この立体を平面 ABGH で切ったとき　∠AO′P＝90°

AO⊥O′R，AO⊥O′P より，AO⊥平面 PQR であるから，O′ は球の切り口である円の中心である。

△ARS で，∠SAR＝90° であるから　$RS=\sqrt{3^2+\left(\dfrac{3\sqrt{2}}{2}\right)^2}=\dfrac{3\sqrt{6}}{2}$

$\triangle ARS=\dfrac{1}{2}AR\cdot AS=\dfrac{1}{2}RS\cdot O'A$ より　$\dfrac{1}{2}\times3\times\dfrac{3\sqrt{2}}{2}=\dfrac{1}{2}\times\dfrac{3\sqrt{6}}{2}\times O'A$

よって　$O'A=\sqrt{3}$

△AOT で，∠ATO＝90° であるから　$OA=\sqrt{2^2+(2\sqrt{2})^2}=2\sqrt{3}$

ゆえに　$OO'=\sqrt{3}$

球 O の半径は 2cm であるから，切り口の半径は　$\sqrt{2^2-OO'^2}=\sqrt{2^2-(\sqrt{3})^2}=1$

ゆえに，求める面積は　$\pi\times1^2=\pi$　　　　　　　　　（答）　$\pi\,\mathrm{cm}^2$

(2)　球 O と平面 PQR との接点を U とすると，$AR=x$，$AS=\dfrac{\sqrt{2}}{2}x$ であるから，

(1)と同様に　$RS=\dfrac{\sqrt{6}}{2}x$，$UA=\dfrac{\sqrt{3}}{3}x$

球 O の半径は 2cm であるから　$OU=OA-UA=2\sqrt{3}-\dfrac{\sqrt{3}}{3}x=2$

ゆえに　$x=6-2\sqrt{3}$　　　　　　　　　　　　　　　（答）　$x=6-2\sqrt{3}$

演習問題

51. 右の図のように，水平な板に，∠A＝90°，AB＝8cm，AC＝6cm の △ABC の形をした穴があり，この穴に半径が 4cm の球をぴったり入れる。球の中心 O から平面 ABC に垂線をひき，平面 ABC，板の下側にある球との交点をそれぞれ H，I とするとき，線分 HI の長さを求めよ。ただし，板の厚みは考えないものとする。

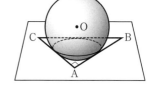

52. 右の図のように，1 辺の長さが 2cm の立方体 ABCD-EFGH の辺 FG の中点を M とする。この立方体に内接する球を，次の 3 点を通る平面で切るとき，切り口の円の半径を求めよ。

(1)　3点 A，B，M を通る平面

(2)　3点 A，F，H を通る平面

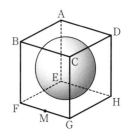

||||| 進んだ問題 |||||

53. 図1のような底面が正六角形の角柱
の中に，1つの底面と6つの側面に接す
る半径3cmの球がはいっている。この
角柱を，辺HIをふくみ，球に接する平
面で切って2つに分ける。切断された立
体のうち，頂点Aをふくむほうの立体
は，図1の矢印の方向（線分ADに平
行な向き）から見ると，図2のように見
え，面BHICと切断面とのつくる角は
45°である。

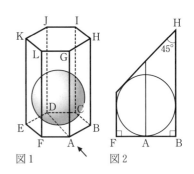

図1　図2

(1) 底面の正六角形の面積を求めよ。

(2) 辺BHの長さを求めよ。

(3) 頂点Aをふくむほうの立体について，次の問いに答えよ。

  (i) 側面積を求めよ。　　　　(ii) 切り口の図形の面積を求めよ。

  (iii) 体積を求めよ。

進んだ問題の解法 ||||||||||||||||||||||||||||||||||||||||||||||||||||||||||||||||||||||||||||||||||

> ||||| 問題3 1辺の長さが12cmの立方体 ABCD-
> EFGH がある。辺BF，CDの中点をそれぞれ
> M，Nとする。この立方体を，3点E，M，N
> を通る平面で切る。
>
>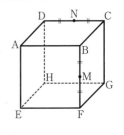
>
> (1) 切り口の図形の周の長さを求めよ。
>
> (2) 2つに分けた立体のうち，頂点Aをふく
> むほうの立体の体積を求めよ。

[解法] 3点E，M，Nを通る平面は，辺BC，DHと交わるから，切り口は五角形となる。
（→2章の例題6, p.47）

(1) 五角形の各辺は，直角三角形の斜辺になる。

(2) 切断された立体の辺を延長して三角すいをつくって考える。または，立体の頂点と
各辺に着目して，底面と高さの求めやすい，いくつかの立体に分けて考える。

[解答] 点Nを通り線分EMに平行な直線をひき，辺DHとの交点をIとし，また，点M
を通り線分EIに平行な直線をひき，辺BCとの交点をJとすると，切り口は五角
形EMJNIである。

(1) △FME で，∠MFE＝90° であるから

$$EM=\sqrt{6^2+12^2}=6\sqrt{5}$$

△FME と △DIN は 3 辺がそれぞれ平行であるから

△FME∽△DIN

よって　6：ID＝12：6＝6√5：NI

ゆえに　ID＝3，NI＝3√5　　　よって　IH＝9

△HIE で，∠IHE＝90° であるから

$$IE=\sqrt{9^2+12^2}=15$$

同様に，△HIE∽△BMJ より

9：6＝12：BJ＝15：MJ

ゆえに　BJ＝8，MJ＝10　　　よって　JC＝4

△CNJ で，∠JCN＝90° であるから　$JN=\sqrt{4^2+6^2}=2\sqrt{13}$

ゆえに，求める周の長さは

$$EM+MJ+JN+NI+IE=6\sqrt{5}+10+2\sqrt{13}+3\sqrt{5}+15=25+9\sqrt{5}+2\sqrt{13}$$

（答）　$(25+9\sqrt{5}+2\sqrt{13})$ cm

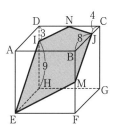

(2)　切り口の平面と辺 AB，AD の延長との交点をそれぞれ P，Q とし，求める立体の体積を V とすると

$$V=（三角すい P–AEQ の体積）－（三角すい P–BMJ の体積）$$
$$－（三角すい Q–DIN の体積）$$

AE＝12，BM＝6 であるから

PA：PB＝AE：BM＝12：6＝2：1

AB＝12 より　PA＝24

また，DI＝3 であるから

QA：QD＝AE：DI＝12：3＝4：1

AD＝12 より　QA＝16

三角すい P–BMJ，三角すい Q–DIN（N–DIQ）
は，三角すい P–AEQ と相似で，相似比はそれ
ぞれ 1：2，1：4 である。

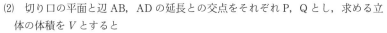

ゆえに，求める体積は

$$V=\left\{1-\left(\frac{1}{2}\right)^3-\left(\frac{1}{4}\right)^3\right\}\times（三角すい P\text{–}AEQ の体積）$$

$$=\frac{55}{64}\times\left\{\frac{1}{3}\times\left(\frac{1}{2}\times12\times16\right)\times24\right\}$$

$$=\frac{55}{64}\times768=660$$

（答）　660 cm³

[別解] (2) $V=$（三角すい M–DIN の体積）＋（四角すい M–AEID の体積）

$\qquad$ ＋（五角すい M–ABJND の体積）

$\qquad = \dfrac{1}{3}\triangle\text{DIN}\cdot\text{AD} + \dfrac{1}{3}（\text{四角形 AEID}）\cdot\text{BA}$

$\qquad\quad + \dfrac{1}{3}（\text{五角形 ABJND}）\cdot\text{MB}$

$\qquad = \dfrac{1}{3}\times\left(\dfrac{1}{2}\times 3\times 6\right)\times 12$

$\qquad\quad + \dfrac{1}{3}\times\left\{\dfrac{1}{2}\times(12+3)\times 12\right\}\times 12$

$\qquad\quad + \dfrac{1}{3}\times\left(12^2 - \dfrac{1}{2}\times 4\times 6\right)\times 6$

$\qquad = 36 + 360 + 264 = 660$

$\qquad\qquad\qquad\qquad\qquad\qquad\qquad$ （答）　$660\,\text{cm}^3$

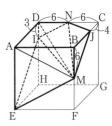

|||||進んだ問題|||||

54. 右の図のように，1辺の長さが 6cm の立方体
ABCD–EFGH の辺 AD，AB，DH 上にそれぞれ点 P，
Q，R があり，AP：PD＝1：1，AQ：QB＝1：2，
DR：RH＝1：1 である。この立方体を，3点 P，Q，
R を通る平面で切る。

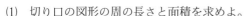

(1)　切り口の図形の周の長さと面積を求めよ。

(2)　頂点 E から3点 P，Q，R を通る平面に垂線をひ
　　くとき，その垂線の長さを求めよ。

(3)　2つに分けた立体のうち，頂点 C をふくむほうの立体の体積を求めよ。

55. 右の図の立体 O–ABCD は，すべての辺の長
さが 2cm の正四角すいで，P，Q，R はそれぞれ
辺 AB，OC，AD の中点である。この正四角す
いを，3点 P，Q，R を通る平面で切ったとき，
この平面と辺 OB，OD との交点をそれぞれ S，T
とする。

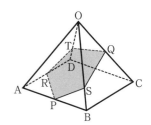

(1)　線分 AC と PR との交点を M とするとき，
　　線分 MQ の長さを求めよ。

(2)　線分 ST の長さを求めよ。

(3)　五角形 PSQTR の面積を求めよ。

(4)　2つに分けた立体のうち，頂点 O をふくむほうの立体の体積を求めよ。

9章の問題

1 次の図で，x，y の値を求めよ。

(1)
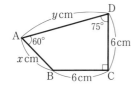

(2)
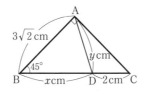

(3)
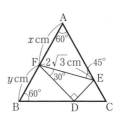

2 右の図で，AB⊥BC，BC⊥CD，AE⊥ED である。AB＝6cm，BE＝2cm，△AED の面積が 40cm² であるとき，線分 CD の長さを求めよ。

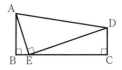

3 四面体 ABCD があり，AB＝5cm，AC＝3cm，AD＝$\sqrt{29}$ cm，BC＝4cm，BD＝6cm，CD＝$2\sqrt{5}$ cm である。

(1) 四面体 ABCD の 4 つの面である次の(ア)～(エ)の三角形のうち，直角三角形はどれか。

 (ア)　△ABC (イ)　△ABD (ウ)　△ACD (エ)　△BCD

(2) 四面体 ABCD の体積を求めよ。

4 右の図のように，1 辺の長さが 4cm の正方形の折り紙 ABCD を半分に折ったときの折れ線を EF とする。頂点 C が点 E に重なるように折り返したときの折れ線を GH，辺 BC と辺 AB が重なった点を I とするとき，線分 EG，AI，GH の長さを求めよ。

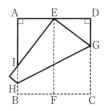

5 右の図のように，△ABC の辺 AB を直径とする円 O と辺 AC，BC との交点をそれぞれ D，E とし，線分 AE と BD との交点を F とする。AB＝13cm，AC＝$6\sqrt{5}$ cm，CE＝6cm のとき，次の問いに答えよ。

(1) 線分 BE，CD の長さを求めよ。

(2) 四角形 CDFE の面積を求めよ。

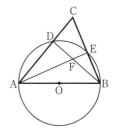

6 右の図のように，AD∥BC の等脚台形
ABCD が円 O に 4 点 P，Q，R，S で外接して
いる。AB＝CD＝5cm，AD＝2cm のとき，
次の問いに答えよ。

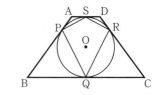

(1) 円 O の半径を求めよ。

(2) 四角形 PQRS の面積を求めよ。

(3) 四角形 PQRS に内接する円の半径を求めよ。

7 右の図のように，底面の半径が 5cm で，母線の長さが
40cm の円すいがある。点 B は母線 AC 上にあり，
AB＝$20\sqrt{2}$ cm とする。

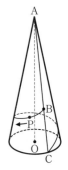

(1) 点 P が点 B を出発して，AO を軸として円すいの側面上
を 1 周して点 C まで動くとき，最短経路の長さを求めよ。

(2) (1)と同様に，点 P が点 B を出発して，円すいの側面上を 2
周して点 C まで動くとき，最短経路の長さを求めよ。

8 右の図のように，1 辺の長さが 4cm の立方体
ABCD-EFGH がある。辺 AB の中点を P，辺 AD を
3：1 に内分する点を Q とする。

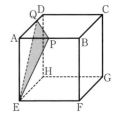

(1) △EPQ の面積を求めよ。

(2) 頂点 A と平面 EPQ との距離を求めよ。

9 右の図のように，1 辺の長さが 2cm の正八面
体 ABCDEF がある。

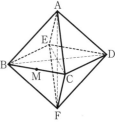

(1) 線分 AF の長さを求めよ。

(2) 辺 BC の中点を M とする。この正八面体を，3
点 A，M，F を通る平面で切るとき，切り口の図
形の面積を求めよ。

(3) この正八面体の体積を 2 等分するように，面
ABC と平行な平面で切るとき，切り口の図形の面積を求めよ。

⑩ 右の図のように，OA＝9cm，OB＝OC＝12cm で，3辺 OA，OB，OC がそれぞれ垂直に交わっている三角すい O–ABC がある。辺 AB，AC 上にそれぞれ点 P，Q を，AP＝AQ＝5cm となるようにとり，辺 OB，OC 上にそれぞれ点 R，S を，OR＝OS＝8cm となるようにとる。

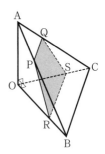

(1) 次の線分の長さを求めよ。
　(i) 線分 RS　　(ii) 線分 PQ　　(iii) 線分 PR

(2) 四角形 PRSQ の面積を求めよ。

(3) この三角すいを平面 PRSQ で切って 2 つに分けたとき，頂点 O をふくむほうの立体の体積を求めよ。

|||||進んだ問題|||||

⑪ 右の図で，△ABC は AB＝BC＝8cm，∠B＝90° の直角二等辺三角形である。D は辺 AC 上の点で，AD：DC＝3：1 である。辺 AB 上を頂点 A から B まで動く点 P があり，点 D を通り線分 PD に垂直な直線と辺 BC との交点を Q とする。

(1) 点 P が頂点 A と一致するとき，△PQD の面積を求めよ。

(2) 点 P が頂点 A から動きはじめて，PQ∥AC となったとき，線分 AP の長さを求めよ。

(3) 線分 PQ の中点を M とする。点 P が辺 AB 上を頂点 A から B まで動くとき，点 M が動く図形を作図せよ。また，その図形の長さを求めよ。

⑫ 右の図の四角柱 ABCD–EFGH は，底面 ABCD が ∠DAB＝60°，1 辺の長さが $a$cm のひし形で，4 つの側面がすべて合同な長方形である。辺 DH 上に点 I があり，∠BIG＝90°，BI＝GI である。

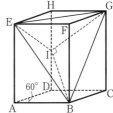

(1) この四角柱の高さを a を使って表せ。

(2) 四面体 BGEI の体積を a を使って表せ。

(3) 四面体 BGEI に外接する球（4 点 B，G，E，I を通る球）の半径を a を使って表せ。また，この球の中心と平面 BGE との距離を a を使って表せ。

円の応用

1…2つの円

1 2つの円の位置関係

2つの円 O, O′ の半径をそれぞれ r, r' $(r>r')$, 中心間の距離 OO′ を d とすると, 2つの円 O, O′ の位置関係は次のようになる。

(1) 離れている $\iff d>r+r'$

共有点はない

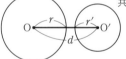

(2) 外接する $\iff d=r+r'$

共有点は1個

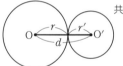

(3) 交わる $\iff r-r'<d<r+r'$

共有点は2個

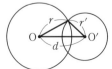

(4) 内接する $\iff d=r-r'$

共有点は1個

(5) 一方が他方の内部にある $\iff d<r-r'$

共有点はない

2 交わる2つの円

2つの円 O, O′ が2点で交わっているとき, 中心線 OO′ は共通弦を垂直に2等分する。

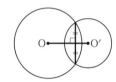

注 2つの円の中心を結んだ直線を**中心線**という。

3 **接する2つの円**

2つの円 O，O′ が接している（外接または内接する）とき，その共有点を2つの円の接点といい，その接点は中心線 OO′ 上にある。

4 **共通接線**

2つの円の両方に接する直線を**共通接線**という。とくに，接線に対して，2つの円が同じ側にあるときは**共通外接線**，反対側にあるときは**共通内接線**という。

下の図の円 O，O′ で，実線は共通外接線，破線は共通内接線を表し，接点を結ぶ線分 AA′，BB′，CC′，DD′ の長さを**共通接線の長さ**という。

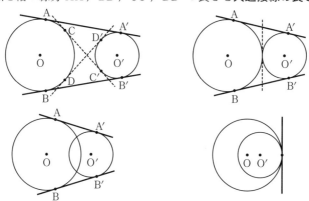

5 **共通接線の長さ**

2つの円 O，O′ の半径をそれぞれ r，r'（$r \geqq r'$），中心間の距離 OO′ を d とすると，共通接線の長さは次のようになる。

(1) 共通外接線の長さ ℓ_1

$$\ell_1 = \sqrt{d^2 - (r - r')^2}$$

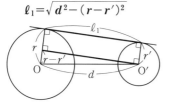

(2) 共通内接線の長さ ℓ_2

$$\ell_2 = \sqrt{d^2 - (r + r')^2}$$

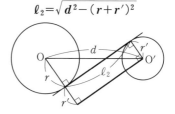

◖基本問題◗

1. 2つの円 O，O′ の半径をそれぞれ r，r'，中心間の距離 OO′ を d とするとき，次の場合に2つの円 O，O′ の位置関係を調べよ。

(1) $r=6$，$r'=3$，$d=9$　　　　(2) $r=11$，$r'=4$，$d=5$

(3) $r=7$，$r'=2$，$d=6$　　　　(4) $r=8$，$r'=12$，$d=4$

2. 2つの円が次の表のような位置関係にあるとき，共通接線の数はいくつあるか。表の空らんにあてはまる数を入れよ。

2円の位置関係	離れている	外接する	交わる	内接する	一方が他方の内部にある
共通外接線の数					
共通内接線の数					

3. 右の図の2つの円 O，O′ で，2本の共通外接線 AA′，BB′ の長さは等しいことを証明せよ。また，2本の共通内接線 CC′，DD′ の長さは等しいことを証明せよ。

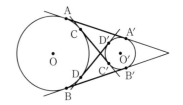

●**例題1**● 2つの円 O，O′ が2点で交わっているとき，中心線 OO′ は共通弦を垂直に2等分することを証明せよ。

解説 線分の両端から等距離にある点は，その線分の垂直二等分線上にある。

証明 共通弦を AB とする。

OA＝OB（円 O の半径）

O′A＝O′B（円 O′ の半径）

よって，中心 O，O′ は線分 AB の垂直二等分線上にあるから，直線 OO′ は線分 AB の垂直二等分線である。

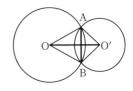

ゆえに，中心線 OO′ は共通弦を垂直に2等分する。

参考 △OAO′≡△OBO′（3辺）より，∠AOO′＝∠BOO′

OO′ は二等辺三角形 OAB の頂角の二等分線であるから，中心線 OO′ は底辺 AB を垂直に2等分することを示してもよい。

演習問題

4. 2点 A，B で交わる 2 つの円 O，O′ の半径がそれぞれ 6，3 で，∠OAO′＝90° のとき，中心間の距離 OO′ および共通弦 AB の長さを求めよ。

5. 次の問いに答えよ。

(1) 右の図のように，3 つの円 P，Q，R はたがいに外接している。PQ＝7，QR＝8，RP＝5 のとき，3 つの円 P，Q，R の半径を求めよ。

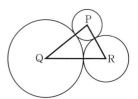

(2) 右の図のように，3 つの円 P，Q，R があり，円 P と円 Q は外接し，ともに円 R に内接している。PQ＝6，QR＝3，RP＝5 のとき，3 つの円 P，Q，R の半径を求めよ。

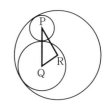

6. 右の図のように，2 つの円 O，O′ が点 A で外接し，A を通る直線と円 O，O′ との交点をそれぞれ B，C とする。点 B，C における円 O，O′ の接線をそれぞれ ℓ，m とするとき，$\ell /\!/ m$ であることを証明せよ。

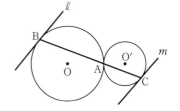

●**例題2**● 2 つの円 O，O′ があり，半径をそれぞれ r，$r′$（$r>r′$）とする。

(1) 右の図を参考にして，円 O，O′ の共通外接線を作図する方法を述べよ。

(2) OO′＝10，r＝5，$r′$＝3 のとき，共通外接線の長さを求めよ。

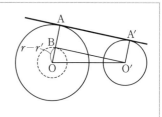

解説 中心が O で，半径が $r-r′$ の円に円 O′ の中心からひいた接線を利用する。その接点を B とすると，△OO′B は ∠OBO′＝90° の直角三角形である。

(**解答**) (1) ① O を中心とし，半径が $r-r'$ の円をか
く。

② OO′ を直径とする円をかき，①の円との
交点を B，B′ とする。（直線 O′B，O′B′ は
①の円の接線になる）

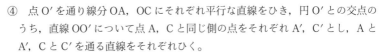

③ 線分 OB，OB′ の延長と円 O との交点を
それぞれ A，C とする。

④ 点 O′ を通り線分 OA，OC にそれぞれ平行な直線をひき，円 O′ との交点の
うち，直線 OO′ について点 A，C と同じ側の点をそれぞれ A′，C′ とし，A と
A′，C と C′ を通る直線をそれぞれひく。

(2) △OO′B で，∠OBO′=90° であるから
$$BO'=\sqrt{OO'^2-OB^2}=\sqrt{10^2-(5-3)^2}=4\sqrt{6}$$
AA′=BO′ より　AA′=$4\sqrt{6}$　　　　　　　　　　　　　　（答）　$4\sqrt{6}$

(**参考**) (1) ④を「点 A，C を通り，それぞれ線分 OA，OC に垂直な直線をひき，円 O′
との接点をそれぞれ A′，C′ とする」または「点 Λ，C を通り，それぞれ線分 BO′，
B′O′ に平行な直線をひき，円 O′ との接点をそれぞれ A′，C′ とする」としてもよい。

演習問題

7. 2 つの円 O，O′ があり，半径をそれぞれ r，r' と
する。

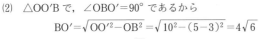

(1) 右の図を参考にして，円 O，O′ の共通内接線
を作図する方法を述べよ。

(2) OO′=17，$r=6$，$r'=4$ のとき，共通内接線の
長さを求めよ。

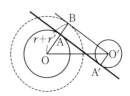

8. 右の図のように，外接する 2 つの円 O，O′ があ
り，その共通外接線の 1 つと 2 つの円との接点をそ
れぞれ A，B とする。

(1) 円 O の半径が 4，共通外接線 AB の長さが 6
のとき，円 O′ の半径を求めよ。

(2) 円 O，O′ が接する点を C とするとき，
∠ACB=90° であることを証明せよ。

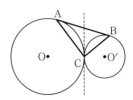

●**例題3**● 右の図のように，半径が等しい4つの円が2つずつ外接し，半径が2の円に内接している。4つの円の半径を求めよ。

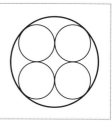

(解説) 外接する円の中心を順に結ぶと正方形になり，その対角線の交点が大きい円の中心である。三平方の定理を利用する。

(解答) 大きい円の中心を O とする。

右の図のように，4つの小さい円の中心をそれぞれ A，B，C，D とし，半径を r とすると，四角形 ABCD は正方形になり，その対角線の交点が O であるから

$$AB=2r$$
$$OA=OB=2-r$$

△OAB で，∠AOB$=90°$ であるから

$$AB^2=OA^2+OB^2$$
$$(2r)^2=(2-r)^2+(2-r)^2$$
$$r^2+4r-4=0$$

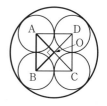

よって　　　$r=-2\pm2\sqrt{2}$

$0<r<2$ より　$r=2\sqrt{2}-2$

(答)　$2\sqrt{2}-2$

(参考)　△ABC で，∠ABC$=90°$ であるから，$AC^2=AB^2+BC^2$
$(4-2r)^2=(2r)^2+(2r)^2$ としてもよい。

(参考)　△ABC は直角二等辺三角形であるから，$AC=\sqrt{2}AB$

$$4-2r=\sqrt{2}\times2r \qquad 2(\sqrt{2}+1)r=4 \qquad r=\frac{2}{\sqrt{2}+1}$$

分母，分子に $\sqrt{2}-1$ をかけて，$r=\dfrac{2(\sqrt{2}-1)}{(\sqrt{2}+1)(\sqrt{2}-1)}=2\sqrt{2}-2$ としてもよい。

演習問題

9. 右の図で，半円 O の半径は 4，半円 P，Q の半径は 2 である。半円 O に内接し，半円 P，Q に外接する円 R の半径を求めよ。

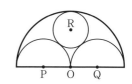

10. 右の図のように，円 O は長方形 ABCD の辺 AB，BC，DA に接し，円 O′ は円 O に外接して，辺 BC，CD に接している。直線 OO′ と辺 AB，CD との交点をそれぞれ E，F とする。円 O の半径が 8，円 O′ の半径が 4 のとき，次の問いに答えよ。

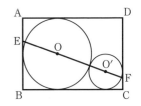

(1) 辺 AD の長さを求めよ。

(2) 台形 EBCF の面積を求めよ。

11. 右の図のように，半径の等しい 3 つの円 P，Q，R があり，円 P は長方形 ABCD の辺 AB，AD に接し，円 Q は辺 AD，DC に接している。また，円 R は円 P，Q に外接し，辺 BC に接している。AB=2，AD=4 のとき，円 P の半径を求めよ。

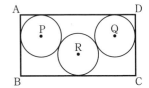

進んだ問題の解法

|||**問題1** 右の図のように，3 つの円 A，B，C はたがいに外接し，円 O に内接している。中心 A，O，B は一直線上にあり，中心 C から直線 AB にひいた垂線を CH とする。円 O，A，B，C の半径をそれぞれ 5，3，2，r とし，線分 BH の長さを a とする。

(1) △COB で，CH⊥OB であることを利用し，r を a の式で表せ。

(2) △CAB で，CH⊥AB であることを利用し，r を a の式で表せ。

(3) r の値を求めよ。

解法 (1) 直角三角形 COH，CBH で，三平方の定理を利用する。

(2) 直角三角形 CAH で，三平方の定理を利用する。

解答 (1) △COB で CO=5−r，CB=r+2，OH=5−2−a=3−a，BH=a

△COH で，∠CHO=90° であるから CH²=(5−r)²−(3−a)² ………①

△CBH で，∠CHB=90° であるから CH²=(r+2)²−a² ………②

①，②より (5−r)²−(3−a)²=(r+2)²−a²

ゆえに $r=\dfrac{3a+6}{7}$ (答) $r=\dfrac{3a+6}{7}$

(2)　△CAHで，∠CHA$=90°$，CA$=r+3$，AH$=3+2-a=5-a$ であるから

CH$^2=(r+3)^2-(5-a)^2$ ………③

②，③より　　$(r+2)^2-a^2=(r+3)^2-(5-a)^2$

ゆえに　　　　$r=10-5a$　　　　　　　　　　　　　（答）　$r=10-5a$

(3)　(1)，(2)より　$\dfrac{3a+6}{7}=10-5a$　　　$a=\dfrac{32}{19}$

ゆえに　　　　$r=10-5\times\dfrac{32}{19}=\dfrac{30}{19}$　　　　　　（答）　$r=\dfrac{30}{19}$

注 (2)　①，③より，$(5-r)^2-(3-a)^2=(r+3)^2-(5-a)^2$ から，$r=\dfrac{8-a}{4}$ としてもよい。

‖‖‖‖ 進んだ問題 ‖‖‖‖

12. 右の図のように，外接する2つの円P，Qが
あり，その共通外接線と円P，Qとの接点をそれ
ぞれA，Bとする。線分ABに点Cで接し，円
P，Qに外接する円の中心をRとする。円P，Q，
Rの半径をそれぞれ$\sqrt{2}$，$2\sqrt{2}$，rとし，線分
ACの長さをaとする。

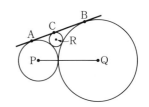

(1)　円P，Rが外接することから，rをaの式で表せ。

(2)　円Q，Rが外接することから，rをaの式で表せ。

(3)　rの値を求めよ。

13. 図1のように，1辺の長さが12の正三角形
ABCの外側に，B，Cを中心とする半径12の$\overset{\frown}{\mathrm{AC}}$，
$\overset{\frown}{\mathrm{AB}}$をかき，これらの弧と辺BCで囲まれた図形を
Fとする。円Oが図形Fの内側を図形Fの周と接
しながら動く。円Oの半径をrとして，次の問い
に答えよ。

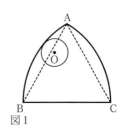

図1

(1)　$r=2$ のとき，円Oの動いたあとは図2の影の
部分のような図形になる。この図形を，図2のよ
うにぴったり囲む長方形の縦の長さa，横の長さ
bを求めよ。

(2)　(1)の図形は中央に円Oが通らない部分がある。
その部分がなくなるようなrの最小値を求めよ。

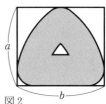

図2

240

2… 接弦定理

1　**接弦定理**

　円の接線とその接点を通る弦とのつくる角は，その角の中にある弧に対する円周角に等しい。

　右の図で，ST が点 A における円 O の接線ならば，∠BAT＝∠APB

2　**接弦定理の逆**

　円 O の弦 AB の一端 A を通る直線 ST と 弦 AB とのつくる角が，その角の中にある $\overset{\frown}{AB}$ に対する円周角に等しいとき，直線 ST は円 O に点 A で接する。

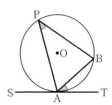

❖ **接弦定理** ❖

　円の接線とその接点を通る弦とのつくる角は，その角の中にある弧に対する円周角に等しい。

　右の図で，ST が点 A における円 O の接線ならば，∠BAT＝∠APB

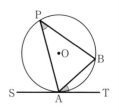

◆◆**証明**◆◆　(i)　∠BAT＝90° のとき

　　　　AB は円 O の直径であるから

　　　　　　　∠APB＝90°

　　　　ゆえに　　∠BAT＝∠APB

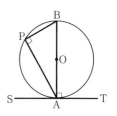

　　　(ii)　∠BAT＜90° のとき

　　　　点 A を通る直径 AC をひくと，∠CAT＝90° であるから

　　　　　　　∠BAT＝90°－∠BAC

　　　　△ABC で，∠ABC＝90° であるから

　　　　　　　∠ACB＝90°－∠BAC

　　　　また　　∠ACB＝∠APB（$\overset{\frown}{AB}$ に対する円周角）

　　　　ゆえに　∠BAT＝∠APB

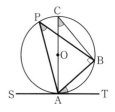

(ⅲ)　∠BAT＞90° のとき

$\overset{\frown}{APB}$ に対する円周角を∠ADBとすると

$$\angle APB = 180° - \angle ADB$$

また　　　∠BAT＝180°－∠BAS

∠BAT＞90° より，∠BAS＜90° となるから，

(ⅱ)で証明したように　∠BAS＝∠ADB

ゆえに　∠BAT＝∠APB

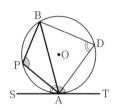

したがって，(ⅰ)，(ⅱ)，(ⅲ)のどの場合にも，∠BAT＝∠APB が成り立つ。

❖ 接弦定理の逆 ❖

> 　円 O の弦 AB の一端 A を通る直線 ST と弦 AB とのつくる角が，その角の中にある $\overset{\frown}{AB}$ に対する円周角に等しいとき，直線 ST は円 O に点 A で接する。

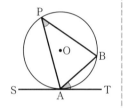

◆◆証明◆◆　(ⅰ)　∠BAT＝90° のとき

∠APB＝∠BAT＝90° であるから，AB は円 O の直径である。

よって　　OA⊥ST

ゆえに，直線 ST は円 O に点 A で接する。

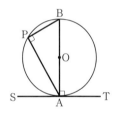

(ⅱ)　∠BAT＜90° のとき

点 A を通る直径 AC をひくと，∠ABC＝90° であるから

$$\angle ACB + \angle BAC = 90° \quad \cdots\cdots ①$$
$$\angle BAT = \angle APB \text{（仮定）}$$

∠ACB＝∠APB（$\overset{\frown}{AB}$ に対する円周角）であるから

$$\angle BAT = \angle ACB \quad \cdots\cdots ②$$

①，②より　∠BAT＋∠BAC＝90°

よって　　∠CAT＝90°

すなわち　OA⊥ST

ゆえに，直線 ST は円 O に点 A で接する。

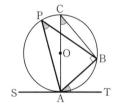

㈽　∠BAT＞90° のとき

$\overgroup{APB}$ に対する円周角を ∠ADB とすると

∠ADB＝180°－∠APB

また　　∠BAS＝180°－∠BAT

∠BAT＝∠APB（仮定）

よって　∠BAS＝∠ADB

∠BAT＞90° より，∠BAS＜90° となるから，

(ii)で証明したように，直線 ST は円 O に点 A で接する。

したがって，(i)，(ii)，(iii)のどの場合にも，直線 ST は円 O に点 A で接する。

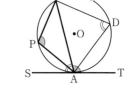

●基本問題●

14．次の図で，ST は点 A における円 O の接線であるとき，x の値を求めよ。

(1)
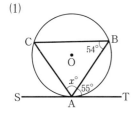

(2)
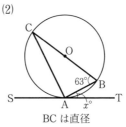

BC は直径

(3)
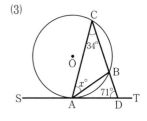

(4)
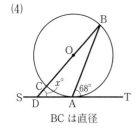

BC は直径

(5)
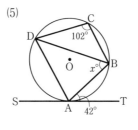

(6)
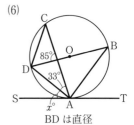

BD は直径

15．右の図のように，2 つの円 O，O′ の交点を A，B とする。円 O の周上の点 P から直線 PA，PB をひき，円 O′ との交点をそれぞれ Q，R とする。直線 QR は点 P における円 O の接線 PT に平行であることを証明せよ。

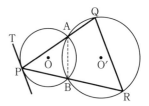

●**例題4**● 右の図のように，△ABC の内接円と 3 辺 AB，BC，CA との接点をそれぞれ D，E，F とし，その円周上に点 G を，DG∥AC となるようにとる。∠FDG＝42°，∠EFG＝26° のとき，∠B の大きさを求めよ。

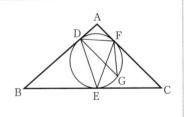

解説 E，F は接点であるから，接弦定理を利用する。また，△ADF，△BED，△CFE は二等辺三角形である。

解答 DG∥AC より　∠AFD＝∠FDG＝42°（錯角）

AC は接線であるから，接弦定理より

$$∠DEF＝∠AFD$$

よって　　　∠DEF＝42°　………①

∠EDG＝∠EFG＝26°（$\overparen{EG}$ に対する円周角）より

$$∠EDF＝26°＋42°＝68°$$

BC は接線であるから，接弦定理より

$$∠FEC＝∠EDF$$

ゆえに　　　∠FEC＝68°　………②

①，②より　∠BED＝180°－42°－68°＝70°

△BED で，BD＝BE であるから

$$∠B＝180°－70°×2＝40°$$ 　　　　　　　　　　　　　　　　　　　（答）　40°

参考 △ADF で，AD＝AF，∠AFD＝42° であるから，∠A＝180°－42°×2＝96°

また，△CEF で，CE＝CF，∠CEF＝68° であるから，∠C＝180°－68°×2＝44°

∠B＝180°－∠A－∠C と求めてもよい。

演習問題

16. 次の図で，ℓ は点 A における円 O の接線であるとき，x の値を求めよ。

(1)

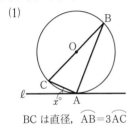

BC は直径，$\overparen{AB}＝3\overparen{AC}$

(2)

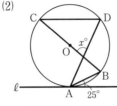

BC は直径，CD∥ℓ

(3)

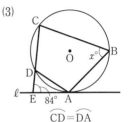

$\overparen{CD}＝\overparen{DA}$

17. 右の図で，直線 PQ は点 A で大きい円と小さい
円に接し，大きい円の弦 BC は点 D で小さい
円に接している。x，y の値を求めよ。

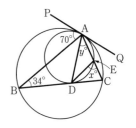

18. 右の図のように，AC，BC を直径とする 2 つ
の半円があり，大きい半円の弦 AQ は，点 P で
小さい半円に接している。AB＝BP で，小さい
半円の半径が 6 のとき，次の問いに答えよ。

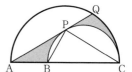

(1) ∠PAC の大きさを求めよ。

(2) 大きい半円の半径を求めよ。

(3) 図の影の部分の面積を求めよ。

●例題5● 右の図のように，2 つの円 O，
O′ が 2 点 A，B で交わっている。点 A に
おける円 O の接線と円 O′ との交点を C
とし，線分 CB の延長と円 O との交点を
D とする。また，線分 DA の延長と円 O′
との交点を E とする。このとき，△CAE
は二等辺三角形であることを証明せよ。

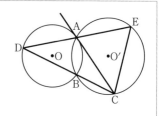

(解説) 接弦定理や円に内接する四角形の性質などを使って，∠CAE＝∠CEA を示す。

(解答) 線分 CA の延長上に点 F をとる。

FC は円 O の接線であるから，接弦定理より

∠DAF＝∠ABD

∠DAF＝∠CAE（対頂角）

よって　∠ABD＝∠CAE　………①

四角形 ABCE は円 O′ に内接するから

∠ABD＝∠CEA　………②

①，②より　∠CAE＝∠CEA

ゆえに，△CAE は CA＝CE の二等辺三角形である。

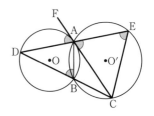

演習問題

19. 右の図のように，AB＝AC の二等辺三角形
ABC が円 O に内接し，直線 PQ は頂点 C における
円 O の接線である。また，頂点 B を通り直線 PQ
に平行な直線と，辺 AC および円 O との交点をそ
れぞれ D，E とする。このとき，△ABD≡△ACE
であることを証明せよ。

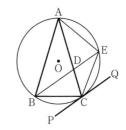

20. 右の図のように，△ABC の外接円の頂点 A
における接線と直線 BC との交点を D とする。
∠ADB の二等分線と辺 AB，AC との交点をそ
れぞれ E，F とするとき，△AEF は二等辺三角
形であることを証明せよ。

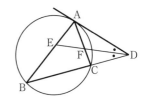

21. 円に内接する四角形 ABCD の対角線の交点 P を
通り辺 BC に平行な直線と，辺 AB，CD との交点を
それぞれ E，F とする。このとき，直線 EF は △APD
の外接円に点 P で接することを証明せよ。

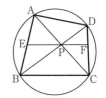

22. 右の図のように，△ABC の頂点 A から辺 BC に
垂線 AD をひく。点 D を通り辺 AC に平行な直線上
に点 E を，∠AEB＝90° となるようにとる。ただし，
点 E は点 D と異なるとする。このとき，直線 AE は
△ABC の外接円に点 A で接することを証明せよ。

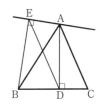

進んだ問題の解法

‖‖‖**問題2** 右の図のように，2つの円 O，O′
が点 P で外接している。円 O の周上の点
A から円 O′ に接線をひき，その接点を Q
とし，直線 AQ，PQ と円 O との交点をそ
れぞれ B，C とする。AP＝PQ，AC∥BP
のとき，∠AQP の大きさを求めよ。

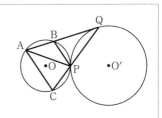

解法 2つの円が外接または内接している場合，接点で共通接線をひいてみるとよい。この場合，点Pにおける接線をひき，直線AQとの交点をDとすると，DP＝DQである。

解答 円O，O′の点Pにおける共通内接線をひき，直線AQとの交点をDとする。

∠AQP＝$x°$とすると，

DP＝DQ より　∠DPQ＝∠DQP＝$x°$

また，AP＝PQ（仮定）より

∠PAQ＝∠PQA＝$x°$

DPは円Oの接線であるから，接弦定理より

∠BPD＝∠PAB＝$x°$

よって　∠BPQ＝$2x°$

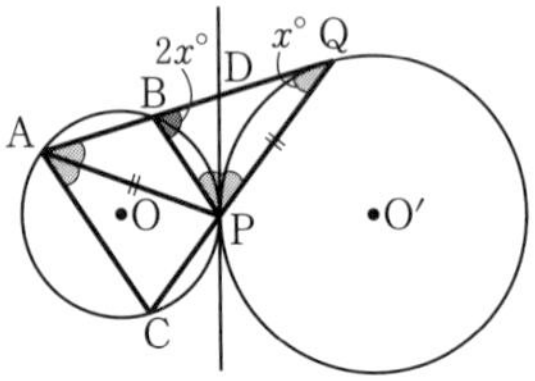

四角形ACPBは円Oに内接するから

∠BAC＝∠BPQ＝$2x°$

また，AC∥BP（仮定）より

∠QBP＝∠BAC＝$2x°$（同位角）

△BPQで，∠PQB＝$x°$，∠BPQ＝$2x°$，∠QBP＝$2x°$であるから

$x+2x+2x=180$　　　$x=36$

ゆえに　∠AQP＝$36°$

(答)　$36°$

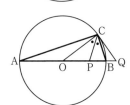

|||||進んだ**問題**|||||

23. 右の図のように，2つの円が点Pで内接し，直線ℓを2つの円とそれぞれP以外の2点で交わるようにひく。直線ℓと大きい円との交点をA，B，小さい円との交点をC，Dとするとき，∠APC＝∠BPDであることを証明せよ。

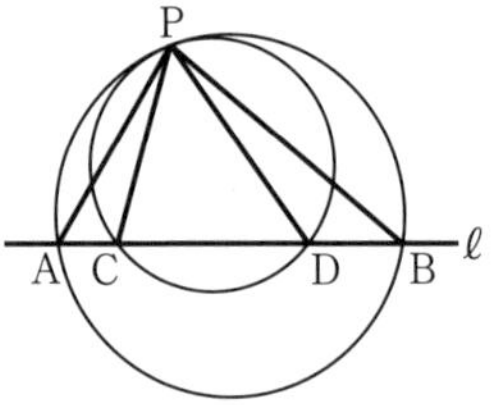

24. 右の図のように，ABを直径とする円Oの周上に点Cを，∠CAB＝$18°$となるようにとる。直線ABと，∠OCBの二等分線，点Cにおける円Oの接線との交点をそれぞれP，Qとする。BC＝1のとき，次の問いに答えよ。

(1) 線分OPの長さを求めよ。

(2) 円Oの半径を求めよ。

(3) 線分BQの長さを求めよ。

(4) △OQCの外接円の中心をS，△BQCの外接円の中心をTとする。線分STの長さを求めよ。

3…方べきの定理

① 方べきの定理

(1) 円外の点Pから，この円に点Tで接する接線PTおよび円と2点A，Bで交わる直線をひくとき，
$$PT^2 = PA \cdot PB$$
である。

(2) 円の2つの弦AB，CD，またはそれらの延長が点Pで交わるとき，
$$PA \cdot PB = PC \cdot PD$$
である。

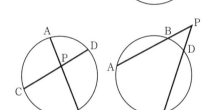

② 方べきの定理の逆

(1) 線分BAの延長上の点Pから他の線分PTをひくとき，
$$PT^2 = PA \cdot PB$$
であるならば，PTは3点A，B，Tを通る円の接線である。

(2) 2つの線分AB，CD，またはそれらの延長が点Pで交わるとき，
$$PA \cdot PB = PC \cdot PD$$
であるならば，4点A，B，C，Dは同一円周上にある。

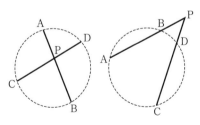

❖ 方べきの定理 ❖

(1) 円外の点 P から，この円に点 T で接する
接線 PT および円と 2 点 A，B で交わる直線
をひくとき，
$$PT^2 = PA \cdot PB$$
である。

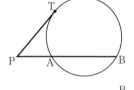

(2) 円の 2 つの弦 AB，CD，ま
たはそれらの延長が点 P で交
わるとき，
$$PA \cdot PB = PC \cdot PD$$
である。

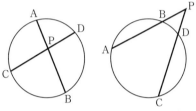

◆◆証明◆◆ (1) △PAT と △PTB において
$$\angle APT = \angle TPB \quad (共通)$$
PT は接線であるから，接弦定理より
$$\angle ATP = \angle TBP$$
ゆえに △PAT∽△PTB （2 角）
よって PT：PB＝PA：PT
ゆえに $PT^2 = PA \cdot PB$

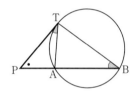

(2) △APC と △DPB において
図 1 で ∠APC＝∠DPB（対頂角）
∠CAP＝∠BDP（$\overgroup{BC}$ に対する円周角）
図 2 で ∠APC＝∠DPB（共通）
四角形 ACDB は円に内接するから
∠CAP＝∠BDP
図 1，図 2 のどちらの場合でも
△APC∽△DPB（2 角）
よって PA：PD＝PC：PB
ゆえに PA・PB＝PC・PD

図 1

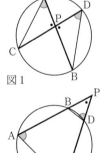

図 2

❖ 方べきの定理の逆 ❖

(1) 線分 BA の延長上の点 P から他の線分
PT をひくとき，
$$PT^2 = PA \cdot PB$$
であるならば，PT は 3 点 A，B，T を通
る円の接線である。

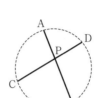

(2) 2 つの線分 AB，CD，また
はそれらの延長が点 P で交
わるとき，
$$PA \cdot PB = PC \cdot PD$$
であるならば，4 点 A，B，
C，D は同一円周上にある。

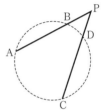

◆◆証明◆◆ (1) △PAT と △PTB において

$$PT^2 = PA \cdot PB \text{（仮定）より}$$
$$PT : PB = PA : PT$$
$$\angle APT = \angle TPB \text{（共通）}$$
ゆえに △PAT ∽ △PTB（2 辺の比と間の角）
よって ∠PTA = ∠PBT

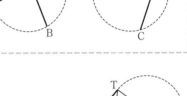

ゆえに，接弦定理の逆より，PT は 3 点 A，B，T を通る円の接線である。

(2) △APC と △DPB において
$$PA \cdot PB = PC \cdot PD \text{（仮定）より}$$
$$PA : PD = PC : PB$$
また ∠APC = ∠DPB
（図 1 では対頂角，図 2 では共通）
ゆえに △APC ∽ △DPB（2 辺の比と間の角）
よって ∠PAC = ∠PDB
ゆえに，4 点 A，B，C，D は同一円周上にある。

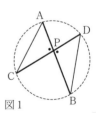

図 1

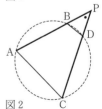

図 2

●基本問題●

25. 次の図で，x の値を求めよ。

(1)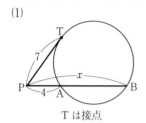

T は接点

(2)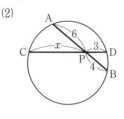

(3)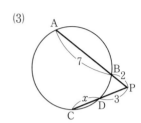

●**例題6●**　右の図のように，△ABC の外接円 O
に，頂点 A における接線をひき，辺 CB の延
長との交点を P とする。また，辺 AB の延長
上に点 Q をとり ∠BCQ＝∠ACB とする。

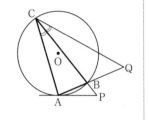

　PA＝4，PC＝10，AC＝8 のとき，次の線分
の長さを求めよ。

(1)　線分 BC　　　　(2)　線分 AQ

(解説)　線分の長さの計算であるから，三角形の相似，および方べきの定理の利用を考える。

(解答)　(1)　PA は接線であるから，方べきの定理より

$$PA^2＝PB \cdot PC$$

BC＝x とすると　$4^2＝(10-x)\times10$

これを解いて　$x＝\dfrac{42}{5}$

ゆえに　　　　BC＝$\dfrac{42}{5}$

(答)　$\dfrac{42}{5}$

(2)　△CAP と △ABP において

∠APC＝∠BPA （共通）

PA は接線であるから，接弦定理より

∠ACP＝∠BAP ………①

よって　　　　△CAP∽△ABP （2角）

ゆえに　　CA：AB＝CP：AP　　　8：AB＝10：4

よって　　　　AB＝$\dfrac{16}{5}$

∠ACP＝∠BCQ（仮定）と①より　∠BAP＝∠BCQ

ゆえに，四角形 APQC は円に内接する。

よって，方べきの定理より

$$AB \cdot BQ = PB \cdot BC$$

$AQ = y$ とすると

$$\frac{16}{5} \times \left(y - \frac{16}{5} \right) = \left(10 - \frac{42}{5} \right) \times \frac{42}{5}$$

これを解いて $y = \frac{37}{5}$

ゆえに $\qquad AQ = \frac{37}{5}$ （答） $\frac{37}{5}$

演習問題

26. 次の図で，x の値を求めよ。

(1)

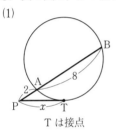

T は接点

(2)

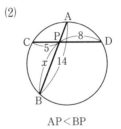

AP＜BP

(3)

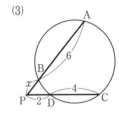

27. 右の図のように，△ABC の頂点 A を
通り，辺 BC に点 P で接する円 O がある。
円 O と辺 AB，AC との交点をそれぞれ Q，
R とする。AB＝12，AC＝20，AQ＝9，
AR＝5 のとき，辺 BC の長さを求めよ。

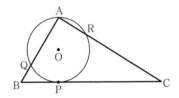

28. 右の図のように，円の周上に 4 点 A，B，C，D が
あり，線分 AD と BC との交点を E とする。
∠BAD＝∠CAD，AB＝6，BC＝5，CA＝4 のとき，
次の問いに答えよ。

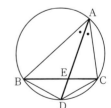

(1) 線分 BE の長さを求めよ。

(2) 次の線分の長さの積の値を求めよ。

(i) AE・ED (ii) AE・AD

(3) 線分 AE の長さを求めよ。

29. 右の図のように，2つの円 O，O′ が2点 A，B で交わっている。線分 BA の延長上に点 P をとり，P から円 O と2点 C，D で交わる直線をひく。また，点 P から円 O′ に点 T で接する接線 PT をひく。

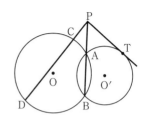

　このとき，PT は3点 C，D，T を通る円の接線であることを証明せよ。

30. 右の図のように，2つの円 O，O′ が2点 A，B で交わっている。線分 AB 上の点 P を通る2直線 ℓ，m があり，ℓ と円 O，O′ との交点をそれぞれ C，D，E，F とし，m と円 O，O′ との交点をそれぞれ G，H，I，J とする。

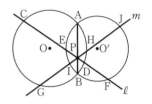

　このとき，4点 C，D，I，J および E，F，G，H は，それぞれ同一円周上にあることを証明せよ。

進んだ問題の解法

||||問題3　右の図で，2点 A，B を通り直線 ℓ に接する円を，次の①〜④の手順で作図した。この方法が正しいことを説明せよ。

A
.

B
.

———————————————— ℓ

　　① 線分 AB の垂直二等分線 m 上の点 C を中心とし，CA を半径とする円をかく。
　　② 直線 AB と ℓ との交点を P とし，P から円 C に接線をひき，その接点を Q とする。
　　③ 直線 ℓ 上に点 R を，PR＝PQ となるようにとる。
　　④ 点 R を通り直線 ℓ に垂直な直線と，直線 m との交点を O とする。O を中心とし，OR を半径とする円が求める円である。

解法 直線 PQ は点 Q における円 C の接線であるから，方べきの定理より，
　PQ²＝PA·PB である。PR＝PQ であるから，PR²＝PA·PB
　このことから，方べきの定理の逆を利用する。

[解答] ①の円Cで，②より，PQは点Qにおける接線で
あるから，方べきの定理より

$$PQ^2 = PA \cdot PB$$

③より　PR＝PQ

ゆえに　$PR^2 = PA \cdot PB$

よって，方べきの定理の逆より，PRは3点A，B，
Rを通る④の円の接線であるから，点Rを通り直
線 ℓ に垂直な直線と，直線 m との交点Oは，この円の中心である。

ゆえに，円Oは2点A，Bを通り直線 ℓ に接する。

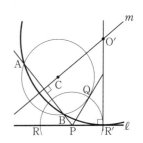

注 ②の点Pからひいた円Cの接線の作図方法については，次の通りである。

(i)　線分CPを直径とする円をかく。

(ii)　(i)の円と円Cとの交点の1つをQとする。

(iii)　2点P，Qを通る直線が求める接線である。

注 求める円は2つある。右の図のように，もう1つの円
は，直線 ℓ 上に点R′を，点Pについて点Rと反対側に
PR′＝PQ となるようにとって，R′を通り直線 ℓ に垂直
な直線と，直線 m との交点O′を中心とし，O′R′を半径
とする円である。

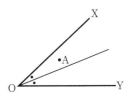

|||||進んだ問題|||||

31. 右の図で，∠XOYの二等分線上にない点Aを
通り，半直線OX，OYに接する円を作図する方法
を説明せよ。

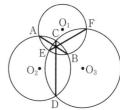

32. 右の図のように，3つの円 O_1，O_2，O_3 があり，
円 O_1 と O_2 は2点A，Bで，円 O_2 と O_3 は2点C，
Dで，円 O_3 と O_1 は2点E，Fでそれぞれ交わって
いる。このとき，3つの弦AB，CD，EFは1点で
交わることを証明せよ。

4 … 円の総合問題

●**例題7**● 右の図のように，

$y = \dfrac{3}{4}x + 9$ で表される直線 ℓ があり，

ℓ と x 軸，y 軸との交点をそれぞれ A，B とする。

(1) $\angle OAB$ を 2 等分する直線を m とするとき，m の式を求めよ。

(2) $\angle OAB$ の中にあり，B を中心とする半径 OB の円に外接し，直線 ℓ と x 軸に接する円は 2 つある。その 2 つの円の半径を求めよ。

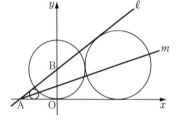

解説 (1) 直線 m と y 軸との交点を C とすると，$\angle OAC = \angle BAC$ より，
OC : CB = AO : AB である。

(2) 求める円の半径を r とすると，その円の中心の y 座標は r である。

解答 (1) 直線 m と y 軸との交点を C とする。

直線 m は $\angle OAB$ の二等分線であるから

$$OC : CB = AO : AB \quad \cdots\cdots\text{①}$$

$y = \dfrac{3}{4}x + 9$ で，$y = 0$ のとき $x = -12$，

$x = 0$ のとき $y = 9$ であるから

$$A(-12, \ 0), \quad B(0, \ 9)$$

よって $AB = \sqrt{\{0-(-12)\}^2 + (9-0)^2}$

$$= 15$$

①より OC : CB = 12 : 15 = 4 : 5

ゆえに，$OC = \dfrac{4}{9}OB = 4$ であるから C$(0, \ 4)$

よって，直線 m の傾きは

$$\frac{4-0}{0-(-12)} = \frac{1}{3}$$

ゆえに，直線 m の式は

$$y = \frac{1}{3}x + 4$$

（答） $y = \dfrac{1}{3}x + 4$

(2) 求める円の中心をD，半径をrとする。

　円Dは直線ℓとx軸に接するから，中心Dは直線m上にある。

　よって，点Dのy座標はrである。

　$y=\dfrac{1}{3}x+4$ に $y=r$ を代入すると，$r=\dfrac{1}{3}x+4$ より

$$x=3r-12$$

　よって，点Dの座標は$(3r-12,\ r)$である。

　円Dは円Bに外接するから

$$BD=9+r$$

　B$(0,\ 9)$より

$$BD^2=\{(3r-12)-0\}^2+(r-9)^2$$

　よって　$(3r-12)^2+(r-9)^2=(9+r)^2$

$$r^2-12r+16=0$$

　ゆえに　$r=6\pm2\sqrt{5}$ （答）　$6\pm2\sqrt{5}$

参考 (1) E$(3,\ 0)$とすると，△ABEは AB$=$AE の二等辺三角形である。直線mは A$(-12,\ 0)$と線分BEの中点$\left(\dfrac{3}{2},\ \dfrac{9}{2}\right)$を通ることから求めてもよい。

演習問題

33. 右の図は，A$(0,\ 5)$を中心とする半径5の円と直線 $y=3x$ である。この円と直線との交点のうち，原点O と異なる点をBとする。

(1) 点Bのx座標を求めよ。

(2) 中心が直線 $y=3x$ 上にあって，円Aに内接し，y 軸に接する円の半径を求めよ。

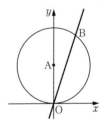

34. 右の図のように，放物線 $y=ax^2$（$a>0$）上に2 点A，Bがあり，この2点はy軸について対称である。円Qは△OABの内接円で，円Pは円Qに外接 し，辺OA，OBに接している。また，円Pと辺OA との接点をCとする。円Qの中心の座標を$(0,\ 20)$，半径を5とするとき，次の問いに答えよ。

(1) 円Pの半径を求めよ。

(2) 点Cの座標を求めよ。

(3) aの値を求めよ。

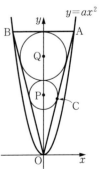

35. 右の図のように，放物線 $y=\dfrac{1}{3}x^2$ 上に2点

A，Bがあり，それらの x 座標の符号はそれぞれ
正，負で，直線 OA と OB は直交する。さらに，
3点 O，A，B を通る円と x 軸との交点のうち，
原点 O と異なる点を C とすると，C の x 座標は
負で ∠ABC=30° である。直線 AB と x 軸との
交点を D，直線 OB と AC との交点を E とする。

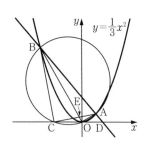

(1) ∠AOD の大きさを求めよ。　(2) 2点 A，B の座標を求めよ。

(3) 点 C の座標を求めよ。　　　(4) △BCE の面積を求めよ。

●**例題8**● 右の図のように，球 O はその中心を通る
平面 A によって2つの部分に分けられており，片
方の部分には半径が1の小さい球が3つはいってい
る。どの小さい球も球 O，平面 A，他の2つの小
さい球のすべてに接しているとき，球 O の半径を
求めよ。

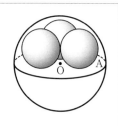

(解説) 3つの小さい球の中心を結んだ三角形は正三角形である。1つの小さい球の中心，
平面 A との接点，および点 O を通る平面で切った切り口の図形で考える。

(解答) 3つの小さい球の中心を P, Q, R とすると，△PQR
は1辺の長さが2の正三角形である。
球 P と平面 A，球 O との接点をそれぞれ S，T とする。
3点 O，P，S を通る平面で切ると，平面 A の上側の
切り口は右の図のようになる。

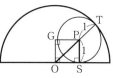

△PQR の辺 QR の中点を M，重心を G とすると，△PQM は30°，60°，90°の直
角三角形であるから

$$PG=\frac{2}{3}PM=\frac{2}{3}\times\frac{\sqrt{3}}{2}PQ=\frac{2}{3}\times\frac{\sqrt{3}}{2}\times2=\frac{2\sqrt{3}}{3}$$

よって　$OS=GP=\dfrac{2\sqrt{3}}{3}$

△OSP で，∠OSP=90° であるから　$OP=\sqrt{\left(\dfrac{2\sqrt{3}}{3}\right)^2+1^2}=\dfrac{\sqrt{21}}{3}$

ゆえに，球 O の半径は　$OP+PT=\dfrac{\sqrt{21}+3}{3}$ 　　　　　(答) $\dfrac{\sqrt{21}+3}{3}$

演習問題

36. 右の図のように，中心が P，Q，R，S で，半径が
すべて 1 である 4 つの球があり，どの球も他の 3 つの
球に外接している。この 4 つの球が円柱の中に，球 P,
Q，R は円柱の側面と下の底面に接し，球 S は円柱の
上の底面に接するようにはいっている。このとき，円
柱の底面の半径と円柱の高さを求めよ。

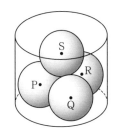

37. 右の図のように，平面上に O を中心と
し，半径が 1 の球が置いてあり，平面と球
との接点を H とする。また，AH は球の
直径で，その延長上の点を P とする。点 P
を光源としたときの平面上にできる球の影
について，次の問いに答えよ。

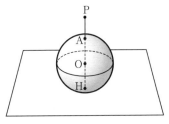

(1) PH＝3 のとき，球の影の面積を求めよ。

(2) 球の影の面積が 4π のとき，次の問いに答えよ。

(i) 線分 PH の長さを求めよ。

(ii) 点 A を通り線分 PH に垂直な平面上に正方形の紙を置く。

① 紙の影が球の影をかくすとき，正方形の 1 辺の長さの最小値を求めよ。

② 紙の影が球の影にかくれるとき，正方形の 1 辺の長さの最大値を求め
よ。

進んだ問題

38. 右の図のように，放物線 $y=\dfrac{1}{3}x^2$ $(x>0)$ 上
の 2 点 A，B をそれぞれ中心とする円 A，円 B
がある。円 A は x 軸と y 軸に接し，円 B は x 軸
に平行で円 A に接する直線 ℓ と y 軸に接してい
る。また，円 A，円 B の y 軸と異なる共通外接
線を m とする。

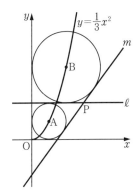

(1) 円 B の中心の座標を求めよ。

(2) 直線 ℓ と m との交点を P とするとき，P の
x 座標を求めよ。

(3) 直線 m の式を求めよ。

39. 右の図のように，中心がそれぞれ P，Q，R，
S である 4 つの球がある。球 P，Q の半径はとも
に 6，球 R，S の半径はともに 4 で，球 P と Q
と R，球 P と Q と S はそれぞれたがいに接して
いる。

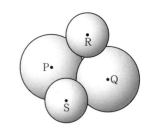

(1) 中心 P，Q，R，S が同じ平面上にあるとき，
この 4 点を頂点とする四角形の面積を求めよ。

(2) 球 R と S が接しているとき，中心 P，Q，R，S を頂点とする四面体の体
積を求めよ。

(3) 球 P，Q，R の位置を固定して球 S を動かすとき，中心 S が動くことので
きる曲線の長さを求めよ。

40. 右の図のように，平面 P 上に長さが 8
の線分 AB を直径とする円 O がある。
∠Q＝90°，QR＝QS＝8 の直角二等辺三
角形 QRS の頂点 Q を円 O の周上に置き，
2 辺 QR，QS を，QR∥AB，QS⊥平面 P
となるようにする。ただし，頂点 Q が点

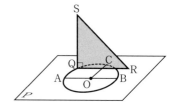

A または B と重なるとき，頂点 R は直線 AB 上にあるものとする。また，頂
点 Q から R に向かう向きと点 A から B に向かう向きはつねに同じになるよ
うにする。頂点 Q が円 O の周上を 1 周するとき，△QRS が動いてできる立体
を V とする。

(1) 辺 QR が動いてできる図形の面積を求めよ。

(2) $\overgroup{AB}$ を 2 等分する点を C とする。線分 OC の中点を通り直径 AB に平行な
弦をふくみ，平面 P と垂直な平面で立体 V を切るとき，切り口の図形の面
積を求めよ。

(3) 辺 QS の中点を通り，平面 P と平行な平面で立体 V を切るとき，切り口
の図形の面積を求めよ。

259

10章の問題

❶ 次の図で，x，y の値を求めよ。ただし，O は円の中心である。

(1)
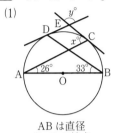
AB は直径
C，D は接点

(2)
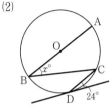
AB は直径，D は接点
AB∥CD

(3)
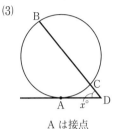
A は接点
$\overparen{AB} : \overparen{BC} : \overparen{CA} = 6 : 7 : 2$

❷ 右の図のように，半径が 4，中心角が $90°$ のおうぎ形 OAB と，C を中心とし，OA を直径とする半円 C がある。おうぎ形 OAB の半径 OB と $\overparen{AB}$ に接し，半円 C に外接する円 D の半径を求めよ。

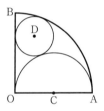

❸ 右の図のように，AB を直径とする円 O と，線分 AB 上の点 C について AC を直径とする円 O′ がある。点 B から円 O′ に点 P で接する直線をひき，円 O との交点を Q，点 A における円 O，O′ の共通外接線との交点を R とする。BC＝4，BP＝8 とするとき，次の問いに答えよ。

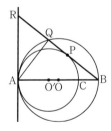

(1) 線分 OO′ の長さを求めよ。

(2) 円 O′ の半径を求めよ。

(3) △ABQ と △AQR の面積の比を求めよ。

(4) 図1のように，1辺の長さが2の正三角形ABCがあり，半径 x の3つの円がそれぞれ2辺に接し，半径 y の円Pがその3つの円と外接している。

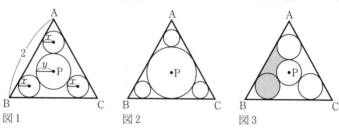

図1　　　　　図2　　　　　図3

(1) 図2のように，円Pが正三角形ABCの3辺に接するとき，x，y の値を求めよ。

(2) 図3のように，$x=y$ のとき，x の値を求めよ。また，影の部分の面積を求めよ。

(5) 右の図のように，円周上に4点A，B，C，Dがあり，線分ACとBDとの交点をPとする。

AP：PC＝2：3，BP：PD＝4：1 のとき，次の問いに答えよ。

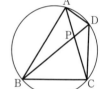

(1) △ABCと△DBCの面積の比を求めよ。

(2) 線分ADとBCの長さの比を求めよ。

(6) 右の図のように，y 軸に点Bで接し，x 軸と2点C(8, 0)，D(10, 0)で交わる円Aがある。

(1) 円Aの中心の座標を求めよ。

(2) この座標平面上で，線分BDを原点Oを中心として1回転させてできる図形の面積を求めよ。

(3) 円Aの周上に点Pをとり，4点P，B，C，Dを頂点とする四角形をつくる。この座標平面上で，この四角形をPを中心として1回転させてできる図形の面積は，Pの位置によって変わる。その面積の最小値を求めよ。

7 右の図のように，AB を円 O の直径とし，2つの
弦 AC，BD が円内の点 P で交わっている。点 P から
線分 AB に垂線 PH をひくとき，次の式が成り立つこ
とを証明せよ。

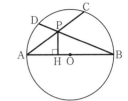

(1) AC·AP＝AB·AH   (2) BD·BP＝BA·BH

(3) AB²＝AC·AP＋BD·BP

8 右の図のように，2つの円 O，O′ があり，点
O′ は円 O の周上にある。点 P を通り，円 O，O′
にそれぞれ点 A，B に接する共通外接線 ℓ をひ
き，また，円 O′ に点 C で接する ℓ と異なる接線
m をひく。点 A を通り，円 O′ に点 D で接する
ℓ と異なる接線 n をひく。

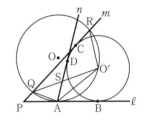

直線 m と円 O との交点を Q，R，直線 n と線
分 O′Q との交点を S とするとき，次の問いに答えよ。

(1) ∠O′SD＝∠QAP＋∠O′AB であることを証明せよ。

(2) O′R＝O′S であることを証明せよ。

9 右の図のような △ABC とその外接円 O
があり，頂点 A における円 O の接線と直線
BC との交点を D とする。また，頂点 B を
通り線分 AD に平行な直線と，円 O，辺 AC
との交点をそれぞれ E，F とする。

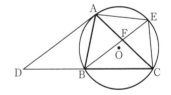

(1) △ABC∽△AFB であることを証明せよ。

(2) 図の中にある三角形で，△ADB とつねに相似である三角形をすべてあげ
よ。

(3) AB＝6，BC＝7，CA＝8 のとき，次の問いに答えよ。

  (i) 線分 AD，BD，BE の長さを求めよ。

  (ii) 四角形 ADCE の面積を求めよ。

||||| **進んだ問題** |||||

(10) 空間内に，3点 A，B，C，および線分 AB，BC，
CA を直径とする円があり，これら3つの円が1点 O
で交わっている。AB=$\sqrt{6}+\sqrt{2}$，BC=$\sqrt{14}$，
CA=$\sqrt{6}-\sqrt{2}$ のとき，次の問いに答えよ。

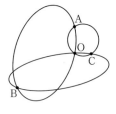

(1)　線分 OA の長さを求めよ。

(2)　四面体 OABC の体積を求めよ。

(3)　△ABC を底面とみるとき，四面体 OABC の高さを求めよ。

(11) AB=5，AC=8，∠BAC=60° の △ABC があ
る。右の図のように，頂点 A，B，C を通る正三角
形 PQR をかき，△APB，△ARC の外接円の中心
をそれぞれ D，E とする。

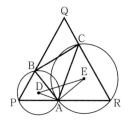

(1)　∠DAE の大きさを求めよ。

(2)　線分 DE の長さを求めよ。

(3)　正三角形 PQR がいろいろ変わるとき，その面
　　積の最大値を求めよ。

MEMO

著者

市川　博規	東邦大付属東邦中・高校講師
久保田顕二	桐朋中・高校教諭
中村　直樹	駒場東邦中・高校教諭
成川　康男	玉川大学教授
深瀬　幹雄	筑波大附属駒場中・高校元教諭
牧下　英世	芝浦工業大学教授
町田多加志	筑波大附属駒場中・高校副校長
矢島　弘	桐朋中・高校教諭
吉田　稔	駒場東邦中・高校元教諭

協力

| 木部　陽一 | 開成中・高校教諭 |

新Ａクラス中学幾何問題集（6訂版）

発行者	斎藤　亮	2021年 2 月　初版発行
発行所	昇龍堂出版株式会社	2023年 3 月　5 版発行
	〒101-0062　東京都千代田区神田駿河台2-9	
	TEL 03-3292-8211 / FAX 03-3292-8214 / https://shoryudo.co.jp	

| 組版所 | 錦美堂整版 | 印刷所 | 光陽メディア | 製本所 | 井上製本所 |
| 装丁 | 麒麟三隻館 | 装画 | アライ・マサト | | |

ISBN978-4-399-01505-0 C6341 ¥1500E
Printed in Japan

新Aクラス
中学幾何問題集

6訂版

解答編

昇龍堂出版

1章　平面図形の基礎

p.3 **1.** **答** 3

　解説 直線 AB, BC, CA

2. **答** (1) 60° (2) 5 cm

3. **答** (1) 7 cm (2) 2 cm (3) 50 cm²

4. **答** (1) 120° (2) $\dfrac{5}{12}$

p.4 **5.** **答** (1) 弧 $\dfrac{8}{3}\pi$ cm, 面積 $\dfrac{32}{3}\pi$ cm² (2) 中心角 180°, 面積 $\dfrac{25}{2}\pi$ cm²

　　　 (3) 中心角 45°, 弧 π cm (4) 半径 6 cm, 面積 27π cm²

6. **答** $\dfrac{3}{2}$ cm

　解説 AM=3, NB=$\dfrac{7}{2}$, MN=AB−AM−NB

7. **答** (1) 121° (2) 31°

　解説 (1) ∠BOD=90°−59°

　　　 (2) ∠AOC=90°−∠COE, ∠COE=180°−∠EOD

p.5 **8.** **答** BC=AC−AB=2AQ−2AP=2(AQ−AP)=2PQ

　　　 ゆえに, 線分 BC の長さは, 線分 PQ の長さの 2 倍である。

　　参考 右の図のように, 線分 QC 上に 2 点 D, E

　　を, AP=DE=EC となるようにとると,

　　BC=BQ+QD+DE+EC=2BQ+2PB

　　=2(BQ+PB)=2PQ と示してもよい。

9. **答** OP, OQ はそれぞれ ∠AOC, ∠COB の二等分線であるから,

　　∠POC=$\dfrac{1}{2}$∠AOC, ∠COQ=$\dfrac{1}{2}$∠COB より,

　　∠POQ=∠POC+∠COQ=$\dfrac{1}{2}$∠AOC+$\dfrac{1}{2}$∠COB=$\dfrac{1}{2}$(∠AOC+∠COB)

　　=$\dfrac{1}{2}$∠AOB=90°

10. **答** OP, OQ はそれぞれ ∠AOB, ∠AOD の二等分線であるから,

　　∠AOP=∠POB, ∠AOQ=∠QOD

　　また, ∠BOQ=∠AOQ−∠AOB, ∠QOC=∠QOD−∠COD

　　∠AOB=∠COD, ∠AOQ=∠QOD より, ∠BOQ=∠QOC

　　よって, ∠BOC=2∠QOC　　また, ∠AOB=2∠POB

　　∠AOB=∠BOC より, ∠POB=∠QOC

p.6 **11.** **答** (1) $x=125$ (2) $x=108$ (3) $x=\dfrac{45}{2}$

　解説 (1) 25°×5 (2) 180°×$\dfrac{3}{5}$ (3) 360°×$\dfrac{3}{8}$×$\dfrac{1}{1+5}$

12. **答** ∠AOB=$\dfrac{135°}{2}$, ∠AOD=90°

(解説) OE＝EB より，OB＝2OE であるから，$\overset{\frown}{BC}=2\overset{\frown}{EF}$

また，$\overset{\frown}{AD}=\dfrac{4}{3}\overset{\frown}{EF}$ より，$\overset{\frown}{AB}:\overset{\frown}{BC}:\overset{\frown}{CD}:\overset{\frown}{DA}=3:6:3:4$

$\angle AOB=360°\times\dfrac{3}{3+6+3+4}$ $\angle AOD=\dfrac{4}{3}\angle AOB$

p.8 **13.** **答** $(32\pi+64)\,\mathrm{cm}^2$

(解説) 弦 AC と BD との交点を O とすると，O は円の中心で，$\angle AOB=90°$ であるから，$\{(おうぎ形 OAB)+\triangle OBC\}\times2=\left(\pi\times8^2\times\dfrac{1}{4}+\dfrac{1}{2}\times8^2\right)\times2$

14. **答** $(176-25\pi)\,\mathrm{cm}^2$

(解説) 3つのおうぎ形の中心角の和は360°であるから，$\dfrac{1}{2}\times(5+17)\times16-\pi\times5^2$

15. **答** (1) 周 10πcm, 面積 $10\pi\,\mathrm{cm}^2$ (2) 周 6πcm, 面積 $(18\pi-36)\,\mathrm{cm}^2$
(3) 周 9πcm, 面積 $(9\pi-18)\,\mathrm{cm}^2$

(解説) (1) （周）$\{(6+4)\pi+6\pi+4\pi\}\times\dfrac{1}{2}$

（面積）$(\pi\times5^2-\pi\times3^2+\pi\times2^2)\times\dfrac{1}{2}$

(2) （周）$2\pi\times6\times\dfrac{1}{4}\times2$

（面積）$\left(\pi\times6^2\times\dfrac{1}{4}-\dfrac{1}{2}\times6^2\right)\times2$

(3) （周）$2\pi\times6\times\dfrac{1}{4}+6\pi\times\dfrac{1}{2}\times2$

（面積）$\pi\times6^2\times\dfrac{1}{4}-\dfrac{1}{2}\times6^2$

(3)

16. **答** $(7\pi-9)\,\mathrm{cm}^2$

(解説) 影の部分の面積は，右の図で，
（おうぎ形 ODB）$-\triangle$ODE
$=\pi\times6^2\times\dfrac{70}{360}-\dfrac{1}{2}\times6\times3$

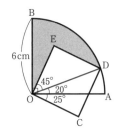

17. **答** $(6\pi-16)\,\mathrm{cm}^2$

(解説) 右の図の赤色部分を⑰とする。
（⑦の面積）−（⑰の面積）
$=\{($⑦の面積$)+($⑰の面積$)\}-\{($⑦の面積$)+($⑰の面積$)\}$
$=\{(半径4cmの四分円)\times2-(半径2cmの半円)\}$
$-(正方形 ABCD)$
$=\pi\times4^2\times\dfrac{1}{4}\times2-\pi\times2^2\times\dfrac{1}{2}-4^2$

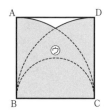

p.9 **18.** **答** (1) 2πcm (2) $6\pi\,\mathrm{cm}^2$

(解説) (1) 点 O に重なるもとの $\overset{\frown}{AC}$ 上の点を O′と
する。O′C＝OC＝OO′（半円 O の半径）より，
$\triangle$OCO′は正三角形である。
同様に，$\triangle$OAO′も正三角形である。

(1)

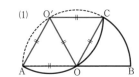

(2) ⑦と①の面積が等しくなるから，求める面積
は，おうぎ形 OAO′ の面積に等しい。

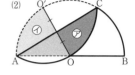

(2)

19. **答** $x = 40$

(解説) （⑦の面積）−（①の面積）$= \dfrac{\pi}{2}$ より，

（半円の面積）−（おうぎ形の面積）$= \dfrac{\pi}{2}$ となるから，

（おうぎ形の面積）=（半円の面積）$- \dfrac{\pi}{2} = \pi \times 3^2 \times \dfrac{1}{2} - \dfrac{\pi}{2} = 4\pi$

20. **答** $(4 - \pi)$ cm

(解説) ⑦と①の面積が等しいから，（おうぎ形 BCA）=（台形 PBCD）

よって，$\pi \times 2^2 \times \dfrac{1}{4} = \dfrac{1}{2} \times (PD + 2) \times 2$

21. **答** AD を直径とする円の周は 12π cm である。
また，AB，BC，CD を直径とする円の周はそれぞれ 4π cm，2π cm，6π cm である。　よって，$4\pi + 2\pi + 6\pi = 12\pi$
ゆえに，AD を直径とする円の周は，AB，BC，CD をそれぞれ直径とする円の周の和に等しい。

22. **答** (1) 中心角を $a°$ とする。

$\ell = 2\pi r \times \dfrac{a}{360}$ ……①　　　$S = \pi r^2 \times \dfrac{a}{360}$ ……②

①より，$\dfrac{a}{360} = \dfrac{\ell}{2\pi r}$　　　これを②に代入すると，$S = \pi r^2 \times \dfrac{\ell}{2\pi r} = \dfrac{1}{2}\ell r$

ゆえに，$S = \dfrac{1}{2}\ell r$

(2)(i) 20 cm^2　(ii) 10 cm

(解説) (2) (1)より，$S = \dfrac{1}{2}\ell r$ を利用する。

(i) $\ell = 8$，$r = 5$ より，$S = \dfrac{1}{2} \times 8 \times 5 = 20$

(ii) $S = 20$，$r = 4$ より，$20 = \dfrac{1}{2} \times \ell \times 4$ であるから，$\ell = 10$

p.10 **23.** **答** $\overset{\frown}{AB} = 3\overset{\frown}{CD}$，$\overset{\frown}{BC} = 2\overset{\frown}{CD}$ より，$\overset{\frown}{AB} = \overset{\frown}{BC} + \overset{\frown}{CD} = \overset{\frown}{BD}$
よって，AB = BD
また，△BDC で，BD < BC + CD
ゆえに，AB < BC + CD

24. **答** $\overset{\frown}{AB}$ 上に点 M を，$\overset{\frown}{AM} = \overset{\frown}{MB}$ となるようにとる。
$\overset{\frown}{AB} = 2\overset{\frown}{CD}$ より，$\overset{\frown}{AM} = \overset{\frown}{MB} = \overset{\frown}{CD}$
よって，AM = MB = CD
△MAB で，AB < AM + MB
また，AM + MB = CD + CD = 2CD
ゆえに，AB < 2CD

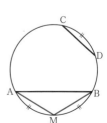

p.12 **25.** **答** (1) (ア)，(ウ)，(キ)，(ク)　(2) (イ)，(ウ)，(エ)，(オ)，(ク)
26. **答** (1)(i) 点 O　(ii) 辺 HI　(2)(i) 10　(ii) 辺 IH

27. 答 (1)
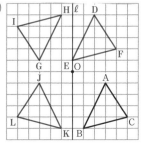

(2) 点 O を通り，直線 ℓ に垂直な直線を対称軸とする対称移動

(解説) 点 A に対応する点はそれぞれ D，G，J であり，点 B に対応する点はそれぞれ E，H，K であり，点 C に対応する点はそれぞれ F，I，L である。

p.13 **28.** 答 ∠A＝56°，∠B＝34°，∠C＝90°

29. 答 (1) ㋐ (2) ㋑，㋓，㋕，㋗ (3) ㋒，㋔，㋖

p.14 **30.** 答 直線 ℓ，ℓ′ に垂直な方向で，10 cm 右に平行移動

(解説) 直線 AA′ と ℓ との交点を H とすると，AH＝A′H
同様に，直線 A′A″ と ℓ′ との交点を H′ とすると，A′H′＝A″H′
よって，AA″＝AH＋HA′＋A′H′＋H′A″＝2(HA′＋A′H′)＝2HH′＝2×5
また，AA″⊥ℓ
BB″，CC″ についても同様である。

31. 答 O を中心として反時計まわりに 96° 回転移動

(解説) OC＝OC″　　また，∠C″OC＝2(∠XOC′＋∠C′OY)＝2∠XOY＝2×48°

32. 答 (1) A を中心として反時計まわりに 90° 回転移動 (2) 58°

(解説) (2) ∠ABE＝∠ADF＝32° より，∠EBC＝58°
また，△EBC と △GDC は合同である。

(参考) (2) 3 点 F，D，G は一直線上にある。

33. 答 (1) 直線 AC を対称軸とする対称移動
(2) 直線 BC に垂直な方向で，辺 AC の長さだけ右に平行移動
(3) C を中心として時計まわりに 90°回転移動（反時計まわりに 270°回転移動）
(4) 線分 AA′ の中点を中心として時計（反時計）まわりに 180°回転移動（点対称移動）

p.15 **34.** 答 $\frac{4}{3}\pi$ cm

(解説) $2\pi\times1\times\dfrac{60}{360}\times4$

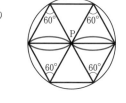

35. 答 16π cm²

(解説) 右の図で，（おうぎ形 OB′B）＋△OA′B′
－{（おうぎ形 OA′A）＋△OAB}
＝（おうぎ形 OB′B）－（おうぎ形 OA′A）

(注) 右の図のように，O を中心として半径が 10 cm と 6 cm の円をかくと，㋐と㋑の面積が等しいから，求める面積は，$(\pi\times10^2-\pi\times6^2)\times\dfrac{1}{4}$
であることがわかる。

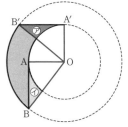

36. （答）(1) $(160+16\pi)\,\text{cm}^2$　(2) $(40+4\pi)\,\text{cm}$

（解説）(1) 右の図の赤色でぬった部分の面積の和
は，半径 4cm の円の面積と等しい。
$4\times(13+16+11)+\pi\times4^2$
(2) $(13+16+11)+2\pi\times2$

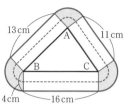

37. （答）(1) $1\,\text{cm}^2$　(2) $16\,\text{cm}^2$

（解説）(1) △OAB の面積と △OCD の面積は，と
もに $\dfrac{1}{2}\times2\times2=2$ である。

ゆえに，求める面積は，$1^2\times5-2\times2=1$
(2) 右の図で，△OAB を，O を中心として反時
計まわりに 45°回転させると △OCD となる。
もとの図形のうち，重ならない部分の面積は，影
の部分の面積の 4 倍である。
また，(1)より，影の部分の面積は $1\,\text{cm}^2$ である。
ゆえに，求める面積は，$1^2\times20-1\times4=16$

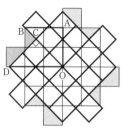

p.17　**38.** （答）

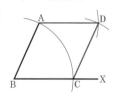

（解説）中心を B，半径を AB とする円
と半直線 BX との交点が C である。
中心を A，半径を AB とする円と中
心を C，半径を AB とする円との交点
が D である。

39. （答）

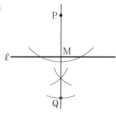

（別解）

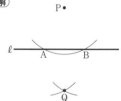

（解説）点 P を通る直線 ℓ の垂線と直
線 ℓ との交点を M とする。垂線上
に PM=QM となる点 Q をとる。

（別解）A，B をそれぞれ中心とする半
径 PA の円をかき，2 つの円の交点の
うち，P と異なる点が Q である。

40. （答）(1) 線分 AB を定め，A，B をそれぞれ中心とする半径 AB の円をかき，
それらの交点の 1 つを C とすると，∠CAB=60° である。
(2) (1)の ∠CAB の二等分線 AD をひくと　∠DAB=30° である。
(3) (2)の線分 BA の延長上に点 E をとる。∠DAE の二等分線 AF をひくと，
∠FAE=75° である。

(1)　　(2)　　(3)　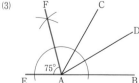

41. 答

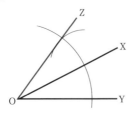

(解説) ∠ZOX＝∠XOY となる半直線 OZ をかく。

42. 答

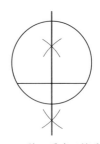

(解説) 1つの弦の垂直二等分線をひく。

p.18 **43.** 答

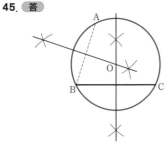

(解説) 点 P を通る直線 OP の垂線が P における円 O の接線である。

44. 答

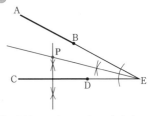

(解説) 直線 AB と CD との交点を E とする。∠AEC の二等分線と線分 CD の垂直二等分線との交点が P である。

45. 答

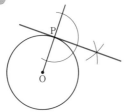

(解説) 線分 AB，BC の垂直二等分線の交点が円の中心 O である。

46. 答

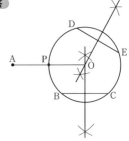

(解説) 2つの弦 BC，DE の垂直二等分線をそれぞれひく。それらの交点が円の中心 O となるから，線分 AO と円 O との交点が P である。

p.19 **47.** (答) (1) 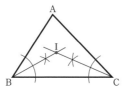　　(2)

(解説) (1) ∠B, ∠C の二等分線の交点が I である。このとき, 点 I から 3 辺 AB, BC, CA にそれぞれ垂線 ID, IE, IF をひくと,
ID=IE=IF が成り立つ。

(2) 辺 AB, CA の垂直二等分線の交点が O である。
このとき, OA＝OB＝OC が成り立つ。

(注) 右の図のように, I を中心として半径 ID の円をかくと, これは 3 辺に接する。これを △ABC の内接円という。
また, O を中心として半径 OA の円をかくと, これは 3 つの頂点を通る。これを △ABC の外接円という。

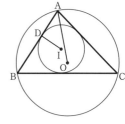

48. (答)

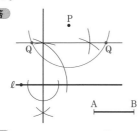

(解説) 距離が線分 AB の長さである直線 ℓ の平行線のうち, 点 P に近いほうの平行線と, P を中心とする半径 AB の円との交点（2つ）が Q である。

49. (答)

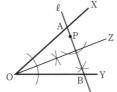

(解説) ∠XOY の二等分線 OZ をひく。
点 P を通る半直線 OZ の垂線と, 半直線 OX, OY との交点をそれぞれ A, B とすると, 直線 AB が ℓ である。

50. (答)

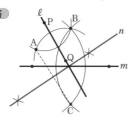

(解説) 直線 ℓ 上に適当な 2 点 P, Q をとる。
P を中心とする半径 PA の円と, Q を中心とする半径 QA の円との交点のうち, A と異なる点を B とする。
同様に, 点 C をとると, 線分 AC の垂直二等分線が直線 n である。

(注) 直線 ℓ と m との交点を O とすると, OA＝OB＝OC となるから, A, B, C は O を中心とする同一円周上の点であり, 直線 n は点 O を通る。

(別解) 点 B の作図には,
右の 2 つの方法もある。

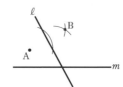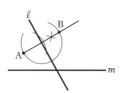

51. (答)

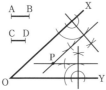

(解説) 距離が線分 AB の長さである半直線
OX の平行線のうち, 半直線 OY に近いほう
の平行線と, 距離が線分 CD の長さである
OY の平行線のうち, OX に近いほうの平行
線との交点が P である。

p.20 **52.** (答)

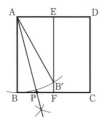

(解説) 線分 EF 上に点 B′ を, AB′＝AB とな
るようにとる。
∠B′AB の二等分線と辺 BC との交点が P で
ある。

53. (答)

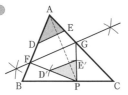

(解説) 線分 AP の垂直二等分線と辺 AB, AC
との交点をそれぞれ F, G とする。線分 PF
上に点 D′ を, PD′＝AD となるようにとり,
線分 PG 上に点 E′ を, PE′＝AE となるよ
うにとる。△PD′E′ が, △ADE が移る部分
である。

54. (答)

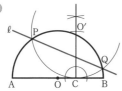

(解説) 点 C における線分 AB の垂線上に点
O′ を, CO′＝OA となるように, AB につい
て ⌢AB と同じ側にとる。
O′ を中心とする半径 OA の円と, 半円 O と
の交点を P, Q とする。直線 PQ が ℓ である。

p.21 **55.** (答) ① 半直線 OA について点 P と対称な点を A′ と
する。
② 半直線 OB について点 P と対称な点を B′ とする。
③ 線分 A′B′ と OA, OB との交点がそれぞれ Q, R
である。
(解説) QP＝QA′, RP＝RB′ より,
PQ＋QR＋RP＝A′Q＋QR＋RB′＝A′B′
(参考) 点 P を通る半直線 OA の垂線をひき, OA との
交点を C として, A′C＝PC となる点 A′ を作図してもよい。

56. **(答)** ① 直線 CD について点 P と対称な点を P′ とする。
② 直線 BC について点 P′ と対称な点を P″ とする。
③ 直線 AP″ と BC との交点が Q,直線 QP′ と CD との交点が R である。

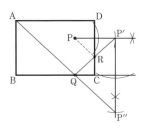

(解説) RP＝RP′,QP′＝QP″ より,
AQ＋QR＋RP＝AQ＋QR＋RP′＝AQ＋QP′
＝AQ＋QP″＝AP″

1章の問題

p.22 **1** **(答)** (1) 32π cm (2) 16π cm

(解説) (1) $\left(2\pi\times4\times\dfrac{240}{360}\right)\times6$

(2) $\left(2\pi\times4\times\dfrac{240}{360}\right)\times3$

2 **(答)** 1cm

(解説) △ABC の面積は,$\dfrac{1}{2}\times4\times3=6$

△OAB,△OBC,△OCA の底辺をそれぞれ 4cm,5cm,3cm とみると,3つの三角形の高さは,それぞれ円 O の半径と等しい。
(円 O の半径)＝6×2÷(3＋4＋5)

3 **(答)** 20π cm²

(解説) 点 A と C を結ぶ。△ABO と △CDO は中心 O について点対称である。

4 **(答)** 4:1

(解説) 小さい円の半径を r cm とすると,
2番目に大きい正方形の面積は,$(2r)^2=4r^2$

正方形 EFGH の面積は,$\dfrac{1}{2}\times(2r)^2=2r^2$

よって,2番目に大きい正方形の面積は,正方形 EFGH の面積の2倍である。同様に,正方形 ABCD の面積は,2番目に大きい正方形の面積の2倍であるから,正方形 ABCD の面積は,正方形 EFGH の面積の4倍である。

p.23 **5** **(答)** 5:4

(解説) AB＝2r とすると,$P=\left\{\pi r^2+\pi\times(3r)^2\right\}\times\dfrac{1}{2}$, $Q=\pi\times(2r)^2\times\dfrac{1}{2}\times2$

6 **(答)**

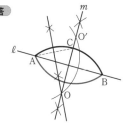

(解説) 線分 AB の垂直二等分線 m と,$\overset{\frown}{AB}$ との交点を C とする。
線分 AC の垂直二等分線と,直線 m との交点を O とする。
A を中心とする半径 OA の円と,直線 m との交点のうち,O と異なる点を O′ とする。
O′ を中心とする半径 O′A の円のうち,$\overset{\frown}{AB}$ の部分が求める弧である。

7 **(答)** (1) 5cm　(2)(i) $a=65$　(ii) $a=80$

(解説) (1) 図1で，△OFC は，OF＝OC から二等辺三角形であり，∠COF＝60°
であるから正三角形である。

(2)(i) 図2で，$a°=180°-∠$FOD

(ii) 図3で，△ODA は，OD＝OA から二等辺三角形であるから，
∠DAO＝∠ODA＝50°　　よって，∠AOD＝180°-50°×2

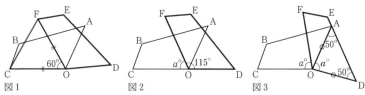

図1　　　　　　図2　　　　　　図3

8 **(答)** (1)

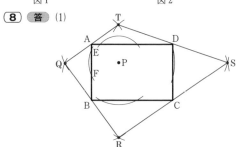

(2) ∠TAD＝∠PAD，∠QAB＝∠PAB より，
∠TAQ＝∠TAD＋∠PAD＋∠QAB＋∠PAB＝2(∠PAD＋∠PAB)
＝2∠DAB＝2×90°＝180°

(3) 2倍

(解説) (1) P を中心とする円と辺 AB との交点を E，F とする。
E，F を中心とする半径 PE の円をかくと，それらの交点のうち，P と異なる点
が Q である。
点 R，S，T も同様にして作図する。

(3) △PAB＝△QAB，△PBC＝△RBC，△PDC＝△SDC，△PAD＝△TAD

(別解1) (1) A，B を中心として点 P を通る円をそれぞれかく。それらの交点のう
ち，P と異なる点が Q である。

(別解2) (1) 点 P を通る辺 AB の垂線をひき，AB との交点を G として，G を中
心とする半径 PG の円をかく。直線 PG と円 G との交点のうち，P と異なる点が
Q である。

9 **(答)** (1) 4　(2) 3　(3) 2　(4) 1

(解説) (1) 右の図の4点 B，C，D，E である。

(2),(3) 同様に，直線 ℓ との距離が 2cm の平
行線と，A を中心とする半径 6cm の円との
交点の個数を数える。

(4) 直線 ℓ と円 A は接する。

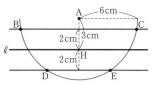

p.24 **10** 答 $\dfrac{4}{3}\pi\,\mathrm{cm}^2$

(解説) 右の図で，$\overset{\frown}{AR}=\overset{\frown}{SB}$ より，QR=TS=OP
同様に，$\overset{\frown}{AS}=\overset{\frown}{RB}$ より，PS=OQ

$\triangle OQR=\dfrac{1}{2}OQ\times QR$，$\triangle OPS=\dfrac{1}{2}PS\times OP$ であるから，

$\triangle OQR=\triangle OPS$
よって，㋐と㋑の面積が等しくなるから，求める面積
は，おうぎ形ORSの面積に等しい。

ゆえに，$\pi\times 4^2\times\dfrac{1}{4}\times\dfrac{1}{3}$

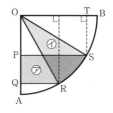

11 答 ① 直線 ℓ について点Bと対称な点をB′と
する。
② 直線AB′と ℓ との交点がPである。
(注) 直線 ℓ について点Aと対称な点をA′とする
と，直線A′Bと ℓ との交点が点Pと一致する。

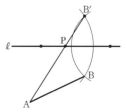

12 答 $6\pi\,\mathrm{cm}$

(解説) $\left(2\pi\times5+2\pi\times3+2\pi\times4\right)\times\dfrac{1}{4}$

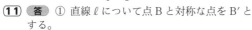
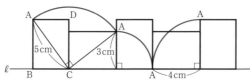

13 答 (1) $200\pi\,\mathrm{cm}^2$ (2) $(100\pi+200)\,\mathrm{cm}^2$
(解説) (1) 水平面上でぬることができるのは，
図1の赤色部分である。

ゆえに，$\pi\times20^2\times\dfrac{135}{360}+\pi\times10^2\times\dfrac{1}{2}$

(2) 長方形QPCDの板の表裏にぬ
ることができる部分は，図2のお
うぎ形の部分である。また，正方
形ABPQの板の表はすべてぬる
ことができ，裏も図3のようにす
べてぬることができる。

ゆえに，$\pi\times20^2\times\dfrac{1}{4}+10^2\times2$

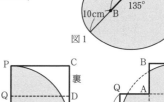
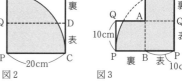

2章　空間図形

p.27
1. **答** (1) △ (2) ○ (3) ○ (4) △ (5) ○ (6) ○ (7) × (8) ○

2. **答** (1) 1 (2) 無数

3. **答** (イ), (ウ)

(解説) (ア)は，2直線がねじれの位置にある場合がある。

4. **答** (1) 辺 BE, CF (2) 辺 AB, BC, CA, DE, EF, FD (3) 辺 BC, EF
(4) 面 BEFC (5) 面 ABC, DEF (6) 面 DEF (7) 面 ADEB, BEFC, ADFC
(8) 辺 DE, EF, FD (9) 辺 AD, BE, CF (10) 辺 AC

(解説) 辺と辺の位置関係は，それぞれの辺をふくむ2直線の位置関係で考える。
辺と面の位置関係は，その辺をふくむ直線とその面をふくむ平面の位置関係で考える。
面と面の位置関係は，それぞれの面をふくむ2平面の位置関係で考える。

p.29
5. **答** (1) 6 (2) 辺 DH, EH, GH (3)(i) 60° (ii) 90° (iii) 90°
(4)(i) ○
(ii) 直線 AD // 平面 BFGC，直線 AE // 平面 BFGC であるが，AD と AE は平行ではない。
(iii) ○ (iv) ○
(v) 平面 ABCD⊥平面 AEHD，平面 AEFB⊥平面 AEHD であるが，平面 ABCD と平面 AEFB は平行ではない。
(vi) 平面 ABCD // 直線 HG，平面 AEFB // 直線 HG であるが，平面 ABCD と平面 AEFB は平行ではない。
(vii) ○

(解説) (1) 直線 AC とねじれの位置にある辺は，BF, DH, EF, FG, GH, HE
(3)(i) △AFC は正三角形である。

6. **答**

	3平面の位置関係	交線の数	空間を分ける数
(1)	P // Q // R	0	4
(2)	P // Q で，R は P，Q と交わる	2	6
(3)	P，Q，R は 2 つずつがたがいに交わり，その交線がすべて平行である	3	7
(4)	P，Q，R は 1 直線で交わる	1	6
(5)	P，Q，R は 1 点のみを共有する	3	8

(解説) (1)   (2)   (3)

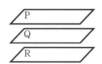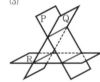

(4) 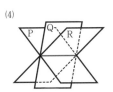　(5)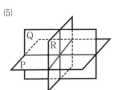

7. （答）(1) 正しくない。
右の図
(2) 正しい。
(3) 正しくない。右の図

(1) 　(3)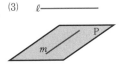

p.30　**8.** （答）(1) $\ell /\!/ P$ であり，m は平面 P 上の直線であるから，直線 ℓ と m は共有点がない。また，直線 ℓ と m は同一平面 Q 上にある。ゆえに，$\ell /\!/ m$ である。
(2) 直線 ℓ は平面 P と R，直線 m は平面 Q と R の交線であるから，ℓ と m は同一平面 R 上にある。また，P $/\!/$ Q より，平面 P 上の直線 ℓ と平面 Q 上の直線 m は共有点がない。ゆえに，$\ell /\!/ m$ である。

9. （答）OA⊥P で，直線 ℓ は平面 P 上にあるから，OA⊥ℓ　　同様に，OB⊥ℓ
よって，直線 ℓ は平面 OAB に垂直である。ゆえに，ℓ⊥AB である。
（解説）OA⊥P であるから，OA は平面 P 上のすべての直線と垂直である。

p.34　**10.** （答）(1) (エ), (オ), (カ), (キ)　(2) (ア), (イ)　(3) (ウ)　(4) (ア), (エ), (オ)　(5) (ア), (ウ)
(6) (ア), (イ), (ウ)

11. （答）$\dfrac{20}{3}$ cm³

（解説）$\dfrac{1}{3}\times 2^2\times 5$

12. （答）(1) 表面積 28π cm²，体積 20π cm³　(2) 表面積 78 cm²，体積 45 cm³
(3) 表面積 24π cm²，体積 12π cm³　(4) 表面積 36π cm²，体積 36π cm³
（解説）(1)（表面積）$2\times \pi\times 2^2+2\pi\times 2\times 5$　　（体積）$\pi\times 2^2\times 5$
(2)（表面積）$2\times 3^2+4\times 3\times 5$　　（体積）$3^2\times 5$
(3)（表面積）$S=\pi r^2+\pi rd$（→本文 p.32）より，$\pi\times 3^2+\pi\times 3\times 5$

（体積）$\dfrac{1}{3}\pi\times 3^2\times 4$

(4)（表面積）$4\pi\times 3^2$　　（体積）$\dfrac{4}{3}\pi\times 3^3$

13. （答）表面積 60π cm²，体積 48π cm³
（解説）（表面積）$\pi\times 6^2\times \dfrac{1}{2}\times 2+4\pi\times 6^2\times \dfrac{60}{360}$　　（体積）$\dfrac{4}{3}\pi\times 6^3\times \dfrac{60}{360}$

14. （答）(1) 円すい　(2) 14π cm　(3) 28 cm
（解説）(2) $2\pi\times 7$

(3) OA$=r$ とすると，$2\pi r\times \dfrac{1}{4}=14\pi$

15. （答）80°

（解説）$360°\times \dfrac{2}{9}$

p.35 **16.** (答) 四角すい

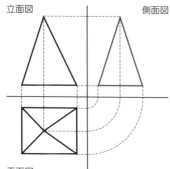

立面図　　　側面図

平面図

17. (答) $\dfrac{31}{4}$ cm

(解説) 最初の水の体積は，$\pi \times 4^2 \times 10 = 160\pi$

球の体積は，$\dfrac{4}{3}\pi \times 3^3 = 36\pi$

よって，残った水の体積は，$160\pi - 36\pi = 124\pi$
容器の底面積は $16\pi\,\text{cm}^2$ であるから，高さは，$124\pi \div 16\pi$

p.36 **18.** (答) (1) $80\pi\,\text{cm}^3$　(2) $\dfrac{15}{8}$ cm

(解説) (1) $\pi \times 4^2 \times 5$

(2) 容器 B の円すいの体積は，$\dfrac{1}{3}\pi \times 5^2 \times 6 = 50\pi$

よって，容器 A に残った水の体積は，$80\pi - 50\pi = 30\pi$
容器 A の底面積は $16\pi\,\text{cm}^2$ であるから，高さは，$30\pi \div 16\pi$

19. (答) (1) 表面積 $300\pi\,\text{cm}^2$，体積 $240\pi\,\text{cm}^3$
(2) 表面積 $144\pi\,\text{cm}^2$，体積 $252\pi\,\text{cm}^3$

(解説) (1) （表面積）$\pi \times 12^2 + \pi \times 12 \times 13$　　（体積）$\dfrac{1}{3}\pi \times 12^2 \times 5$

(2) （表面積）$\pi \times 6^2 + 2\pi \times 6 \times 3 + (4\pi \times 6^2) \times \dfrac{1}{2}$

（体積）$\pi \times 6^2 \times 3 + \left(\dfrac{4}{3}\pi \times 6^3\right) \times \dfrac{1}{2}$

20. (答) $8\pi\,\text{cm}^3$

(解説) $\dfrac{1}{3}\pi \times 2^2 \times 6$

21. (答) (1) 表面積 $208\pi\,\text{cm}^2$，体積 $288\pi\,\text{cm}^3$　(2) 表面積 $66\pi\,\text{cm}^2$，体積 $51\pi\,\text{cm}^3$
(解説) (1) （表面積）$2 \times (\pi \times 6^2 - \pi \times 2^2) + 2\pi \times 6 \times 9 + 2\pi \times 2 \times 9$
（体積）$\pi \times 6^2 \times 9 - \pi \times 2^2 \times 9$

(2) （表面積）$\pi \times 3 \times 5 + \pi \times 3^2 + 2\pi \times 3 \times 7$　　（体積）$\pi \times 3^2 \times 7 - \dfrac{1}{3}\pi \times 3^2 \times 4$

p.37 **22.** 答 $\dfrac{640}{3}\pi\,\mathrm{cm}^3$

解説 上半分の部分の体積を求めて，それを2倍する。

$$\left(\dfrac{1}{3}\pi\times 8^2\times 4-\dfrac{1}{3}\pi\times 4^2\times 2+\pi\times 4^2\times 2\right)\times 2$$

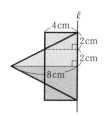

23. 答 ④, ⑤

解説 右の展開図を組み立てるときと同じである。

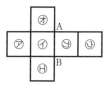

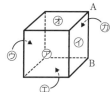

p.38 **24.** 答

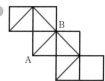

解説 図1の展開図に，頂点C, Dをつけて組み立てると，見取図は右の図のようになる。

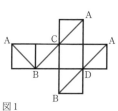

図1

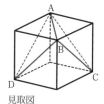

見取図

25. 答 (1)

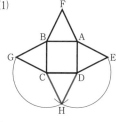

(2)

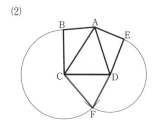

26. 答 3cm

解説 右の展開図で，おうぎ形の中心角は，

$$360°\times\dfrac{2}{6}=120°$$

△OABは1辺の長さが6cmの正三角形であるから，$\mathrm{OP}=\dfrac{1}{2}\mathrm{OB}$

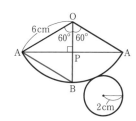

27. 答 (1)　　　(2)　　　(3)

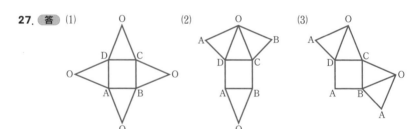

28. 答 (1) 5cm　(2) 14π cm²

解説 (1) 円Oの円周は，$2\pi\times2\times2\dfrac{1}{2}=10\pi$　(2) $\pi\times2^2+\pi\times2\times5$

p.39 **29.** 答 40π cm²

解説 円すい⑦，⑦の側面の展開図のおうぎ形の弧の長さは，それぞれ 10π cm，6π cm より，図2の円の周の長さは 16π cm である。

よって，半径は 8cm であるから，円すい⑦の母線の長さは 8cm となる。

ゆえに，円すい⑦の側面積は，$\pi\times5\times8$

30. 答 (1) $\dfrac{8}{3}$ cm³　(2) $\dfrac{4}{3}$ cm

解説 (1) $\dfrac{1}{3}\times\left(\dfrac{1}{2}\times2^2\right)\times4$

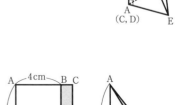

(2) $\triangle$BEF$=4^2-\dfrac{1}{2}\times2^2-\left(\dfrac{1}{2}\times2\times4\right)\times2$

求める高さは，((1)の体積)$\div\triangle$BEF$\times3$

31. 答 16π cm³

解説 底面がおうぎ形の柱体であるから，

求める体積は，$\pi\times4^2\times\dfrac{120}{360}\times3$

32. 答 (1) 54π cm³　(2) 18π cm³

解説 (1) 長方形 BEFC が通る部分の体積は，図1の赤色部分の長方形BEFCを，辺 AD を軸として1回転させてできる立体の体積である。

ゆえに，$\pi\times5^2\times6-\pi\times4^2\times6$
$=6\pi\times(25-16)=54\pi$

(2) $\triangle$AEF が通る部分の体積は，図2の赤色部分の $\triangle$AEF を，辺 AD を軸として1回転させてできる立体の体積である。

ゆえに，$\dfrac{1}{3}\pi\times5^2\times6-\dfrac{1}{3}\pi\times4^2\times6=18\pi$

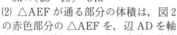
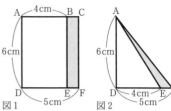

p.41 **33.** (答) (1)

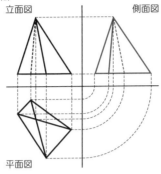

(2)

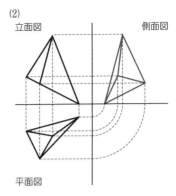

(解説) (1)は四角すい，(2)は三角すいである。

(1)

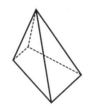

(2)

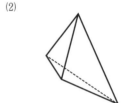

34. (答) (1)

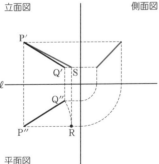

(2)

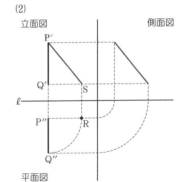

(解説) 線分 PQ の実際の長さに等しい線分は，次のようにかく。
① 点 P″ を通り直線 ℓ に平行な直線をひき，その上に点 R を P″R＝P″Q″ となるようにとる。
② 点 R を通り直線 P″R に垂直な直線と，点 Q′ を通り直線 ℓ に平行な直線との交点を S とする。
③ 点 P′ と S を結ぶ。
線分 P′S が線分 PQ の実際の長さに等しい線分である。
(注) (2) 側面図の線分も線分 PQ の実際の長さに等しい。

参考 (1) 線分 PQ の実際の長さは，右の見取図の直角三角形 P′QQ″ の辺 P′Q の長さである。
(2) 線分 PQ の実際の長さは，右の見取図の直角三角形 P′Q′P″ の辺 P″Q′ の長さである。

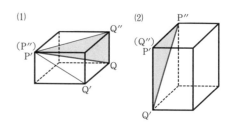

(1)

(2)

35. **答** 234cm³
解説 立面図の台形が底面で高さ 7cm の四角柱の体積から，底面が 1 辺 3cm の正方形で高さ 6cm の四角すいの体積をひく。
ゆえに，求める体積は，
$$\left\{\frac{1}{2}\times(5+7)\times6\right\}\times7-\frac{1}{3}\times3^2\times6=234$$

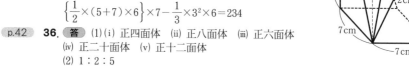

p.42 **36.** **答** (1)(ⅰ) 正四面体 (ⅱ) 正八面体 (ⅲ) 正六面体
(ⅳ) 正二十面体 (ⅴ) 正十二面体
(2) 1：2：5

p.43 **37.** **答** (1)

	面の数	辺の数	頂点の数	(頂点の数)−(辺の数)+(面の数)
直方体	6	12	8	2
七角柱	9	21	14	2
五角すい	6	10	6	2

(2)(ア) $n-1$ (イ) n (ウ) 1 (エ) 2

38. **答** (1) 辺 DF (2) 辺 CD，DE，CF，EF (3) 90° (4) 面 FCB
解説 (3) 四角形 AEFC は正方形である。

39. **答** 頂点 A，E には 3 つの面が集まり，頂点 B，C，D には 4 つの面が集まるから。

p.44 **40.** **答**

	正四面体	正六面体	正八面体	正十二面体	正二十面体
面の形	正三角形	正方形	正三角形	正五角形	正三角形
1つの頂点に集まる面の数	3	3	4	3	5
辺の数	6	12	12	30	30
頂点の数	4	8	6	20	12

解説 辺の数は，(1つの面の辺の数)×(面の数)÷2
頂点の数は，(1つの面の頂点の数)×(面の数)÷(1つの頂点に集まる面の数)

41. **答** (1)(ア) 60 (イ) 90 (ウ) 120 (エ) $3x$ (オ) 120
(カ)～(ク) 正三角形，正方形，正五角形 (順不同)

(2) 正三角形の場合は，$360° \div 60° = 6$ より，1つの頂点に集まる正三角形の数は6未満，つまり，3つ，4つ，5つで，それぞれ正四面体，正八面体，正二十面体ができる。

正方形の場合は，$360° \div 90° = 4$ より，4未満，つまり，1つの頂点に3つの正方形が集まる正六面体だけである。

正五角形の場合は，$360° \div 108° = 3.33\cdots$ より，1つの頂点に3つの正五角形が集まる正十二面体だけである。

42. 答

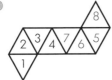

43. 答 (1) $\dfrac{32}{3}$cm³ (2)(i) 頂点 C，F，H (ii) $\dfrac{64}{3}$cm³

解説 (1) 対角線の長さが 4cm の正方形を底面とし，高さが 2cm の正四角すいの体積の 2 倍となる。

$$\left\{\dfrac{1}{3} \times \left(\dfrac{1}{2} \times 4^2\right) \times 2\right\} \times 2$$

(2)(ii) 立方体の体積から三角すい A–EFH の体積の 4 倍をひく。

$$4^3 - \left\{\dfrac{1}{3} \times \left(\dfrac{1}{2} \times 4^2\right) \times 4\right\} \times 4$$

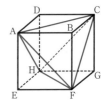

p.45 **44.** 答 1：2

解説 各辺の中点を結んでできる立体は正八面体である。正四面体の1つの面は正八面体の1つの面である正三角形4つ分である。

p.46 **45.** 答 (1)(i) 面 8，辺 18，頂点 12

(ii)

(2) 面 32，辺 90，頂点 60

解説 (2) 正十二面体の面の数は 12，辺の数は 30，頂点の数は 20 である。

20 個の頂点の各部分に 1 つずつ正三角形ができるから，面の数は正十角形が12，正三角形が 20 より，$12 + 20$

30 本の辺は残り，20 個の頂点にそれぞれ 3 本ずつ辺が増えるから，辺の数は，$30 + 3 \times 20$

20 個の頂点について，もとの頂点がなくなり，新しい 3 個の頂点ができるから，頂点の数は，3×20

注 (1)，(2)とも準正多面体で，(1)の図形は切頂四面体，(2)の図形は切頂十二面体とよばれることもある。

(1)

(2)

46. 答 (1)

	正四面体	正六面体	正八面体
中点	(オ)	(イ)	(イ)
3等分点	(ア)	(ウ)	(エ)

(2)(i) (イ)　(ii) (エ)

(解説) (オ)は正八面体である。

(注) (ア)～(エ)はすべて準正多面体で，(ア)は切頂四面体，(ウ)は切頂六面体，(エ)は切頂八面体，(イ)は立方八面体とよばれることもある。

p.48 **47.** 答

(1) 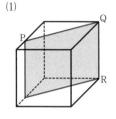　(2) 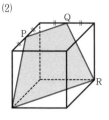　(3)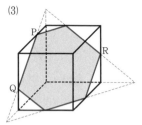

(解説) (1)は長方形，(2)は台形（等脚台形），(3)は六角形となる。

48. 答 (1) 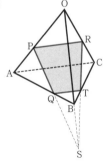 　(2)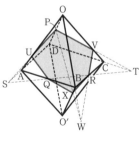

(解説) (1)① 辺 OB の延長と直線 PQ との交点を S とする。
② 線分 RS と辺 BC との交点を T とする。
③ 求める切り口は，四角形 PQTR となる。
(2)① 直線 QR と辺 DA の延長，辺 DC の延長との交点をそれぞれ S，T とする。
② 線分 PS と辺 OA との交点を U，線分 PT と辺 OC との交点を V とする。
③ 直線 VR と辺 OB の延長との交点を W とする。
④ 線分 PW と辺 BO' との交点を X とする。
⑤ 求める切り口は，六角形 PUQXRV となる。

p.49 **49.** 答 $35\,\text{cm}^3$

(解説) △ABD を底面とし，AE を高さとする三角すいであるから，$\dfrac{1}{3}\times\left(\dfrac{1}{2}\times5\times6\right)\times7$

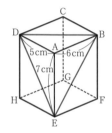

50. **答** (1) 2:1 (2) 12cm²

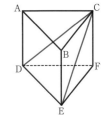

(解説) (1) 立体 Q は △DEF を底面とする三角すいである。

底面積を S cm² とすると，（Q の体積）$=\dfrac{1}{3}\times S\times 3=S$

正三角柱 ABC-DEF の体積を V cm³ とすると，

$V=3S$ であるから，（P の体積）$=V-$（Q の体積）$=2S$

ゆえに，（P の体積）:（Q の体積）$=2S:S$

(2) △CDE は共通，△ABC＝△DEF，△BEC＝△FCE，

△ADC＝△FCD であるから，表面積は，立体 P のほう

が立体 Q より長方形 ADEB の面積だけ大きい。

51. **答** 20cm³

(解説) 三角すい B-DEG の外側の4つの三角すいの体積はすべて

$\dfrac{1}{3}\times\left(\dfrac{1}{2}\times 5\times 4\right)\times 3=10$ である。　ゆえに，$5\times 4\times 3-10\times 4$

52. **答** 3:8

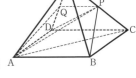

(解説) 正三角形 ODC で，

△OQP:△PQD:△PDC＝1:1:2 であるから，

三角すい A-OQP の体積を V とすると，三角すい

A-PQD，三角すい A-PDC の体積はそれぞれ V，

$2V$ である。

四角形 PQAB で，△APQ:△PAB＝1:2 である

から，三角すい O-PAB の体積は三角すい O-APQ

（三角すい A-OQP）の体積 V の2倍に等しい。

また，△ABC と△ADC は合同であるから，三角すい P-ABC の体積は三角すい

P-ADC（三角すい A-PDC）の体積 $2V$ と等しい。

よって，

（立体 O-PQAB の体積）＝（三角すい O-APQ の体積）＋（三角すい O-PAB の体積）

$=V+2V=3V$

（正四角すい O-ABCD の体積）

＝（立体 O-PQAB の体積）＋（三角すい A-PQD の体積）

＋（三角すい P-ADC の体積）＋（三角すい P-ABC の体積）

$=3V+V+2V+2V=8V$

53. **答** (1) $\dfrac{28}{9}$ cm (2) 70cm³

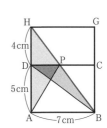

(解説) (1) 右の図は展開図の一部で，HP＋PB が最小に

なるのは，3点 H，P，B が一直線上にあるときである。

△DAP と△DBP は，底辺を DP とすると高さが同じで

あるから，面積は等しい。

よって，△HAP と△HDB の面積は等しい。

$\triangle\mathrm{HAP}=\dfrac{1}{2}\times 9\times\mathrm{DP}$　　$\triangle\mathrm{HDB}=\dfrac{1}{2}\times 4\times 7=14$

(2) 四角形 PHQB は平行四辺形である。

△HPD と△BQF は合同であるから，切り口の四角形 PHQB は直方体の体積を

2等分する。　ゆえに，$(7\times 5\times 4)\times\dfrac{1}{2}$

参考 (1) DP∥AB より，HD：HA＝DP：AB　4：(4＋5)＝DP：7
から求めてもよい。

p.50 **54.** **答** (1) 平行四辺形　(2) 18cm³

解説 (1) 3点 P，Q，D を通る平面は，辺 AE と交わるから，切り口は四角形である。

平行な2平面が他の平面と交わってできる2本の交線は平行になるから，切り口の四角形の向かい合う2組の辺はそれぞれ平行である。

しかし，隣り合う2辺の長さも，隣り合う2角の大きさも等しくないから，切り口は平行四辺形となる。

(2) 点 P を通り底面に平行な平面でこの直方体を切る。
頂点 A をふくむほうの直方体の体積を V cm³ とすると，
BP＝3 より，$V=3\times4\times3=36$

また，求める体積は $\dfrac{1}{2}V$ である。

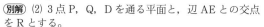

ゆえに，$\dfrac{1}{2}\times36=18$

別解 (2) 3点 P，Q，D を通る平面と，辺 AE との交点を R とする。

求める体積は，（四角すい D-ARPB）＋（四角すい D-BPQC）

$$=\frac{1}{3}\times\left\{\frac{1}{2}\times(1+3)\times4\right\}\times3+\frac{1}{3}\times\left\{\frac{1}{2}\times(2+3)\times3\right\}\times4=18$$

参考 (2) 頂点 A をふくまないほうの立体の体積は，

$$（四角形 EFGH）\times\frac{RE+PF+QG+DH}{4}=(3\times4)\times\frac{4+2+3+5}{4}=42$$

と求めることもできるので，直方体の体積 60cm³ から 42cm³ をひいてもよい。

2章の問題

p.51 **1** **答** (1) 辺 DE，JK，GH　(2) 面 ABCDEF，GHIJKL　(3) 面 EKJD，GHIJKL
(4) 辺 AG，FL，EK，DJ，FE，LK　(5) 12　(6) 8
解説 (5) 面 ABCDEF，GHIJKL のすべての辺
(6) 辺 AG，FL，EK，DJ，GH，IJ，JK，LG

2 **答** (1) 正しい。　(2) 正しい。　(3) 正しくない。下の図　(4) 正しい。
(5) 正しくない。下の図　(6) 正しくない。下の図

(3)

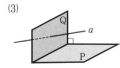

P⊥Q，a∥P であるが，
a⊥Q ではない。

(5)

直線 a と b，直線 b
と c はねじれの位置
にあるが，a と c は
交わる。
（a∥c のときもある）

(6)

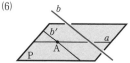

直線 a と b がねじれの位
置にあるとき，a 上の点
A を通り b に平行にひい
た直線 b' をふくむ平面 P
は b に平行である。

参考 立方体で考えると，次のようになる。

(3)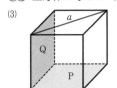

P⊥Q，a∥P であるが，a⊥Q ではない。

(5)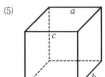

直線 a と b，直線 b と c はねじれの位置にあるが，a∥c である。

(6)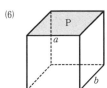

直線 a と b はねじれの位置にあるが，a をふくむ平面 P と b は平行である。

3 答 $\dfrac{2}{3}\pi\,\mathrm{cm^3}$

解説 底面の半径が 1cm で，高さ 1cm の円すいの体積の 2 倍である。

ゆえに，$\dfrac{1}{3}\pi\times1^2\times1\times2$

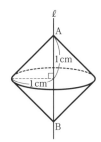

p.52 **4** 答 (1) ひし形

(2)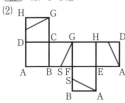

解説 切り口は右の図のようになる。

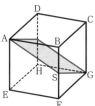

5 答 最長 34cm，最短 22cm

解説 最長となるのは，3cm の辺をなるべく多く，1cm の辺をなるべく少なく切り開くときである。また，最短となるのは，1cm の辺をなるべく多く，3cm の辺をなるべく少なく切り開くときである。

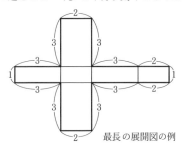

最長の展開図の例

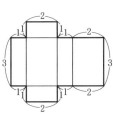

最短の展開図の例

6 **答** 8cm²

解説 正四面体 ABCD の影は，右の図のような正方形
となる。

ゆえに，$\dfrac{1}{2}\times 4^2$

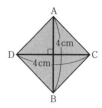

7 **答** $(16+2\pi)$cm³

解説 シールをはがしていくときの点 A の道のりは，図1の矢印のようになる。
求める立体の体積は，図2のような直角二等辺三角形，おうぎ形，台形をそれぞ
れ底面とし，高さ 2cm の 3 つの柱体の体積の和である。

ゆえに，$\left(\dfrac{1}{2}\times 2^2\right)\times 2+\left(\pi\times 2^2\times\dfrac{1}{4}\right)\times 2+\left\{\dfrac{1}{2}\times(2+4)\times 2\right\}\times 2$

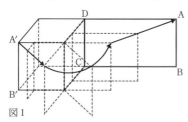

図1

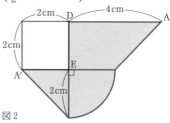

図2

p.53 **8** **答** 2：17

解説 三角すい O–ABC の体積を V とすると，

（三角すい P–ABC の体積）＝V－（三角すい P–OBC の体積）
－（三角すい P–OCA の体積）－（三角すい P–OAB の体積）

$=V-\dfrac{3}{17}V-\dfrac{5}{17}V-\dfrac{7}{17}V$

9 **答** (1) 384cm³ (2) $x=3$ (3) $a+b+c+d=\dfrac{84}{5}$

解説 (1) $\dfrac{1}{3}\times 12^2\times 8$

(2) 正四角すい O–ABCD を，P を頂点とする 4 つの三角すいと 1 つの正四角す
いに分けると，それらの体積の和は正四角すい O–ABCD の体積に等しい。

$\dfrac{1}{3}\times 12^2\times x+\dfrac{1}{3}\times\left(\dfrac{1}{2}\times 12\times 10\right)\times(a+b+c+d)=384$ ……①

$a=b=c=d=x$ より，$48x+20\times 4x=384$

(3) ①に $x=1$ を代入すると，$48+20(a+b+c+d)=384$

10 **答** 153 cm³

解説 線分 AC と BD との交点を P，線分 AF と BE との交点を Q，辺 AB の中点を R とする。
求める立体の体積は，立方体の体積から 2 つの立体 PRQ–DAE，PRQ–CBF の体積をひいたものである。
(立体 PRQ–DAE の体積)＝(三角すい B–DAE の体積)
－(三角すい B–PRQ の体積)

$$=\frac{1}{3}\times\left(\frac{1}{2}\times6^2\right)\times6-\frac{1}{3}\times\left(\frac{1}{2}\times3^2\right)\times3=\frac{63}{2}$$

ゆえに，求める体積は，$6^3-\dfrac{63}{2}\times2=153$

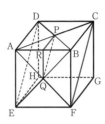

11 **答** (1) 15 cm³ (2) $\dfrac{23}{2}$ cm³

解説 (1) (立体 P の体積)＝(四角柱 AEKI–DHLJ の体積)

$$=\left\{\frac{1}{2}\times\left(\frac{4}{3}+2\right)\times3\right\}\times3=15$$

(2) 頂点 A をふくまないほうの立体を Q′ とする。
点 J から辺 HG に垂線 JR をひき，面 NRJ で切ると，
(立体 Q′ の体積)＝(三角柱 NRJ–MHD の体積)
＋(三角すい L–NRJ の体積)

$$=\left(\frac{1}{2}\times\frac{3}{2}\times3\right)\times\frac{4}{3}+\frac{1}{3}\times\left(\frac{1}{2}\times\frac{3}{2}\times3\right)\times\left(2-\frac{4}{3}\right)$$

$$=\frac{7}{2}$$

ゆえに，
(立体 Q の体積)＝(立体 P の体積)－(立体 Q′ の体積)

$$=15-\frac{7}{2}=\frac{23}{2}$$

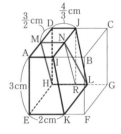

別解 (1) 立体 P の体積は，正方形 AEHD を底面とし，高さを $\dfrac{4}{3}+2$ とする直

方体の体積の $\dfrac{1}{2}$ であるから，$3^2\times\left(\dfrac{4}{3}+2\right)\times\dfrac{1}{2}=15$

(2) 頂点 A をふくまないほうの立体を Q′ とする。
立体 Q′ を 3 点 D，N，H を通る平面で切ると，
(立体 Q′ の体積)＝(三角すい N–DMH の体積)＋(四角すい N–DHLJ の体積)

$$=\frac{1}{3}\times\left(\frac{1}{2}\times\frac{3}{2}\times3\right)\times\frac{4}{3}+\frac{1}{3}\times\left\{\frac{1}{2}\times\left(\frac{4}{3}+2\right)\times3\right\}\times\frac{3}{2}=\frac{7}{2}$$

ゆえに，(立体 Q の体積)＝(立体 P の体積)－(立体 Q′ の体積)$=15-\dfrac{7}{2}=\dfrac{23}{2}$

3章　図形の性質の調べ方

p.55

1. （答）$x+y+z=180$
（解説）1つの角を対頂角に移す。

2. （答）a と b （理由）同位角または錯角が等しく $88°$ である。
c と e （理由）同側内角の和が $76°+104°=180°$ である。
d と f （理由）錯角が等しく $88°$ である。

3. （答）(1) $x=40$　(2) $x=105$, $y=75$, $z=105$

p.56

4. （答）(1) $x=32$, $y=18$　(2) $x=135$, $y=75$　(3) $x=37$　(4) $x=111$　(5) $x=18$
(6) $x=95$
（解説）(1) $x°=\angle GEB$　　$y°=\angle GFB-x°$
(2) $x=180-45$　　$y=120-45$
(3) 直線 AB の平行線 FX を点 B, D の側にひく。
$x°=77°-\angle EFX$
(4) 直線 AB の平行線 FX, GY を点 B, D の側に
ひく。
$x°=\angle HGY+(180°-\angle GFX)$
(5) 直線 CD の平行線 GX を点 B, D の側にひく。
$x°=60°-\angle HGX$
(6) 直線 AB の平行線 XF を点 A, C の側に, HY を点 B, D の側にひく。
$x°=\angle GHY+\angle YHI=\angle XFH+\angle HIC=(40°+25°)+30°$

(3)
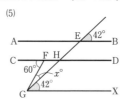

(4) 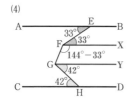　(5)　(6)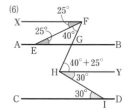

5. （答）$70°$
（解説）AE∥DC より, $\angle EDC=\angle BED=35°$（錯角）
よって, $\angle ADC=35°\times2=70°$
AE∥DC より, $\angle BAD=180°-\angle ADC=110°$（同側内角）
AD∥BC より, $\angle ABC=180°-\angle BAD$（同側内角）

6. （答）$x-y=12$, $a+b=107$
（解説）右の図のように, 直線 ℓ, m に平行な直線
をひく。
$x-50=y-38$　　$70-a=b-37$

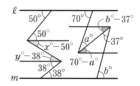

7. 答 右の図のように，直線 AB の平行線 PG, QH, RI, SJ をひく。

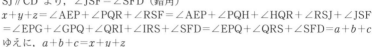

AB∥PG より，∠AEP＝∠EPG（錯角）
PG∥QH より，∠GPQ＝∠PQH（錯角）
QH∥RI より，∠HQR＝∠QRI（錯角）
RI∥SJ より，∠IRS＝∠RSJ（錯角）
SJ∥CD より，∠JSF＝∠SFD（錯角）
$x+y+z=∠AEP+∠PQR+∠RSF=∠AEP+∠PQH+∠HQR+∠RSJ+∠JSF$
$=∠EPG+∠GPQ+∠QRI+∠IRS+∠SFD=∠EPQ+∠QRS+∠SFD=a+b+c$
ゆえに，$a+b+c=x+y+z$

8. 答 $∠C'QP=55°$，$∠D'PQ=125°$

解説 $∠C'QC=180°-70°=110°$ より，$∠C'QP=\dfrac{1}{2}∠C'QC=\dfrac{1}{2}×110°$

また，D'P∥C'Q より，$∠D'PQ=180°-∠C'QP$（同側内角）

p.57 **9.** 答 (1) AB∥DE より，∠ABC＝∠DGC（同位角）
∠ABC＝∠DEF より，∠DGC＝∠DEF
ゆえに，同位角が等しいから，BC∥EF
(2) AB∥DE より，∠ABC＝∠BGE（錯角）
∠ABC＋∠DEF＝180° より，∠BGE＋∠DEF＝180°
ゆえに，同側内角の和が 180° であるから，BC∥EF

10. 答 AB∥CD より，∠ACD＝180°－∠BAC＝180°－112°＝68°（同側内角）
ゆえに，∠ECD＝∠ACD－∠ACE＝68°－31°＝37°
よって，∠FEC＋∠ECD＝143°＋37°＝180°
ゆえに，同側内角の和が 180° であるから，EF∥CD

11. 答 $∠PEF=\dfrac{1}{2}∠AEF$，$∠EFQ=\dfrac{1}{2}∠EFD$

AB∥CD より，∠AEF＝∠EFD（錯角）
よって，∠PEF＝∠EFQ
ゆえに，錯角が等しいから，EP∥QF

p.58 **12.** 答 (1) $x=75$ (2) $x=50$ (3) $x=10$

解説 (1) $x=140-65$ (2) $x=100-(180-130)$ (3) $x+40=180-60-70$

13. 答 (1) $∠A=45°$，$∠B=60°$，$∠C=75°$
(2) $∠A=90°$，$∠B=60°$，$∠C=30°$
(3) $∠A=∠B=∠C=60°$

解説 (1) $∠A=180°×\dfrac{3}{3+4+5}$ (2) ∠A の外角は，$360°×\dfrac{3}{3+4+5}$

(3) ∠A, ∠B, ∠C の外角は，それぞれ（180°－∠A），2∠A，2∠A

p.59 **14.** 答 (ア) $n-3$ (イ) $n(n-3)$ (ウ) $\dfrac{1}{2}n(n-3)$ (エ) $n-2$ (オ) $2(n-2)$ (カ) 2

(キ) $2n$ (ク) 4

15. 答 (1) 内角の和 720°（8∠R），対角線の数 9
(2) 内角の和 1260°（14∠R），対角線の数 27
(3) 内角の和 1800°（20∠R），対角線の数 54

16. （答）(1) 内角 $90°$，外角 $90°$　(2) 内角 $\dfrac{900°}{7}$，外角 $\dfrac{360°}{7}$

(3) 内角 $156°$，外角 $24°$

（解説）正 n 角形の 1 つの外角は，$\dfrac{360°}{n}$

また，1 つの内角と外角の和は $180°$ であるから，内角は，$180° - \dfrac{360°}{n}$

17. （答）(1) $x=83$　(2) $x=111$　(3) $x=110$

（解説）(1) 四角形の内角の和は $360°$

(2) 五角形の内角の和は $540°$

(3) AB∥DC より，$\angle B + \angle C = 180°$　　よって，$110 + x + 140 = 360$

（参考）(3) 線分 AB の平行線 EX を，点 B，C の側にひき，
$\angle BAE + \angle AEX = 180°$，$\angle XED + \angle EDC = 180°$ から求めてもよい。

18. （答）(1) 正三十角形　(2) 正二十角形　(3) 正十角形

（解説）(1) $360° ÷ 12°$

(2) 1 つの外角は $18°$ であるから，$360° ÷ 18°$

(3) 1 つの外角は $180° × \dfrac{1}{4+1} = 36°$ であるから，$360° ÷ 36°$

19. （答）(1) $n=14$　(2) $n=16$

（解説）(1) n 角形の内角の和は，$(n-2) × 180° = (n-2) × 2\angle R$

(2) n 角形の対角線の数は，$\dfrac{1}{2}n(n-3) = \dfrac{1}{2}n^2 - \dfrac{3}{2}n$

よって，$\dfrac{1}{2}n^2 - \dfrac{3}{2}n = \dfrac{1}{2}n^2 - 3n + 24$　　$\dfrac{3}{2}n = 24$

p.60 **20.** （答）図 1，図 2 で，点 A から点 D を通る半直線 AE をひく。

△ABD で，$\angle BDE = \angle BAD + \angle B$　　△ACD で，$\angle CDE = \angle CAD + \angle C$

よって，$\angle BDE + \angle CDE = \angle BAD + \angle B + \angle CAD + \angle C$

ゆえに，$\angle x = \angle A + \angle B + \angle C$

（注）この結果から，例題 3（→本文 p.60）は，
$\angle BDC = \angle A + \angle ABD + \angle ACD = 70° + 30° + 20° = 120°$ と求めてもよい。

p.61 **21.** （答）(1) $x=42$　(2) $x=120$　(3) $x=100$　(4) $x=72$　(5) $x=34$　(6) $x=220$

（解説）(1) $33 + 45 = x + 36$

(2) $x = 70 + 20 + 30$

(3) $x + (180 - 70) + (180 - 80) + 110 + (180 - 60)$
$= 540$

(4) $\angle DCH = 180° - 35° - 41° = 104°$

$\angle HGD = 180° - 44° - 38° = 98°$

(5) $\angle DEC = 56° + 30° - 36°$

$\angle FEG = x° + 56° - 40°$

(6) 右の図で，$x = 180 + 40$

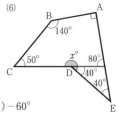

（参考）(3) （$\angle A$ の外角）$= 360° - 70° - 80° - (180° - 110°) - 60°$
と求めてもよい。

(6) △BCD，△BDA，△ADE の内角の和は $540°$ より，
$x = 540 - 50 - 140 - 90 - 40$ と求めてもよい。

22. （答） (1) $x=15$　(2) $x=140$

（解説） (1) AB∥CD より，∠QSR＝35°　△QRS で，$x+35=50$

(2) AB∥CD より，∠HIJ＝50°

△GJI で，∠EJG＝∠GIJ＋∠IGJ＝50°＋70°＝120°

△FEJ で，$x°$＝∠EJF＋∠FEJ＝120°＋20°

23. （答） (1) $x=110$　(2) $x=34$　(3) $x=64$

（解説） (1) ∠B＋∠C＝180°－40°＝140°　$x°=180°-\dfrac{1}{2}(∠B+∠C)$

(2) ∠ACD＝∠ABC＋∠BAC＝43°＋(180°－69°)＝154°

∠ACE＝$\dfrac{1}{2}$∠ACD＝77°

(3) 線分 AD と BE との交点を F とする。

∠EFD＝∠AFB＝180°－$\dfrac{1}{2}$(∠A＋∠B)＝180°－$\dfrac{1}{2}$(180°－$x°$)＝90°＋$\dfrac{1}{2}x°$

四角形 FDCE の内角の和から，$\left(90+\dfrac{1}{2}x\right)+93+x+81=360$

（別解） (2) ∠ECD＝$x°+43°$

△ACE で，$x°+69°+(x°+43°)=180°$

(3) ∠CAD＝∠DAB＝$a°$，∠ABE＝∠EBC＝$b°$ とすると，

$2a+b=81$　　$a+2b=93$　　これを解いて，$a=23$，$b=35$

p.62　**24.** （答） 113°

（解説） ∠BCD＋∠CDA＝360°－73°－86°＝201°

∠ECD＋∠CDE＝$\dfrac{1}{3}$(∠BCD＋∠CDA)＝67°

p.63　**25.** （答） (1) 360°（4∠R）　(2) 360°（4∠R）　(3) 1080°（12∠R）

（解説） (1) 図1のように，点 A と F を結ぶ。

∠GAF＋∠GFA＝∠GEB＋∠GBE より，求める角の和は，四角形 ACDF の内角の和に等しい。

(2) 図2で，求める角の和は，4つの三角形の内角の和と，1つの四角形の内角の和の差となる。　180°×4－360°

(3) 図3のように，点 A と I を結ぶ。

∠F＋∠G＋∠H＝∠ABE＋∠EIA＋∠IAB

また，∠CBD＝∠ABE（対頂角）より，求める角の和は，三角形と七角形の内角の和に等しい。　180°＋180°×(7－2)

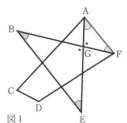

図1

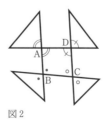

図2

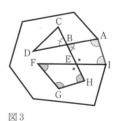

図3

別解 (1) 図1で，線分 AC と BE，線分 DF と BE との交点をそれぞれ H，I とすると，∠HID＝∠BFI＋∠FBI，∠IHC＝∠AEH＋∠EAH より，求める角の和は，四角形 CDIH の内角の和に等しい。

参考 (2) 求める角の和は，図2の四角形 ABCD の外角の和であると考えてもよい。

26. **答** 点 A と D，点 D と C を結ぶ。
△APD と △DQC の内角の和と $a°$，$b°$，$c°$，$d°$ の和は，四角形 ABCD の内角の和と $p°$，$q°$ の和に等しい。
よって，$180＋180＋a＋b＋c＋d＝360＋p＋q$
ゆえに，$a＋b＋c＋d＝p＋q$

参考 線分 DP の延長と線分 BC との交点を R とすると，∠DRC＝$a°＋b°－p°$
∠DQC＝∠DRC＋∠RCQ＋∠QDR から示してもよい。

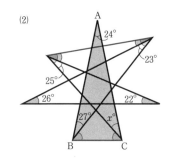

27. **答** (1) $x＝34$ (2) $x＝33$
解説 (1)，(2)ともに x をふくめる与えられた角の和は，下の図の △ABC の内角の和に等しい。
(1) $18＋54＋41＋x＋33＝180$
(2) $22＋23＋24＋25＋26＋27＋x＝180$

(1)　(2)

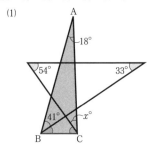

28. **答** (1) $900°（10∠R）$ (2) $180°×(n-4)$
解説 (1) （9個の三角形の内角の和）－（九角形の外角2つずつの和）に等しい。
(2) （n 個の三角形の内角の和）－（n 角形の外角2つずつの和）に等しいから，
$2∠R×n-4∠R×2=2(n-4)∠R$
注 (2) n を5以上の奇数とするとき，どの内角も鈍角である n 角形の各辺を延長して，n 個の頂点をつくると，これらの頂点は一筆書きの要領で結ぶことができる。このときできた図形の角の和は，$180°×(n-4)$ の式で求めることができる。
たとえば，演習問題 27(1) の場合，$n＝5$ であるから，角の和は，
$180°×(5-4)＝180°$ である。

p.64 **29.** **答** (1) $x=48$, $y=24$ (2) $x=126$ (3) $x=\dfrac{1020}{7}$

解説 (1) 図1で，正五角形の1つの内角は108°
AB∥CD より，∠EAB＝∠ACD＝108°（同位角）
$x=108-60$ $y=180-(108+x)$
(2) 図2で，正五角形の1つの外角は72°

△ABC で，∠BCA＝$\dfrac{1}{2}\times72°=36°$

△BCD で，$x°=$∠DBC＋∠BCD＝90°＋36°

(3) 図3で，正七角形の1つの外角は$\dfrac{360°}{7}$

△ABC で，∠BCA＝$\dfrac{1}{2}\times\dfrac{360°}{7}=\dfrac{180°}{7}$

正六角形の1つの内角は120°

△BCD で，$x°=$∠DBC＋∠BCD＝120°＋$\dfrac{180°}{7}$

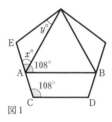

図1

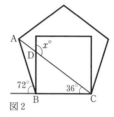

図2

図3

p.65 **30.** **答** (1) $x=18$ (2) $x=38$ (3) $x=59$

解説 (1) $x°=$∠BDC－∠BAD＝78°－60°
(2) $x=180-(97+45)$
(3) 辺CBの延長と直線 ℓ との交点をFとする。
$\ell\parallel m$ より，∠AFB＝$x°$
正五角形の1つの内角は108°，1つの外角は72°
$x=108+23-72$

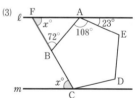

(3)

31. **答** (1) $a=30$ (2) $24\,\mathrm{cm}^2$

解説 (1) 正十二角形の1つの内角は150°
$a=150-60\times2$
(2) 求める面積は，右の図のひし形 ABOC の面積
の12倍である。
四角形 ABDE は1辺の長さが2cm の正方形であ
るから，BM＝1
よって，（ひし形 ABOC）＝2×1＝2
参考 (2) 右の図で，△ACE と△BOD は合同で
あるから，求める面積は正方形 ABDE の面積の
6倍である。

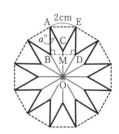

32. **答** (1)(ア) $\dfrac{180(a-2)}{a}$ または $180\left(1-\dfrac{2}{a}\right)$ (イ) 360 (ウ) $\dfrac{1}{2}$ (エ) 3 (オ) 3

(カ) 6 (キ), (ク), (ケ) 3, 4, 6 (順不同) (コ), (サ) 正方形, 正六角形 (順不同)

(2) 正三角形1枚と正十二角形2枚, 正方形1枚と正八角形2枚

(解説) (1) a 角形の内角の和は $180°×(a-2)$ であるから, 正 a 角形の1つの内

角は, $\dfrac{180°×(a-2)}{a}$

(2) 正三角形, 正方形, 正六角形, 正八角形, 正十二角形の1つの内角は, それ

ぞれ $60°$, $90°$, $120°$, $135°$, $150°$ である。

正十二角形を2枚使うとすると, 残りの角は, $360°-150°×2=60°$

よって, 正三角形1枚でしきつめることができる。

正十二角形を1枚使うとすると, 残りの角は, $360°-150°=210°$

これは他のタイルでしきつめることはできない。

他のタイルについても同様に考える。

参考 (2) 2種類のタイルをしきつめると, 下の図のようになる。

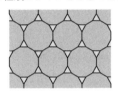 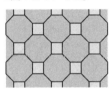

正三角形と正十二角形　　　　　正方形と正八角形

p.66 **33.** **答** (1) $x=72$

(2) 右の図, 面積 18cm^2

(解説) (1) 正五角形の1つの内角は $108°$

右の図の △ABE で, $∠EAB=108°$, $AB=AE$ より,

$∠AEB=∠ABE=\dfrac{1}{2}(180°-108°)=36°$

同様に, $∠EAD=36°$

(2) 結んでできた正五角形は裏返しても同じ図形となる。

ひらいてできる平行四辺形の横の長さは, 右の図の $AB+BE+EA+AD=2(AB+BE)$ である。

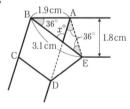

p.67 **34.** **答** $61°$

(解説) $∠ADE=∠EDC=x°$, $∠ABE=∠EBC=y°$ とする。

図形 ABED で, $∠DEB=∠DAB+∠ADE+∠ABE$ より,

$89°=∠DAB+x°+y°$

よって, $∠DAB=89°-(x°+y°)$ ……①

図形 EBCD で, $∠DCB=∠DEB+∠EDC+∠EBC$ より,

$117°=89°+x°+y°$

よって, $x°+y°=28°$ ……②

①, ②より, $∠DAB=89°-28°=61°$

35. 【答】 ∠BAP＝∠PAD＝$x°$，∠ABP＝∠PBC＝$y°$ とする。
△ABP で， ∠APB＝$180°-∠PAB-∠PBA=180°-x°-y°$ ……①
四角形 ABCD で， ∠C＋∠D＝$360°-∠A-∠B=360°-2x°-2y°$
よって， $\dfrac{1}{2}(∠C+∠D)=\dfrac{1}{2}(360°-2x°-2y°)=180°-x°-y°$ ……②

①，②より， ∠APB＝$\dfrac{1}{2}(∠C+∠D)$

36. 【答】 (1) ∠ABD＝∠DBC＝$x°$，∠ACD＝∠DCE＝$y°$ とする。
△ABC で， ∠ACE＝∠A＋∠ABC　　すなわち，$2y°=∠A+2x°$
よって， $∠A=2(y°-x°)$
ゆえに， $\dfrac{1}{2}∠A=y°-x°$ ……①

また，△DBC で， ∠DCE＝∠BDC＋∠DBC　　すなわち，$y°=∠BDC+x°$
ゆえに， $∠BDC=y°-x°$ ……②

①，②より， $∠BDC=\dfrac{1}{2}∠A$

(2) 辺 BC と線分 DE との交点を P とする。

△PBD において，(1)より， $∠BMD=\dfrac{1}{2}∠BPD$

同様に，△PEC において， $∠CNE=\dfrac{1}{2}∠CPE$

また，∠BPD＝∠CPE（対頂角）
ゆえに， ∠BMD＝∠CNE

p.69 **37.** 【答】 (1) 1 組の向かい合う辺が平行な四角形
(2) 平面上で，1 定点から一定の距離にある点全体の集合
(3) 線分上にあって，線分の両端の点から等しい距離にある点

38. 【答】 (1)（仮定）$2x+1=3$　（結論）$x=1$　（逆）$x=1$ ならば $2x+1=3$
(2)（仮定）∠A＋∠B＋∠C＝$180°$　（結論）∠A＝$180°-∠B-∠C$
（逆）∠A＝$180°-∠B-∠C$ ならば ∠A＋∠B＋∠C＝$180°$

p.70 **39.** 【答】 (1)（仮定）ある数が 4 で割りきれる。
（結論）その数は偶数である。
（逆）偶数は 4 で割りきれる。
逆は正しくない。（反例）6 は偶数であるが，4 で割りきれない。
(2)（仮定）ある整数の一の位の数が 0 か 5 である。
（結論）その整数は 5 の倍数である。
（逆）5 の倍数の一の位の数は 0 か 5 である。
逆は正しい。
(3)（仮定）負の数 a，b について，$a>b$ である。
（結論）その負の数 a，b について，$a^2<b^2$ である。
（逆）負の数 a，b について，$a^2<b^2$ ならば $a>b$ である。
逆は正しい。

40. **答** (1)（仮定）ある三角形は正三角形である。
（結論）その三角形の 3 辺の長さは等しい。
（逆）3 辺の長さが等しい三角形は正三角形である。
(2)（仮定）ある多角形は八角形である。
（結論）その多角形の内角の和は 12∠R である。
（逆）内角の和が 12∠R である多角形は八角形である。
(3)（仮定）ある正多角形の 1 つの外角は 36°である。
（結論）その正多角形は正十角形である。
（逆）正十角形の 1 つの外角は 36°である。
(4)（仮定）点 P は線分 AB の垂直二等分線上にある。
（結論）その点 P について，PA＝PB である。
（逆）PA＝PB となる点 P は，線分 AB の垂直二等分線上にある。

p.71 **41.** **答** （仮定）△ABC で，AD は ∠A の二等分線
（結論）∠ADC－∠ADB＝∠B－∠C

（証明）AD は ∠A の二等分線であるから，∠BAD＝∠DAC＝$\frac{1}{2}$∠BAC

△ADB で，∠ADC＝∠BAD＋∠B＝$\frac{1}{2}$∠BAC＋∠B

△ADC で，∠ADB＝∠DAC＋∠C＝$\frac{1}{2}$∠BAC＋∠C

よって，∠ADC－∠ADB＝$\left(\frac{1}{2}∠BAC＋∠B\right)－\left(\frac{1}{2}∠BAC＋∠C\right)$＝∠B－∠C

ゆえに，∠ADC－∠ADB＝∠B－∠C

42. **答** （仮定）△ABC で，∠B＝∠C，AE は ∠CAD の二等分線
（結論）AE∥BC
（証明）△ABC で，∠CAD＝∠B＋∠C

また，∠B＝∠C（仮定）より，∠B＝$\frac{1}{2}$∠CAD

AE は ∠CAD の二等分線であるから，∠DAE＝$\frac{1}{2}$∠CAD

ゆえに，∠DAE＝∠B
同位角が等しいから，AE∥BC
参考 ∠EAC＝∠C で，錯角が等しいことから示してもよい。

43. **答** （仮定）△ABC で，∠A，∠B，∠C の内角の大きさの比が $a:b:c$
（結論）∠A，∠B，∠C の外角の大きさの比は，$(b+c):(c+a):(a+b)$
（証明）△ABC で，∠A，∠B，∠C の大きさをそれぞれ $ax°$，$bx°$，$cx°$ とすると，$ax+bx+cx=180$
∠A の外角は，$180°-∠A=180°-ax°=(ax°+bx°+cx°)-ax°=(b+c)x°$
同様に，∠B，∠C の外角は，それぞれ $(c+a)x°$，$(a+b)x°$
ゆえに，∠A，∠B，∠C の外角の大きさの比は，$(b+c):(c+a):(a+b)$

44. **答** （仮定）右の図で，長方形 ABCD，
∠DBC＝∠DBE
（結論）∠EFD＝2∠DBC
（証明）長方形 ABCD より，AD∥BC であるから，
∠EFD＝∠EBC（同位角）
また，∠DBC＝∠DBE（仮定）
よって，∠EBC＝∠DBE＋∠DBC＝2∠DBC
ゆえに，∠EFD＝2∠DBC

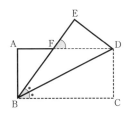

45. **答** （仮定）右の図の四角形 ABCD で，∠A，
∠B，∠C，∠D の大きさをそれぞれ $a°$，$b°$，$c°$，
$d°$ とすると，$b-a=d-c$
（結論）AB∥DC
（証明）$b-a=d-c$（仮定）より，$b+c=a+d$
四角形 ABCD で，$a+b+c+d=360$ であるから，
$2a+2d=360$
よって，$a+d=180$
ゆえに，∠A＋∠D＝180° となり，同側内角の和が 180° となるから，AB∥DC

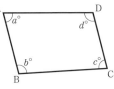

p.73 **46.** **答** （仮定）平面上で，$\ell\∥m$，$\ell\∥n$
（結論）$m\∥n$
（証明）直線 m と n が平行でないと仮定すると，m と n
は同一平面上にあるから，m と n は交わるので，その
交点を A とする。
$\ell\∥m$，$\ell\∥n$（仮定）より，点 A は直線 ℓ 上にないから，
A を通り ℓ に平行な直線が，m と n の 2 本あることになり，平行線の公理「一
直線上にない 1 点を通りこの直線に平行な直線は，ただ 1 つある」に矛盾する。
これは，直線 m と n が平行でないと仮定したためである。
平面上の 2 直線 m，n は交わるか交わらない（平行である）かのどちらかである
から，$m\∥n$

ℓ ─────
m ─────
n ─────

47. **答** (1)（仮定）ℓ，m はねじれの位置にある 2 直線で，ℓ 上に 2 点 A，A′，m
上に 2 点 B，B′ がある。
（結論）直線 AB と A′B′ は平行ではない。
（証明）AB∥A′B′ と仮定すると，4 点 A，B，A′，B′ は同一平面上にあること
になり，これは 2 直線 ℓ，m がねじれの位置にあることに矛盾する。
ゆえに，直線 AB と A′B′ は平行ではない。
(2)（仮定）ℓ，m はねじれの位置にある 2 直線で，ℓ 上に 2 点 A，A′，m 上に 2
点 B，B′ がある。
（結論）直線 AB と A′B′ は交わらない。
（証明）直線 AB と A′B′ が交わると仮定すると，4 点 A，B，A′，B′ は同一平面
上にあることになり，これは 2 直線 ℓ，m がねじれの位置にあることに矛盾する。
ゆえに，直線 AB と A′B′ は交わらない。

3章の問題

p.74 **1** **答** (1) $x=148$ (2) $x=20$

解説 (1) 直線 ℓ の平行線 BX を点 A の側にひく。   ∠XBE$=180°-150°=30°$
また，△BDC で，∠CBD$=180°-79°-39°=62°$ $x=180-(62-30)$
(2) 辺 BC の延長と直線 m との交点を F とする。
△ABC で，∠BCA$=60°$ また，∠BFA$=180°-140°=40°$
△CFA で，$x+40=60$

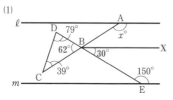

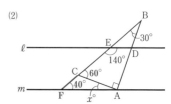

別解 (2) 直線 ℓ の平行線 CX を点 D の側にひく。
∠ECX$=180°-140°=40°$ また，∠ACX$=x°$
△ABC で，∠BCA$=60°$ より，$x+40=60$

2 **答** (1) $x=42$，$y=12$ (2) $x=48$，$y-96$

解説 (1) 図 1 の影の部分で，$72+60=x+90$
図 1 の赤色部分で，$x+60=y+90$
(2) $x=108-60$
図 2 の赤色部分で，$y+60+90+(180-x-18)=360$

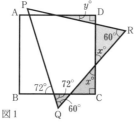

図1

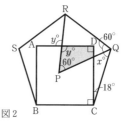

図2

3 **答** $\dfrac{13}{3}\pi$cm

解説 ∠ROQ$=53°+47°+30°=130°$
∠POQ$=180°-30°-90°=60°$
よって，$\overparen{\text{PQ}}:\overparen{\text{QR}}=60:130$

4 **答** (1) $n=5$ (2) $n=6$

解説 (1) $2\times\dfrac{180\times(n-2)}{n}=3\times\dfrac{360}{n}$

(2) $2\times\dfrac{1}{2}n(n-3)=n^2-18$

別解 (1) 1 つの外角を $x°$ とすると，$2(180-x)=3x$ より，$x=72$ $n=\dfrac{360}{72}$

p.75 **5** **答** (1) $180°$（$2∠R$）　(2) $1260°$（$14∠R$）

(解説) (1) 図1のように，点BとCを結ぶ。
求める角の和は，△ABCの内角の和に等しい。
(2) 図2のように，点EとF，点PとS，点RとSを結ぶ。
求める角の和は，七角形ABCDEFGと四角形PQRSの内角の和に等しい。

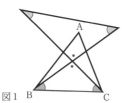

図1

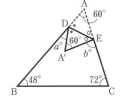

図2

6 **答** $a+b=120$

(解説) 右の図で，
$a°+b° = (180°-2∠ADE)+(180°-2∠DEA)$
$=360°-2(∠ADE+∠DEA)$
$=360°-2(180°-∠EAD)$

7 **答** (1) $x=180-\dfrac{3}{5}(a+b)$　(2) $x=180-\dfrac{1}{2}(a+b)$

(解説) (1) △ABCで，
$x° = 180°-∠ABC-∠BCA$
$=180°-\left(a°-\dfrac{2}{3}∠BCA\right)-\left(b°-\dfrac{2}{3}∠ABC\right)$
$=180°-(a°+b°)+\dfrac{2}{3}(∠ABC+∠BCA)$
$=180°-(a°+b°)+\dfrac{2}{3}(180°-x°)$
$\dfrac{5}{3}x=300-(a+b)$

(2) △PCBで，$x° = 180°-∠CBP-∠PCB$
$=180°-\dfrac{1}{2}(180°-∠ABC)-\dfrac{1}{2}(180°-∠BCD)=\dfrac{1}{2}(∠ABC+∠BCD)$
また，$∠ABC+∠BCD=360°-(a°+b°)$

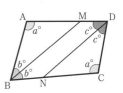

8 **答** （仮定）右の図の四角形ABCDで，$∠A=∠C$
BM，DNはそれぞれ$∠B$，$∠D$の二等分線
（結論）BM∥ND
（証明）$∠A=∠C=a°$，$∠ABM=∠MBC=b°$，
$∠ADN=∠NDC=c°$とする。
四角形ABCDで，$a+2b+a+2c=360$より，
$a+b+c=180$
△ABMで，$∠BMA=180°-a°-b°=c°$
よって，$∠BMA=∠NDA$
ゆえに，同位角が等しいから，BM∥ND

9 （答）4の倍数

（解説）正 n 角形の1つの外角を $x°$ とする。辺 AB の延長と辺 AB から a 番目の辺の延長のつくる角は、右の図のように $(a-1)x°$ である。

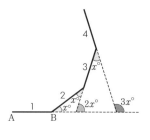

辺 AB と a 番目の辺が垂直になるのは、$(a-1)x=90$ のときである。

また、正 n 角形の1つの外角は $\dfrac{360°}{n}$ であるから、

$$x=\frac{360}{n}$$

よって、$(a-1)\times\dfrac{360}{n}=90$　　$n=4(a-1)$　　ただし、$a\geqq 2$

ゆえに、n は4の倍数である。

10 （答）（仮定）右の図の六角形 ABCDEF で、
∠A＝∠D、∠B＝∠E、∠C＝∠F

（結論）AF∥CD、BA∥DE

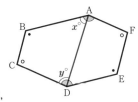

（証明）点 A と D を結ぶ。
∠DAB＝$x°$、∠CDA＝$y°$ とすると、
四角形 ABCD で、$x°+y°=360°-∠B-∠C$ ‥‥①
また、六角形 ABCDEF で、∠A＝∠D、∠B＝∠E、
∠C＝∠F（仮定）であるから、

$$∠A+∠B+∠C=720°\times\frac{1}{2}=360°$$

よって、∠A＝$360°-∠B-∠C$ ……②
①、②より、∠A＝$x°+y°$　　また、∠A＝∠DAB＋∠FAD
よって、∠FAD＝$y°$　　ゆえに、∠FAD＝∠CDA
錯角が等しいから、AF∥CD
また、∠A＝∠D であるから、∠DAB＝∠ADE
錯角が等しいから、BA∥DE

4章　三角形の合同

p.77 **1.** 〈答〉 △ABC≡△XWV（2辺夾角），△DEF≡△LKJ（3辺），
△GHI≡△MON（2角夾辺），△PQR≡△SUT（2角1対辺）

2. 〈答〉 (1) ∠A＝∠D（2辺夾角），BC＝EF（3辺）
(2) ∠A＝∠D（2角夾辺），BC＝EF（2辺夾角），∠C＝∠F（2角1対辺）

3. 〈答〉 (1) 長さが等しい　(2) 半径が等しい　(3) 1辺の長さが等しい

p.78 **4.** 〈答〉 △ABE と △ACD において，
∠BAE＝∠CAD（共通）……①　　AB＝AC（仮定）……②
AE＝$\frac{1}{2}$AC，AD＝$\frac{1}{2}$AB と②より，AE＝AD ……③
①，②，③より，△ABE≡△ACD（2辺夾角）　ゆえに，BE＝CD

p.79 **5.** 〈答〉 △ABC と △DCB において，
AB＝DC（仮定）　　AC＝DB（仮定）　　BC＝CB（共通）
よって，△ABC≡△DCB（3辺）　ゆえに，∠B＝∠C

6. 〈答〉 (1) △ABO と △ACO において，
∠AOB＝∠AOC（仮定）　　∠ABO＝∠ACO（＝90°）　　OA は共通
よって，△ABO≡△ACO（2角1対辺）
ゆえに，AB＝AC，∠OAB＝∠OAC
(2) 線分 PQ の中点を M とする。
△APM と △AQM において，
PM＝QM（仮定）　　∠AMP＝∠AMQ（＝90°）　　AM は共通
よって，△APM≡△AQM（2辺夾角）　ゆえに，AP＝AQ，∠APQ＝∠AQP

7. 〈答〉 (1)(i) △ABP と △ACP において，
AP は共通　　AB＝AC（仮定）　　∠BAP＝∠CAP（仮定）
よって，△ABP≡△ACP（2辺夾角）　ゆえに，∠B＝∠C
(ii) △ABM と △ACM において，
AB＝AC（仮定）　　BM＝CM（仮定）　　AM は共通
よって，△ABM≡△ACM（3辺）　ゆえに，∠B＝∠C
(2) △ABD と △ACE において，
AB＝AC（仮定）　　∠BAD＝∠CAE（仮定）　　(1)より，∠ABD＝∠ACE
ゆえに，△ABD≡△ACE（2角夾辺）

8. 〈答〉 △ABC と △ABD において，
∠B は共通　　∠BAC＝∠BDA（＝90°）より，∠BCA＝∠BAE ……①
EF∥AC（仮定）より，∠BFE＝∠BCA（同位角）……②
①，②より，∠BAE＝∠BFE ……③
△BEA と △BEF において，BE は共通　　∠ABE＝∠FBE（仮定）
これと③より，△BEA≡△BEF（2角1対辺）

p.81 **9.** 〈答〉 (1) 45°
(2) △AQB と △CPB において，
AB＝CB（正三角形 ABC の辺）　　QB＝PB（正三角形 BPQ の辺）
∠QBA＝∠PBC（＝60°−∠ABP）　ゆえに，△AQB≡△CPB（2辺夾角）
〈解説〉 (1) ∠QBA＝∠QBP−∠ABP＝60°−（∠ABC−∠PBC）

10. **答** △OAB と △ODC において，
OA＝OD（半円 O の半径）　　OB＝OC（半円 O の半径）
∠AOB＝∠DOC（仮定）
よって，△OAB≡△ODC（2辺夾角）
ゆえに，AB＝DC ……①
△OAC と △ODB において，
OA＝OD（半円 O の半径）　　OC＝OB（半円 O の半径）
∠AOB＝∠DOC＝$a°$ とすると，∠AOC＝∠DOB（＝$a°$＋∠BOC）
よって，△OAC≡△ODB（2辺夾角）
ゆえに，AC＝DB ……②
△ABC と △DCB において，
BC＝CB（共通）と①，②より，△ABC≡△DCB（3辺）
ゆえに，∠BAC＝∠CDB
参考 △OAB≡△ODC より，∠OAB＝∠ODC
△OAC≡△ODB より，∠OAC＝∠ODB
∠BAC＝∠OAB－∠OAC　　∠CDB＝∠ODC－∠ODB
から，∠BAC＝∠CDB を示してもよい。

11. **答** (1) △BCE と △DCF において，
BC＝DC（正方形 ABCD の辺）　　BE＝DF（仮定）　　∠EBC＝∠FDC（＝90°）
ゆえに，△BCE≡△DCF（2辺夾角）
(2) (1)より，∠ECB＝∠FCD ……①　　CE＝CF ……②
①と ∠DCE＋∠ECB＝90° より，∠DCE＋∠FCD＝∠FCE＝90° ……③
②，③より，△CEF は CE＝CF の直角二等辺三角形である。
ゆえに，∠CEF＝45°

12. **答** (1) △ADE と △CDG において，
AD＝CD（正方形 ABCD の辺）　　DE＝DG（正方形 DEFG の辺）
∠ADE＝∠CDG（＝90°＋∠ADG）
よって，△ADE≡△CDG（2辺夾角）
ゆえに，AE＝CG
(2) 線分 CG と辺 AD，線分 AE との交点をそれぞれ H，I とする。
△AHI と △CHD において，
∠AHI＝∠CHD（対頂角）
(1)より，△ADE≡△CDG であるから，∠HAI＝∠HCD
よって，∠AIH＝∠CDH（＝90°）　　ゆえに，AE⊥CG

13. **答** △DEG と △BFG において，
△ABC≡△ADE より，BC＝DE
BC＝BF（仮定）より，DE＝BF ……①
∠DEG＝∠DEA－∠CEA＝90°－∠CEA
∠FCB＝180°－∠BCA－∠ACE＝180°－90°－∠ACE＝90°－∠ACE
AC＝AE より，∠CEA＝∠ACE　　よって，∠DEG＝∠FCB
BF＝BC より，∠BFC＝∠FCB　　よって，∠DEG＝∠BFG ……②
∠EGD＝∠FGB（対頂角）……③
①，②，③より，△DEG≡△BFG（2角1対辺）
ゆえに，EG＝FG

p.82　**14.** （答）(1) 点 B と D，点 B′ と D′ を結ぶ。

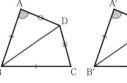

△ABD と △A′B′D′ において，仮定より，
AB＝A′B′，AD＝A′D′，∠A＝∠A′
よって，
△ABD≡△A′B′D′（2辺夾角）…①
△BCD と △B′C′D′ において，
仮定より，BC＝B′C′，CD＝C′D′　①より，BD＝B′D′
よって，△BCD≡△B′C′D′（3辺）……②
①，②より，∠B＝∠B′，∠C＝∠C′，∠D＝∠D′
よって，AB＝A′B′，BC＝B′C′，CD＝C′D′，DA＝D′A′，∠A＝∠A′，
∠B＝∠B′，∠C＝∠C′，∠D＝∠D′
ゆえに，四角形 ABCD≡四角形 A′B′C′D′
(2) 点 A と C，点 A′ と C′ を結ぶ。

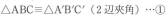

△ABC と △A′B′C′ において，
仮定より，
AB＝A′B′，BC＝B′C′，∠B＝∠B′
よって，
△ABC≡△A′B′C′（2辺夾角）…①
△ACD と △A′C′D′ において，
①より，AC＝A′C′，∠BAC＝∠B′A′C′，∠ACB＝∠A′C′B′
仮定より，∠A＝∠A′，∠C＝∠C′ であるから，
∠DAC＝∠D′A′C′，∠DCA＝∠D′C′A′
よって，△ACD≡△A′C′D′（2角夾辺）……②
①，②より，CD＝C′D′，DA＝D′A′，∠D＝∠D′
よって，AB＝A′B′，BC＝B′C′，CD＝C′D′，DA＝D′A′，∠A＝∠A′，
∠B＝∠B′，∠C＝∠C′，∠D＝∠D′
ゆえに，四角形 ABCD≡四角形 A′B′C′D′

p.83　**15.** （答）(ア)，(イ)，(ウ)，(エ)

（解説）△ABC と △A′B′C′ で，AB＝A′B′，AC＝A′C′，∠B＝∠B′ のとき，次の
いずれかである場合は，△ABC≡△A′B′C′ である。
(i) AB＝AC　　(ii) AB＜AC　　(iii) ∠B＝90°　　(iv) ∠B＞90°
(ア)は AB＝AC，(イ)は ∠B＞90° または AB＜AC，
(ウ)は AB＜AC，(エ)は ∠B＝90° または AB＜AC
ゆえに，(ア)，(イ)，(ウ)，(エ)はそれぞれ △ABC≡△A′B′C′ である。

p.84　**16.** （答）△ABC≡△IHG（斜辺と1辺），△DEF≡△NMO または △OMN
（2角1対辺 または 2角夾辺 または 2辺夾角）

p.85　**17.** （答）(1) $x＝120$　(2) $x＝30$，$y＝90$　(3) $x＝75$，$y＝15$　(4) $x＝36$，$y＝72$

（解説）(1) △OAB≡△OBC≡△OCA（3辺）より，$x＝\dfrac{360}{3}$

(2) CA＝CD より，$2x＝60$

(3) ∠BCP＝90°－60°＝30°　　CP＝CB より，∠CPB＝∠CBP＝$\dfrac{1}{2}(180°－30°)$

(4) DA＝DC より，∠DCA＝$x°$　　CD＝CB より，∠CDB＝$y°＝2x°$
また，AB＝AC より，∠ACB＝$y°$　　よって，$x＋2y＝180$

18. **答** ∠A＝∠D（斜辺と1鋭角 または 2角1対辺），
∠B＝∠E（斜辺と1鋭角 または 2角1対辺），
BC＝EF（斜辺と1辺），AC＝DF（斜辺と1辺）

19. **答** (1) △ABC と △ADC において，
AC は共通　　AB＝AD（仮定）　　BC＝DC（仮定）
よって，△ABC≡△ADC（3辺）
ゆえに，∠ABC＝∠ADC
(2) △ABD で，AB＝AD（仮定）より，∠ABD＝∠ADB ……①
同様に，△CBD で，∠CBD＝∠CDB ……②
①，②より，∠ABD＋∠CBD＝∠ADB＋∠CDB
ゆえに，∠ABC＝∠ADC

p.86 **20.** **答** △ABD で，∠ADE＝∠B＋∠BAD ……①
△ACE で，∠AED＝∠C＋∠CAE ……②
△ABC で，AB＝AC（仮定）より，∠B＝∠C ……③
∠BAD＝∠CAE（仮定）……④
①，②，③，④より，∠ADE＝∠AED
ゆえに，△ADE は AD＝AE の二等辺三角形である。
参考 △ABD≡△ACE（2角夾辺）より，AD＝AE を示してもよい。

21. **答** △ABE で，∠BEF＝180°－90°－∠EAB＝90°－∠EAB ……①
△AFD で，∠AFD＝180°－90°－∠CAE＝90°－∠CAE
∠AFD＝∠EFB（対頂角）より，∠EFB＝90°－∠CAE ……②
AE は ∠A の二等分線であるから，∠CAE＝∠EAB ……③
①，②，③より，∠BEF＝∠EFB
ゆえに，△BEF は BE＝BF の二等辺三角形である。

22. **答** (1) AD∥BC より，∠BCA＝∠EAC（錯角）　　∠BCA＝∠ACE（仮定）
よって，∠EAC＝∠ACE
ゆえに，△EAC は二等辺三角形であるから，AE＝EC
(2) △MEA で，MF は辺 AE の垂直二等分線であるから，MA＝ME
よって，∠MAE＝∠MEA
ゆえに，∠EMN＝∠MAE＋∠MEA＝2∠MAE
同様に，△NEC で，∠ENM＝2∠NCE
(1)より，∠MAE＝∠NCE であるから，∠EMN＝∠ENM
ゆえに，△EMN は EM＝EN の二等辺三角形である。

23. **答** ∠DBO＝∠OBC（仮定）
DE∥BC（仮定）より，∠DOB＝∠OBC（錯角）　　ゆえに，∠DBO＝∠DOB
よって，△DBO は DB＝DO の二等辺三角形である。
同様に，△ECO は EC＝EO の二等辺三角形である。
よって，DE＝DO＋OE＝BD＋CE
ゆえに，DE＝BD＋CE

24. **答** MO∥BC（仮定）より，∠MOB＝∠OBC（錯角）
∠MBO＝∠OBC（仮定）　　ゆえに，∠MOB＝∠MBO
よって，△MBO は MB＝MO の二等辺三角形である。
同様に，△NCO は NO＝NC の二等辺三角形である。
よって，MO＝MN＋NO より，MB＝MN＋NC
ゆえに，MN＝MB－NC

p.87 **25.** （答） △BEA と △CEF において，
AB＝BC＝CD（正方形 ABCD の辺）　　　BE＝EC＝CB（正三角形 BEC の辺）
DC＝CF（正三角形 CFD の辺）　　よって，AB＝BE＝FC＝CE ……①
また，∠ABE＝∠ABC＋∠CBE＝90°＋60°＝150°
∠FCE＝360°－∠DCF－∠BCD－∠ECB＝360°－60°－90°－60°＝150°
ゆえに，∠ABE＝∠FCE ……②
①，②より，△BEA≡△CEF（2 辺夾角）
よって，AE＝FE
同様に，△CEF≡△DAF（2 辺夾角）より，FE＝FA
ゆえに，AE＝FE＝FA であるから，△AEF は正三角形である。　}(*)
（別解）(*)は次のように証明してもよい。
よって，∠BEA＝∠CEF であるから，
∠AEF＝∠AEC＋∠CEF＝∠AEC＋∠BEA＝∠BEC＝60°
ゆえに，AE＝FE，∠AEF＝60° であるから，△AEF は正三角形である。

26. （答） (1) △ABD と △BCE において，
BD＝CE（仮定）　　∠B＝∠C（＝60°）　　　　AB＝BC（正三角形 ABC の辺）
よって，△ABD≡△BCE（2 辺夾角）　　ゆえに，AD＝BE
同様に，△BCE≡△CAF（2 辺夾角）　　よって，BE＝CF
ゆえに，AD＝BE＝CF
(2) (1)より，△ABD≡△BCE　　よって，∠BAD＝∠CBE であるから，
∠BPD＝∠ABP＋∠BAP＝∠ABP＋∠CBE＝∠ABC＝60°
ゆえに，∠BPD＝60°
(3) ∠RPQ＝∠BPD（対頂角）　　(2)より，∠RPQ＝60°
同様に，∠PQR＝∠QRP＝60°　　ゆえに，△PQR は正三角形である。

p.88 **27.** （答） 点 B と E を結ぶ。　△EBC と △EBD において，
BC＝BD（仮定）　　∠BCE＝∠BDE＝90°　　BE は共通
よって，△EBC≡△EBD（斜辺と 1 辺）　　ゆえに，CE＝DE

28. （答） △OAP と △OBQ において，
OA＝OB（円 O の半径）　　∠AOP＝∠BOQ（対頂角）
∠APO＝∠BQO＝90°
よって，△OAP≡△OBQ（斜辺と 1 鋭角 または
2 角 1 対辺）
ゆえに，AP＝BQ
（注） AB⊥CD の場合も，3 点 O，P，Q が一致する
から，AP＝BQ となる。

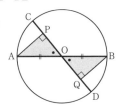

29. （答） 頂点 B，C から直線 AM へそれぞれ垂線 BP，
CQ をひく。
△BPM と △CQM において，
BM＝CM（仮定）　　∠BPM＝∠CQM＝90°
∠BMP＝∠CMQ（対頂角）
ゆえに，△BPM≡△CQM（斜辺と 1 鋭角 または
2 角 1 対辺）　　よって，BP＝CQ
ゆえに，直線 AM は頂点 B，C から等距離にある。
（注） AB＝AC のとき，BC⊥AM であるから，3 点 P，Q，M が一致する。
ゆえに，BP＝CQ となり，直線 AM は頂点 B，C から等距離にある。

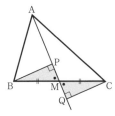

p.89 **30.** 答 点 A と F を結ぶ。
△AEF と △ADF において，
AE＝AD（仮定）　　AF は共通　　∠AEF＝∠ADF＝90°
よって，△AEF≡△ADF（斜辺と 1 辺）　　ゆえに，EF＝DF ……①
同様に，点 B と F を結ぶと，△BCF≡△BEF（斜辺と 1 辺）より，
CF＝EF ……②
①，②より，DF＝CF であるから，F は辺 CD の中点である。

31. 答 △AED と △GHA において，
∠AED＝∠GHA＝90°　　AD＝GA（長方形 ABCD≡長方形 AEFG）
∠DAE＝∠AGH（＝90°－∠GAH）
よって，△AED≡△GHA（斜辺と 1 鋭角 または 2 角 1 対辺）
ゆえに，AE＝GH ……①
また，AB＝AE（長方形 ABCD≡長方形 AEFG）……②
①，②より，AB＝GH

p.90 **32.** 答 ∠B＝x°，∠C＝y° とする。
△MAB で，MA＝MB（仮定）より，∠MAB＝∠B＝x°
△MAC で，MA＝MC（仮定）より，∠MAC＝∠C＝y°
また，∠BAC＋∠B＋∠C＝(x°＋y°)＋x°＋y°＝2(x°＋y°)＝180°
よって，x°＋y°＝90°　　ゆえに，∠BAC＝90°

33. 答 △EBC で，∠CEB＝90°（仮定），BD＝DC（仮定）より，BD＝DE ……①
同様に，△FBC で，∠CFB＝90°（仮定）より，BD＝DF ……②
①，②より，DE＝DF
ゆえに，△DEF は DE＝DF の二等辺三角形である。

34. 答 (1) △DEF と △CEB において，
DE＝CE（仮定）　　∠FED＝∠BEC（対頂角）
AF∥BC（仮定）より，∠FDE＝∠BCE（錯角）
ゆえに，△DEF≡△CEB（2 角夾辺）
(2) (1)より，DF＝CB　　AD＝BC（仮定）　　よって，AD＝DF
△AGF で，∠AGF＝90°，AD＝DF より，DA＝DG
ゆえに，△DAG は DA＝DG の二等辺三角形である。

35. 答 (1) 辺 AB の延長と線分 DM の延長との交点を F とする。
△FBM と △DCM において，
BM＝CM（仮定）　　∠FMB＝∠DMC（対頂角）
EF∥DC（仮定）より，∠FBM＝∠DCM（錯角）
ゆえに，△FBM≡△DCM（2 角夾辺）
よって，FM＝DM
△FED で，∠FED＝90°，FM＝DM より，
MD＝ME
(2) $3a$° (3) 30°
解説 (2) △MEF で，ME＝MF より，
∠MFE＝∠MEF＝a°　　よって，∠EMD＝$2a$°
また，△CDM で，CD＝CM＝1 より，
∠CMD＝∠CDM＝a°
(3) DE＝DM＝EM より，△DEM は正三角形である。

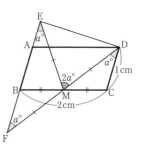

p.91 **36.** 答 線分 AM の延長と辺 DC の延長との交点を F と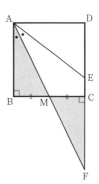
する。
△ABM と △FCM において，
BM＝CM（仮定）　∠ABM＝∠FCM（＝90°）
∠AMB＝∠FMC（対頂角）
よって，△ABM≡△FCM（2角夾辺）
ゆえに，AB＝FC ……①，∠BAM＝∠CFM ……②
①と AB＝BC より，FC＝BC ……③
△EAF で，②と ∠BAM＝∠EAM（仮定）より，
∠EAM＝∠CFM
よって，EA＝EF ……④
③，④より，AE＝EF＝FC＋CE＝BC＋CE
ゆえに，AE＝BC＋CE

別解 点 M から線分 AE に垂線 MG をひく。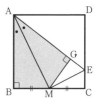
△ABM と △AGM において，
∠MAB＝∠MAG（仮定）　∠ABM＝∠AGM＝90°
AM は共通
よって，△ABM≡△AGM（斜辺と1鋭角 または 2角1
対辺）
ゆえに，AB＝AG＝BC ……①，MB＝MG＝MC ……②
点 M と E を結ぶ。　△EGM と △ECM において，
ME は共通　∠MGE＝∠MCE＝90°　②より，MG＝MC
ゆえに，△EGM≡△ECM（斜辺と1辺）　よって，EG＝EC ……③
①，③より，AE＝AG＋GE＝BC＋EC　ゆえに，AE＝BC＋CE

37. 答 △DBC と △ABE において，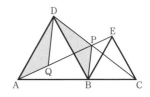
DB＝AB（正三角形 ABD の辺）
BC＝BE（正三角形 BCE の辺）
∠DBC＝∠ABE（＝60°＋∠DBE）
よって，△DBC≡△ABE（2辺夾角）
ゆえに，∠CDB＝∠EAB
よって，∠PDA＋∠DAP
＝（∠PDB＋∠BDA）＋∠DAP＝60°＋（∠PAB＋∠DAP）＝60°＋60°＝120°
ゆえに，∠APD＝60° ……①
線分 AE 上に点 Q を，PQ＝PD となるようにとると，①より，△PDQ は正三角
形である。……②
△AQD と △BPD において，AD＝BD（正三角形 ABD の辺）
②より，QD＝PD，∠QDA＝∠PDB（＝60°－∠BDQ）
よって，△AQD≡△BPD（2辺夾角）　ゆえに，AQ＝BP
よって，PB＋PD＋PE＝AQ＋QP＋PE＝AE
ゆえに，PB＋PD＋PE＝AE

p.92 **38.** 答 (ア) c (イ) ∠B (ウ) c (エ) a (オ) b (カ) ∠C (キ) ∠B (ク) ∠A
解説 △ABC で，$a>b>c \Longleftrightarrow$ ∠A＞∠B＞∠C が成り立つ。

p.93 **39.** 答 △ABC で，∠A＝90° であるから，∠A＞∠B　よって，BC＞CA
また，∠A＞∠C　よって，BC＞AB
ゆえに，△ABC の3辺のうち，辺 BC が最大である。

40. 答 △ABC で，AB＞AC（仮定）より，∠C＞∠B
これと∠IBC＝$\frac{1}{2}$∠B，∠ICB＝$\frac{1}{2}$∠C（ともに仮定）より，∠IBC＜∠ICB
ゆえに，△IBC で，IC＜IB　　すなわち，IB＞IC

41. 答 △ABC で，AB＝AC より，∠B＝∠C
△APC で，∠BPA＝∠C＋∠CAP
よって，∠BPA＞∠B
ゆえに，△ABP で，AB＞AP

p.94 **42.** 答 (ウ)
解説 (ア)は 4＋5＜10，(イ)は 3＋7＝10 となり，2辺の長さの和が他の1辺の長さより大きくない。

43. 答 (1) 3＜x＜13　(2) 1＜x＜5
解説 (1) 8＋5＞x＞8－5　　ゆえに，3＜x＜13
(2) 7＋(7－x)＞2x－1，(7－x)＋(2x－1)＞7，(2x－1)＋7＞7－x
ゆえに，1＜x＜5
参考 (2) 7－x＞0，2x－1＞0
また，7＞7－x より，7＋(7－x)＞2x－1＞7－(7－x) として考えてもよい。
注 b＋c＞a，c＋a＞b，a＋b＞c をaについてまとめると，b＋c＞a＞$|b-c|$
であるから，a＞0　　同様に，b＞0，c＞0
よって，b＋c＞a，c＋a＞b，a＋b＞c が成り立つとき，a＞0，b＞0，c＞0 も成り立つ。

44. 答 7種類
解説 最も大きい辺が 6cm のとき，残りの2辺は 5cm と 4cm，5cm と 3cm，5cm と 2cm，4cm と 3cm の4種類の三角形ができる。
同様に，最も大きい辺が 5cm のときは，4cm と 3cm，4cm と 2cm の2種類，最も大きい辺が 4cm のときは，3cm と 2cm の1種類の三角形ができる。

45. 答 △AFE で，AF＋EA＞FE
△BDF で，BD＋FB＞DF
△CED で，CE＋DC＞ED
3つの不等式の辺々を加えると，AF＋EA＋BD＋FB＋CE＋DC＞FE＋DF＋ED
(AF＋FB)＋(BD＋DC)＋(CE＋EA)＞DE＋EF＋FD
AF＋FB＝AB，BD＋DC＝BC，CE＋EA＝CA より，
AB＋BC＋CA＞DE＋EF＋FD

46. 答 線分 BP の延長と辺 AC との交点を Q とする。
△ABQ で，AB＋QA＞BQ
△QPC で，QP＋CQ＞PC
2つの不等式の辺々を加えると，
AB＋QA＋QP＋CQ＞BQ＋PC
AB＋(AQ＋QC)＞(BQ－PQ)＋PC
AQ＋QC＝AC，BQ－PQ＝PB より，
AB＋AC＞PB＋PC

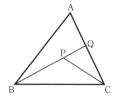

47. 答 線分 AM の延長上に点 D を，MD＝AM
となるようにとる。
△MCA と △MBD において，
MC＝MB，MA＝MD（ともに仮定）
∠AMC＝∠DMB（対頂角）
ゆえに，△MCA≡△MBD（2辺夾角）……①

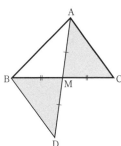

(1) ①より，AC＝DB ……②，
∠CAM＝∠BDM ……③
AB＞AC と②より，AB＞DB
△BDA で，AB＞DB より，∠BDM＞∠BAM
③より，∠CAM＞∠BAM
(2) AM＝DM であるから，AD＝2AM ……④
△BDA で，BD＋AB＞AD
②，④より，AB＋AC＞2AM

4章の問題

p.95 **1** 答 (1) $x=30$ (2) $x=84$, $y=48$ (3) $x=15$, $y=75$

解説 (1) $\angle BAC=\dfrac{1}{2}(180°-40°)=70°$　　$\angle DAB=40°$

(2) DF∥BC より，∠ADF＝36°
∠BDE＝180°－60°－36°

また，$\angle C=\dfrac{1}{2}(180°-36°)=72°$ であるから，DF∥BC より，∠DFC＝108°

(3) CB＝CD より，$\angle CBE=\dfrac{1}{2}(180°-60°-90°)$

∠CED＝90°－∠CDE

2 答 (1) 20° (2) 16°

(1)

解説 (1) ∠ABC＝$a°$ とすると，
∠ACB＝$3a°$ であるから，
$a+3a=180-100$
(2) ∠ABC＝$b°$ とすると，
∠ACB＝$4b°$ であるから，
$b+4b=180-100$

(2)

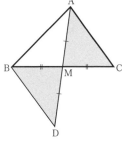

3 答 線分 BE の延長上に点 F
をとる。
△ABC≡△DEC（仮定）より，
∠ABC＝∠DEC ……①，
BC＝EC ……②
△ABC で，AB＝AC（仮定）より，∠ABC＝∠ACB ……③
①，③より，∠ACB＝∠DEC　　錯角が等しいから，ED∥BC ……④
△CEB で，②より，∠EBC＝∠CEB　　④より，∠FED＝∠EBC（同位角）
また，∠AEF＝∠CEB（対頂角）　　よって，∠AEF＝∠FED
ゆえに，直線 BE は ∠AED を2等分する。

(4) **答** △BDP と △CPE において，
DP＝PE（円 P の半径）……①   ∠DBP＝∠PCE（＝120°）……②
△PAD で，∠BDP＝a° とすると，PD＝PA（円 P の半径）より，
∠PAB＝a° であるから，∠PAC＝60°－a°
△PEA で，PA＝PE より，∠PEC＝60°－a° であるから，
∠CPE＝60°－∠PEC＝a°   よって，∠BDP＝∠CPE ……③
①，②，③より，△BDP≡△CPE（2角1対辺）
よって，BD＝CP，BP＝CE
BC＝BP＋CP＝CE＋BD   ゆえに，BD＋CE＝BC

p.96 **(5)** **答** △OAB と △ODC において，
OA＝OD（仮定）   OB＝OC（仮定）   ∠AOB＝∠DOC（対頂角）
よって，△OAB≡△ODC（2辺夾角）   ゆえに，∠OAB＝∠ODC ……①
△OAB で，∠AOB＝90°   MA＝MB（仮定）より，MO＝MB
よって，∠MBO＝∠MOB   また，∠MOB＝∠DOH（対頂角）
よって，∠ABO＝∠DOH ……②
①，②より，∠OHD＝180°－∠ODC－∠DOH＝180°－∠OAB－∠ABO＝90°
ゆえに，OH⊥CD

(6) **答** (1) 線分 PA の延長と線分 QM の延長との交点
をRとする。
△MAR と △MBQ において，
MA＝MB（仮定）   ∠MAR＝∠MBQ（＝90°）
∠AMR＝∠BMQ（対頂角）
よって，△MAR≡△MBQ（2角夾辺）……①
△PRM と △PQM において，
PM は共通   ∠PMR＝∠PMQ（＝90°）
①より，RM＝QM
よって，△PRM≡△PQM（2辺夾角）
ゆえに，∠RPM＝∠QPM
すなわち，∠APM＝∠QPM
(2) ①より，AR＝BQ
また，PM は線分 QR の垂直二等分線であるから，PQ＝PR
よって，PQ＝PR＝PA＋AR＝PA＋QB
ゆえに，PQ＝PA＋QB

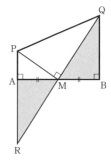

(7) **答** (1) 9cm (2) ∠BP′C＝120°，∠AP′B＝120°
(解説) (1) △ABP≡△DBQ（2辺夾角）より，PA＝QD
△BPQ は正三角形であるから，PQ＝PB
ゆえに，CP＋PQ＋QD＝PC＋PB＋PA
(2) (1)より，PA＋PB＋PC＝CP＋PQ＋QD である。
これが最小となるのは，4点 C，P，Q，D が一直
線上にあるときであるから，それを直線 CP′Q′D と
する。   △BP′Q′ は正三角形であるから，
∠BP′C＝120°，∠DQ′B＝120°
また，△ABP′≡△DBQ′（2辺夾角）より，
∠AP′B＝∠DQ′B

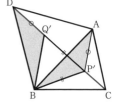

8 **答** 頂点 D から辺 CB の延長にひいた垂線を DK とする。

△ABC と △BDK において，

AB＝BD（正方形 AEDB の辺）

∠ACB＝∠BKD＝90°

∠BAC＝∠DBK（＝90°−∠ABC）

よって，△ABC≡△BDK（斜辺と1鋭角 または

2角1対辺）

ゆえに，AC＝BK ……①，BC＝DK ……②

△BHG と △KHD において，

∠HBG＝∠HKD（＝90°）

∠BHG＝∠KHD（対頂角）

②と BC＝BG（正方形 BGFC の辺）より，BG＝KD

よって，△BHG≡△KHD（2角1対辺）

ゆえに，BH＝KH ……③　①，③より，$BH=\dfrac{1}{2}AC$

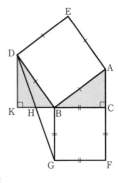

別解 辺 AC 上に点 L を，AL＝BH ……① となるようにとる。

△ABL と △BDH において，

AB＝BD（正方形 AEDB の辺）

∠BAL＝∠DBH（＝90°−∠ABC）

これらと①より，△ABL≡△BDH（2辺夾角）

ゆえに，∠BLA＝∠DHB ……②

△BLC と △GHB において，

BC＝GB（正方形 BGFC の辺）

∠BCL＝∠GBH（＝90°）

②より，∠BLC＝∠GHB

よって，△BLC≡△GHB（2角1対辺）

ゆえに，LC＝HB ……③

①，③より，AC＝AL＋LC＝2BH　ゆえに，$BH=\dfrac{1}{2}AC$

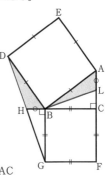

5章　四角形の性質

p.97　**1.** 〔答〕 ∠A＝80°，∠B＝100°，∠C＝80°，∠D＝100°

p.98　**2.** 〔答〕 ∠DAB＝150°，∠CFE＝30°

3. 〔答〕 (1) $x＝41$，$y＝113$　(2) $x＝100$，$y＝20$
〔解説〕(1) AF∥BD より，$x°＝∠\mathrm{FED}$
AB∥FE より，∠ABE＝41°　$y°＝180°－∠\mathrm{ABC}$
(2) ∠C＋∠D＝180° より，$x°＝180°－∠\mathrm{ADE}－∠\mathrm{C}$
また，∠EBA＝360°－160°－∠ABC＝60°
∠A＝40° より，$y＋60＝40＋40$

4. 〔答〕 $\dfrac{1}{2}a°$

〔解説〕∠ABD＝$x°$ とすると，AB∥DC より，∠BDC＝$x°$（錯角）
△FCD で，FC＝FD より，∠FCD＝$x°$
△DEC で，DC＝DE より，∠DEC＝$x°$　AD∥BC より，∠BCE＝$x°$（錯角）
∠BCD＝∠BAD（□ABCD の対角）より，$2x＝a$
〔別解〕AB∥DC より，∠CDA＝180°－$a°$（同側内角）

△DEC で，DC＝DE より，∠DCE＝$\dfrac{1}{2}${180°－(180°－$a°$)}＝$\dfrac{1}{2}a°$

△FCD で，FC＝FD より，∠FDC＝∠DCE＝$\dfrac{1}{2}a°$

p.99　**5.** 〔答〕 3 cm²
〔解説〕□ABCD より，△ABC≡△CDA であるから，△ABC＝△CDA
△ABC と △FBC において，AD∥BC より，頂点 A，F からそれぞれ底辺 BC
にひいた高さが等しいから，△ABC＝△FBC　よって，△FBC＝△CDA
また，△FBC＝27＋△FEC　△CDA＝24＋△FEC＋△AEF
匯 □ABCD で，1つの対角線は平行四辺形を2つの合同な三角形に分けるから，
△ABC≡△CDA，△ABD≡△CDB である。

p.100　**6.** 〔答〕 ∠A＝∠C（□ABCD の対角）で，AE，CF はそれぞれ ∠A，∠C の二等
分線であるから，∠EAF＝∠FCE ……①
AF∥EC（仮定）より，∠EAF＋∠AEC＝180°（同側内角）
①より，∠FCE＋∠AEC＝180°
同側内角の和が 180° であるから，FC∥AE ……②
□ABCD より，AF∥EC ……③
②，③より，2組の対辺がそれぞれ平行であるから，四角形 AECF は平行四辺
形である。
〔参考〕△ABE≡△CDF（2角夾辺）より，線分 AF と EC が平行で，かつその長
さが等しいことを示すか，2組の対角（または対辺）がそれぞれ等しいことを示
してもよい。

7. 〔答〕 AB＝DC（□ABCD の対辺）で，E，F はそれぞれ辺 AB，DC の中点で
あるから，AE＝FC
また，AE∥FC（仮定）より，1組の対辺が平行で，かつその長さが等しいから，
四角形 AECF は平行四辺形である。

よって，EH∥GF ……①
同様に，四角形 EBFD は平行四辺形となり，EG∥HF ……②
①，②より，2 組の対辺がそれぞれ平行であるから，四角形 EHFG は平行四辺形である。

8. （答）AB＝AC，DB＝EC（ともに仮定）より，AD＝AE であるから，△ADE は二等辺三角形である。
また，△ABC と △ADE は ∠A を共有する二等辺三角形であるから，
∠ADE＝∠ABC
同位角が等しいから，DF∥BC ……①
①と DB∥FC（仮定）より，2 組の対辺がそれぞれ平行であるから，四角形 DBCF は平行四辺形である。

9. （答）▱ABCD の対角線の交点を O とすると，
OA＝OC ……①
△AEO と △CFO において，
∠AOE＝∠COF（対頂角）
∠AEO＝∠CFO＝90°
これと①より，△AEO≡△CFO
（斜辺と 1 鋭角 または 2角 1 対辺）
よって，OE＝OF ……②

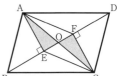

①，②より，対角線がたがいに他を 2 等分するから，四角形 AECF は平行四辺形である。
（参考）△ABE≡△CDF（斜辺と 1 鋭角 または 2角1対辺）より，AE＝CF
また，∠AEF＝∠CFE（＝90°）より，錯角が等しいから，AE∥CF
ゆえに，1 組の対辺が平行で，かつその長さが等しいことを示してもよい。

10. （答）(1) ED∥BF（仮定）……①
$ED＝\frac{1}{2}AD$，$BF＝\frac{1}{2}BC$（ともに仮定）と AD＝BC（▱ABCD の対辺）より，
ED＝BF ……②
①，②より，1 組の対辺が平行で，かつその長さが等しいから，四角形 EBFD は平行四辺形である。
(2) $\frac{3}{8}$ 倍
（解説）(2) $△ABE＝\frac{1}{2}△ABD＝\frac{1}{4}▱ABCD$
$△EBG＝\frac{1}{2}△EBD＝\frac{1}{4}▱EBFD＝\frac{1}{8}▱ABCD$
（四角形 ABGE）＝△ABE＋△EBG
（別解）(2) $△EGD＝\frac{1}{2}△EBD＝\frac{1}{4}▱EBFD＝\frac{1}{8}▱ABCD$
（四角形 ABGE）＝△ABD－△EGD

p.101 **11.** （答）△PBC と △RAC において，
BC＝AC（正三角形 ABC の辺）　PC＝RC（正三角形 RPC の辺）
∠PCB＝∠RCA（＝60°－∠ACP）
よって，△PBC≡△RAC（2辺夾角）　ゆえに，PB＝RA ……①

同様に，△PBC≡△QBA（2辺夾角）より，PC＝QA ……②
①と正三角形 QBP より，PQ＝RA　　②と正三角形 RPC より，QA＝PR
ゆえに，2組の対辺がそれぞれ等しいから，四角形 AQPR は平行四辺形である。

12. 　**答**　△ABP で，∠ABP＝∠APB（仮定）より，AB＝AP
AB＝DC（▱ABCD の対辺）より，AP＝CD ……①
また，AB∥DC（仮定）より，∠ABP＝∠CDB（錯角）
よって，∠APB＝∠CDB
∠APD＝180°−∠APB，∠CDQ＝180°−∠CDB より，∠APD＝∠CDQ ……②
∠CBQ＝∠CQB（仮定）　　AD∥BC（仮定）より，∠CBQ＝∠ADB（錯角）
よって，∠ADP＝∠CQD ……③
△APD と △CDQ において，①，②，③より，△APD≡△CDQ（2角1対辺）
よって，PD＝DQ
ゆえに，D は線分 PQ の中点である。

13. 　**答**　AD∥BC（仮定）より，∠EAD＝∠BEA（錯角）
∠BAE＝∠EAD（仮定）より，∠BAE＝∠BEA
ゆえに，△BEA で，BA＝BE
また，AB＝DC（▱ABCD の対辺）より，BE＝DC
よって，AD＝BC＝EC＋BE＝EC＋CD
ゆえに，EC＋CD＝AD
参考　線分 AE の延長と辺 DC の延長との交点を F とすると，△DAF，△CEF
はそれぞれ DA＝DF，CE＝CF の二等辺三角形となることから示してもよい。

14. 　**答**　AD∥EP，AE∥DP（ともに仮定）より，四角形 AEPD は平行四辺形であ
るから，AE＝PD　　また，EP∥AC より，∠EPB＝∠C（同位角）
∠C＝∠B より，∠EPB＝∠B　　ゆえに，△EBP で，EB＝EP
よって，PD＋PE＝AE＋EB＝AB
ゆえに，PD＋PE＝AB

15. 　**答**　右の図で，点 D と H，点 G と C を結ぶ。
AM＝DG，AM∥DG（ともに▱AMGD の対辺）
MB＝HC，MB∥HC（ともに▱MBCH の対辺）
また，AM＝MB（仮定）より，辺 DG と HC は平
行で，かつその長さが等しいから，四角形 DGCH
は平行四辺形となる。
ゆえに，▱DGCH の対角線 GH は他の対角線 CD
の中点を通る。
ただし，2点 G，H が一致する場合，この点は辺 CD の中点となる。

16. 　**答**　点 O と C，点 O と E，点 O と F を結ぶ。
OD は線分 CE の垂直二等分線であるから，
OC＝OE
OB は線分 FC の垂直二等分線であるから，
OF＝OC
よって，OE＝OF ……①
点 A と E，点 A と F を結ぶ。
△ABF と △EDA において，
AB＝DC（▱ABCD の対辺）と DC＝DE（仮定）
より，AB＝ED

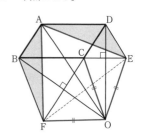

AD=BC（□ABCD の対辺）と BC=BF（仮定）より，BF=DA
∠BCF＝∠DCE（対頂角）
∠CBO＝90°−∠BCF，∠CDO＝90°−∠DCE より，∠CBO＝∠CDO
∠ABC＝∠CDA（□ABCD の対角）
∠ABF＝∠ABC＋2∠CBO，∠EDA＝∠CDA＋2∠CDO より，∠ABF＝∠EDA
よって，△ABF≡△EDA（2辺夾角）
ゆえに，AF＝AE ……②
①，②より，OA は線分 EF の垂直二等分線である。
ゆえに，点 E，F は直線 OA について対称である。

p.102 **17.** （答）頂点 C を通り辺 AB に平行な直線と，頂点 A
を通り辺 BC に平行な直線との交点を G とすると，
四角形 ABCG は平行四辺形となる。
よって，AB∥GC，AB＝GC
また，AB∥ED，AB＝ED（ともに仮定）より，
GC∥ED，GC＝ED
ゆえに，四角形 CDEG は平行四辺形である。
同様に，四角形 AGEF は平行四辺形である。
□ABCG で，△ABC＝△GAC
同様に，△CDE＝△GCE，△AEF＝△GEA
よって，（六角形 ABCDEF）＝△ABCG＋□CDEG＋□AGEF
＝2△GAC＋2△GCE＋2△GEA＝2（△GAC＋△GCE＋△GEA）＝2△ACE
ゆえに，六角形 ABCDEF の面積は △ACE の面積の 2 倍である。

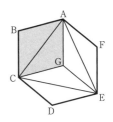

p.104 **18.** （答）(1) 長方形 (2) 正方形 (3) ひし形 (4) 長方形 (5) ひし形
19. （答）(1) $x=100$，$y=38$ (2) $x=79$，$y=56$ (3) $x=85$，$y=70$
（解説）(1) 対角線 AC と BD との交点を O とする。
△ABC≡△DCB より，∠ACB＝∠DBC，∠BAC＝∠CDB
$x°=180°−2∠OBC$
$y°=180°−∠OBC−∠OCB−∠CDB$
(2) △ABE≡△ADE より，∠ABE＝∠ADE＝34°
$x°=45°+∠ABE$
$y°=90°−∠ABE$
(3) AD∥BC より，∠DAF＝180°−∠AFC
△DAE で，DA＝DE より，∠DAE＝∠DEA
また，$y°=∠D=∠ADE＋∠EDC＝∠ADE＋60°$

p.105 **20.** （答）∠DCE＝68°，周の長さ 8cm
（解説）AD∥BC より，∠ACB＝∠DAC＝56°（錯角）
頂点 B と D は対角線 AC について対称であるから，
∠ACB＝∠ACD
よって，∠DCE＝180°−2∠ACB
また，△DAC で，∠DAC＝∠ACD より，
DA＝DC ……①
△BCA についても同様に，BA＝BC ……②
頂点 B と D は対角線 AC について対称であるから，BA＝DA ……③
①，②，③より，四角形 ABCD の周の長さは，AB＋BC＋CD＋DA＝2×4

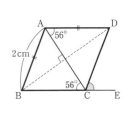

21. (答) $20\,\mathrm{cm}^2$

(解説) $\triangle PAB + \triangle PCD = \triangle PBC + \triangle PDA = \dfrac{1}{2} \times$（長方形 ABCD）

22. (答) 長方形 ABCD の 4 辺 AB, BC, CD, DA の
中点をそれぞれ E, F, G, H とする。
△AEH と △BEF と △CGF と △DGH において，
AB＝CD（長方形 ABCD の対辺）より，
AE＝BE＝CG＝DG
AD＝BC（長方形 ABCD の対辺）より，
AH＝BF＝CF＝DH
∠A＝∠B＝∠C＝∠D（＝90°）
よって，△AEH≡△BEF≡△CGF≡△DGH（2 辺夾角）
ゆえに，EH＝EF＝GF＝GH であるから，四角形 EFGH はひし形である。

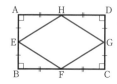

23. (答) ひし形 ABCD の 4 辺 AB, BC, CD, DA
の中点をそれぞれ E, F, G, H とする。
△AEH と △CFG において，
AB＝BC＝CD＝DA（ひし形 ABCD の辺）より，
AE＝AH＝CF＝CG
∠A＝∠C（ひし形 ABCD の対角）
よって，△AEH≡△CFG（2 辺夾角）
ゆえに，EH＝FG ……①
同様に，△BEF≡△DHG（2 辺夾角）より，EF＝HG ……②
①，②より，四角形 EFGH は平行四辺形である。

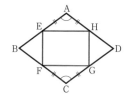

△AEH で，AE＝AH より，$\angle AEH = \dfrac{1}{2}(180° - \angle A)$

△BEF で，BE＝BF より，$\angle BEF = \dfrac{1}{2}(180° - \angle B)$

また，∠A＋∠B＝180°

よって，$\angle HEF = 180° - \angle AEH - \angle BEF = \dfrac{1}{2}(\angle A + \angle B) = 90°$

ゆえに，四角形 EFGH は平行四辺形で，1 つの内角が 90° であるから，長方形である。

(別解) 対角線 AC と BD との交点を O とする。
△ABO で，∠AOB＝90°

AE＝EB（仮定）より，$EO = EB = \dfrac{1}{2}AB$

△EOA で，$\angle EOA = \angle EAO = \dfrac{1}{2}\angle A$

△CDO で，∠COD＝90°

CG＝GD（仮定）より，$GO = GD = \dfrac{1}{2}CD$

△GOC で，$\angle GOC = \angle GCO = \dfrac{1}{2}\angle C$

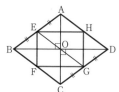

AB＝CD（ひし形 ABCD の辺），∠A＝∠C（ひし形 ABCD の対角）であるから，
EO＝GO，∠EOA＝∠GOC
よって，3点 E，O，G は一直線上にある。

同様に，FO＝HO＝$\frac{1}{2}$BC で，3点 F，O，H は一直線上にある。

また，AB＝BC（ひし形 ABCD の辺）より，EG＝FH
ゆえに，対角線の長さが等しく，かつたがいに他を2等分するから，四角形
EFGH は長方形である。

24. （答）頂点 D を通る辺 AB の平行線と辺 BC との交
点を E とする。
AB∥DE より，∠B＝∠DEC（同位角）
∠B＝∠C（仮定）より，∠DEC＝∠C
よって，△DEC で，DE＝DC
また，AB＝CD（仮定）より，AB＝DE
ゆえに，1組の対辺が平行で，かつその長さが等し
いから，四角形 ABED は平行四辺形である。
よって，AD∥BC
ゆえに，四角形 ABCD は AD∥BC の等脚台形である。

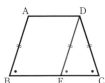

（別解1）頂点 A，D から辺 BC にそれぞれ垂線 AF，
DG をひく。 △ABF≡△DCG（斜辺と1鋭角 ま
たは2辺1対角）より，AF＝DG
また，AF∥DG であるから，四角形 AFGD は平
行四辺形（長方形）である。 よって，AD∥BC
これと AB＝CD より，四角形 ABCD は等脚台形
である。

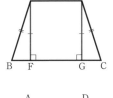

（別解2）点 A と C，点 B と D を結ぶ。
△ABC≡△DCB（2辺夾角）より，AC＝DB
よって，△ABD≡△DCA（3辺）であるから，∠A＝∠D
これと ∠B＝∠C（仮定）より，∠A＋∠B＝180°
同側内角の和が 180° であるから，AD∥BC
これと AB＝CD より，四角形 ABCD は等脚台形で
ある。

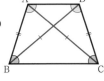

（注）この本では，等脚台形を「平行でない1組の対辺が等しい台形」と定義して
いる。（→本文 p.103） なお，「1つの底の両側の角が等しい台形」を等脚台形
と定義する場合もある。

p.106 **25.** （答）△ACE と △DEC において，
CE＝EC（共通）……①
AB＝AE（仮定）と AB＝DC（□ABCD の対辺）より，AE＝DC ……②
△ABE で，AB＝AE より，∠ABC＝∠AEC
AB∥DC（仮定）より，∠ABC＝∠DCE（同位角）
よって，∠AEC＝∠DCE ……③
①，②，③より，△ACE≡△DEC（2辺夾角）
ゆえに，AC＝DE ……④ また，AD∥CE（仮定）……⑤
④，⑤より，四角形 ACED は等脚台形である。

26. （答） 線分 BD と EF との交点を O とする。
△EOD と △FOB において,
EF は線分 BD の垂直二等分線であるから, OD＝OB, ∠EOD＝∠FOB（＝90°）
ED∥BF（仮定）より, ∠EDO＝∠FBO（錯角）
ゆえに, △EOD≡△FOB（2角夾辺）　　よって, EO＝FO
ゆえに, 対角線がたがいに他を垂直に2等分するから, 四角形 EBFD はひし形である。

27. （答） △ABD と △FBD において,
BD は共通　　∠ABD＝∠FBD（仮定）　　∠BAD＝∠BFD＝90°
よって, △ABD≡△FBD（斜辺と1鋭角 または 2角1対辺）
ゆえに, AD＝FD ……①, ∠ADB＝∠FDB ……②
また, AE⊥BC, DF⊥BC（ともに仮定）より, AE∥DF であるから,
∠AGD＝∠FDB（錯角）
②より, ∠ADB＝∠AGD　　よって, △AGD で, AD＝AG ……③
①, ③より, AG＝DF　　また, AG∥DF
ゆえに, 四角形 AGFD は, 1組の対辺が平行で, かつその長さが等しいから平行四辺形であり, ①より, 1組の隣り合う辺の長さが等しいからひし形である。
（別解）△ABD≡△FBD（斜辺と1鋭角 または 2角1対辺）より,
AD＝FD ……①, BA＝BF ……②
△ABG と △FBG において,
②と BG（共通）, ∠ABG＝∠FBG（仮定）より, △ABG≡△FBG（2辺夾角）
よって, AG＝FG ……③
また, ∠BEG＝90° より, ∠AGD＝∠BGE＝90°－∠GBE
∠BAD＝90° より, ∠ADG＝90°－∠ABD
∠GBE＝∠ABD より, ∠AGD＝∠ADG　　よって, △AGD で, AG＝AD …④
①, ③, ④より, AG＝AD＝FD＝FG
ゆえに, 四角形 AGFD はひし形である。

28. （答） △AOP と △COR において,
∠AOP＝∠COR（対頂角）　　AB∥DC（仮定）より, ∠PAO＝∠RCO（錯角）
▱ABCD より, OA＝OC
よって, △AOP≡△COR（2角夾辺）　　ゆえに, OP＝OR ……①
同様に, △BOQ≡△DOS（2角夾辺）より, OQ＝OS ……②
①, ②と PR⊥QS（仮定）より, 対角線がたがいに他を垂直に2等分するから,
四角形 PQRS はひし形である。

29. （答） AD∥BC（仮定）より, ∠BAD＋∠ABC＝180°（同側内角）
∠FEH＝∠AEB＝180°－（∠BAE＋∠ABE）

$$=180°-\frac{1}{2}(\angle BAD+\angle ABC)=180°-\frac{1}{2}×180°=90°$$

同様に, ∠HGF＝90°

また, ∠GFE＝180°－（∠FBC＋∠BCF）＝$180°-\frac{1}{2}(\angle ABC+\angle BCD)$

$$=180°-\frac{1}{2}×180°=90°$$

同様に, ∠EHG＝90°
ゆえに, 4つの角が等しいから, 四角形 EFGH は長方形である。

30. 答 △PBQ と △RDS と △PAS と △RCQ において，
△BQC と △DSA は合同な直角二等辺三角形であるから，BQ＝DS＝AS＝CQ
同様に，PB＝RD＝PA＝RC
∠ABC＝$a°$ とすると，∠PBQ＝∠RDS＝$a°+45°×2=a°+90°$
∠PAS＝∠RCQ＝$360°-45°×2-(180°-a°)=a°+90°$ より，
∠PBQ＝∠RDS＝∠PAS＝∠RCQ
よって，△PBQ≡△RDS≡△PAS≡△RCQ（2辺夾角）
ゆえに，PQ＝RS＝PS＝RQ ……①
また，∠BPQ＝∠APS より，∠QPS＝∠BPA＝90° ……②
①，②より，4つの辺が等しく，1つの内角が90°であるから，四角形 PQRS は
正方形である。

p.107 **31.** 答 点 E から辺 CD に垂線 EH をひく。
また，線分 EF と GC との交点を I とする。
2点 C，G は線分 FE について対称であるから，
∠CIF＝90° よって，∠CFI＝90°−∠FCI
また，∠CDG＝90° より，∠CGD＝90°−∠FCI
よって，∠CFI＝∠CGD ……①
△EHF と △CDG において，
∠EHF＝∠CDG（＝90°）
垂線 EH は正方形の辺 BC に等しいから，EH＝CD ①より，∠EFH＝∠CGD
ゆえに，△EHF≡△CDG（2角1対辺） よって，EF＝CG
ゆえに，線分 EF の長さは線分 CG の長さに等しい。

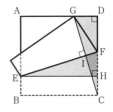

32. 答 (1) 切り口の平面と辺 AE との交点を Q とす
る。
面 AEFB∥面 DHGC より，切り口の面 PCDQ と
面 AEFB との交線 PQ，面 DHGC との交線 CD は
平行である。
同様に，面 AEHD∥面 BFGC より，切り口との交
線 QD と PC は平行である。
また，CD⊥面 BFGC より，CD⊥CP
ゆえに，2組の対辺がそれぞれ平行で，1つの角
∠PCD が直角であるから，切り口の四角形 PCDQ は長方形である。

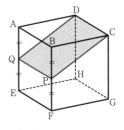

(2) 切り口の平面と辺 DH との交点を R とする。
面 AEFB∥面 DHGC より，切り口の面 APGR と
面 AEFB との交線 AP，面 DHGC との交線 RG は
平行である。
同様に，面 AEHD∥面 BFGC より，切り口との交
線 AR と PG は平行である。
また，△ABP と △GFP において，
AB＝GF（立方体の辺）
∠ABP＝∠GFP（＝90°） BP＝FP（仮定）
ゆえに，△ABP≡△GFP（2辺夾角）
よって，AP＝GP
ゆえに，2組の対辺がそれぞれ平行で，かつ1組の隣り合う辺の長さが等しいか
ら，切り口の四角形 APGR はひし形である。

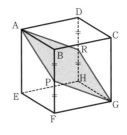

5章の問題

p.108 **1** **答** (1) $x=121$ (2) $x=56$ (3) $x=31$, $y=98$

解説 (1) AD∥BC より，∠EBC＝180°−143° ∠ECB＝90°−68°
(2) EO∥BC より，∠OCB＝34° また，∠OCD＝∠OCB
(3) ∠ABD＝∠CDB より，$x=64-33$
また，∠C＝∠A＝100°−33°＝67° $y=64+(67-33)$

2 **答** $\dfrac{1}{2}$倍

解説 AS＝BQ，AS∥BQ より，四角形 ABQS は平行四辺形であるから，
△SPQ＝$\dfrac{1}{2}$□ABQS

四角形 SQCD も同様に考える。

3 **答** AD∥BC（仮定）より，∠CFD＝∠FCB（錯角）
∠FCB＝∠FCD（仮定）より，∠CFD＝∠FCD
ゆえに，△DFC で，DF＝DC
同様に，△DCG で，DG＝DC であるから，DF＝DG

4 **答** 線分 SP の延長と辺 CB の延長との交点を T とする。
△APS と △CRQ において，
∠PAS＝∠RCQ（□ABCD の対角）……①
AS＝CQ（仮定）……②
AD∥TC（仮定）より，∠ASP＝∠PTB（錯角）
ST∥RQ（仮定）より，∠PTB＝∠CQR（同位角）
よって，∠ASP＝∠CQR ……③
①，②，③より，△APS≡△CRQ（2 角夾辺）
よって，SP＝QR また，SP∥QR（仮定）
ゆえに，1 組の対辺が平行で，かつその長さが等
しいから，四角形 PQRS は平行四辺形である。

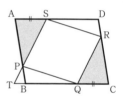

5 **答** 線分 AE と ∠D の二等分線との交点を F とする。
∠ADF＝∠CDF＝a° とすると，∠DAF＝90°−a°
また，AD∥BC（仮定）より，∠BEA＝∠DAF＝90°−a°（錯角）……①
∠BAE＝∠BAD−∠DAF＝(180°−2a°)−(90°−a°)＝90°−a° ……②
①，②より，∠BEA＝∠BAE
ゆえに，△BEA で，AB＝BE

別解 辺 DC の延長と線分 AE の延長との交点を G とすると，△DAG は
DA＝DG の二等辺三角形となるから，∠DAG＝∠DGA
AD∥BC より，∠DAG＝∠AEB（錯角）
AB∥DG（仮定）より，∠BAE＝∠DGE（錯角）
よって，∠BEA＝∠BAE
ゆえに，△BEA で，AB＝BE

参考 頂点 B から線分 AE にひいた垂線を BH，∠D の二等分線と辺 BC との交
点を I とすると，BH∥ID より，∠HBI＝∠DIE（同位角）
AD∥BC より，∠DIE＝∠ADI（錯角） ∠B＝∠D（□ABCD の対角）
よって，線分 BH は ∠B の二等分線になることから示してもよい。

p.109 **6** **答** (1) 線分 AE と CD との交点を G とする。
CA＝CE（仮定）より，△CAE は二等辺三角形であり，
∠ACG＝∠ECG（仮定）であるから，AG＝EG ……①，AE⊥CG ……②
また，△EDG と △AFG において，
①より，EG＝AG　②より，∠EGD＝∠AGF（＝90°）
DE∥AF（仮定）より，∠DEG＝∠FAG（錯角）
よって，△EDG≡△AFG（2角夾辺）
ゆえに，DG＝FG ……③
①，②，③より，対角線がたがいに他を垂直に2等分するから，四角形 ADEF
はひし形である。
(2) 30°

解説 (2) ∠C＝$\frac{1}{2}$(180°－40°)＝70° より，∠DCE＝35°

よって，△DBC で，∠ADF＝40°＋35°＝75°
∠ADE＝2∠ADF＝150°
ゆえに，∠DEF＝180°－150°

別解 (1) △CAF≡△CEF（2辺夾角）より，AF＝EF ……①
△CAD≡△CED（2辺夾角）より，AD＝ED ……②
また，∠ADC＝∠EDC
DE∥AF（仮定）より，∠EDF＝∠AFD（錯角）
よって，∠ADF＝∠AFD となるから，AD＝AF ……③
①，②，③より，4つの辺が等しいから，四角形 ADEF はひし形である。
(2) BD∥EF より，∠DEF＝∠BDE（錯角）
△DBE で，∠BDE＝∠DEC－∠DBE＝∠A－∠DBE＝∠C－∠DBE＝70°－40°

7 **答** △ABF と △IBG において，
∠ABF＝∠IBG（＝90°＋60°）……①
辺 AB と線分 IG との交点を J とすると，∠AJH＝∠IJB（対頂角）
∠FAB＝180°－90°－∠AJH，∠GIB＝180°－90°－∠IJB より，
∠FAB＝∠GIB ……②
△ABG で，∠ABG＝60°，∠GAB＝90° より，∠BGA＝30°
∠GAE＝90°－∠EAB＝90°－60°＝30°
よって，△EGA で，EA＝EG
ゆえに，BG＝BE＋EG＝BE＋EA＝2AB＝2 ……(＊)
また，BF＝BC＝2（正三角形 BFC の辺）
よって，BF＝BG ……③
①，②，③より，△ABF≡△IBG（2角1対辺）
ゆえに，AB＝IB
参考 (＊)は次のように求めてもよい。
△ABG で，∠GAB＝90°，∠ABG＝60° より，AB：BG＝1：2
ゆえに，BG＝2AB＝2

8 **答** 辺 CD の延長上に点 R を，DR＝BP ……①
となるようにとる。
△ABP と △ADR において，
AB＝AD（正方形 ABCD の辺）
∠ABP＝∠ADR（＝90°）　BP＝DR（①より）
よって，△ABP≡△ADR（2辺夾角）
ゆえに，∠BAP＝∠DAR ……②，AP＝AR ……③
AB∥DC（仮定）より，∠BAQ＝∠RQA（錯角）
また，②と∠DAQ＝∠PAQ（仮定）より，
∠RAQ＝∠BAQ
よって，∠RAQ＝∠RQA より，RA＝RQ ……④
①，③，④より，DQ＝RQ－RD＝RA－RD＝AP－BP
ゆえに，DQ＝AP－BP

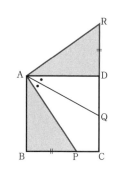

9 **答** (1) △ABC と △EAF において，
AB＝EA（仮定）
BC＝AD（▱ABCD の対辺）
また，AF＝AD（仮定）　よって，BC＝AF
∠EAF＝360°－90°－90°－∠BAD
＝180°－∠BAD
AD∥BC（仮定）より，∠ABC＝180°－∠BAD
よって，∠ABC＝∠EAF
ゆえに，△ABC≡△EAF（2辺夾角）
よって，∠BAC＝∠AEF ……①
△AHE で，①より，
∠AHE＝180°－∠AEH－∠EAH＝180°－∠BAC－∠EAH＝∠EAB＝90°
ゆえに，AH⊥EF
(2) 対角線 AC と BD との交点を O とする。
△ABC≡△EAF（(1)より）と O，I はそれぞれ線分 AC，EF の中点より，
△ABO≡△EAI（2辺夾角）　よって，∠AOB＝∠EIA
(1)より，∠OHG＝90° であるから，
△OHG で，∠BGE＝90°－∠AOB　△IHA で，∠HAI＝90°－∠EIA
ゆえに，∠BGE＝∠HAI

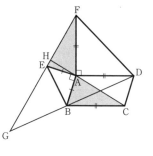

6章　面積と比例

p.111 **1.** （答） (1) $\dfrac{45}{2}$ cm² (2) 3 cm² (3) 8 cm²

2. （答） △BED, △ECF, △EBC, △EAC, △OAB, △OBC, △OCD, △ODA

p.112 **3.** （答） (1) $\dfrac{1}{16}$ 倍

(2) △AHG と △EHG は，辺 HG を共有し，AE∥HG であるから，
△AHG＝△EHG
△AIH と △FIH は，辺 HI を共有し，AF∥HI であるから，△AIH＝△FIH
△AIG＝△AIH＋△HIG＋△AHG＝△FIH＋△HIG＋△EHG＝（四角形 FIGE）
ゆえに，△AIG＝（四角形 FIGE）

（解説）(1) AC∥HG より，△AHG＝△EHG，△EHG＝$\dfrac{1}{4}$△DEF

4. （答） (1) △APD と △ABD は，辺 AD を共有し，AD∥BP であるから，
$\triangle$APD＝$\triangle$ABD＝$\dfrac{1}{2}$□ABCD　　ゆえに，△APD＝$\dfrac{1}{2}$□ABCD

(2) 点 Q を通り辺 AB に平行な直線と，辺 AD，BC
との交点をそれぞれ E，F とすると，(1)と同様に，

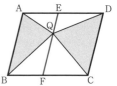

□ABFE について，△ABQ＝$\dfrac{1}{2}$□ABFE

□EFCD について，△CDQ＝$\dfrac{1}{2}$□EFCD

よって，△ABQ＋△CDQ＝$\dfrac{1}{2}$□ABFE＋$\dfrac{1}{2}$□EFCD

＝$\dfrac{1}{2}$（□ABFE＋□EFCD）＝$\dfrac{1}{2}$□ABCD

ゆえに，△ABQ＋△CDQ＝$\dfrac{1}{2}$□ABCD

（参考）(1) □ABCD で，底辺 BC の長さをa，高さをhとすると，□ABCD＝ah，
$\triangle$APD＝$\dfrac{1}{2}ah$ であるから，△APD＝$\dfrac{1}{2}$□ABCD と示してもよい。

5. （答） 対角線の交点を O とする。
△BPQ と △DPQ は，辺 PQ を共有し，BO＝DO であるから，△BPQ＝△DPQ

6. （答） △ABL と △LBM は，辺 BL を共有し，AN＝NM
であるから，△ABL＝△LBM
△LBM と △LMC は，辺 ML を共有し，BM＝MC で
あるから，△LBM＝△LMC
ゆえに，△ABL＝△LBM＝△LMC

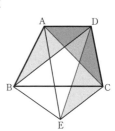

7. （答） △BEC と △DEC は，辺 EC を共有し，
BD∥EC であるから，△BEC＝△DEC
△DEC と △ACD は，辺 DC を共有し，AE∥DC で
あるから，△DEC＝△ACD

△ACD と △ABD は，辺 AD を共有し，AD∥BC であるから，△ACD＝△ABD
ゆえに，△BEC＝△ABD

p.113 **8.** （答）△EAD と △BAD は，辺 AD を共有し，EB∥AD であるから，
△EAD＝△BAD ……①
△FAD と △CAD は，辺 AD を共有し，FC∥AD であるから，
△FAD＝△CAD ……②
△EFC と △BFC は，辺 FC を共有し，EB∥FC であるから，
△EFC＝△BFC
△EAF＝△EFC－△FAC，△ABC＝△BFC－△FAC より，
△EAF＝△ABC ……③
①，②，③より，△DEF＝△EAD＋△FAD＋△EAF
＝△BAD＋△CAD＋△ABC＝2△ABC
ゆえに，△DEF＝2△ABC

9. （答）頂点 C を通り線分 BD に平行な直線と，頂点 E を通り線分 AD に平行な
直線との交点を F とする。△ABF が求める三角形である。
（参考）頂点 E を通り線分 AD に平行な直線と，辺 BA の延長との交点を G，頂点
C を通り線分 BD に平行な直線と，辺 AB の延長との交点を H とする。
△DGH も等積である。

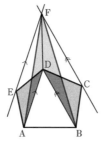
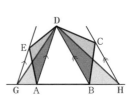

p.114 **10.** （答）点 M を通り線分 AP に平行な直線と，辺
AC との交点を Q とすると，直線 PQ が求める直
線である。
（解説）△APQ と △APM は，辺 AP を共有し，
AP∥QM であるから，△APQ＝△APM
（四角形 ABPQ）＝△ABP＋△APQ
＝△ABP＋△APM＝△ABM＝$\frac{1}{2}$△ABC

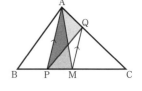

11. （答）（方法）対角線 BD の中点 E を求める。
点 E を通り線分 AC に平行な直線と，辺 BC との交
点を F とすると，直線 AF が求める直線である。
（証明）△ABE と △ADE は，辺 AE を共有し，
BE＝ED であるから，△ABE＝△ADE
同様に，△CBE＝△CDE
よって，（四角形 AECD）＝△ADE＋△CDE
＝$\frac{1}{2}$△ABD＋$\frac{1}{2}$△BCD＝$\frac{1}{2}$×（四角形 ABCD） ……①

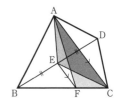

△AEC と △AFC は，辺 AC を共有し，AC // EF であるから，
△AEC＝△AFC ……②
①，②より，(四角形 AFCD)＝△AFC＋△ADC＝△AEC＋△ADC

$=$(四角形 AECD)$=\dfrac{1}{2}\times$(四角形 ABCD)

12. **答** (方法) 辺 AD の延長上に点 P を，DP＝$a$cm となるようにとる。直線 PC と辺 AB の延長との交点を Q とし，AP，AQ を 2 辺とする長方形 AQFP をつくる。辺 DC の延長と線分 QF との交点を E，辺 BC の延長と線分 PF との交点を G とする。このとき，長方形 CEFG と長方形 ABCD は等積である。
(証明) 四角形 AQFP，四角形 DCGP，四角形 BQEC は長方形である。
長方形はその対角線により，合同な 2 つの三角形に分けられるから，
△AQP＝△FPQ，△DCP＝△GPC，△BQC＝△ECQ
また，(長方形 ABCD)＝△AQP－△DCP－△BQC
(長方形 CEFG)＝△FPQ－△GPC－△ECQ
ゆえに，(長方形 ABCD)＝(長方形 CEFG)

13. **答** 下の図の点 P，P′，Q，Q′，R，R′

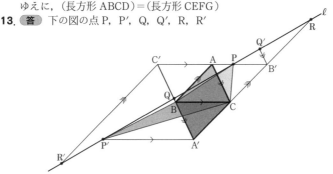

(解説) 頂点 A を通り辺 BC に平行な直線と，直線 ℓ との交点を P とすると，
△ABC＝△PBC
頂点 B を通り辺 AC に平行な直線と，頂点 C を通り辺 AB に平行な直線との交点を A′ とする。
点 A′ を通り辺 BC に平行な直線と，直線 ℓ との交点を P′ とすると，
△A′BC＝△P′BC　　また，□ABA′C より，△ABC＝△A′BC
よって，△ABC＝△P′BC
図の点 Q，Q′，R，R′ についても同様に考えると，
△BCA＝△QCA，△B′AC＝△Q′AC，△CAB＝△RAB，△C′BA＝△R′BA

14. **答** (方法) 図 1 のように，線分 AC の中点 M，
線分 BD の中点 N をそれぞれ求める。
2 直線 BM，CN の交点を P とすると，
△PAB＝△PBC＝△PCD である。
(証明) △PAB と △PBC は，辺 PB を共有し，
AM＝MC であるから，△PAB＝△PBC
△PBC と △PCD は，辺 PC を共有し，BN＝ND
であるから，△PBC＝△PCD
ゆえに，△PAB＝△PBC＝△PCD

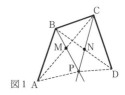

図 1

注 直線 BC について点 A と反対側にある点 P を考えるときは、図 2 の点 P_1, P_2, P_3 である。

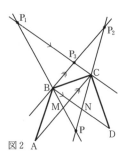

図 2

p.115 **15.** 答 (1) 2:1 (2) 3:1 (3) 1:1 (4) 3:1

16. 答 △ABO と △BCO は、辺 BO を共有するから、
△ABO : △BCO＝AO : OC
△ADO と △DCO は、辺 DO を共有するから、
△ADO : △DCO＝AO : OC
ゆえに、△ABO : △BCO＝△ADO : △DCO

p.117 **17.** 答 (1) $\dfrac{3}{16}$ (2) $\dfrac{1}{2}$ (3) $\dfrac{9}{4}$

解説 (1) $\dfrac{\triangle ADE}{\triangle ABC}=\dfrac{3\times 1}{4\times 4}$ (2) $\dfrac{\triangle ADE}{\triangle ABC}=\dfrac{1\times 1}{2\times 1}$

(3) $\dfrac{\triangle ADE}{\triangle ABC}=\dfrac{1\times 9}{2\times 2}$

18. 答 1 cm

解説 $\dfrac{\triangle DAE}{\triangle ABC}=\dfrac{AD\cdot AE}{AB\cdot AC}$ より、$\dfrac{1}{8}=\dfrac{2.5\times AE}{5\times 4}$

19. 答 (1) $\dfrac{5}{12}$ 倍 (2) $\dfrac{27}{4}$ 倍

解説 (1) $\triangle APR=\dfrac{2\times 1}{3\times 5}\triangle ABC$, $\triangle BQP=\dfrac{3\times 1}{4\times 3}\triangle ABC$, $\triangle CRQ=\dfrac{4\times 1}{5\times 4}\triangle ABC$

また、$\triangle PQR=\triangle ABC-\triangle APR-\triangle BQP-\triangle CRQ$

(2) $\triangle ARP=\dfrac{1\times 3}{1\times 2}\triangle ABC$, $\triangle BPQ=\dfrac{1\times 5}{2\times 2}\triangle ABC$, $\triangle CQR=\dfrac{3\times 2}{2\times 1}\triangle ABC$

また、$\triangle PQR=\triangle ABC+\triangle ARP+\triangle BPQ+\triangle CQR$

20. 答 (1) 3 cm (2) $\dfrac{15}{4}$ cm

解説 △ABC : △ACD＝BC : AD＝2:1 である。

(1) $\triangle ABP=\dfrac{3}{4}\triangle ABC$

(2) $\triangle EBP=\dfrac{3}{4}\triangle ABC$ となるときを考える。

$\dfrac{4\times BP}{5\times BC}=\dfrac{3}{4}$ より、BC : BP＝16:15

p.119 **21.** 答 6:3:2
解説 △ABC : △A'BC＝2:1 △ABC : △A''BC＝3:1

22. 答 (1) 3:8 (2) 4:3

解説 (1) $\triangle ABE=\dfrac{1}{2}\triangle ABC$ $AD=\dfrac{3}{4}AB$ より、$\triangle ADE=\dfrac{3}{4}\triangle ABE$

(2) CF : FD＝△ACE : △ADE

23. 答 (1) △PAC : △PBC＝3:5, △PAB : △PAC＝1:4 (2) 3:20 (3) 23:12
解説 (1) △PAC : △PBC＝AD : DB △PAB : △PAC＝BE : EC
(2) (1)より、△PAB : △PBC＝3:20 また、AF : FC＝△PAB : △PBC

(3) (2)より、$\triangle PFC=\dfrac{20}{23}\triangle PAC$ また、BP : PF＝△PBC : △PFC

24. (答) (1) $\dfrac{1}{4}S$　(2) 24:25

(解説) (1) $\triangle APQ = \dfrac{3}{7}\triangle ABQ = \dfrac{3}{7}\times\dfrac{7}{12}\triangle ABC$

(2) $\triangle ARQ = \dfrac{5}{8}\triangle ACQ = \dfrac{5}{8}\times\dfrac{5}{12}\triangle ABC = \dfrac{25}{96}S$

また，$PD:DR = \triangle APQ : \triangle ARQ$

p.120　**25.** (答) (1) $\dfrac{5a}{3b}$　(2) $\dfrac{54}{59}$ cm

(解説) (1) 高さが共通であるから，$\triangle ABD : \triangle ACE = BD : CE$

$\angle BAD = \angle CAE$ より，$\dfrac{BD}{CE} = \dfrac{\triangle ABD}{\triangle ACE} = \dfrac{AB\cdot AD}{AC\cdot AE} = \dfrac{5a}{3b}$ ……①

(2) $\angle BAE = \angle CAD$ より，$\dfrac{BE}{CD} = \dfrac{\triangle ABE}{\triangle ACD} = \dfrac{AB\cdot AE}{AC\cdot AD} = \dfrac{5b}{3a}$ ……②

①×② より，$\dfrac{BD}{CE}\cdot\dfrac{BE}{CD} = \dfrac{25}{9}$ であるから，$9\times BD\times BE = 25\times CE\times CD$

$CE = x$ cm とすると，$BE = 6-x$　$9\times2\times(6-x) = 25\times x\times4$

よって，$18(6-x) = 100x$　ゆえに，$x = \dfrac{54}{59}$

(注) 一般に，$\triangle ABC$ と $\triangle PQR$ で，$\angle ABC = \angle PQR$ ならば
$\triangle ABC : \triangle PQR = AB\cdot BC : PQ\cdot QR$ が成り立つ。

26. (答) $\dfrac{3}{22}$ 倍

(解説) 2点 A，F を通る直線と辺 BC との交点を G とする。
$\triangle ABG = x$，$\triangle AGC = y$ とする。
$AG:FG = \triangle ABC : \triangle FBC = 2:1$ より，

$\triangle ADF = \dfrac{AD\cdot AF}{AB\cdot AG}\triangle ABG = \dfrac{5\times1}{7\times2}x = \dfrac{5}{14}x$

$\triangle AFE = \dfrac{AF\cdot AE}{AG\cdot AC}\triangle AGC = \dfrac{1\times2}{2\times5}y = \dfrac{1}{5}y$

$\triangle ADE = \dfrac{AD\cdot AE}{AB\cdot AC}\triangle ABC = \dfrac{5\times2}{7\times5}(x+y) = \dfrac{2}{7}(x+y)$

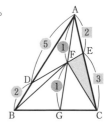

$\triangle ADE = \triangle ADF + \triangle AFE$ より，$\dfrac{2}{7}(x+y) = \dfrac{5}{14}x + \dfrac{1}{5}y$

$20(x+y) = 25x + 14y$　$5x = 6y$　よって，$x:y = 6:5$
$BG:GC = \triangle ABG : \triangle AGC$ であるから，$BG:GC = 6:5$

$\triangle FCE = \dfrac{EC}{AC}\triangle AFC = \dfrac{EC}{AC}\cdot\dfrac{AF}{AG}\triangle AGC = \dfrac{EC}{AC}\cdot\dfrac{AF}{AG}\cdot\dfrac{GC}{BC}\triangle ABC$

$= \dfrac{3}{5}\times\dfrac{1}{2}\times\dfrac{5}{11}\triangle ABC = \dfrac{3}{22}\triangle ABC$

ゆえに，$\triangle FCE$ の面積は，$\triangle ABC$ の面積の $\dfrac{3}{22}$ 倍である。

（別解）2点 A, F を通る直線と辺 BC との交点を G とする。

△ADF=$5x$ とすると，△DBF=$2x$，△FBG=$7x$

△AFE=$2y$ とすると，△FCE=$3y$，△FGC=$5y$

△ADE=△ADF＋△AFE=$5x+2y$

$$\triangle ADE=\frac{AD \cdot AE}{AB \cdot AC}\triangle ABC=\frac{5\times2}{7\times5}\triangle ABC=\frac{2}{7}\triangle ABC$$

$5x+2y=\dfrac{2}{7}(14x+10y)$ $35x+14y=28x+20y$ よって，$7x=6y$

また，△ABC=2△FBC=2（△FBG＋△FGC）=2（$7x+5y$）

$7x=6y$ より，△ABC=2（$6y+5y$）=$22y$

よって，△FCE：△ABC=$3y$：$22y$=3：22

ゆえに，△FCE の面積は，△ABC の面積の $\dfrac{3}{22}$ 倍である。

p.121 27. （答）(1) 2：3 (2) 40：9 (3) 8：11 (4) 7：15

（解説）△ABC で，チェバの定理より，$\dfrac{BP}{PC}\cdot\dfrac{CQ}{QA}\cdot\dfrac{AR}{RB}=1$ を利用する。

(1) $\dfrac{BP}{PC}=\dfrac{1}{2}$，$\dfrac{CQ}{QA}=\dfrac{3}{1}$ であるから，$\dfrac{1}{2}\times\dfrac{3}{1}\times\dfrac{AR}{RB}=1$

よって，$\dfrac{AR}{RB}=\dfrac{2}{3}$ ゆえに，AR：RB=2：3

(2) $\dfrac{BP}{PC}=\dfrac{9}{10}$，$\dfrac{CQ}{QA}=\dfrac{1}{4}$ であるから，$\dfrac{9}{10}\times\dfrac{1}{4}\times\dfrac{AR}{RB}=1$

よって，$\dfrac{AR}{RB}=\dfrac{40}{9}$ ゆえに，AR：RB=40：9

(3) $\dfrac{BP}{PC}=\dfrac{7}{8}$，$\dfrac{CQ}{QA}=\dfrac{11}{7}$ であるから，$\dfrac{7}{8}\times\dfrac{11}{7}\times\dfrac{AR}{RB}=1$

よって，$\dfrac{AR}{RB}=\dfrac{8}{11}$ ゆえに，AR：RB=8：11

(4) $\dfrac{BP}{PC}=\dfrac{5}{1}$，$\dfrac{CQ}{QA}=\dfrac{3}{7}$ であるから，$\dfrac{5}{1}\times\dfrac{3}{7}\times\dfrac{AR}{RB}=1$

よって，$\dfrac{AR}{RB}=\dfrac{7}{15}$ ゆえに，AR：RB=7：15

p.122 28. （答）(1) 33cm (2) 3：1：5

（解説）(1) △ABC で，チェバの定理より，$\dfrac{BP}{PC}\cdot\dfrac{CQ}{QA}\cdot\dfrac{AR}{RB}=1$

$\dfrac{BP}{PC}=\dfrac{15}{25}=\dfrac{3}{5}$，$\dfrac{AR}{RB}=\dfrac{35}{7}=5$ であるから，$\dfrac{3}{5}\times\dfrac{CQ}{QA}\times5=1$ よって，$\dfrac{CQ}{QA}=\dfrac{1}{3}$

ゆえに，CQ：QA=1：3，AC=44 であるから，AQ=$44\times\dfrac{3}{4}$=33

(2) △ABO と △BCO は，辺 BO を共有するから，

△ABO：△BCO=AQ：CQ=3：1

△BCO と △CAO は，辺 CO を共有するから，

△BCO：△CAO=BR：AR=1：5

ゆえに，△ABO：△BCO：△CAO=3：1：5

29. （答）9cm

（解説）AC=x cm とする。

△ABC で，チェバの定理より，$\dfrac{BG}{GC}\cdot\dfrac{CE}{EA}\cdot\dfrac{AD}{DB}=1$ で

あるから，$\dfrac{4}{1}\times\dfrac{x+3}{3}\times\dfrac{1}{2x+1}=1$

よって，$4(x+3)=3(2x+1)$ より，$x=\dfrac{9}{2}$

ゆえに，$AB=2\times\dfrac{9}{2}=9$

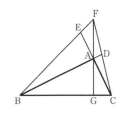

30. （答）△ABC で，チェバの定理より，$\dfrac{BE}{EC}\cdot\dfrac{CF}{FA}\cdot\dfrac{AD}{DB}=1$

$\dfrac{AD}{DB}=\dfrac{1}{1}$，$\dfrac{BE}{EC}=\dfrac{1}{1}$ であるから，$\dfrac{1}{1}\times\dfrac{CF}{FA}\times\dfrac{1}{1}=1$　　よって，$\dfrac{CF}{FA}=1$

ゆえに，F は辺 CA の中点である。

（注）三角形の 1 つの頂点とその対辺の中点を結ぶ線分を中線という。

△ABC で，3 つの中線は 1 点で交わる。

この点を △ABC の重心という。（→本文 p.140）

31. （答）$\dfrac{BP}{BC}=\dfrac{AQ}{AC}$ より，$\dfrac{QC}{CA}=\dfrac{PC}{BC}$

$\dfrac{BP}{BC}=\dfrac{BR}{BA}$ より，$\dfrac{AB}{BR}=\dfrac{BC}{BP}$

△ARQ で，チェバの定理より，$\dfrac{RT}{TQ}\cdot\dfrac{QC}{CA}\cdot\dfrac{AB}{BR}=1$ であるから，

$\dfrac{RT}{TQ}\cdot\dfrac{PC}{BC}\cdot\dfrac{BC}{BP}=1$　　　よって，$\dfrac{RT}{TQ}\cdot\dfrac{PC}{BP}=1$

ゆえに，$\dfrac{BP}{PC}=\dfrac{RT}{TQ}$

32. （答）△ABC で，チェバの定理より，$\dfrac{BP'}{P'C}\cdot\dfrac{CQ}{QA}\cdot\dfrac{AR}{RB}=1$

また，$\dfrac{BP}{PC}\cdot\dfrac{CQ}{QA}\cdot\dfrac{AR}{RB}=1$（仮定）であるから，$\dfrac{BP}{PC}=\dfrac{BP'}{P'C}$

P と P′ は，ともに辺 BC 上の点であるから，2 点は一致する。

ゆえに，△ABC の 3 辺 BC，CA，AB 上にそれぞれ点 P，Q，R があり，

$\dfrac{BP}{PC}\cdot\dfrac{CQ}{QA}\cdot\dfrac{AR}{RB}=1$ が成り立つならば，3 直線 AP，BQ，CR は 1 点 O で交わる。

（注）このことからをチェバの定理の逆という。

p.124 **33.** （答）(1) $x=\dfrac{5}{6}$，$y=\dfrac{8}{3}$　(2) $x=\dfrac{15}{16}$，$y=4$　(3) $x=\dfrac{11}{5}$，$y=6$

(4) $x=\dfrac{10}{3}$，$y=\dfrac{24}{5}$

34. 答 右の図で，△ADE：△DBE＝AD：DB，
△ADE：△DCE＝AE：EC である。
△DBE と △DCE は，辺 DE を共有し，DE∥BC で
あるから，△DBE＝△DCE
ゆえに，△ADE：△DBE＝△ADE：△DCE である
から，AD：DB＝AE：EC

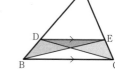

解説 まとめ②(2)（→本文 p.123）の 3 つの図のどの
場合もこの証明で導くことができる。

p.125 **35.** 答 $\dfrac{3}{2}$cm

解説 AB∥FD より，AB：FD＝CB：CD＝3：2　　ゆえに，FD＝$\dfrac{2}{3}$AB＝6

AB∥HD より，AB：HD＝EB：ED＝2：1　　ゆえに，HD＝$\dfrac{1}{2}$AB＝$\dfrac{9}{2}$

36. 答 $\dfrac{12}{5}$cm

解説 AB∥CD より，EA：ED＝AB：DC＝2：3　　ゆえに，EF＝$\dfrac{3}{5}$AB

37. 答 (1) 3：2　(2) 5：1：4　(3) 20 倍
解説 (1) AD∥EC より，DF：EF＝AD：CE
(2) (1)と同様に，AF：CF＝3：2＝6：4
▱ABCD より，AO：CO＝1：1＝5：5
(3) (2)より，△DOF＝$\dfrac{OF}{AO+OF+FC}$△ACD

38. 答 (1) 5：4　(2) $\dfrac{25}{6}$cm²

解説 (1) AF∥BE より，GA：GB＝AF：BE＝$\dfrac{1}{3}$AD：$\dfrac{3}{5}$BC＝5：9

(2) (1)より，GA：AB＝5：4 であるから，
△GAF＝$\dfrac{5}{4}$△ABF＝$\dfrac{5}{4}$×$\dfrac{1}{3}$△ABD＝$\dfrac{5}{4}$×$\dfrac{1}{3}$×$\dfrac{1}{2}$▱ABCD

39. 答 (1) 2：5　(2) 4：3　(3) $\dfrac{17}{42}$ 倍
解説 AB∥ID より，AB：DI＝AE：DE＝1：1　　よって，AB＝CD＝DI
また，FB＝GD＝$\dfrac{2}{3}$AB
(2) (1)と AB∥IC より，BH：IH＝BF：IG＝4：10，BE：IE＝AE：DE＝7：7
(3) (台形 FBCG)＝(台形 GDAF) より，(台形 FBCG)＝$\dfrac{1}{2}$▱ABCD

△BEA＝$\dfrac{1}{4}$▱ABCD より，△BHF＝$\dfrac{BH\cdot BF}{BE\cdot BA}$△BEA＝$\dfrac{4\times2}{7\times3}$×$\dfrac{1}{4}$▱ABCD
よって，(四角形 HBCG)＝(台形 FBCG)－△BHF

p.126 **40.** 答 (1) 28cm　(2) HG＝20cm，PD＝22cm

解説 (1) EP∥BG より，EP：BG＝AE：AB＝3：7　　よって，BG＝$\frac{7}{3}$EP＝42

BG∥CH，BD＝CD より，CH＝BG＝42

PF∥HC より，PF：HC＝AF：AC＝2：3　　よって，PF＝$\frac{2}{3}$CH

(2) EF∥HC∥BG より，PG＝$\frac{4}{3}$AP＝32，　PH＝$\frac{1}{2}$AP＝12

HG＝PG－PH　　また，HD＝$\frac{1}{2}$HG＝10　　　PD＝PH＋HD

41. 答 (1)(i) 2：1　(ii) 2：1　(iii) 1：6　(iv) 3：4　(2) 4cm²
解説 (1)(i) BG：GF＝△DBG：△DGF
(ii) (i)と BE∥DF より，BE：DF＝BG：GF＝2：1
DF＝EC より，BE：EC＝2：1
DE∥AC より，BD：DA＝BE：EC＝2：1
よって，AF：FC＝AD：DB＝1：2
AF∥DE より，DH：HF＝DE：AF＝FC：AF

(iii) (ii)より，FI：IB＝HF：BE＝$\frac{1}{3}$DF：2EC

(iv) (i)，(iii)より，FI：IG＝FI：（BF－GB－FI）＝$\frac{1}{7}$BF：$\left(\text{BF}-\frac{2}{3}\text{BF}-\frac{1}{7}\text{BF}\right)$

＝$\frac{1}{7}$BF：$\left(1-\frac{2}{3}-\frac{1}{7}\right)$BF

(2) △HIF＝$\frac{\text{FI}\cdot\text{FH}}{\text{FG}\cdot\text{FD}}$△DGF

42. 答 (1) 6：1　(2) 1：7
解説 (1) 線分 AF の延長と辺 BC の延長との
交点を H とする。　　AD∥CH より，
AD：HC＝AF：HF＝DF：CF＝2：1

AG：HG＝AE：HC＝$\frac{2}{3}$AD：$\frac{1}{2}$BC＝4：3

よって，AF：HF＝14：7，AG：HG＝12：9
(2) △CDE＝$\frac{1}{3}$△ACD＝$\frac{1}{3}\times\frac{1}{2}$□ABCD＝$\frac{1}{6}$□ABCD

(1)より，△CFG＝$\frac{1}{7}$△ACF＝$\frac{1}{7}\times\frac{1}{3}$△ACD＝$\frac{1}{7}\times\frac{1}{3}\times\frac{1}{2}$□ABCD

＝$\frac{1}{42}$□ABCD

よって，（四角形 DEGF）＝△CDE－△CFG＝$\left(\frac{1}{6}-\frac{1}{42}\right)$□ABCD

別解 (2) (1)より，EG：CG＝AG：HG＝4：3

△CFG＝$\frac{\text{CF}\cdot\text{CG}}{\text{CD}\cdot\text{CE}}$△CDE＝$\frac{1\times3}{3\times7}$△CDE＝$\frac{1}{7}$△CDE

よって，（四角形 DEGF）＝$\left(1-\frac{1}{7}\right)$△CDE＝$\frac{6}{7}\times\frac{1}{6}$□ABCD

p.127 **43.** 〔答〕　AB∥PM（仮定）より，AP：PC＝BM：MC＝1：2
AC∥QN（仮定）より，AQ：QB＝CN：NB＝1：2
よって，AP：PC＝AQ：QB
ゆえに，QP∥BC

44. 〔答〕　EF∥BC（仮定）より，GE：GB＝EF：BC ……①
EF∥AD（仮定）より，HE：HA＝EF：AD ……②
BC＝AD と①，②より，GE：GB＝HE：HA
ゆえに，GH∥AB

45. 〔答〕　△PAB と △PCA は，辺 AP を共有し，BM＝MC であるから，
△PAB＝△PCA ……①
△PCA と △PBC は，辺 PC を共有するから，
△PCA：△PBC＝AE：EB ……②
同様に，△PAB：△PBC＝AD：DC ……③
①，②，③より，AE：EB＝AD：DC
ゆえに，ED∥BC

〔参考〕　△ABC で，チェバの定理より，$\dfrac{BM}{MC} \cdot \dfrac{CD}{DA} \cdot \dfrac{AE}{EB} = 1$ であるから，

$\dfrac{1}{1} \times \dfrac{CD}{DA} \times \dfrac{AE}{EB} = 1$　　よって，$\dfrac{AE}{EB} = \dfrac{AD}{DC}$ から求めてもよい。

46. 〔答〕　(1) $55\,\mathrm{cm}^2$

(2) AP：AB＝AK：AD＝1：3 より，PK∥BD，$PK = \dfrac{1}{3}BD$ ……①

CM：CB＝CQ：CD＝2：3 より，MQ∥BD，$MQ = \dfrac{2}{3}BD$ ……②

①，②より，PK∥MQ，PK：MQ＝1：2
よって，PR：QR＝PK：MQ＝1：2
ゆえに，QR＝2PR

〔解説〕　(1) $\triangle ABK = \dfrac{1}{3}\triangle ABD$，$\triangle CDN = \dfrac{1}{3}\triangle CDB$ より，

$\triangle ABK + \triangle CDN = \dfrac{1}{3}(\triangle ABD + \triangle CDB) = \dfrac{1}{3} \times (\text{四角形 ABCD}) = \dfrac{1}{3} \times 165 = 55$

p.128 **47.** 〔答〕　5：9
〔解説〕　点 D を通り線分 BE に平行な直線と，
辺 AC との交点を G とする。
FE∥DG より，AF：FD＝AE：EG
BE∥DG より，
EG：GC＝BD：DC＝3：2＝9：6
AE：EC＝1：3＝5：15 より，AE：EG＝5：9
〔別解〕　頂点 A を通り辺 BC に平行な直線と，
線分 BE の延長との交点を H とする。
AH∥BD より，AF：FD＝AH：BD
AH∥BC より，
AH：BC＝AE：EC＝1：3＝5：15
BD：DC＝3：2＝9：6 より，AH：BD＝5：9

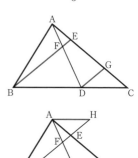

48. **答** 5:4

解説 頂点 C を通り線分 ED に平行な直線と、
辺 AB との交点を G とする。
DF∥GC より，AF：FC＝AD：DG
DE∥GC より，
DG：GB＝EC：CB＝2：3＝4：6
AD：DB＝1：2＝5：10 より，AD：DG＝5：4

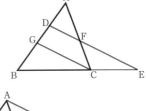

別解 頂点 A を通り線分 DE に平行
な直線と、線分 BE の延長との交点
を H とする。
AH∥FE より，AF：FC＝HE：EC
AH∥DE より，
HE：EB＝AD：DB＝1：2＝5：10
BC：CE＝3：2＝6：4 より，
HE：EC＝5：4

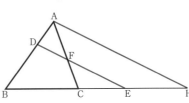

p.130 **49.** **答** (1) 3:2 (2) 40:9

解説 (1) △ABC と直線 RPQ において，メネラウスの定理より，
$\dfrac{BP}{PC}\cdot\dfrac{CQ}{QA}\cdot\dfrac{AR}{RB}=1$ であるから，$\dfrac{2}{1}\times\dfrac{1}{3}\times\dfrac{AR}{RB}=1$　よって，$\dfrac{AR}{RB}=\dfrac{3}{2}$
ゆえに，AR：RB＝3：2

(2) △ABC と直線 PRQ において，メネラウスの定理より，
$\dfrac{BP}{PC}\cdot\dfrac{CQ}{QA}\cdot\dfrac{AR}{RB}=1$ であるから，$\dfrac{3}{8}\times\dfrac{3}{5}\times\dfrac{AR}{RB}=1$　よって，$\dfrac{AR}{RB}=\dfrac{40}{9}$
ゆえに，AR：RB＝40：9

50. **答** (1) 9:2 (2) 2:1

解説 AD＝2a，AE＝3a，BD＝3b，CE＝b とする。
(1) △ABC と直線 DEF において，メネラウスの定理より，
$\dfrac{AD}{DB}\cdot\dfrac{BF}{FC}\cdot\dfrac{CE}{EA}=1$ であるから，
$\dfrac{2a}{3b}\times\dfrac{BF}{FC}\times\dfrac{b}{3a}=1$　よって，$\dfrac{BF}{FC}=\dfrac{9}{2}$
ゆえに，BF：CF＝9：2
(2) AB：AC＝(2a＋3b)：(3a＋b)＝3：2 より，
5a＝3b
よって，a：b＝3：5，AD：DB＝2a：3b＝2×3：3×5＝2：5
△FDB と直線 AEC において，メネラウスの定理より，
$\dfrac{BC}{CF}\cdot\dfrac{FE}{ED}\cdot\dfrac{DA}{AB}=1$ であるから，$\dfrac{7}{2}\times\dfrac{FE}{ED}\times\dfrac{2}{7}=1$　よって，$\dfrac{FE}{ED}=1$
ゆえに，DF：EF＝2：1

51. **答** (1) $\dfrac{BC}{CP}\cdot\dfrac{PO}{OA}\cdot\dfrac{AR}{RB}=1$ (2) $\dfrac{PB}{BC}\cdot\dfrac{CQ}{QA}\cdot\dfrac{AO}{OP}=1$

(3) (1)，(2)より，$\left(\dfrac{BC}{CP}\cdot\dfrac{PO}{OA}\cdot\dfrac{AR}{RB}\right)\cdot\left(\dfrac{PB}{BC}\cdot\dfrac{CQ}{QA}\cdot\dfrac{AO}{OP}\right)=1$

ゆえに，$\dfrac{BP}{PC}\cdot\dfrac{CQ}{QA}\cdot\dfrac{AR}{RB}=1$

52. **答** △APC と直線 RBQ において，メネラウスの定理より，$\dfrac{AB}{BP}\cdot\dfrac{PR}{RC}\cdot\dfrac{CQ}{QA}=1$ であるから，

$\dfrac{3}{1}\times\dfrac{PR}{RC}\times\dfrac{1}{2}=1$　　よって，$\dfrac{PR}{RC}=\dfrac{2}{3}$

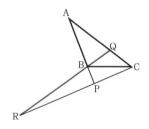

ゆえに，CP：CR＝1：3

また，AB：BP＝3：1

$\triangle RBC=3\triangle BPC=3\times\dfrac{1}{3}\triangle ABC=\triangle ABC$

ゆえに，△RBC＝△ABC

p.132 **53.** **答** (1) $x=\dfrac{24}{5}$, $y=\dfrac{39}{4}$　(2) $x=\dfrac{8}{3}$, $y=\dfrac{13}{2}$　(3) $x=\dfrac{24}{5}$

解説 (1) AE：EB＝5：3 より，$y=\dfrac{1}{5+3}\times(3\times6+5\times12)$

(2) $x:(x+4)=2:5$　　$5=\dfrac{1}{2+1}\times(1\times2+2\times y)$

(3) AC：CE＝AG：GF＝4：6＝2：3　　$x=\dfrac{1}{2+3}\times(3\times4+2\times6)$

54. **答** 点 E を通り辺 BC に平行な直線と，辺 CD との交点を F′ とすると，
AE：EB＝DF′：F′C
また，AE：EB＝DF：FC（仮定）より，DF：FC＝DF′：F′C
よって，F と F′ は同じ線分 DC を等しい比に内分する点であるから，2点は一致する。
ゆえに，EF∥BC
注 このことは，例題 8⑴（→本文 p.131）の逆である。

55. **答** $\dfrac{14}{3}$cm

解説 AM：MB＝DN：NC より，AD∥MN，$MQ=\dfrac{2}{3}BC$，$MP=\dfrac{1}{3}AD$

56. **答** 8cm

解説 PR＝$x$cm とすると，CQ：CD＝BP：BA＝x：6 より，$RQ=\dfrac{6-x}{6}BC$

PR：RQ＝1：3 より，$3x=\dfrac{6-x}{6}\times9$　　よって，$x=2$

別解 AP：PB＝DQ：QC＝1：a とすると，$PR=\dfrac{a}{1+a}\times6$，$RQ=\dfrac{1}{1+a}\times9$

PR：RQ＝1：3 より，$6a:9=1:3$　　よって，$a=\dfrac{1}{2}$

57. **答** (1) 点 A を通る直線をひく。図のように，点 P_1, P_2, P_3 と点 Q_1, Q_2 を同じ向きに，いずれも等間隔になるようにとる。つぎに，点 Q_2 と B を結ぶ。点 P_3 を通り線分 BQ_2 に平行な直線と，線分 AB との交点を C とする。
(2) 点 A を通る直線をひく。図のように，点 P_1, P_2, P_3 と点 Q_1, Q_2 を逆向きに，いずれも等間隔になるようにとる。つぎに，点 Q_2 と B を結ぶ。点 P_3 を通り線分 BQ_2 に平行な直線と，線分 AB の延長との交点を C とする。

(3) 点 A を通る直線をひく。図のように，点 P_1，P_2 と点 Q_1，Q_2，Q_3 を逆向きに，いずれも等間隔になるようにとる。つぎに，点 Q_3 と B を結ぶ。点 P_2 を通り線分 BQ_3 に平行な直線と，線分 BA の延長との交点を C とする。

(注) 点 A を通る直線は，直線 AB と重ならないようにひく。

58. **(答)** (1) $\dfrac{35}{13}$ cm (2) $\dfrac{108}{7}$ cm

p.134

(解説) (1) $5 \times \dfrac{7}{7+6}$ (2) （AD＋12）：AD＝16：9

59. **(答)** 60 cm

(解説) $PC＝11 \times \dfrac{10}{12+10}＝5$ （11＋CQ）：CQ＝12：10

60. **(答)** AB＝3 cm，CD＝$\dfrac{28}{13}$ cm

(解説) BP：PD＝12：8＝3：2 より，AB：2＝3：2
また，BQ：QD＝13：7 より，4：CD＝13：7

61. **(答)** 頂点 C を通り線分 DA に平行な直線と，辺 AB との交点を E とする。
辺 BA の延長上に点 F をとる。
AD∥EC より，AB：AE＝DB：DC ……①
AD∥EC より，∠DAC＝∠ACE（錯角），
∠FAD＝∠AEC（同位角）
∠DAC＝∠FAD（仮定）より，
∠ACE＝∠AEC
ゆえに，△ACE で，AC＝AE ……②
①，②より，AB：AC＝BD：DC

p.135

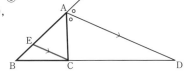

62. **(答)** 辺 BA の延長上に点 D を，AD＝AC となるようにとると，△ACD は二等辺三角形であるから，
∠ACD＝∠ADC ……①
BP：PC＝AB：AC（仮定），AC＝AD より，
BP：PC＝BA：AD であるから，AP∥DC
よって，∠BAP＝∠ADC（同位角）……②
∠CAP＝∠ACD（錯角）……③
①，②，③より，∠BAP＝∠CAP
ゆえに，線分 AP は∠A を 2 等分する。
(注) このことは，三角形の内角の二等分線の定理
（→本文 p.133）の逆の証明である。

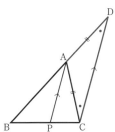

63. **(答)** (1) △MAB で，MD は∠AMB の二等分線であるから，
MA：MB＝AD：DB ……①
同様に，△MAC で，MA：MC＝AE：EC ……②
M は辺 BC の中点であるから，MB＝MC ①，②より，AD：DB＝AE：EC
ゆえに，DE∥BC
(2) MB＝MC より，△ABM＝△ACM ……③
(1)より，AD：AB＝AE：AC ……④
$\triangle ADM＝\dfrac{AD}{AB}\triangle ABM$，$\triangle AEM＝\dfrac{AE}{AC}\triangle ACM$ であるから，
③，④より，△ADM＝△AEM

64. （答）　AD は ∠A の二等分線であるから，　AB：AC＝BD：DC
よって，AC：DC＝AB：BD＝m：1 より，AB＝mBD，AC＝mDC
ゆえに，AB＋AC＝m（BD＋DC）＝mBC

65. （答）　(1) DP は ∠BDC の二等分線であるから，BP：PC＝DB：DC
DQ は ∠CDA の二等分線であるから，CQ：QA＝DC：DA
DR は ∠ADB の二等分線であるから，AR：RB＝DA：DB

よって，$\dfrac{\text{BP}}{\text{PC}}\cdot\dfrac{\text{CQ}}{\text{QA}}\cdot\dfrac{\text{AR}}{\text{RB}}=\dfrac{\text{DB}}{\text{DC}}\cdot\dfrac{\text{DC}}{\text{DA}}\cdot\dfrac{\text{DA}}{\text{DB}}=1$

ゆえに，$\dfrac{\text{BP}}{\text{PC}}\cdot\dfrac{\text{CQ}}{\text{QA}}\cdot\dfrac{\text{AR}}{\text{RB}}=1$

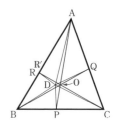

(2) 直線 CO と辺 AB との交点を R′ とすると，
△ABC で，チェバの定理より，

$\dfrac{\text{BP}}{\text{PC}}\cdot\dfrac{\text{CQ}}{\text{QA}}\cdot\dfrac{\text{AR}'}{\text{R}'\text{B}}=1$ ……①

(1)と①より，$\dfrac{\text{AR}}{\text{RB}}=\dfrac{\text{AR}'}{\text{R}'\text{B}}$

R と R′ は，ともに辺 AB 上の点であるから，2 点は
一致する。
ゆえに，辺 AB と直線 CO との交点は R である。

（参考）(2) 研究問題 32（→本文 p.122）を利用して示してもよい。

p.136 **66.** （答）　(1) $x=2$　(2) $x=\dfrac{15}{2}$　(3) $x=4$，$y=7$

67. （答）　△ABC で，D，E はそれぞれ辺 AB，AC の中点であるから，中点連結定
理より，DE∥BC
△ABP で，D は辺 AB の中点であり，DQ∥BP であるか
ら，中点連結定理の逆より，Q は線分 AP の中点である。

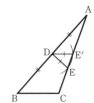

68. （答）　いえない。
（反例）右の図で，辺 AC の中点を E′ とするとき，
DE＝$\dfrac{1}{2}$BC である。

p.137 **69.** （答）　(1) $1:2$　(2) $\dfrac{1}{4}$ 倍　(3) $\dfrac{1}{12}$ 倍

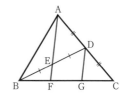

（解説）(1) 点 D を通り線分 AF に平行な直線と，辺
BC との交点を G とする。
△CAF で，D は辺 AC の中点であり，DG∥AF で
あるから，中点連結定理の逆より，FG＝GC
同様に，△BGD で，中点連結定理の逆より，
BF＝FG

(2) $\triangle\text{AED}=\dfrac{1}{2}\triangle\text{ABD}=\dfrac{1}{2}\times\dfrac{1}{2}\triangle\text{ABC}$

(3) $\triangle\text{BFE}=\dfrac{\text{BE}\cdot\text{BF}}{\text{BD}\cdot\text{BC}}\triangle\text{BCD}=\dfrac{1\times1}{2\times3}\times\dfrac{1}{2}\triangle\text{ABC}$

（参考）(1) △DBC と直線 AEF において，メネラウスの定理より，

$\dfrac{\text{BF}}{\text{FC}}\cdot\dfrac{\text{CA}}{\text{AD}}\cdot\dfrac{\text{DE}}{\text{EB}}=1$ を利用してもよい。

70. **答** (1) 4：1 (2) 5倍

解説 (1) △PDO で，PC＝CD，PB＝BO で
あるから，中点連結定理より，DO＝2CB
また，DO＝AO＝BO（半径）
(2) DC＝CP より，△DBC＝△CBP
AO＝OB＝BP より，△DAO＝△DOB＝△DBP
また，（四角形 ABCD）＝△DBC＋△DAO＋△DOB

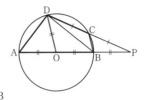

p.138 **71.** **答** ∠C＝$a°$ とすると，∠B＝$2a°$
△BCA で，D，E はそれぞれ辺 AB，BC の中点であるから，中点連結定理より，
DE∥AC   よって，∠HED＝∠C＝$a°$（同位角）
△ABH で，∠AHB＝$90°$ で，D は斜辺 AB の中点より，AD＝DB＝DH
よって，△DBH は二等辺三角形である。 ゆえに，∠DHB＝∠B＝$2a°$
また，△DHE で，∠HDE＝∠DHB－∠HED＝$2a°－a°＝a°$
よって，∠HDE＝∠HED
ゆえに，△DHE は HD＝HE の二等辺三角形である。

p.139 **72.** **答** (1) △BCA で，E，F はそれぞれ辺 AB，BC の中点であるから，中点連結
定理より，EF∥AC，EF＝$\frac{1}{2}$AC   同様に，△DAC で，HG∥AC，HG＝$\frac{1}{2}$AC
よって，EF∥HG，EF＝HG   ゆえに，四角形 EFGH は平行四辺形である。
△ABC で，E，M はそれぞれ辺 AB，AC の中点であるから，中点連結定理より，
EM∥BC，EM＝$\frac{1}{2}$BC   同様に，△DBC で，NG∥BC，NG＝$\frac{1}{2}$BC
よって，EM∥NG，EM＝NG   ゆえに，四角形 EMGN は平行四辺形である。
(2) □EFGH より，対角線 EG と FH との交点は EG の中点である。
同様に，□EMGN の対角線の交点も対角線 EG の中点である。
ゆえに，3直線 EG，FH，MN は1点で交わる。

73. **答** (1) AC⊥BD (2) AC＝BD (3) AC⊥BD かつ AC＝BD
解説 演習問題 72(1)より，四角形 EFGH は平行四辺形である。
(1) EF∥AC，EH∥BD，∠FEH＝$90°$
(2) EF＝$\frac{1}{2}$AC，EH＝$\frac{1}{2}$BD，EF＝EH

74. **答** △BPA で，D，E はそれぞれ辺 AB，
BP の中点であるから，中点連結定理より，
DE∥AP ……①，DE＝$\frac{1}{2}$AP ……②

同様に，△CAQ で，

DE∥QA ……③，DE＝$\frac{1}{2}$QA ……④

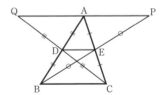

①，③より，2点 P，Q は頂点 A を通る線分 DE の平行線上にあるから，3点 P，
A，Q は一直線上にある。
また，②，④より，AP＝QA
ゆえに，A は線分 PQ の中点である。
参考 AE＝EC，BE＝EP より，
四角形 ABCP は平行四辺形であるから，AP∥BC，AP＝BC
同様に，QA∥BC，QA＝BC として示してもよい。

75. 〔答〕 辺 AB の中点を G とする。　△ABC で，G，F はそれぞれ辺 AB，AC の中点であるから，中点連結定理より，GF∥BC，$GF=\dfrac{1}{2}BC$

同様に，△BAD で，G，E はそれぞれ辺 AB，BD の中点であるから，

GE∥AD，$GE=\dfrac{1}{2}AD$

また，AD∥BC（仮定）より，線分 GF，GE も辺 BC に平行であるから，3 点 G，E，F は一直線上にある。

ゆえに，EF∥BC，$EF=GF-GE=\dfrac{1}{2}(BC-AD)$

76. 〔答〕 AB∥CD，AB=CD（仮定）より，四角形 ACDB は平行四辺形である。
対角線 AD と BC との交点を O とし，O から線分 AA′ の平行線をひき，線分 A′D′ との交点を O′ とする。

O は対角線 AD の中点で，AA′∥OO′∥DD′

であるから，$OO'=\dfrac{1}{2}(AA'+DD')$

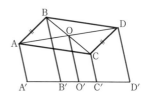

同様に，$OO'=\dfrac{1}{2}(BB'+CC')$

ゆえに，AA′+DD′=BB′+CC′

77. 〔答〕 点 P，Q から辺 AB，AC にそれぞれ垂線 PF，QE をひく。
△ABP，△ACQ は直角二等辺三角形であるから，
AF=BF=PF，AE=CE=QE ……①
D は辺 BC の中点であることと①から，
中点連結定理より，
FD∥AC，ED∥AB ……②

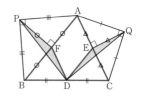

$FD=\dfrac{1}{2}AC$，$ED=\dfrac{1}{2}AB$ ……③

△DFP と △QED において，
①，③より，DF=QE，PF=DE
②より，∠DFB=∠A，∠CED=∠A（ともに同位角）であるから，
∠DFP=∠QED（=90°+∠A）
よって，△DFP≡△QED（2 辺夾角）……④
ゆえに，PD=DQ
また，∠PDQ=∠PDF+∠FDE+∠EDQ
ここで，②より，∠FDE=∠DFB=∠DFP-90°　　④より，∠EDQ=∠FPD
よって，∠PDQ=∠PDF+∠DFP-90°+∠FPD=180°-90°=90°
ゆえに，∠PDQ=90°

p.144 **78.** **答** (1)㋐と㋑ AIE, AIF ㋒と㋓ BID, BIF ㋔と㋕ CID, CIE（順不同）
㋖と㋗ IE, IF（順不同） ㋘ AE ㋙ BF ㋚ CD
(2)㋐と㋑ AI$_A$E, AI$_A$F ㋒と㋓ BI$_A$D, BI$_A$F ㋔と㋕ CI$_A$D, CI$_A$E（順不同）
㋖と㋗ I$_A$E, I$_A$F（順不同） ㋘ AE ㋙ BF ㋚ CD
(3)㋐と㋑ AOF, BOF ㋒と㋓ BOD, COD ㋔と㋕ COE, AOE（順不同）
㋖と㋗ BO, CO（順不同） ㋘ AO
(4)㋐～㋒ HBD, CAD, CBE（順不同） ㋓ 180
(5)㋐～㋔ GAF, GBD, GBF, GCD, GCE（順不同） ㋕ $\frac{2}{3}a$ ㋖ $\frac{1}{2}b$

注 (4) (i)の直角三角形は，1つを拡大または縮小すると他の直角三角形と合同に
なる。このとき，これらの直角三角形は相似であるという。（→7章，本文 p.150）

p.145 **79.** **答** (1) $x=80$ (2) $x=33$ (3) $x=6$ (4) $x=66$ (5) $x=64$
解説 (1) $\angle IBC + \angle ICB = 180° - 130°$

(2) $OB = OA = OC$ より，$\angle BAC = 2x° = \dfrac{132°}{2}$

(3) $DE /\!/ BC$ より，$AE:EC = AG:GM$
(4) $AH \perp BC$ より，$\angle BCH = 90° - 28° - 38°$ また，$CH \perp AB$
(5) $\angle I_BAC + \angle ACI_B = 180° - 58°$
$\angle CAB + \angle BCA = 360° - 2(\angle I_BAC + \angle ACI_B) = 116°$

80. **答** △ABC の重心であり，かつ垂心である点を P
とし，線分 AP の延長と辺 BC との交点を M とする。
P は △ABC の重心であるから，M は辺 BC の中点で
ある。 よって，BM = MC ……①
P は △ABC の垂心であるから，AM⊥BC ……②
①，②より，AM は辺 BC の垂直二等分線であるから，
AB = AC 同様に，BA = BC
ゆえに，△ABC は正三角形である。

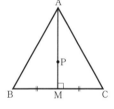

p.146 **81.** **答** (1)㋐～㋓ 内心，外心，垂心，重心（順不同）
(2)㋐ 垂心 ㋑ 重心 (3)㋐ 外心
82. **答** O は △ABC の外心より，OA = OB = OC
AO は ∠BAC の二等分線より，∠OAB = ∠OAC
△OAB，△OAC は等辺が等しく，底角が等しい二等辺
三角形であるから，△OAB≡△OAC（2角1対辺）
よって，AB = AC
ゆえに，△ABC は AB = AC の二等辺三角形である。

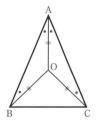

83. **答** (1) $90° + \frac{1}{2}a°$ (2) $90° - \frac{1}{2}a°$ (3) $2a°$ (4) $180° - a°$

解説 (1) $\angle BIC = 180° - \frac{1}{2}(\angle B + \angle C)$

(2) $\angle BI_AC = 180° - \frac{1}{2}(180° - \angle B) - \frac{1}{2}(180° - \angle C) = \frac{1}{2}(\angle B + \angle C)$

(3) $\angle BOC = 2\angle OAB + 2\angle OAC = 2(\angle OAB + \angle OAC) = 2\angle BAC$
(4) 直線 CH と辺 AB，直線 BH と辺 CA との交点をそれぞれ E，F とすると，
$\angle HEA = \angle HFA = 90°$ より，四角形 AEHF で，$\angle A + \angle EHF = 180°$

84. 答 $\dfrac{b+c}{a}$

解説 I は内心であるから，$\angle BAP = \angle CAP$　　よって，$BP:PC = c:b$

ゆえに，$BP = \dfrac{c}{b+c}BC = \dfrac{ac}{b+c}$

$\angle ABI = \angle PBI$ より，$AI:IP = AB:BP = c:\dfrac{ac}{b+c}$

別解 直線 CI と辺 AB との交点を R とする。

I は内心より，$\dfrac{BP}{PC} = \dfrac{c}{b}$，$\dfrac{AR}{RB} = \dfrac{b}{a}$

△ABP と直線 CIR において，メネラウスの定理より，

$\dfrac{BC}{CP}\cdot\dfrac{PI}{IA}\cdot\dfrac{AR}{RB} = 1$ であるから，$\dfrac{b+c}{b}\cdot\dfrac{PI}{IA}\cdot\dfrac{b}{a} = 1$

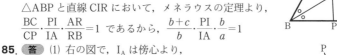

85. 答 (1) 右の図で，I_A は傍心より，

$\angle I_AAB = \angle I_AAC$

I_C は傍心より，$\angle I_CAP = \angle I_CAB$

ゆえに，$\angle I_CAI = \angle I_CAB + \angle I_AAB$

$= \dfrac{1}{2}\angle PAB + \dfrac{1}{2}\angle BAC = 90°$

よって，$I_AA \perp I_BI_C$　　同様に，$I_BB \perp I_CI_A$

ゆえに，I_AA と I_BB との交点 I は △$I_AI_BI_C$ の垂心である。

(2) M は直角三角形 BI_AI の斜辺 II_A の中点より，

$MB = MI = MI_A$　　同様に，$MC = MI = MI_A$

よって，$MB = MI = MC$ より，M は △BIC の外心である。

また，$MB = MI_A = MC$ より，M は △BI_AC の外心である。

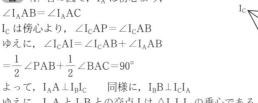

86. 答 辺 BC の中点 D から直線 ℓ に垂線 DQ をひく。

台形 CBMN で，$CD = DB$，$CN /\!/ DQ /\!/ BM$ より，

$DQ = \dfrac{1}{2}(BM + CN)$ ……①

台形 ADQL で，$AG:GD = 2:1$，$AL /\!/ GP /\!/ DQ$

より，$GP = \dfrac{1}{3}(AL + 2DQ)$ ……②

①，②より，

$3GP = AL + 2DQ = AL + 2\times\dfrac{1}{2}(BM + CN)$

ゆえに，$AL + BM + CN = 3GP$

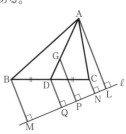

6章の問題

p.147 **1** 答 $\dfrac{45}{8}$ 倍

解説 $BE /\!/ AD$ より，$AF:FE = DF:FB = AD:BE = 3:2$

よって，△$DAF = \dfrac{3\times3}{2\times2}\times$△$BEF = \dfrac{9}{4}$△$BEF$

EC∥AD より，GE：GA＝CE：DA＝1：3　　よって，GE：EA＝1：2
ゆえに，△AGD＝$\frac{3}{2}$△ADE＝$\frac{3}{2}$×$\frac{5}{3}$△DAF

② **答** (1) 5cm　(2) 16倍

解説 (1) EH＝$\frac{1}{3}$BF＝1　　HG＝EG－EH

(2) △AEH と台形 HFCG の高さの比は 1：2 であるから，△AEH の高さを

$h$cm とすると，△AEH＝$\frac{1}{2}$×1×h　　(台形 HFCG)＝$\frac{1}{2}$×(3+5)×2h

参考 (1) HG＝$\frac{1}{1+2}$(2AD＋FC) としてもよい。

(2) △EBH＝2△AEH，△HBF＝△HFC＝6△AEH，△HCG＝10△AEH より，
(四角形 HFCG)＝△HFC＋△HCG＝6△AEH＋10△AEH としてもよい。

③ **答** 5：18

解説 △ABE＝$\frac{2}{3}$△ABC＝$\frac{2}{3}$×$\frac{1}{2}$□ABCD＝$\frac{1}{3}$□ABCD

△AFD＝$\frac{2}{3}$△ACD＝$\frac{2}{3}$×$\frac{1}{2}$□ABCD＝$\frac{1}{3}$□ABCD

△CEF＝$\frac{1×1}{3×3}$□BCD＝$\frac{1×1}{3×3}$×$\frac{1}{2}$□ABCD＝$\frac{1}{18}$□ABCD

△AEF＝□ABCD－△ABE－△AFD－△CEF＝$\left(1-\frac{1}{3}-\frac{1}{3}-\frac{1}{18}\right)$□ABCD

④ **答** (1) 8cm　(2) 2：1　(3) $\frac{4}{21}$ 倍

解説 (1) BE は ∠B の二等分線であるから，BA：BC＝AE：EC
(2) AI は ∠A の二等分線であるから，BI：IE＝AB：AE

(3) △AIE＝$\frac{1}{3}$△ABE＝$\frac{1}{3}$×$\frac{4}{7}$△ABC

⑤ **答** (1) 7：4　(2) $\frac{16}{189}$ 倍

解説 (1) △APB の面積を S とすると，△APC＝2S，
△PBC＝4S，△ABC＝7S
AD：PD＝△ABC：△PBC
(2) 直線 CP と辺 AB との交点を F とする。
BD：DC＝△APB：△APC＝1：2
FB∥ED より，FE：EC＝BD：DC＝1：2＝7：14
△APB＝$\frac{1}{7}$△ABC より，FC：FP＝7：1＝21：3
よって，FP：PE：EC＝3：4：14

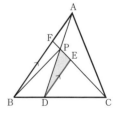

△PDE＝$\frac{PE}{PC}$△PDC＝$\frac{4}{18}$×$\frac{PD}{AD}$△ADC＝$\frac{2}{9}$×$\frac{4}{7}$×$\frac{DC}{BC}$△ABC

＝$\frac{2}{9}$×$\frac{4}{7}$×$\frac{2}{3}$△ABC

p.148 **(6)** **(答)** 6：35

(解説) 右の図のように，直線 AD と
EC との交点を I，直線 BC と ED と
の交点を J とする。
IA∥BC より，
AI：BC＝AE：BE＝1：1
よって，AI＝BC
同様に，AD∥JB より，AD＝BJ
IA∥FC より，AH：FH＝AI：FC＝3：2＝21：14
AD∥JF より，AG：FG＝AD：FJ＝3：4＝15：20
よって，AG：GH：HF＝15：6：14

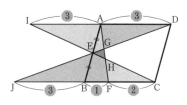

(7) **(答)** (1) △PBL＝2cm²，△QLC＝$\frac{4}{3}$cm² (2) $\frac{8}{3}$cm²

(解説) (1) AP＝PL より，△PBL＝$\frac{1}{2}$△ABL

また，対角線 BD をひくと，点 Q は BD 上にある。

AD∥BL より，BQ：DQ＝BL：DA＝1：2   よって，△QBC＝$\frac{1}{3}$△BCD

BL＝LC より，△QLC＝$\frac{1}{2}$△QBC

(2) 影の部分の面積は，全体の面積から △PBL と合同な 4 つの三角形の面積と，
△QLC と合同な 4 つの三角形の面積をひいたものである。

(8) **(答)** (1) PQ∥AC，AP：PB＝2：1 より，

PQ＝$\frac{1}{3}$AC

また，AR＝$\frac{1}{3}$AC であるから，PQ＝AR

AR∥PQ，AR＝PQ より，四角形 APQR は平行四
辺形である。
(2) PN＝NR（仮定）より，N は □APQR の対角線
の交点である。
ゆえに，点 N は対角線 AQ 上にあるから，AN＝NQ
△AQL で，AN＝NQ，AM＝ML（仮定）であるから，中点連結定理より，
NM∥QL   すなわち NM∥BC
(3) 1：12

(解説) (3) BQ：QC＝1：2＝2：4，BL：LC＝1：1＝3：3 より，QL＝$\frac{1}{6}$BC

(9) **(答)** PA∥CR より，OP：OR＝OA：OC
AS∥QC より，OS：OQ＝OA：OC
よって，OP：OR＝OS：OQ   ゆえに，OP：OS＝OR：OQ
(10) **(答)** (1)(i) △OAE と △OAF において，
∠AEO＝∠AFO＝90°   OA は共通
O は傍心より，AO は ∠A の二等分線であるから，∠OAE＝∠OAF
よって，△OAE≡△OAF（斜辺と 1 鋭角 または 2 角 1 対辺）
ゆえに，AE＝AF

(ii) (i)より， AE＝AF　　同様に， BE＝BD, CD＝CF

よって， AE＋AF＝AB＋BE＋AC＋CF＝AB＋BD＋AC＋CD＝AB＋BC＋CA

ゆえに， $AF＝\frac{1}{2}(AB＋BC＋CA)$

(2) 2cm

(解説) (2) (1)より， AE＝AF＝6　　よって， BE＝2

また， BE＝BD, ∠OEB＝∠EBD＝∠ODB＝90°

ゆえに， 四角形 BEOD は正方形である。

(別解) (2) △OAB＋△OCA－△OBC＝△ABC であるから， 円 O の半径を $r$cm

とすると， $\frac{1}{2}×4r＋\frac{1}{2}×5r－\frac{1}{2}×3r＝\frac{1}{2}×3×4$

p.149 **(11)** **(答)** 正三角形 ABC の1辺の長さを $a$cm， 高さを $h$cm とすると，

$\triangle PBC＝\frac{1}{2}a×PD$, $\triangle PCA＝\frac{1}{2}a×PE$,

$\triangle PAB＝\frac{1}{2}a×PF$

また， △PBC＋△PCA＋△PAB＝△ABC より，

$\frac{1}{2}a×PD＋\frac{1}{2}a×PE＋\frac{1}{2}a×PF＝\frac{1}{2}ah$

ゆえに， PD＋PE＋PF＝h（一定）

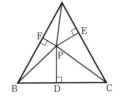

(12) **(答)** CC′∥AA′ より， $\frac{z}{x}＝\frac{CB}{AB}$　　CC′∥BB′ より， $\frac{z}{y}＝\frac{AC}{AB}$

ここで， AB＝CB＋AC より， $AB＝\frac{z}{x}AB＋\frac{z}{y}AB$

両辺を zAB で割ると， $\frac{1}{z}＝\frac{1}{x}＋\frac{1}{y}$　　ゆえに， $\frac{1}{x}＋\frac{1}{y}＝\frac{1}{z}$

(13) **(答)** 頂点 C を通り線分 PR に平行な直線

と， 辺 AB との交点を D とすると，

BP：DP＝BR：CR ……①

△APQ で， ∠APQ＝∠AQP（仮定）より，

AP＝AQ

また， PQ∥DC より， AP：PD＝AQ：QC

よって， DP＝CQ ……②

①, ②より， BP：CQ＝BR：CR

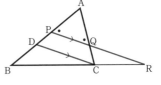

(別解) △ABC と直線 PQR において， メネラウスの定理より， $\frac{AP}{PB}・\frac{BR}{RC}・\frac{CQ}{QA}＝1$

AP＝AQ より， $\frac{CQ・BR}{PB・RC}＝1$　　よって， BP：CQ＝BR：CR

(14) **(答)** △PBC と △ABC は， 辺 BC を共有するから， $\frac{PD}{AD}＝\frac{\triangle PBC}{\triangle ABC}$ ……①

同様に， $\frac{PE}{BE}＝\frac{\triangle PCA}{\triangle BCA}$ ……②　　$\frac{PF}{CF}＝\frac{\triangle PAB}{\triangle CAB}$ ……③

①, ②, ③より， $\frac{PD}{AD}＋\frac{PE}{BE}＋\frac{PF}{CF}＝\frac{\triangle PBC＋\triangle PCA＋\triangle PAB}{\triangle ABC}＝\frac{\triangle ABC}{\triangle ABC}＝1$

⑮ 答 $\dfrac{1}{9}a^2\mathrm{cm}^2$

解説 辺 AD，AB，DC の中点をそれぞれ L，M，N とする。

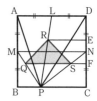

PQ：PM＝PS：PN＝2：3 より，

QS∥MN，$\mathrm{QS}=\dfrac{2}{3}\mathrm{MN}=\dfrac{2}{3}a$

また，点 R，S を通り線分 MN に平行な直線と，辺 DC との交点をそれぞれ E，F とする。

PR：PL＝2：3 より，$\mathrm{CE}=\dfrac{2}{3}\mathrm{CD}$

PS：PN＝2：3 より，$\mathrm{CF}=\dfrac{2}{3}\mathrm{CN}=\dfrac{2}{3}\times\dfrac{1}{2}\mathrm{CD}=\dfrac{1}{3}\mathrm{CD}$　　よって，$\mathrm{EF}=\dfrac{1}{3}\mathrm{CD}$

ゆえに，点 R と線分 QS との距離は $\dfrac{1}{3}a$

別解 線分 PR と QS との交点を T とすると，PS：PN＝2：3 より，

$\mathrm{PT}=\dfrac{2}{3}\times\dfrac{1}{2}\mathrm{PL}=\dfrac{1}{3}\mathrm{PL}$　　また，$\mathrm{PR}=\dfrac{2}{3}\mathrm{PL}$　　よって，PT＝TR

ゆえに，△QRS＝△PSQ

PQ：PM＝PS：PN＝2：3 より，$\triangle \mathrm{PSQ}=\dfrac{2\times2}{3\times3}\triangle \mathrm{PMN}$

$=\dfrac{4}{9}\times\dfrac{1}{2}\times(長方形\ \mathrm{MBCN})=\dfrac{4}{9}\times\dfrac{1}{2}\times\dfrac{1}{2}\times(正方形\ \mathrm{ABCD})$

⑯ 答 点 I から対角線 AC，辺 AB にひいた垂線をそれぞれ IG，IH とし，対角線 AC と線分 IE，IF との交点をそれぞれ J，K とする。

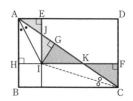

△AGI と △AHI において，

AI は共通　∠AGI＝∠AHI＝90°

I は △ABC の内心であるから，∠GAI＝∠HAI

よって，△AGI≡△AHI（斜辺と1鋭角 または 2角1対辺）

四角形 AHIE は長方形であるから，△AHI≡△IEA

ゆえに，△AGI≡△IEA

よって，△IGJ≡△AEJ

同様に，△IGK≡△CFK

よって，(長方形 EIFD)＝△ACD＝$\dfrac{1}{2}\times$(長方形 ABCD)

ゆえに，(長方形 EIFD)＝$\dfrac{1}{2}\times$(長方形 ABCD)

7章　相似な図形

p.151 **1.** 答

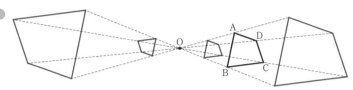

2. 答

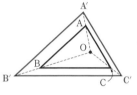

または

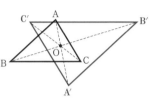

3. 答 (1) 辺 AB と DE，辺 BC と EF，辺 CA と FD　(2) 5：3

(3) $x=3$，$y=\dfrac{21}{5}$，$z=60$

4. 答 (1) O を相似の中心として相似の位置にある　(2) $\dfrac{5}{2}$cm　(3) $\dfrac{20}{3}$cm

p.152 **5.** 答 (1) 4：3　(2) 103°　(3) 辺 AD，$\dfrac{20}{3}$cm

p.153 **6.** 答 (ア)，(ウ)，(エ)

解説 (イ)と(オ)は，右の図のように，
直線 k，ℓ，m，n が 1 点で交わら
ないから，外周と内周の図形は相
似の位置にない。

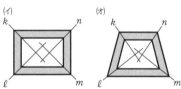

7. 答 頂点 A′ を通り直線 AP に平
行な直線と，直線 OP との交点が
P′ である。

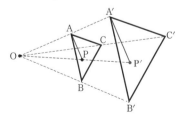

8. 答

解説 直線 B′B と C′C との交点を O
とする。点 B′ を通り辺 AB に平行
な直線をひき，直線 OA との交点を
A′ とする。点 C′ を通り辺 CD に平
行な直線をひき，直線 OD との交点
を D′ とする。点 A′ と D′ を結ぶ。

9. 答 △ABC の 3 つの中線は 1 点（重心）で交わり，その交点を G とすると，
GA：GD＝GB：GE＝GC：GF＝2：1 である。
ゆえに，△ABC と △DEF は G を相似の中心として相似の位置にあり，
相似比は 2：1

10. 答

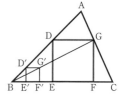

(解説) △ABC∽△A′B′C′ より，AB：A′B′＝BC：B′C′＝CA：C′A′＝5：3 …①
線分 OA，OB，OC 上にそれぞれ点 A″，B″，C″ を，
OA：OA″＝OB：OB″＝OC：OC″＝5：3 となるようにとると，
△ABC と △A″B″C″ は，O を相似の中心として相似の位置にあり，相似比は 5：3 である。
よって，AB：A″B″＝BC：B″C″＝CA：C″A″＝5：3 ……②
①，②より，A′B′＝A″B″，B′C′＝B″C″，C′A′＝C″A″ であるから，
△A′B′C′≡△A″B″C″（3辺）
また，線分 AO，BO，CO の延長上にそれぞれ点 A‴，B‴，C‴ を，上と同じようにとると，△ABC と △A‴B‴C‴ は，O を相似の中心として相似の位置にあり，△A′B′C′≡△A‴B‴C‴ である。

p.154 **11. 答** ① 辺 AB 上に点 D′ をとり，D′ から辺 BC に垂線 D′E′ をひく。
② 線分 D′E′ を 1 辺とする正方形 D′E′F′G′ を，直線 D′E′ について頂点 B と反対側につくる。
③ 直線 BG′ と辺 AC との交点を G とする。
④ 点 G を通り辺 BC に平行な直線をひき，辺 AB との交点を D とし，D，G から辺 BC にそれぞれ垂線 DE，GF をひく。

12. 答 ① 直線 XY 上に 2 点 B′，C′ をとる。
② 線分 B′C′ を 1 辺とする正三角形 A′B′C′ を，直線 XY について 2 点 P，Q と同じ側につくる。
③ 点 P を通り辺 A′B′ に平行にひいた直線 ℓ と，点 Q を通り辺 A′C′ に平行にひいた直線 m との交点を A とする。
④ 直線 XY と直線 ℓ，m との交点をそれぞれ B，C とする。

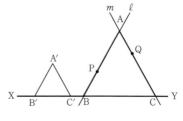

p.155 **13. 答** △ABC∽△QRP（2辺の比と間の角），△DEF∽△WVX（2角），
△GHI∽△UST（2角）または △GHI∽△UTS（2角），
△JKL∽△ONM（3辺の比）

14. 答 (1) $x＝70$，$y＝\dfrac{21}{2}$　(2) $x＝30$，$y＝2\sqrt{3}$　(3) $x＝\dfrac{25}{3}$，$y＝\dfrac{18}{5}$

p.156 **15.** （答） (1) $x=\dfrac{9}{2}$　(2) $x=6$　(3) $x=139$

（解説） (1) AB：AC＝AC：AD
(2) AB：DB＝AC：DA
(3) ∠CAB＝∠ADC＝59° より，∠CAD＝∠BCA＝180°−59°−41°＝80°

p.157 **16.** （答） (1) $x=6$　(2) $x=\dfrac{15}{7}$　(3) $x=10$

（解説） (1) △ABD∽△ACE（2角）より，AB：AC＝AD：AE
(2) △ABC∽△CBD（2角）より，AB：CB＝AC：CD
(3) △ABC∽△DAC（2辺の比と間の角）より，AB：DA＝AC：DC

17. （答） △ABE と △CBD において，
∠ABE＝∠CBD（仮定）　∠AEB＝∠DEC（対頂角）
CE＝CD（仮定）より，∠DEC＝∠CDE　　よって，∠AEB＝∠CDB
ゆえに，△ABE∽△CBD（2角）

18. （答） (1) △BCF
（証明） △EBF と △BCF において，
∠BFE＝∠CFB（共通）
∠EBC＝∠EBF（仮定）　　長方形 ABCD より，∠EBC＝∠ECB
よって，∠EBF＝∠BCF
ゆえに，△EBF∽△BCF（2角）

(2) EB＝$\dfrac{10}{3}$cm，BC＝5cm

（解説） (2) (1)より，EF：BF＝BF：CF　　EF：4＝4：6
よって，EF＝$\dfrac{8}{3}$　　EB＝EC＝6−EF
また，(1)より，EB：BC＝BF：CF

19. （答） (1) CD＝BC−BD＝2−($\sqrt{5}$−1)＝3−$\sqrt{5}$ より，
BC・CD＝2(3−$\sqrt{5}$)＝6−2$\sqrt{5}$
また，AC・AD＝($\sqrt{5}$−1)²＝6−2$\sqrt{5}$
よって，BC・CD＝AC・AD ……①
△ABC と △CAD において，
①より，AC：CD＝BC：AD ……②
AC＝AD（仮定）より，∠BCA＝∠ADC ……③
②，③より，△ABC∽△CAD（2辺の比と間の角）
(2) 126°

（解説） (2) 右の図のように，∠B＝a° とすると，
∠BAD＝a°，∠ADC＝∠ACD＝2a°
(1)より，∠CAD＝∠ABC＝a°
△ABC で，a°＋2a°＋2a°＝180° より，
a＝36

AD＝AE より，∠ADE＝∠AED＝$\dfrac{1}{2}a$°＝18°

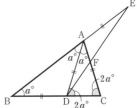

<u>p.159</u> **20.** 答 (1) $x=5$ (2) $x=10$

解説 (1) $\triangle ABC \backsim \triangle EDC$（2角）より，$AC:EC=BC:DC$

$(3+7):x=(9+x):7$　　ただし，$x>0$

(2) $\triangle ABP \backsim \triangle DPQ$（2角）より，$AB:DP=AP:DQ$

$6:(12-x)=x:\dfrac{10}{3}$　　ただし，$6<x<12$

21. 答 (1) $\triangle ADF$ と $\triangle CDE$ において，

$\angle ADF=\angle CDE$（仮定）……①　　$\angle CAD=\angle CBA$（仮定）

また，$\triangle FBD$ で，$\angle AFD=\angle FDB+\angle FBD$

$\triangle AED$ で，$\angle CED=\angle ADE+\angle EAD$

よって，$\angle AFD=\angle CED$ ……②

①，②より，$\triangle ADF \backsim \triangle CDE$（2角）

(2) $\dfrac{7}{2}$ cm

解説 (2) $\angle AEF=\angle AFE$ より，$AF=AE=3$

(1)より，$AF:CE=DF:DE$　　$3:2=DF:7$　　よって，$DF=\dfrac{21}{2}$

22. 答 (1) $\dfrac{24}{5}$ cm

(2) 線分 AM と DE との交点を F とする。

$\triangle DEC$ と $\triangle ADM$ において，

$\angle ADM=\angle AFD=90°$ であるから，$\angle CDE=\angle MAD\ (=90°-\angle ADE)$

$AD=AE=4$，$DC=2DM=2EM=6$ より，$DE:AD=\dfrac{24}{5}:4=6:5$

$DC:AM=6:5$ であるから，$DE:AD=DC:AM\ (=6:5)$

ゆえに，$\triangle DEC \backsim \triangle ADM$（2辺の比と間の角）

(3) $\dfrac{108}{25}$ cm²

解説 (1) 線分 AM と DE との交点を F とすると，$DE \perp AM$，$DE=2EF$

また，$\triangle EFM \backsim \triangle AEM$（2角）より，$EF:AE=EM:AM$

$EF:4=3:5$　　よって，$EF=\dfrac{12}{5}$

(3) 点 E から辺 CD に垂線 EG をひくと，(2)より，$\triangle DEC$ は直角三角形であるから，$\triangle EGC \backsim \triangle DEC$（2角）　　よって，$EC:DC=GC:EC$

(2)より，$EC=\dfrac{6}{5}EM=\dfrac{18}{5}$ であるから，$GC=\dfrac{54}{25}$

ゆえに，$\triangle EBC=\dfrac{1}{2}BC\cdot GC$

参考 (1) $\triangle AEM=\dfrac{1}{2}AE\cdot EM=\dfrac{1}{2}AM\cdot EF$ から，EF を求めてもよい。

(2) $\triangle DEC$ で，中点連結定理を使って，$FM/\!/EC$ を示し，$\angle DEC=\angle DFM=90°$，$\angle DCE=\angle DMF$ から，$\triangle DEC \backsim \triangle ADM$（2角）を示してもよい。

(3) △AEF∽△AME より, $AF=\dfrac{4}{5}AE=\dfrac{16}{5}$

点 E から辺 AD に垂線 EH をひくと, $△AED=\dfrac{1}{2}AD\cdot EH=\dfrac{1}{2}DE\cdot AF$ から,

$EH=\dfrac{96}{25}$ を求め, $△EBC=\dfrac{1}{2}BC\cdot(DC-EH)$ と求めてもよい。

または, $△AED+△EBC=\dfrac{1}{2}×(長方形\ ABCD)$ であるから,

$△EBC=\dfrac{1}{2}×(長方形\ ABCD)-△AED$ と求めてもよい。

p.160 **23.** 答 $CD=\dfrac{25}{12}$cm, $AC=\dfrac{65}{12}$cm

解説 △ABD∽△CAD（2角）より, AD：CD＝BD：AD＝AB：CA であるから, 5：CD＝12：5＝13：CA

参考 例題5（→本文 p.160）で証明した式を利用して,
$AD^2=BD\cdot CD$ より, $5^2=12CD$
$AC^2=CD\cdot CB$ より, $AC^2=CD(CD+12)$ から求めてもよい。

p.161 **24.** 答 (1) I は △ABC の内心であるから, ∠IAD＝∠IAE＝$a°$,
∠IBD＝∠IBC＝$b°$, ∠ICE＝∠ICB＝$c°$ とする。
△BID と △ICE において, ∠IDB＝∠CEI （＝$a°+90°$）……①
∠BID＝180°－∠IDB－∠IBD＝180°－($a°+90°$)－$b°$＝90°－$a°$－$b°$
△ABC で, $2a°+2b°+2c°=180°$ より, $c°=90°-a°-b°$
よって, ∠BID＝∠ICE ……②
①, ②より, △BID∽△ICE （2角）
(2) (1)より, BD：IE＝ID：CE
①より, ∠ADI＝∠AEI であるから, △ADE は AD＝AE の二等辺三角形である。
∠IAD＝∠IAE であるから, ID＝IE
ゆえに, BD：ID＝ID：CE より, $ID^2=BD\cdot CE$

25. 答 △ABC と △DBA において,
∠ABC＝∠DBA （共通）　∠CAB＝∠ADB （＝90°）
よって, △ABC∽△DBA （2角）
ゆえに, ∠ACB＝∠DAB ……①, AB：DB＝AC：DA ……②
△ADC で, ∠ADC＝90°, AM＝MC であるから, MD＝MC
よって, ∠MDC＝∠MCD ……③
△DBE と △ADE において, ∠BED＝∠DEA （共通）
∠BDE＝∠MDC （対頂角）と①, ③より,
∠BDE＝∠DAE
よって, △DBE∽△ADE （2角）
ゆえに, DB：AD＝DE：AE ……④
②より, AB：AC＝DB：AD ……⑤
④, ⑤より, AB：AC＝DE：AE
参考 頂点 E を通り線分 AE に垂直な直線と
線分 AD の延長との交点を F とする。
△ABC∽△EFA （2角）より, AB：AC＝EF：EA
また, ED＝EF であるから, AB：AC＝ED：EA

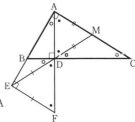

p.162 **26.** (答) $\dfrac{45}{8}$ cm

(解説) △ABC と △DBA において，
∠BCA＝∠BAD（仮定）　　∠ABC＝∠DBA（共通）
ゆえに，△ABC∽△DBA（2角）……①
BD＝x cm とする。
①より，AB：DB＝AC：DA であるから，AB：x＝15：9
よって，AB＝$\dfrac{5}{3}x$ ……②
また，BC：BA＝AC：DA であるから，$(x+10)$：BA＝15：9
よって，AB＝$\dfrac{3}{5}(x+10)$ ……③

②，③より，$\dfrac{5}{3}x=\dfrac{3}{5}(x+10)$　　$x=\dfrac{45}{8}$　　ゆえに，BD＝$\dfrac{45}{8}$

27. (答) (1) $\dfrac{18}{5}$ cm　(2) 10：9

(解説) (1) △ABD と △CBA において，
∠ABD＝∠CBA（共通）　　∠ADB＝∠CAB（仮定）
ゆえに，△ABD∽△CBA（2角）
よって，AB：CB＝BD：BA　　6：10＝BD：6
ゆえに，BD＝$\dfrac{18}{5}$

(2) △ABF と △CBE において，
∠ABF＝∠CBE（仮定）　　△ABD∽△CBA より，∠BAF＝∠BCE
ゆえに，△ABF∽△CBE（2角）
よって，BF：BE＝AB：CB＝6：10＝3：5
ゆえに，BF：FE＝3：2
よって，△ABF：△AFE＝3：2 ……①

また，∠ABF＝∠FBD であるから，AF：FD＝BA：BD＝6：$\dfrac{18}{5}$＝5：3

ゆえに，△ABF：△BDF＝5：3 ……②
①，②より，△AFE：△BDF＝10：9

(参考) (2) 頂点 A を通り辺 BC に平行な直線と，線
分 BE の延長との交点を G とすると，
∠AGB＝∠ABG より，AG＝AB＝6 であるから，
GE：BE＝AG：CB＝3：5，
GF：BF＝AF：DF＝AG：DB＝5：3
よって，GE：EF：FB＝3：2：3 と求めてもよい。

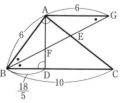

(参考) (2) △AFE と △BDF において，∠AFE＝∠BFD（対頂角）であるから，
$\dfrac{\triangle BDF}{\triangle AFE}=\dfrac{FB \cdot FD}{FE \cdot FA}=\dfrac{3 \times 3}{2 \times 5}=\dfrac{9}{10}$ と求めてもよい。

p.165 **28.** (答) 周の比 2：1，面積の比 4：1
29. (答) 周の比 2：3，面積の比 4：9
30. (答) (1) 27 cm　(2) 96 cm²
31. (答) 表面積の比 1：9，体積の比 1：27

32. 答 $1280\pi\,\mathrm{cm}^3$

33. 答 (1) $4:5$ (2) $8:19$

p.166 **34.** 答 (1) $22\,\mathrm{cm}$ (2) $80\,\mathrm{m}$

p.167 **35.** 答 (1) $1:9$ (2) $4:9$

解説 $\triangle\mathrm{ABC}\backsim\triangle\mathrm{QBP}\backsim\triangle\mathrm{RPC}$（2角）で，相似比は $3:1:2$

(1) $\triangle\mathrm{QBP}:\triangle\mathrm{ABC}=1^2:3^2$

(2) $\triangle\mathrm{RPC}:\triangle\mathrm{ABC}=2^2:3^2$ よって，$\square\mathrm{AQPR}:\triangle\mathrm{ABC}=\left(1-\dfrac{1}{9}-\dfrac{4}{9}\right):1$

p.168 **36.** 答 (1) $72\,\mathrm{cm}^2$ (2) $200\,\mathrm{cm}^2$

解説 (1) $\mathrm{AD}\,/\!/\,\mathrm{BC}$ より，$\triangle\mathrm{ODA}\backsim\triangle\mathrm{OBC}$（2角）

相似比は $\mathrm{AD}:\mathrm{CB}=12:18=2:3$ であるから，$\triangle\mathrm{ODA}:\triangle\mathrm{OBC}=2^2:3^2$

(2) $\mathrm{AD}\,/\!/\,\mathrm{BC}$ より，$\triangle\mathrm{ABD}=\triangle\mathrm{ACD}$

よって，$\triangle\mathrm{ABD}-\triangle\mathrm{ODA}=\triangle\mathrm{ACD}-\triangle\mathrm{ODA}$ であるから，

$\triangle\mathrm{OAB}=\triangle\mathrm{OCD}$

また，$\mathrm{AO}:\mathrm{OC}=2:3$ より，$\triangle\mathrm{OCD}=\dfrac{3}{2}\triangle\mathrm{ODA}$

（台形 ABCD）$=\triangle\mathrm{OAB}+\triangle\mathrm{OBC}+\triangle\mathrm{OCD}+\triangle\mathrm{ODA}$

37. 答 $\triangle\mathrm{OBC}=75\,\mathrm{cm}^2$，$\triangle\mathrm{ADE}=28\,\mathrm{cm}^2$

解説 $\triangle\mathrm{OED}\backsim\triangle\mathrm{OBC}$（2角）で，相似比は $\mathrm{DE}:\mathrm{CB}=\mathrm{AD}:\mathrm{AB}=2:5$ である

から，$\triangle\mathrm{OBC}=\left(\dfrac{5}{2}\right)^2\times\triangle\mathrm{OED}$

また，$\mathrm{AD}:\mathrm{DB}=2:3$ より，$\triangle\mathrm{ADE}=\dfrac{2}{3}\triangle\mathrm{BED}$

$\mathrm{BO}:\mathrm{OE}=5:2$ より，$\triangle\mathrm{BED}=\dfrac{7}{2}\triangle\mathrm{OED}$

ゆえに，$\triangle\mathrm{ADE}=\dfrac{2}{3}\times\dfrac{7}{2}\triangle\mathrm{OED}$

38. 答 $9:49$

解説 $\triangle\mathrm{AGD}$ で，$\angle\mathrm{DAG}+\angle\mathrm{ADG}=\dfrac{1}{2}(\angle\mathrm{A}+\angle\mathrm{D})=90°$ であるから，

$\angle\mathrm{AGD}=90°$

$\triangle\mathrm{GFE}$ と $\triangle\mathrm{GDH}$ において，

$\angle\mathrm{EGF}=\angle\mathrm{HGD}\ (=90°)$ $\angle\mathrm{EFG}=\angle\mathrm{DFC}=\angle\mathrm{ADF}=\angle\mathrm{HDG}$

よって，$\triangle\mathrm{GFE}\backsim\triangle\mathrm{GDH}$（2角） ゆえに，$\triangle\mathrm{GFE}:\triangle\mathrm{GDH}=\mathrm{FE}^2:\mathrm{DH}^2$

$\mathrm{BE}=\mathrm{AB}=2$，$\mathrm{FC}=\mathrm{DC}=2$，$\mathrm{DH}=\mathrm{AD}=7$

39. 答 (1) $4:8:3$ (2) $\dfrac{178}{9}\,\mathrm{cm}^2$

解説 (1) 右の図で，$\mathrm{EH}\,/\!/\,\mathrm{BC}$ より，$\mathrm{HQ}:\mathrm{CP}=\mathrm{AQ}:\mathrm{AP}$ ……①

$\mathrm{QE}:\mathrm{PB}=\mathrm{AQ}:\mathrm{AP}$ ……②

①，②より，$\mathrm{HQ}:\mathrm{CP}=\mathrm{QE}:\mathrm{PB}$ であるから，

$\mathrm{HQ}:\mathrm{QE}=\mathrm{CP}:\mathrm{PB}=1:2$

$\mathrm{DQ}\,/\!/\,\mathrm{AH}$ より，$\mathrm{AD}:\mathrm{DE}=\mathrm{HQ}:\mathrm{QE}=1:2$

また，$\mathrm{EQ}\,/\!/\,\mathrm{BP}$ より，$\mathrm{AE}:\mathrm{EB}=\mathrm{AQ}:\mathrm{QP}=4:1$

ゆえに，$\mathrm{AD}:\mathrm{DE}:\mathrm{EB}=4:8:3$

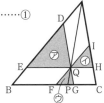

(2) □ADQI, □EBFQ より, IQ＝AD, QF＝EB であるから,
DE：IQ：QF＝DE：AD：EB＝8：4：3
△DEQ∽△IQH∽△QFG∽△ABC（2角）より,

$\triangle DEQ = \left(\dfrac{8}{15}\right)^2 \times \triangle ABC$, $\triangle IQH = \left(\dfrac{4}{15}\right)^2 \times \triangle ABC$,

$\triangle QFG = \left(\dfrac{3}{15}\right)^2 \times \triangle ABC$

40. （答） $\dfrac{15-5\sqrt{5}}{2}$ 倍

（解説）△ABD と △DCE において,
∠ABD＝∠DCE（＝60°）
△ABD で, ∠ABD＋∠BAD＝∠ADC＝∠ADE＋∠CDE
∠ABD＝∠ADE＝60° であるから, ∠BAD＝∠CDE
よって, △ABD∽△DCE（2角）
ゆえに, AB：DC＝BD：CE
AB＝BC＝AC, AE：EC＝4：1 であるから, 正三角形の1辺の長さを5,
BD＝x とすると, 5：(5-x)＝x：1　　$x(5-x)＝5$

整理して, $x^2-5x+5=0$　　$x=\dfrac{5\pm\sqrt{5}}{2}$

BD＜DC より, $0<x<\dfrac{5}{2}$ であるから, $x=\dfrac{5-\sqrt{5}}{2}$

$\triangle ABD = \left(\dfrac{BD}{CE}\right)^2 \times \triangle DCE = x^2 \times \triangle DCE$

p.170 **41.** （答）平行な2平面P, Q と, 交わる2直線 OA′, OB′ で決定される平面との交
線は平行であるから, AB∥A′B′
同様に, BC∥B′C′, CA∥C′A′
よって, AB：A′B′＝OA：OA′＝OB：OB′ ……①,
BC：B′C′＝OB：OB′ ……②, CA：C′A′＝OA：OA′ ……③
△ABC と △A′B′C′ において,
①, ②, ③より, AB：A′B′＝BC：B′C′＝CA：C′A′
ゆえに, △ABC∽△A′B′C′（3辺の比）

42. （答）側面積の比 1：3：5, 体積の比 1：7：19
（解説）上から小さい順に3つの円すいは相似で, 相似比は 1：2：3 であるから,
側面積の比は $1^2：2^2：3^2$, 体積の比は $1^3：2^3：3^3$

43. （答）(1) $\dfrac{117}{125}$ 倍　(2) $3\sqrt{5}$ cm

（解説）点 P を通り底面に平行な平面と, 辺 AC, AD との交点をそれぞれ Q, R
とする。
(1) 三角すい A-PQR と 三角すい A-BCD は相似で, 相似比は 6：15＝2：5 で
あるから, 体積の比は $2^3：5^3$
(2) △PQR∽△BCD で, △PQR：△BCD＝1：5 であるから,
PQ：BC＝1：$\sqrt{5}$
PQ∥BC より, AP：AB＝PQ：BC

44. （答） $\dfrac{104}{5}$ cm³

（解説）3点 P, E, F を通る平面と，辺 AC との交点を Q,
辺 DA の延長との交点を O とする。
△OED で，AP∥DE より，OA：OD＝AP：DE＝3：5
AD＝4 より，OD＝10
三角すい O–APQ と三角すい O–DEF は相似で，相似比は
3：5 であるから，体積の比は 3^3：5^3
よって，立体 APQ–DEF の体積は，

$$\left\{1-\left(\frac{3}{5}\right)^3\right\}\times（\text{三角すい O–DEF の体積}）$$

$$=\frac{98}{125}\times\left\{\frac{1}{3}\times\left(\frac{1}{2}\times5\times6\right)\times10\right\}=\frac{196}{5}$$

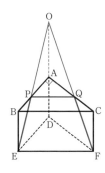

p.171 **45.** （答） (1) $\dfrac{117}{16}$ cm　(2) 49：207

（解説）(1) 右の図のように，三角すい O–ABC
の側面部分の展開図をかくと，最短となる糸
の長さは AA′ である。
AA′∥BC より，印（•）をつけた角はすべて
等しいから，△ABD∽△OBC（2角）で，
相似比は AB：OB＝3：4
よって，BD＝$\dfrac{3}{4}$BC＝$\dfrac{9}{4}$

△ODE∽△OBC（2角）で，相似比は OD：OB＝$\left(4-\dfrac{9}{4}\right)$：4＝7：16

よって，DE＝$\dfrac{7}{16}$BC＝$\dfrac{21}{16}$

ゆえに，AA′＝AD＋DE＋EA′＝2AB＋DE
(2) V_1：V_2 は，頂点を A，底面をそれぞれ △ODE，台形 DBCE とみると，高さ
が等しいから，△ODE：（台形 DBCE）に等しい。
△ODE∽△OBC で，相似比は OD：OB＝7：16 であるから，
△ODE：（台形 DBCE）＝7^2：(16^2-7^2)

（参考）例題7の注（→本文 p.169）を利用して，$\dfrac{V_1}{V_1+V_2}=\dfrac{1\times7\times7}{1\times16\times16}$ と求めても
よい。

46. （答） (1) △ABC∽△A′B′C′（2角）より，AB：A′B′＝BC：B′C′ ……①
△DBC∽△D′B′C′（2角）より，DB：D′B′＝BC：B′C′ ……②
△ABD と △A′B′D′ において，
①，②より，AB：A′B′＝DB：D′B′
∠ABD＝∠A′B′D′
よって，△ABD∽△A′B′D′（2辺の比と間の角）
ゆえに，AD：A′D′＝AB：A′B′
これと①より，AD：A′D′＝BC：B′C′

(2) およそ 47 m

(解説) (2) A′B′＝5cm として，縮尺 $\dfrac{1}{1000}$ の

縮図をかくと，P′Q′＝4.7cm となる。
㊟ 縮図をかいておよその値を求めるとき，
図のかき方によって，値に少しちがいがあ
る。

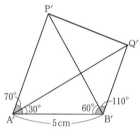

47. 答 およそ 12.7 m
(解説)

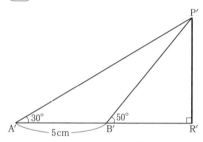

A′B′＝5cm として，縮尺 $\dfrac{1}{200}$ の縮図を
かくと，P′R′＝5.6cm となる。
ゆえに，木の高さは，5.6×200＋150

48. 答 およそ 147 m
(解説)

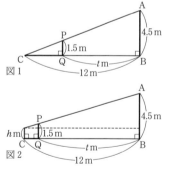

ビルの高さを 6cm として，縮尺
$\dfrac{1}{1000}$ の縮図をかくと，
P′Q′＝14.7cm となる。

p.172 **49.** 答 (1) 8秒後

(2)(i) $\left(\dfrac{9}{2}-\dfrac{36}{t}\right)$m (ii) $(7+\sqrt{13})$ 秒後

(解説) (1) 図 1 で，
△PQC∽△ABC（2角）より，
CQ：12＝1.5：4.5
(2)(i) 図 2 のように，求める影の長さを
h m とすると，CQ＝12－t より，
$(12-t)$：12＝$(1.5-h)$：$(4.5-h)$
よって，$ht=4.5t-36$
(ii) h＋CQ＝2.5 より，
$\left(\dfrac{9}{2}-\dfrac{36}{t}\right)+(12-t)=2.5$

$t+\dfrac{36}{t}=14$ 整理して，$t^2-14t+36=0$ $t=7\pm\sqrt{13}$ ただし，$8<t<12$

図 1

図 2

p.173 **50.** 答 (1) DE∥BC（仮定）より，△ADE∽△ABC（2角）
よって，△ADE：△ABC＝AD²：AB²
また，頂点Cからの高さが等しいから，△FBC：△ABC＝FB：AB
ゆえに，△ADE＝△FBC（仮定）より，AD²：AB²＝FB：AB
よって，AD²·AB＝AB²·FB
ゆえに，AD²＝AB·FB
(2) △ABCで，∠ACD＝∠B（仮定）より，
∠B＋∠BCD＝∠ACD＋∠BCD＝∠ACB＝90°　　よって，∠CDB＝90°
△BCDと△CADにおいて，
∠DBC＝∠DCA（仮定）　∠CDB＝∠ADC（＝90°）
よって，△BCD∽△CAD（2角）
ゆえに，△BCD：△CAD＝BC²：CA² ……①
また，頂点Cからの高さが等しいから，△BCD：△CAD＝BD：AD ……②
①，②より，BC²：CA²＝BD：AD ……③
△EBCと△ECAにおいて，
∠CEB＝∠AEC（共通）　∠EBC＝∠ECA（仮定）
ゆえに，△EBC∽△ECA（2角）
よって，EB：EC＝BC：CA であるから，EB²：EC²＝BC²：CA² ……④
③，④より，EB²：EC²＝BD：AD
ゆえに，$\dfrac{EC^2}{EB^2}=\dfrac{AD}{BD}$

51. 答 (1) 3cm² (2) 3cm³

解説 (1) △PQRと△CABにおいて，
辺OAの中点をMとすると，P, Rはそれぞれ
△OAB, △OCAの重心であるから，
MP：MB＝MR：MC＝1：3
よって，RP：BC＝1：3
同様に，PQ：CA＝QR：AB＝1：3
よって，△PQR∽△CAB（3辺の比）
ゆえに，$△PQR=\left(\dfrac{1}{3}\right)^2×△CAB=\dfrac{1}{9}×27=3$

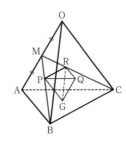

(2) 直線OPと辺ABとの交点をP′とすると，
三角すいG–PQRとO–CABの高さの比は，PP′：OP′＝1：3
底面積の比は，(1)より，△PQR：△CAB＝1：9
ゆえに，$(三角すい G–PQR)=\dfrac{1}{3}×\dfrac{1}{9}×(三角すい O–CAB)=\dfrac{1}{27}×81=3$

別解 (1) 直線OP, OQ, ORと△ABCの3辺との交点をそれぞれP′, Q′, R′
とすると，OP：OP′＝OQ：OQ′＝OR：OR′＝2：3
よって，三角すいO–PQRとO–P′Q′R′は，Oを相似の中心として相似の位置に
あり，△PQR∽△P′Q′R′で，相似比は 2：3
また，△P′Q′R′∽△CABで，相似比は 1：2
よって，△PQR∽△CABで，相似比は 1：3
ゆえに，$△PQR=\left(\dfrac{1}{3}\right)^2×△CAB=\dfrac{1}{9}×27=3$

(2) PR∥BC より，4点 P，B，C，R は同一平面上にある。
線分 PC と RB との交点を O′ とすると，O′P：O′C＝O′R：O′B＝PR：CB＝1：3
同様に，線分 PC と QA との交点を O″ とすると，O″P：O″C＝1：3 となり，
点 O″ は O′ と一致する。
同様に，O′P：O′C＝O′Q：O′A＝O′R：O′B＝O′G：O′O＝1：3
よって，三角すい G–PQR と O–CAB は，O′ を相似の中心として相似の位置に
あるから相似で，相似比は 1：3

ゆえに，（三角すい G–PQR）＝$\left(\dfrac{1}{3}\right)^3$×（三角すい O–CAB）＝$\dfrac{1}{27}$×81＝3

7章の問題

p.174 **①** **答** (1) $x=\dfrac{7}{3}$，$y=\dfrac{28}{15}$　(2) $x=\dfrac{9}{2}$，$y=\dfrac{14}{3}$

(解説) (1) △ABC∽△DBE（2角）より，AB：DB＝BC：BE
$(x+3)$：4＝4：3
△AFE∽△DBE（2角）より，AE：DE＝AF：DB　　x：5＝y：4
(2) △ABC∽△ADB（2角）より，AB：AD＝AC：AB　　6：x＝8：6
DB＝DC＝8−x より，BC：DB＝AC：AB　　y：$(8-x)$＝8：6
(参考) (2) BD が∠ABC の二等分線であることを利用して，BA：BC＝AD：DC
から求めてもよい。

② **答** (1) △ABC で，DF∥BC より，DF＝$\dfrac{2}{8}$BC＝3

△DBF と △CBE において，∠FDB＝∠ECB（□DBCE の対角）
EC＝DB＝8−2＝6 より，FD：EC＝3：6＝1：2
また，BD：BC＝6：12＝1：2　　よって，FD：EC＝BD：BC（＝1：2）
ゆえに，△DBF∽△CBE（2辺の比と間の角）

(2) $\dfrac{45}{7}$cm

(解説) (2) (1)より，BF：BE＝1：2　　$\dfrac{15}{2}$：BE＝1：2　　よって，BE＝15

AB∥EC より，BG：EG＝AB：CE＝8：6

③ **答** (1) △AER と △QCR において，
∠AER＝∠QCR（＝60°）　　∠ERA＝∠CRQ（対頂角）
ゆえに，△AER∽△QCR（2角）　　相似比は 5：2

(2) QR＝$\dfrac{38}{21}$cm，RC＝$\dfrac{10}{21}$cm

(解説) (1) △ADC は二等辺三角形であるから，
∠ADC＝∠ACD
∠ADQ＝∠ACQ（＝60°）より，∠QDC＝∠QCD　　よって，QD＝QC
相似比は，AE：QC＝AE：QD

(2) QR＝$x$cm，RC＝$y$cm とすると，(1)より，AR＝$\dfrac{5}{2}x$，RE＝$\dfrac{5}{2}y$

QE＝3 より，$x+\dfrac{5}{2}y=3$　　AC＝DE＝5 より，$\dfrac{5}{2}x+y=5$

4 **答** $(\sqrt{3}-\sqrt{2})$ cm

解説 PQ∥RS∥BC より，△APQ∽△ARS∽△ABC（2角）
また，△APQ：△ARS：△ABC＝1：2：3
よって，相似比は，AP：AR：AB＝1：$\sqrt{2}$：$\sqrt{3}$

p.175 **5** **答** 半円Oの半径 $\dfrac{12}{7}$ cm，BD＝$\dfrac{3}{7}$ cm，CE＝$\dfrac{8}{7}$ cm

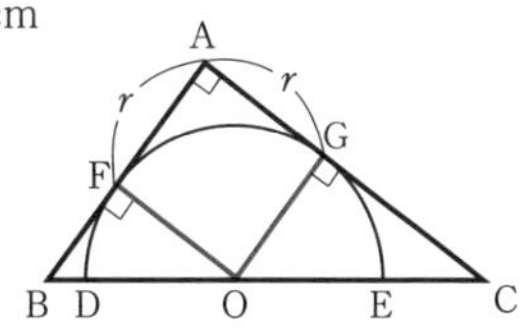

解説 半円Oの半径をr cmとする。
右の図で，△ABC∽△FBO（2角）であるから，
AB：FB＝AC：FO　　3：(3−r)＝4：r

$3r=4(3-r)$　　よって，$r=\dfrac{12}{7}$

また，BC：BO＝AC：FO　　5：BO＝4：$\dfrac{12}{7}$　　よって，BO＝$\dfrac{15}{7}$

ゆえに，BD＝BO−OD，CE＝BC−BO−OE

参考 △ABC＝△OAB＋△OAC であるから，$\dfrac{1}{2}\times3\times4=\dfrac{1}{2}\times3\times r+\dfrac{1}{2}\times4\times r$

より，rを求めてもよい。

6 **答** (1) 3：2 (2) $\dfrac{4}{5}$ 倍

解説 (1) 2点P，Qは頂点Aに同時に到着するから，つねに PQ∥BC である。
よって，△OBC∽△OQP（2角）であるから，
△OBC：△OQP＝BC²：QP²＝25：9　　ゆえに，BC：PQ＝5：3
(2) (1)より，PQ：BC＝3：5
PQ∥BC より，△APQ∽△ABC（2角）である
から，△APQ：△ABC＝PQ²：BC²＝9：25

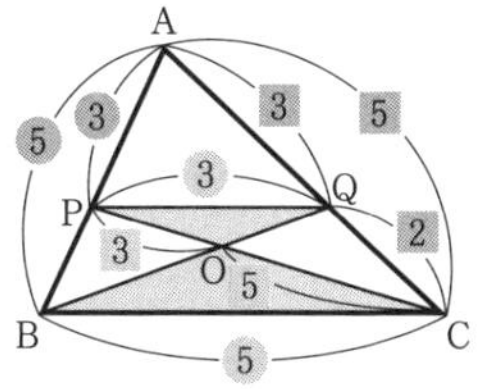

ゆえに，△APQ＝$\dfrac{9}{25}$△ABC ……①

AP：AB＝3：5 より，△CAP＝$\dfrac{3}{5}$△ABC

CQ：CA＝2：5 より，△CQP＝$\dfrac{2}{5}$△CAP

PO：PC＝3：8 より，△OPQ＝$\dfrac{3}{8}$△CQP

よって，△OPQ＝$\dfrac{3}{8}\times\dfrac{2}{5}\times\dfrac{3}{5}$△ABC＝$\dfrac{9}{100}$△ABC ……②

①，②より，四角形APOQ の面積は，

△APQ＋△OPQ＝$\left(\dfrac{9}{25}+\dfrac{9}{100}\right)$△ABC＝$\dfrac{9}{20}$△ABC ……③

①，③より，△APQ の面積は，四角形APOQ の面積の $\left(\dfrac{9}{25}\times\dfrac{20}{9}\right)$ 倍である。

7 **答** (1) $\dfrac{6}{5}$ cm (2) AP＝$\dfrac{9-3\sqrt{5}}{2}$ cm，∠C＝90°

解説 (1) △APQ と △ABC において，
∠PAQ＝∠BAC（共通）　　∠APQ＝∠ABC（仮定）
ゆえに，△APQ∽△ABC（2角）

$\triangle APQ : \triangle ABC = 4 : (4+21) = 2^2 : 5^2$ であるから，相似比は $2:5$

よって，$AP = \dfrac{2}{5}AB$

(2) $AP = x\,\mathrm{cm}$ とすると，$PC = 2-x$

$\triangle APQ \backsim \triangle ABC$ ……① より，$AP : AB = AQ : AC$　　$x:3=AQ:2$

$AQ = \dfrac{2}{3}x$　　よって，$BQ = 3 - \dfrac{2}{3}x$

①より，$AP : AB = PQ : BC$

$PQ = PC$，$BC = BQ$ より，$x : 3 = (2-x) : \left(3 - \dfrac{2}{3}x\right)$

$x\left(3 - \dfrac{2}{3}x\right) = 3(2-x)$　　整理して，$x^2 - 9x + 9 = 0$　　$x = \dfrac{9 \pm 3\sqrt{5}}{2}$

ただし，$0 < x < 2$

$\triangle BPC$ と $\triangle BPQ$ において，

BP は共通　　$PC = PQ$，$BC = BQ$（ともに仮定）

ゆえに，$\triangle BPC \equiv \triangle BPQ$（3辺）　　よって，$\angle BCP = \angle BQP$

①より，$\angle AQP = \angle ACB$

ゆえに，$\angle BQP = \angle AQP = 90°$

8 答 (1) $\triangle APQ$ と $\triangle EBA$ において，

$\angle QAP = \angle EAB\,(=90°)$

$PQ /\!/ BE$ より，$\angle APQ = \angle EBA$（同位角）

ゆえに，$\triangle APQ \backsim \triangle EBA$（2角）

(2) 頂点 C から直線 AD に垂線 CF をひくと，

(1)と同様に，$\triangle APQ \backsim \triangle FAC$（2角）……①

$BE /\!/ FC$ より，$BD : CD = BE : CF$

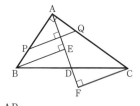

(1)より，$AP : EB = PQ : BA$　　よって，$BE = \dfrac{AP \cdot AB}{PQ}$

①より，$AQ : FC = PQ : AC$　　よって，$CF = \dfrac{AQ \cdot AC}{PQ}$

ゆえに，$BD : CD = \dfrac{AP \cdot AB}{PQ} : \dfrac{AQ \cdot AC}{PQ} = AP \cdot AB : AQ \cdot AC$

p.176 **9** 答　$\triangle ABC$ と $\triangle GDP$ において，

$BC /\!/ DP$（仮定）より，$\angle ABC = \angle GDP$（同位角）

$AC /\!/ GP$（仮定）より，$\angle CAB = \angle PGD$（同位角）

ゆえに，$\triangle ABC \backsim \triangle GDP$（2角）

よって，$\dfrac{DP}{BC} = \dfrac{GD}{AB}$

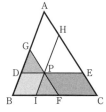

四角形 DBIP は平行四辺形であるから，$DP = BI$

ゆえに，$\dfrac{BI}{BC} = \dfrac{GD}{AB}$ ……①

同様に，$\triangle ABC \backsim \triangle PIF$（2角）　　よって，$\dfrac{FP}{CA} = \dfrac{PI}{AB}$

四角形 PFCE は平行四辺形であるから，$FP = CE$

また，$PI = DB$ であるから，$\dfrac{CE}{CA} = \dfrac{DB}{AB}$ ……②

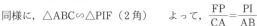

①，②の和の両辺に $\dfrac{AG}{AB}$ を加えると，

$$\dfrac{BI}{BC}+\dfrac{CE}{CA}+\dfrac{AG}{AB}=\dfrac{GD}{AB}+\dfrac{DB}{AB}+\dfrac{AG}{AB}=\dfrac{AG+GD+DB}{AB}=\dfrac{AB}{AB}$$

ゆえに，$\dfrac{BI}{BC}+\dfrac{CE}{CA}+\dfrac{AG}{AB}=1$

(別解) AB∥HI より，△ABI＝△ABP ……①

△ABI と △ABC は，辺 AB を共有するから，$\dfrac{BI}{BC}=\dfrac{\triangle ABI}{\triangle ABC}$ ……②

①，②より，$\dfrac{BI}{BC}=\dfrac{\triangle ABP}{\triangle ABC}$ ……③

同様に，$\dfrac{CE}{CA}=\dfrac{\triangle BCP}{\triangle ABC}$ ……④　　$\dfrac{AG}{AB}=\dfrac{\triangle CAP}{\triangle ABC}$ ……⑤

③，④，⑤より，$\dfrac{BI}{BC}+\dfrac{CE}{CA}+\dfrac{AG}{AB}=\dfrac{\triangle ABP+\triangle BCP+\triangle CAP}{\triangle ABC}=\dfrac{\triangle ABC}{\triangle ABC}=1$

10 (答) $(4+\sqrt{3}\,)$ 倍

(解説) △ABC と △DEF は，O を相似の中心として相似の位置にある。

面積の比が 3：1 より，相似比は $\sqrt{3}$：1

よって，線分 OG と平面 DEF との交点を H とすると，

OG：OH＝OA：OD＝AB：DE＝$\sqrt{3}$：1

ゆえに，三角すい G–DEF と O–DEF の体積の比は，

GH：OH＝$(\sqrt{3}-1)$：1

また，三角すい O–ABC と O–DEF の体積の比は，

$(\sqrt{3}\,)^3$：$1^3＝3\sqrt{3}$：1

よって，立体 DEF–ABC と三角すい O–DEF の体積の比は，$(3\sqrt{3}-1)$：1

ゆえに，立体 DEF–ABC の体積は，三角すい G–DEF の体積の $\dfrac{3\sqrt{3}-1}{\sqrt{3}-1}$ 倍である。

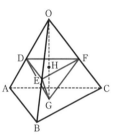

(参考) $\dfrac{3\sqrt{3}-1}{\sqrt{3}-1}=\dfrac{(3\sqrt{3}-1)(\sqrt{3}+1)}{(\sqrt{3}-1)(\sqrt{3}+1)}=\dfrac{8+2\sqrt{3}}{2}=4+\sqrt{3}$

11 (答) (1) $\dfrac{32}{5}$ cm

(2) △ACC′ と △ADD′ において，

回転角が等しいから，∠CAC′＝∠DAD′

AC＝AC′，AD＝AD′ より，

AC：AD＝AC′：AD′

よって，△ACC′∽△ADD′（2辺の比と間の角）

ゆえに，∠ACC′＝∠ADD′

すなわち，∠ACB＝∠ADD′ ……①

長方形 ABCD より，∠ACB＝∠ADB ……②

①，②より，∠ADD′＝∠ADB

ゆえに，頂点 B は直線 DD′ 上にある。

(3) $\dfrac{42}{25}$ cm²

(解説) (1) △ACC′∽△ADD′（2辺の比と間の角）より，AC：AD＝CC′：DD′
△AC′C で，AC′＝AC，AB⊥C′C であるから，CC′＝2BC＝8

ゆえに，5：4＝8：DD′　　DD′＝$\dfrac{32}{5}$

(3) △ACC′∽△ADD′ で，相似比は 5：4 であるから，

$$\triangle ADD' = \left(\frac{4}{5}\right)^2 \times \triangle ACC' = \frac{16}{25} \times \left(\frac{1}{2} \times 8 \times 3\right) = \frac{192}{25}$$

ゆえに，$\triangle AD'B = \triangle ADD' - \triangle ADB = \dfrac{192}{25} - \dfrac{1}{2} \times 4 \times 3 = \dfrac{42}{25}$

(参考) (2) AC＝AC′，AD＝AD′ より，△ACC′ と △ADD′ はともに二等辺三角形
で，頂角が等しいことから，∠ACC′＝∠ADD′ を示してもよい。
(3) 頂点 A から対角線 BD に垂線 AH をひく。

$\triangle ABD = \dfrac{1}{2} BD \cdot AH = \dfrac{1}{2} AB \cdot AD$ で，BD＝AC＝5 より，

$\dfrac{1}{2} \times 5 \times AH = \dfrac{1}{2} \times 3 \times 4$　　AH＝$\dfrac{12}{5}$

$\triangle AD'B = \dfrac{1}{2} BD \cdot AH = \dfrac{1}{2} \times \left(\dfrac{32}{5} - 5\right) \times \dfrac{12}{5}$ と求めてもよい。

12 **(答)** (1) 32 cm³ (2) 24 cm³

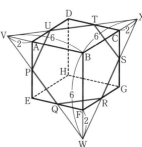

(解説) (1) 六角形 PQRSTU をふくむ平面と，
直線 AB，BF，BC との交点をそれぞれ V，
W，X とすると，正三角すい B-VWX と正
三角すい A-VPU は，V を相似の中心とし
て相似の位置にある。
PA＝PE より，VA＝QE＝2，VB＝6 であ
るから，相似比は 3：1 である。
よって，体積の比は 3³：1³ である。
正三角すい F-WRQ，C-XTS についても同
様であるから，求める体積は，

$$\frac{1}{3} \times \left(\frac{1}{2} \times 6 \times 6\right) \times 6 \times \left\{1 - \left(\frac{1}{3}\right)^3 \times 3\right\} = 32$$

（なお，これは立方体の体積の $\dfrac{1}{2}$ である）

(2) (1)の立体の体積から，三角すい B-APU の体積の
3 倍をひけばよい。
ゆえに，求める体積は，

$$32 - \left\{\frac{1}{3} \times \left(\frac{1}{2} \times 2 \times 2\right) \times 4\right\} \times 3 = 24$$

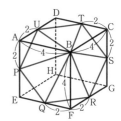

8章　円

p.178

1. **答** (1) $x=77$　(2) $x=76$　(3) $x=112$

解説 (3) ∠AOB＝∠OBC＝44° より，∠OBA＝$\frac{1}{2}(180°-44°)=68°$

2. **答** (1) ∠AOB＝100°，∠BOC＝120°

(2) $\overset{\frown}{AB}=4\pi$cm，$\overset{\frown}{BC}=\frac{28}{9}\pi$cm，$\overset{\frown}{CA}=\frac{8}{9}\pi$cm

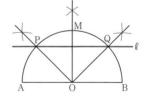

3. **答** 右の図

解説 周上に3点 A, B, C をとる。
弦 AB, BC の垂直二等分線の交点が円の中心
O である。

4. **答** △OAB で，OA＝OB（半径）
$\overset{\frown}{AC}=\overset{\frown}{BC}$（仮定）より，∠AOC＝∠BOC
二等辺三角形の頂角の二等分線は底辺を垂直
に2等分するから，線分 OC は弦 AB を垂直に2等分する。

p.179

5. **答** (1) $x=48$　(2) $x=71$　(3) $x=70$

解説 (1) OC＝OA より，∠OCA＝∠OAC＝12° であるから，∠COB＝24°

$\overset{\frown}{BC}:\overset{\frown}{CD}=2:3$ より，∠COD＝$\frac{3}{2}$∠COB

(2) AB＝AD より，∠ABD＝∠ADB＝x°　　OA＝OB より，∠OAB＝∠OBA
△ABD で，∠DAB＋∠ABD＋∠BDA＝$(x°-33°)+x°+x°=180°$

(3) ∠EAB＝a°，∠EBA＝b° とすると，OA＝OC，OD＝OB より，

∠AOC＝$180°-2a°$，∠BOD＝$180°-2b°$　　また，∠COD＝$\frac{2}{9}\times180°=40°$

よって，$(180-2a)+40+(180-2b)=180$　　　$a+b=110$

p.180

6. **答** 右の図

解説 ℓ // AB より，$\overset{\frown}{AP}=\overset{\frown}{BQ}$

また，$\overset{\frown}{AP}=\frac{1}{2}\overset{\frown}{PQ}$

よって，∠AOP＝∠BOQ＝45°，∠POQ＝90°
であるから，$\overset{\frown}{AB}$ を2等分する点を M とする
と，∠AOM，∠BOM の二等分線と半円 O と
の交点がそれぞれ P, Q である。

7. **答** 中心 O から弦 AB に垂線 OH をひくと，AH＝BH，CH＝DH
よって，AH－CH＝BH－DH
ゆえに，AC＝BD

別解 △OAC と △OBD において，
∠OAB＝∠OBA，∠OCD＝∠ODC であるから，∠AOC＝∠BOD
OA＝OB，OC＝OD（ともに半径）
よって，△OAC≡△OBD（2辺夾角）
ゆえに，AC＝BD

8. **答** 中心 O, O′ から弦 AB, CD にそれぞれ垂線 OH, O′H′ をひく。
　　△OMH と △O′MH′ において，
　　∠OHM＝∠O′H′M＝90°　　OM＝O′M（仮定）　　∠OMH＝∠O′MH′（対頂角）
　　ゆえに，△OMH≡△O′MH′（斜辺と1鋭角 または 2角1対辺）
　　よって，OH＝O′H′
　　ゆえに，弦 AB と CD は，円 O, O′ の半径が等しく，中心 O, O′ からの距離が
　　等しいから，AB＝CD

9. **答** (1) 5 : 2　(2) 45°
　　解説 ∠DOC＝4a°，∠ODC＝3a° とする。
　　(1) OD＝OE（半径）より，∠OED＝3a°
　　△OCD で，∠OCE＝∠DOC＋∠ODC＝7a°
　　よって，△OEC で，∠AOE＝∠OCE＋∠OEC＝10a°
　　ゆえに，$\overset{\frown}{AE}$: $\overset{\frown}{BD}$＝10a : 4a
　　(2) AE＝DE より，∠DOE＝∠AOE＝10a°
　　△OED で，∠DOE＋∠ODE＋∠OED＝10a°＋3a°＋3a°＝180°

10. **答** ∠OAP＝a° とすると，OA＝OP（半径）より，∠OPA＝a°
　　ゆえに，∠QOD＝2a°
　　OD＝OQ（半径）より，∠ODQ＝$\frac{1}{2}$(180°−2a°)＝90°−a°
　　△ADR で，∠ARD＝180°−∠RAD−∠ADR＝180°−a°−(90°−a°)＝90°
　　ゆえに，直線 AP と QR は垂直である。

p.182　**11.** **答** 右の図
　　解説 点 P を通り半径 OP に垂直な直線をひく。

12. **答** △PAO と △PBO において，
　　∠OAP＝∠OBP＝90°　　PO は共通
　　OA＝OB（半径）
　　よって，△PAO≡△PBO（斜辺と1辺）
　　ゆえに，PA＝PB，∠OPA＝∠OPB

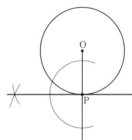

13. **答** (1) x＝46　(2) x＝114　(3) x＝34
　　解説 (3) ∠OPA＝90°　　∠OPC＝28°

14. **答** (1) x＝5, y＝7　(2) x＝2, y＝13
　　解説 (2) 四角形 AFOE は正方形であるから，AF＝AE＝2

p.183　**15.** **答** 右の図のように，円 O と四角形 ABCD の各辺との接点をそれぞれ E, F,
　　G, H とする。2本の接線の長さは等しいから，
　　AE＝AH，BE＝BF，CF＝CG，DG＝DH
　　よって，AE＋BE＋CG＋DG＝AH＋DH＋BF＋CF
　　ゆえに，AB＋CD＝AD＋BC

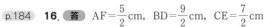

p.184　**16.** **答** AF＝$\frac{5}{2}$cm，BD＝$\frac{9}{2}$cm，CE＝$\frac{7}{2}$cm
　　解説 例題 2（→本文 p.183）のように，s＝$\frac{1}{2}$(8+6+7)
　　とすると，AF＝s−8，BD＝s−6，CE＝s−7
　　参考 AF＝acm，BD＝bcm，CE＝ccm とすると，a＋b＝7，b＋c＝8，c＋a＝6
　　より，連立方程式を解いてもよい。

17. **答** (1) 3cm　(2) 11cm

解説 円 I と 3 辺 BC, CA, AB との接点をそれぞれ D, E, F とする。

(1) 円 I の半径を r cm とすると,

$$\triangle ABC=\frac{1}{2}\times 24\times 7=\frac{1}{2}\times(24+25+7)\times r$$

(2) AB=2+FB=2+BD, CA=CE+2=DC+2

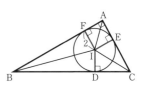

であるから,

$$\triangle ABC=\frac{1}{2}\times(AB+BC+CA)\times 2 \ \text{より},$$

$$26=\frac{1}{2}\times(2BC+4)\times 2$$

参考 (1) 四角形 AFIE は正方形になるから, r=AF

$s=\dfrac{1}{2}(25+7+24)$ として, AF=s−25 と求めてもよい。

18. **答** △ODB と △EOC において,

△ABC は正三角形であるから, ∠DBO=∠OCE（=60°）……①

DP, DR は接線であるから, ∠ODB=∠ODE=$a°$ とすると,

四角形 DBCE で, ∠EDB+∠DBC+∠BCE+∠CED=360° より,

$2a°+60°+60°+∠CED=360°$　よって, ∠CED=240°−$2a°$

EQ, ER は接線であるから, ∠CEO=∠DEO より,

$$\angle CEO=\frac{1}{2}\angle CED=120°-a°$$

△OCE で, ∠EOC=180°−∠CEO−∠OCE=180°−(120°−$a°$)−60°=$a°$

ゆえに, ∠ODB=∠EOC ……②

①, ②より, △ODB∽△EOC （2角）

19. **答** (1) 円 O の半径を r とする。

$$\triangle OAB+\triangle OCD=\frac{1}{2}(AB+CD)r \quad \triangle OAD+\triangle OBC=\frac{1}{2}(AD+BC)r$$

四角形 ABCD は円 O に外接するから, AB+CD=AD+BC

よって, △OAB+△OCD=△OAD+△OBC

(2) 右の図のように, 円 O と四角形 ABCD の各辺との接点をそれぞれ E, F, G, H とする。

∠OEA=∠OHA（=90°）

AE, AH は接線であるから, ∠OAE=∠OAH

ゆえに, ∠AOE=∠AOH であるから,

$$\angle AOE=\frac{1}{2}\angle HOE$$

同様に, $\angle BOE=\dfrac{1}{2}\angle EOF$, $\angle COG=\dfrac{1}{2}\angle FOG$, $\angle DOG=\dfrac{1}{2}\angle GOH$

よって, ∠AOE+∠BOE+∠COG+∠DOG

$$=\frac{1}{2}(\angle HOE+\angle EOF+\angle FOG+\angle GOH)=\frac{1}{2}\times 360°=180°$$

また, ∠AOE+∠BOE=∠AOB, ∠COG+∠DOG=∠COD

ゆえに, ∠AOB+∠COD=180°

20. **答** $\dfrac{35}{12}$ cm

(解説) △ABC と △ADC において，
AC は共通
AB，AD は接線であるから，∠BAC＝∠DAC
同様に，∠BCA＝∠DCA
ゆえに，△ABC≡△ADC（2角夾辺）
よって，BC＝DC＝7
円の半径を r cm とすると，右の図で，OE＝OF＝r
△ABC＝△OAB＋△OBC より，
$\dfrac{1}{2}\times5\times7=\dfrac{1}{2}\times(5+7)\times r$

参考 EO∥BC より，AE：AB＝EO：BC　　EB＝OF＝r より，AE＝5－r
よって，$(5-r):5=r:7$ から求めてもよい。

p.185 **21.** **答** (1) 4cm
(2) △ABC の内接円と辺 CA，AB との接点をそれぞれ Q，R とする。
2本の接線の長さは等しいから，AR＝AQ＝x cm，BR＝BP＝y cm，
CP＝CQ＝z cm とすると，$x+y=9$，$y+z=7$，$z+x=8$
よって，BP＝$y=4$
(1)より，BD＝4cm であるから，点 D と P は一致
する。
(解説) (1) 右の図で，AF＝AE＝AI＝a cm，
BF＝BG＝b cm，DG＝DE＝DH＝c cm，
CH＝CI＝d cm とすると，$a+b=9$ ……①，
$b+2c+d=7$ ……②，$a+d=8$ ……③
①－③ より，$b-d=1$ ……④
②＋④ より，$2(b+c)=8$
ゆえに，BD＝$b+c=4$

参考 (2) $s=\dfrac{1}{2}(9+7+8)$ として，BP＝$s-8$ と求めてもよい。

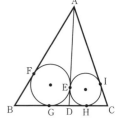

p.188 **22.** **答** (1) $x=75$ (2) $x=21$ (3) $x=57$ (4) $x=76$，$y=38$ (5) $x=27$，$y=62$
(6) $x=29$，$y=34$
(解説) (4) ∠AOB＝2∠ACB＝52°
OA∥CB より，∠OAC＝26°　　∠OCA＝∠OAC
(5) ∠BDC＝2x°＝54°
(6) ∠AEB＝x°　　∠AEC＝90°　　また，∠EAD＝36°

23. **答** $\dfrac{5}{3}\pi$ cm

(解説) $\overset{\frown}{AB}$ に対する中心角は，$2\times(82°-57°)$

24. **答** 弦 BD
(理由) ∠ADC＝89°，∠BAD＝90° となり，円周角が直角となるのは弦 BD で
あるから。

25. **答** 円の内部にある
(理由) ∠ACB＝60° より，∠APB＞∠ACB であるから。

p.189 **26.** (答) (1) $x=61$　(2) $x=38$　(3) $x=46$　(4) $x=66$, $y=34$

(解説) (1) $\angle AOB = 180° - 58°$

(2) $\angle ACB = 90°$ より, $\angle EAC = 90° - 64°$　　また, $\angle ADB = 90°$

(3) AO∥BC より, $\angle OBC = x°$　　$\angle OCB = \angle OBC$

$\angle AOC = 2\angle ADC = 134°$　　$\angle AOC + \angle OCB = 180°$

(4) △ACE で, $x = y + 32$　　△FBC で, $x + y = 100$

(参考) (4) 3章の演習問題20 (→本文 p.60) より, $\angle AFB = 2y° + 32° = 100°$ から求めてもよい。

p.190 **27.** (答) $\angle ABC = 144°$, $\angle CFD = 96°$

(解説) $\angle ABC = \angle CBD + \angle DBE + \angle EBA = 180° \times \dfrac{3+4+5}{1+2+3+4+5}$

$\angle CFD = \angle CED + \angle EDA$

$= 180° \times \dfrac{3+5}{1+2+3+4+5}$

28. (答) 右の図

(解説) 線分 PO を直径とする円をかいて, その円と円 O との交点を A, B とすると, $\angle OAP = \angle OBP = 90°$

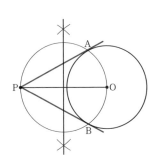

29. (答) (1) $61°$

(2) △ABC の内心を I, 線分 A'B' と CC' との交点を D とする。

$\angle A'B'B = \angle A'AB$ ($\overparen{A'B}$ に対する円周角)

また, △IBC で, $\angle B'IC = \angle IBC + \angle ICB$

よって, △B'ID で,

$\angle A'DI = \angle DB'I + \angle B'ID = \angle A'AB + \angle B'BC + \angle C'CB$

$= \dfrac{1}{2}(\angle CAB + \angle ABC + \angle BCA) = \dfrac{1}{2} \times 180° = 90°$

ゆえに, $A'B' \perp CC'$

(解説) (1) $\angle C'A'A = \dfrac{1}{2}\angle C$, $\angle B'A'A = \dfrac{1}{2}\angle B$

p.191 **30.** (答) (1) △ACE と △BDE において,

$\angle AEC = \angle BED$ (共通)　　$\angle CAE = \angle DBE$ ($\overparen{CD}$ に対する円周角)

ゆえに, △ACE∽△BDE (2角)

(2) $CE = 3$ cm, $AB = 4$ cm

(解説) (2) $CE = x$ cm とすると, (1)より, $AE : BE = CE : DE$ であるから,

$(2+4) : (5+x) = x : 4$　　$x(5+x) = 24$

整理して, $x^2 + 5x - 24 = 0$　　$(x+8)(x-3) = 0$　　ただし, $x > 0$

$\angle ABD = \angle DBE$ より, $AB : BE = AD : DE$ であるから,

$AB : (5+3) = 2 : 4$

31. （答）(1) △CBE と △CBF において，
BC は共通 ……①　　∠CBE＝∠CBF（仮定）……②
AB＝AC（仮定）より，∠ABC＝∠ACB ……③
∠DAB＝∠DBA（仮定），∠DBA＝∠ECD（$\overparen{\text{EA}}$ に対する円周角）より，
∠DAB＝∠ECD ……④　　△ABC で，∠FCB＝∠ABC＋∠CAB ……⑤
③，④，⑤より，∠ECB＝∠FCB ……⑥
①，②，⑥より，△CBE≡△CBF（2角夾辺）

(2) $\dfrac{15}{8}$ cm

（解説）(2) (1)より，CE＝CF＝3　　∠CAB＝∠CEB＝∠CFB
よって，AB＝FB＝5
④より，EC∥AB であるから，CD：AD＝EC：BA＝3：5

32. （答）△ABF で，∠AFG＝∠BAF＋∠ABF
△AEG で，∠AGF＝∠AEG＋∠EAG
$\overparen{\text{AB}}＝\overparen{\text{BC}}$（仮定）より，∠AEG＝∠BAF
$\overparen{\text{AE}}＝\overparen{\text{ED}}$（仮定）より，∠ABF＝∠EAG
よって，∠AFG＝∠AGF　　ゆえに，AF＝AG

p.192 **33.** （答）点 P を通り辺 AD に垂直な直線と，辺 AD，BC
との交点をそれぞれ H，M とする。

∠DAP＝∠MBP（$\overparen{\text{DC}}$ に対する円周角）……①
∠DHP＝90°（仮定）より，∠HPD＝90°－∠PDH
∠APD＝90°（仮定）より，∠DAP＝90°－∠PDH
よって，∠HPD＝∠DAP
また，∠HPD＝∠MPB（対頂角）
ゆえに，∠DAP＝∠MPB ……②
①，②より，∠MBP＝∠MPB ……③　　よって，MB＝MP ……④
∠BPC＝90°（仮定）より，∠MCP＝90°－∠MBP，∠MPC＝90°－∠MPB …⑤
③，⑤より，∠MCP＝∠MPC であるから，MC＝MP ……⑥
④，⑥より，MB＝MC
ゆえに，点 P を通り辺 AD に垂直にひいた直線は，辺 BC を 2 等分する。

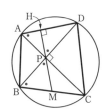

p.193 **34.** （答）右の図の点 A，B を除く $\overparen{\text{AB}}$（赤色部分）
（解説）△APD と △CPB において，
AP＝CP（正三角形 APC の辺）
PD＝PB（正三角形 PBD の辺）
∠APD＝∠CPB（＝120°）
ゆえに，△APD≡△CPB（2辺夾角）
よって，∠DAP＝∠BCP ……①
△AQC で，∠AQB＝∠CAQ＋∠QCA
＝（60°＋∠QAP）＋（60°＋∠QCP）
①より，∠QAP＝∠QCP であるから，∠AQB＝120°
ゆえに，点 O を △OAB が ∠OAB＝∠OBA＝30° の二等辺三角形となるように，
線分 AB について点 C と反対側にとるとき，点 Q は O を中心として OA を半径
とする円の点 A，B を除く $\overparen{\text{AB}}$ 上を動く。

35. **答** (1) CC′ は円 O の直径であるから，
∠C′AC＝∠C′BC＝90°
すなわち，C′A⊥AC，C′B⊥BC
H は △ABC の垂心であるから，BH⊥AC，AH⊥BC
ゆえに，C′A∥BH，C′B∥AH
よって，四角形 AC′BH は平行四辺形であるから，
AH＝C′B
△CC′B で，CO＝OC′（半径），CL＝LB（仮定）で
あるから，中点連結定理より，OL∥C′B，$OL＝\dfrac{1}{2}C′B$

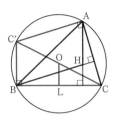

ゆえに，OL∥AH∥C′B，$OL＝\dfrac{1}{2}AH$

(2) AD⊥BC（仮定）より，∠LDP＝90° であるから，
3 点 D，L，P は PL を直径とする円の周上にある。
四角形 OLPA で，(1)より，
OL∥AP，$OL＝\dfrac{1}{2}AH＝AP$

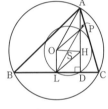

よって，四角形 OLPA は平行四辺形であるから，
OA＝LP ……①
同様に，四角形 OLHP も平行四辺形であるから，対
角線 OH と LP との交点を S とすると，OS＝SH，LS＝SP ……②
①，②より，3 点 D，L，P は線分 OH の中点 S を中心とし，△ABC の外接円 O
の半径の $\dfrac{1}{2}$ を半径とする円の周上にある。

(3) (1)，(2)と同様に，OM∥BH，$OM＝\dfrac{1}{2}BH$ である

から，3 点 E，M，Q を通る円の中心は S で，半径は
$SQ＝\dfrac{1}{2}OB$ である。

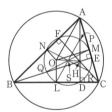

ゆえに，3 点 E，M，Q は(2)の円の周上にある。

また，ON∥CH，$ON＝\dfrac{1}{2}CH$ であるから，3 点 F，

N，R を通る円の中心は S で，半径は $SR＝\dfrac{1}{2}OC$ である。

ゆえに，3 点 F，N，R は(2)の円の周上にある。

参考 (2)，(3) △HAB で，HP＝PA，HQ＝QB（ともに仮定）より，PQ∥AB
△BCH で，BL＝LC，BQ＝QH（ともに仮定）より，
QL∥HC
AB⊥CF（仮定）　　よって，PQ⊥QL
すなわち，∠PQL＝90°　　同様に，∠PRL＝90°
また，∠PDL＝90°
ゆえに，5 点 P，Q，L，D，R は PL を直径とする円
の周上にある。
すなわち，2 点 D，L は △PQR の外接円の周上にある。

同様に，5点 P，Q，R，E，M についても，QM を直径とする円の周上にあるから，2点 E，M も △PQR の外接円の周上にある。

さらに，5点 P，F，N，Q，R についても，RN を直径とする円の周上にあるから，2点 F，N も △PQR の外接円の周上にある。

ゆえに，6点 D，E，F，L，M，N は △PQR の外接円の周上にあるから，9点 D，E，F，L，M，N，P，Q，R は同一円周上にある。

（9点 D，E，F，L，M，N，P，Q，R が通る円を九点円という）

注 (1) △ABC の重心を G とすると，G は線分 AL 上にある。

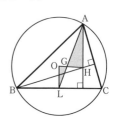

△GOL と △GHA において，

OL∥AH より，∠OLG＝∠HAG（錯角）

OL＝$\frac{1}{2}$AH より，OL：HA＝1：2

また，LG：AG＝1：2

よって，△GOL∽△GHA（2辺の比と間の角）

ゆえに，∠OGL＝∠HGA となり，3点 O，G，H は一直線上にあり，OG：GH＝1：2 である。

（直線 OGH を △ABC のオイラー線という。(2)の円の中心はこの直線上にある）

p.194 **36.** 答 右の図のように，$\overset{\frown}{\text{BCD}}$，$\overset{\frown}{\text{BAD}}$ に対する中心角を

それぞれ $a°$，$c°$ とすると，∠A＝$\frac{1}{2}a°$，∠C＝$\frac{1}{2}c°$

$a°+c°=360°$ であるから，

∠A＋∠C＝$\frac{1}{2}(a°+c°)=180°$

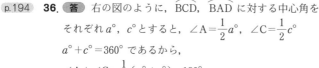

p.195 **37.** 答 (1) $x=56$ (2) $x=34$ (3) $x=28$

38. 答 120°

39. 答 (ア)，(ウ)

p.196 **40.** 答 (1) $x=89$，$y=126$ (2) $x=28$，$y=20$ (3) $x=50$，$y=76$

解説 (1) ∠ABC＝180°−52°−37°＝91° より，$x+91=180$

また，∠DAC＝∠ACB＝37°

(2) ∠CAB：∠DCA＝3：2 より，∠CAB＝$\frac{3}{2}x°＝90°−48°$

また，∠CDA＝180°−48°

(3) $x°＝∠ABC＝\frac{1}{2}(180°−80°)$ $y°＝∠DAE＝180°−54°−x°$

41. 答 ∠A＝53°，∠B＝96°，∠C＝127°，∠D＝84°

解説 ∠A＝$x°$ とする。

四角形 ABCD が円に内接するから，∠ECB＝∠FCD＝$x°$

△CBE で，∠ABC＝∠ECB＋∠BEC＝$x°+43°$

△FDC で，∠ADC＝∠FCD＋∠DFC＝$x°+31°$

∠ABC＋∠ADC＝180° より，$(x+43)+(x+31)=180$

参考 △ABF で，∠ABC＝180°−$x°$−31°＝149°−$x°$ より，

$x+43=149−x$ から求めてもよい。

42. （答） $\dfrac{1}{10}$ 倍

（解説）四角形 ABCD が円 O に内接するから，

$$\angle PAD = \angle BCD = 180° \times \dfrac{3}{3+5+7} = 36°$$

$$\angle ADC = 42° + 36° = 78°, \quad \angle BDC = 180° \times \dfrac{5}{3+5+7} = 60° \quad より，\quad \angle ADB = 18°$$

43. （答）(1) 四角形 AKMB は円に内接するから，∠AKM＝∠ABN
四角形 ABNL は円に内接するから，∠ABN＋∠ALN＝180°
よって，∠AKM＋∠ALN＝180°
ゆえに，同側内角の和が180°であるから，KM∥LN
(2) 四角形 AKMB は円に内接するから，∠AKM＝∠ABN
∠ABN＝∠ALN（$\overset{\frown}{AN}$ に対する円周角）
よって，∠AKM＝∠ALN
ゆえに，錯角が等しいから，KM∥LN

p.197 **44.** （答）四角形 ACDB が円 O に内接するから，
∠ACD＝∠ABF
∠ABF＝∠AEF（$\overset{\frown}{AF}$ に対する円周角）
よって，∠ACD＝∠AEF ……①
四角形 ABEF が円 O′ に内接するから，
∠AFE＝∠ABC
∠ABC＝∠ADC（$\overset{\frown}{AC}$ に対する円周角）
よって，∠AFE＝∠ADC ……②
AC＝AD（仮定）より，∠ACD＝∠ADC ……③
①，②，③より，∠AEF＝∠AFE
ゆえに，AE＝AF
（参考）△ACE≡△ADF（2角1対辺）であること
を利用してもよい。

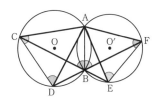

p.198 **45.** （答）(1) △ACD は ∠ADC＝90°の直角二等辺
三角形で，AM＝MC（仮定）より，∠DMC＝90°
∠CED＝90°（仮定）であるから，
∠DMC＋∠CED＝180°
ゆえに，4点 M，C，E，D は同一円周上にある。
(2) 15°
（解説）(2) ∠CME＝∠CDE＝90°－∠DCE

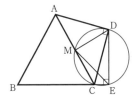

46. （答）四角形 ABCD が円に内接するから，
∠ABC＝∠EDC
四角形 EDCG が円に内接するから，
∠EDC＝∠FGC
よって，∠ABC＝∠FGC
ゆえに，四角形 BFGC は円に内接する。

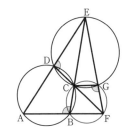

47. 答 直線 l と辺 AB との交点を E, 直線 m と
辺 CD との交点を F とする。
△AEQ で, ∠AEQ＝90° であるから,
∠RQS＝90°－∠BAC
△DFT で, ∠DFT＝90° であるから,
∠RTS＝90°－∠BDC
∠BAC＝∠BDC（$\overparen{\mathrm{BC}}$ に対する円周角）
よって, ∠RQS＝∠RTS
ゆえに, 4点 Q, R, S, T は同一円周上にある。

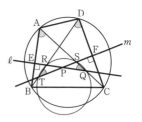

48. 答 (1) AP∥EC（仮定）より,
∠PAC＝∠ACE（錯角）
よって, $\overparen{\mathrm{PC}}＝\overparen{\mathrm{AE}}$ ……①
(2) 直径 AB と弦 CD との交点を M とすると,
∠AMC＝90° であるから, CM＝MD
ゆえに, △ACD は AC＝AD の二等辺三角形であ
るから, $\overparen{\mathrm{AC}}＝\overparen{\mathrm{AD}}$ ……②
①, ②より, $\overparen{\mathrm{AP}}＝\overparen{\mathrm{ED}}$　　よって, ∠RQS＝∠RCS
ゆえに, 4点 C, Q, R, S は同一円周上にある。

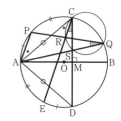

p.199 **49.** 答 四角形 AQDR は ∠ARD＋∠AQD＝180°
であるから, 円に内接する。
よって, ∠RAD＝∠RQD（$\overparen{\mathrm{RD}}$ に対する円周角）
また, 四角形 ABCD は円に内接するから,
∠RAD＝∠BCD
よって, ∠RQD＝∠BCD ……①
四角形 DQPC は ∠DQC＝∠DPC（＝90°）である
から, 円に内接する。
よって, ∠BCD＋∠DQP＝180° ……②
①, ②より, ∠RQD＋∠DQP＝180°
ゆえに, 3点 P, Q, R は一直線上にある。
注 この直線 PQR をシムソン線という。

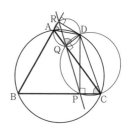

50. 答 (1) QD∥BC より, ∠BCR＝∠DQC（錯角）……①
△CDQ と △CBP において,
CD＝CB（正方形 ABCD の辺）
AQ＝AP（仮定）と AD＝AB（正方形 ABCD の辺）より,
QD＝PB
∠CDQ＝∠CBP（＝90°）
よって, △CDQ≡△CBP（2辺夾角）
ゆえに, ∠DQC＝∠BPC ……②
四角形 PBCR は ∠PBC＋∠CRP＝180° であるから,
円に内接する。
よって, ∠BPC＝∠BRC（$\overparen{\mathrm{BC}}$ に対する円周角）……③
①, ②, ③より, ∠BCR＝∠BRC
ゆえに, △BCR は BC＝BR の二等辺三角形である。

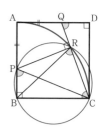

(2) 2π cm

解説 (2) (1)より，つねに BR＝BC であるから，点 R は B を中心とし，半径 AB の円の周上を頂点 A から C まで動く。ゆえに，求める長さは，$2\pi\times4\times\dfrac{1}{4}=2\pi$

8章の問題

p.200 **1** **答** (1) $x=65$　(2) $x=26$　(3) $x=42$

解説 (1) $\angle AOR=\angle QOR$，$\angle BOS=\angle QOS$ で，$\angle AOB=180°-50°$

(2) $\angle AOB=2\angle ACB=72°$ より，$\angle OBA=\dfrac{1}{2}(180°-72°)$

(3) $\overset{\frown}{BC}=2\overset{\frown}{CD}$ より，$\angle DBC=\dfrac{1}{2}x°$

$\angle ADB=90°$ より，$\angle ADC+\angle ABC=(90°+x°)+\left(27°+\dfrac{1}{2}x°\right)=180°$

2 **答** $\angle AFE=80°$，$\angle BGD=120°$

解説 $\overset{\frown}{AB}:\overset{\frown}{BCD}:\overset{\frown}{DE}:\overset{\frown}{EA}=2:5:1:1$ より，

$\angle ADE=\angle ABE=180°\times\dfrac{1}{2+5+1+1}=20°$　$\angle BAD=5\angle ADE$

$\angle AFE=\angle BAD-\angle ADE$　$\angle BGD=\angle BAD+\angle ABE$

3 **答** $\angle EAB=63°$，$\angle AFG=18°$，$\angle EGF=90°$

解説 $\angle EAB=\angle ECD=180°-18°-99°$

$\angle AFG=\dfrac{1}{2}\angle AFD=\dfrac{1}{2}(99°-\angle EAB)$

$\angle EAF=180°-\angle EAB$

$\angle EGF=\angle EAF-\angle AFG-\angle AEG$ （→3章の演習問題 20，本文 p.60）

参考 線分 AB と EG との交点を H とする。

$\angle FHG=\angle EAB+\angle AEG$

$\angle EGF=180°-\angle FHG-\angle AFG$ と求めてもよい。

4 **答** (1)　　　(2)

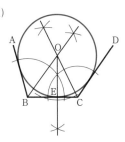 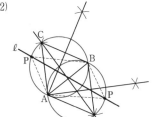

解説 (1) $\angle ABC$，$\angle BCD$ の二等分線の交点 O から線分 BC に垂線 OE をひく。O を中心として，半径 OE の円をかく。

(2) AB を 1 辺とする正三角形 ABC の外接円と，直線 ℓ との交点のうち，直線 AB について点 C と同じ側にある点を P とする。

もう 1 つの正三角形 ABC' についても同様である。

p.201 **5** (答) △BPQ と △BRS において，

四角形 ARBP が円 O に内接するから，

∠BPQ＝∠BRS ……①

四角形 ASBQ が円 O′ に内接するから，

∠BQP＝∠BSR ……②

円 O′ で，∠BAQ＝∠BAS（仮定）より，$\overset{\frown}{BQ}=\overset{\frown}{BS}$

よって，BQ＝BS ……③

①，②，③より，△BPQ≡△BRS（2角1対辺）

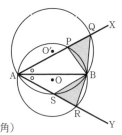

6 (答) (1) AP∥DC（仮定）より，∠PAQ＝∠ACD（錯角）

∠ACD＝∠ABD（$\overset{\frown}{AD}$ に対する円周角）

DQ∥AB（仮定）より，∠ABD＝∠PDQ（錯角）

よって，∠PAQ＝∠PDQ

ゆえに，4点 A，P，Q，D は同一円周上にある。

(2) (1)より，∠DPQ＝∠DAQ（$\overset{\frown}{DQ}$ に対する円周角）

また，∠DAC＝∠DBC（$\overset{\frown}{DC}$ に対する円周角）

よって，∠DPQ＝∠DBC

同位角が等しいから，PQ∥BC

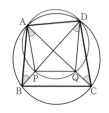

7 (答) (1) △BPC と △BRP において，∠CBP＝∠PBR（共通）……①

AB＝BC（仮定）より，∠ACB＝∠BAC

∠ACB＋∠BCP＝180° であるから，∠BAC＋∠BCP＝180° ……②

CQ∥RP（仮定）より，∠BQC＝∠BPR（同位角）

四角形 ABQC が円に内接するから，

∠BAC＋∠BQC＝∠BAC＋∠BPR＝180° ……③

②，③より，∠BCP＝∠BPR ……④

①，④より，△BPC∽△BRP（2角）

(2) $\dfrac{10\sqrt{15}}{3}$ cm

(解説) (2) CQ∥RP より，BC：BR＝BQ：BP＝6：10＝3：5

BC＝$3a$ cm とすると，BR＝$5a$

(1)より，BP：BR＝BC：BP であるから，10：$5a$＝$3a$：10

$15a^2=100$　$a^2=\dfrac{20}{3}$　$a>0$ より，$a=\dfrac{2\sqrt{15}}{3}$

(参考) (2) △BPC∽△BCQ であることを示し，

BP：BC＝BC：BQ　10：BC＝BC：6 から BC を求めてもよい。

8 (答) (1)(i) $90°-a°$　(ii) $135°-\dfrac{1}{2}a°$

(2) 3点 A，Q，B を通る円の中心を O′ とする。

円 O の内部にない円 O′ の周上の点を C とすると，

∠AQB は円 O′ の $\overset{\frown}{ACB}$ に対する円周角で，

その中心角は，2∠AQB＝270°－a° である。

よって，∠AO′B＝360°－（270°－a°）＝90°＋a°

ゆえに，∠APB＋∠AO′B＝（90°－a°）＋（90°＋a°）＝180°

であるから，中心 O′ は円 O の周上にある。

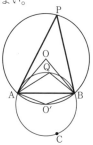

(解説) (1)(i) $\angle AOB = 180° - 2a°$ で，$\angle APB = \dfrac{1}{2}\angle AOB$

(ii) $\angle AQB = 180° - \dfrac{1}{2}(\angle PAB + \angle PBA) = 180° - \dfrac{1}{2}(180° - \angle APB)$

p.202 **9** (答) $CP = \dfrac{5}{2}a\,\mathrm{cm}$，$PQ = \dfrac{5}{7}a\,\mathrm{cm}$，$AQ = \dfrac{39}{14}a\,\mathrm{cm}$

(解説) BD∥PC より，BD：CP＝BQ：CQ　　a：CP＝2：5

ゆえに，$CP = \dfrac{5}{2}a$

△ABQ と △CPQ において，

∠BAQ＝∠PCQ（$\overset{\frown}{BP}$ に対する円周角）……①　　∠AQB＝∠CQP（対頂角）

ゆえに，△ABQ∽△CPQ（2角）

よって，AB：CP＝BQ：PQ　　すなわち，AB：BQ＝CP：PQ

AB＝BC と $CP = \dfrac{5}{2}a$ より，$7：2 = \dfrac{5}{2}a：PQ$

よって，$PQ = \dfrac{5}{7}a$

また，△ABP と △CQP において，

①より，∠BAP＝∠QCP　　AB＝AC より，∠APB＝∠CPQ（＝60°）

よって，△ABP∽△CQP（2角）

ゆえに，AB：CQ＝AP：CP　　$7：5 = AP：\dfrac{5}{2}a$　　よって，$AP = \dfrac{7}{2}a$

ゆえに，$AQ = AP - PQ = \dfrac{39}{14}a$

(参考) △BPD が正三角形であることを示し，BD∥PC より，

PQ：DQ＝QC：QB＝5：2 であるから，$PQ = \dfrac{5}{7}PD = \dfrac{5}{7}BD$ と求めてもよい。

また，△ABD≡△CBP（2角1対辺）より，

$AQ = AD + DQ = CP + \dfrac{2}{7}PD = CP + \dfrac{2}{7}BD$ と求めてもよい。

10 (答) (1)(i) △ABE と △ACD において，

∠BAE＝∠CAD（仮定）　　∠ABE＝∠ACD（$\overset{\frown}{AD}$ に対する円周角）

よって，△ABE∽△ACD（2角）

ゆえに，AB：AC＝BE：CD であるから，AB・CD＝AC・BE

(ii) △ABC と △AED において，

∠BAE＝∠DAC（仮定）より，∠BAE＋∠EAC＝∠DAC＋∠EAC

すなわち，∠BAC＝∠EAD　　∠ACB＝∠ADE（$\overset{\frown}{AB}$ に対する円周角）

よって，△ABC∽△AED（2角）

ゆえに，BC：ED＝AC：AD であるから，AD・BC＝AC・ED

(iii) (i)，(ii)の式の両辺をそれぞれ加えると，

AB・CD＋AD・BC＝AC・BE＋AC・ED＝AC・(BE＋ED)＝AC・BD

(2) △CAF で，

∠CFG＝∠CAF＋∠ACF

＝（⌒BC に対する円周角）＋（⌒AD に対する円周角）

⌒AC＝⌒BC（仮定）より，

∠CFG＝（⌒AC に対する円周角）＋（⌒AD に対する円周角）

＝（⌒CD に対する円周角）

ゆえに，∠CFG＝∠CED

よって，四角形 DEGF は円に内接する。

ゆえに，(1)より，FD・GE＋FG・DE＝DG・EF

注 (1)(ⅲ) これをトレミーの定理という。

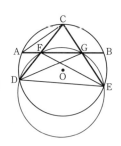

11 答 4点 O，E，F，A は同一円周上にあるから，

∠OEF＋∠OAF＝180°……①

∠OEA＝∠OFA（⌒OA に対する円周角）……②

OA＝OF（円 O の半径）より，

∠OAF＝∠OFA ……③

線分 EO の延長と弦 AB との交点を G とする。

CE＝ED（仮定）より，EG⊥CD

CD∥AB（仮定）より，EG⊥AB

よって，AG＝GB であるから，△EAB は EA＝EB の二等辺三角形である。

ゆえに，∠OEA＝∠OEB ……④

②，③，④より，∠OAF＝∠OEB ……⑤

①，⑤より，∠OEF＋∠OEB＝180°

ゆえに，3点 F，E，B は一直線上にある。

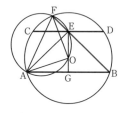

9章　三平方の定理

p.204 **1.** （答）

a	3	5	$2\sqrt{6}$	6	$2\sqrt{14}$
b	4	12	1	6	5
c	5	13	5	$6\sqrt{2}$	9

p.205 **2.** （答）(1) 中にある正方形の面積と，まわりにある4つの合同な直角三角形の面積の和が，全体の正方形の面積に等しいから，$(a-b)^2+4\times\dfrac{1}{2}ab=c^2$

ゆえに，$a^2+b^2=c^2$

(2) (1)と同様に，$c^2+4\times\dfrac{1}{2}ab=(a+b)^2$

ゆえに，$a^2+b^2=c^2$

3. （答）(1)　　　　　　　　　　　　　　(2)

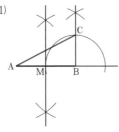
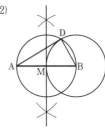

（解説）(1) 線分 AB の垂直二等分線をひき，AB との交点を M とする。
点 B を通り線分 AB に垂直な直線をひき，その直線上に点 C を，BC＝BM となるようにとる。
△ABC で，∠ABC＝90° であるから，$AC=\sqrt{2^2+1^2}$
(2) (1)の点 M について，B を中心とし BM を半径とする円と，AB を直径とする円との交点の1つを D とする。
△ABD で，∠ADB＝90° であるから，$AD=\sqrt{2^2-1^2}$

4. （答）(1)(i) A'B'＝x とする。
△A'B'C' で，∠C'＝90° であるから，$x^2=a^2+b^2$　　また，$a^2+b^2=c^2$（仮定）
よって，$x^2=c^2$　　$x>0$，$c>0$ より，$x=c$ ……①
△ABC と △A'B'C' において，
BC＝B'C'（＝a）　　CA＝C'A'（＝b）　　①より，AB＝A'B'（＝c）
ゆえに，△ABC≡△A'B'C'（3辺）
(ii) (i)より，∠C＝∠C'　　ゆえに，∠C＝90°
(2) (ア)，(ウ)

5. （答）(1) 順に 4，5，12 (2) {8, 15, 17}，{12, 35, 37}
（解説）(1) $2x+1=3^2$ のとき，$x=4$ であるから，$(4+1)^2=4^2+(2\times4+1)$
よって，$3^2+4^2=5^2$
$x=12$ のとき，$(12+1)^2=12^2+(2\times12+1)$　　よって，$5^2+12^2=13^2$

(2) $x+1$ が平方数になればよいから, $x+1=4^2$ のとき, $x-15$
$x+1=6^2$ のとき, $x=35$ ほかに, $x=48$ のとき, {14, 48, 50} など。

6. **答** (1) $(m^2-n^2)^2+(2mn)^2=m^4-2m^2n^2+n^4+4m^2n^2=m^4+2m^2n^2+n^4$
$(m^2+n^2)^2=m^4+2m^2n^2+n^4$ よって, $(m^2-n^2)^2+(2mn)^2=(m^2+n^2)^2$
ゆえに, 斜辺の長さを m^2+n^2 とする直角三角形である。
(2) {7, 24, 25}, {20, 21, 29}
解説 (2) $m=4$, $n=3$ と $m=5$, $n=2$
ほかに, $m=5$, $n=4$ のとき, {9, 40, 41} など。

p.206
7. **答** △ABH で, $\angle AHB=90°$ であるから,
$AB^2=AH^2+BH^2=AH^2+(BC+CH)^2=AH^2+BC^2+2BC\cdot CH+CH^2$
△ACH で, $\angle AHC=90°$ であるから, $AC^2=AH^2+CH^2$
ゆえに, $AB^2=BC^2+CA^2+2BC\cdot CH$

8. **答** 対角線の交点を E とすると, △ABE, △BCE, △CDE, △DAE で,
$\angle AEB=\angle BEC=\angle CED=\angle DEA=90°$ であるから,
$AB^2+CD^2=(AE^2+BE^2)+(CE^2+DE^2)=(AE^2+DE^2)+(BE^2+CE^2)$
$=AD^2+BC^2$
ゆえに, $AB^2+CD^2=AD^2+BC^2$

9. **答** 頂点 A から辺 BC に垂線 AH をひく。
△AHP で, $\angle AHP=90°$ であるから,
$AP^2=AH^2+HP^2$ ……①
$BP>CP$ より, 点 H は線分 BP 上にあるから,
$BP=BH+HP$
よって, $BP^2=BH^2+2BH\cdot HP+HP^2$ ……②
また, $CP=CH-HP$ より, $CP^2=CH^2-2CH\cdot HP+HP^2$ ……③
②, ③と $BH=CH=AH$ より, $BP^2+CP^2=2(AH^2+HP^2)$ ……④
①, ④より, $2AP^2=BP^2+CP^2$

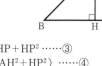

p.207
10. **答** (1) 鋭角三角形 (2) 直角三角形 (3) 鈍角三角形 (4) 鋭角三角形
解説 最大辺に対する角が, 直角か鋭角か鈍角かを調べる。
(1) $5^2+7^2>8^2$ (2) $7^2+24^2=25^2$ (3) $6^2+7^2<10^2$ (4) $9^2+14^2>16^2$

11. **答** $n>4$, 鈍角三角形
解説 $n+(n^2-2)>n^2+2$, $(n^2-2)+(n^2+2)>n$, $(n^2+2)+n>n^2-2$
ゆえに, $n>4$
また, $n^2+(n^2-2)^2=n^4-3n^2+4$, $(n^2+2)^2=n^4+4n^2+4$ より,
$n^2+(n^2-2)^2<(n^2+2)^2$ ゆえに, 鈍角三角形である。

12. **答** △AED と △DEB において,
$\angle AED=\angle DEB=90°$ ……①
$\angle DAE+\angle EDA=90°$, $\angle BDE+\angle EDA=90°$ であるから,
$\angle DAE=\angle BDE$ ……② ①, ②より, △AED∽△DEB (2角)
よって, $AE:DE=DE:BE$ ゆえに, $AE\cdot BE=DE^2$
同様に, △ADF∽△DCF (2角) より, $AF\cdot CF=DF^2$
よって, $AE\cdot EB+AF\cdot FC=DE^2+DF^2=EF^2$ であるから, △DFE は
$\angle EDF=90°$ の直角三角形である。
四角形 AEDF で, $\angle AED=\angle EDF=\angle DFA=90°$ より, $\angle FAE=90°$
ゆえに, △ABC は $\angle A=90°$ の直角三角形である。

p.209 **13.** (答) (1) $x=4$, $y=2\sqrt{3}$　(2) $x=3$, $y=3\sqrt{2}$　(3) $x=2\sqrt{2}$, $y=3\sqrt{6}$
(4) $x=6$, $y=\sqrt{145}$　(5) $x=\sqrt{34}$　(6) $x=2\sqrt{13}$
(解説) (5) $x^2=5^2+3^2$　(6) $x^2=4^2+6^2$

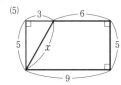 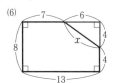

14. (答) (1) 10 cm　(2) $8\sqrt{2}$ cm

15. (答) (1) 高さ $2\sqrt{10}$ cm, 面積 $6\sqrt{10}$ cm²　(2) 高さ $2\sqrt{3}$ cm, 面積 $4\sqrt{3}$ cm²

16. (答) (1) $\sqrt{74}$　(2) $5\sqrt{2}$

17. (答) AB$=5\sqrt{10}$, BC$=2\sqrt{85}$, CA$=3\sqrt{10}$, ∠A$=90°$ の直角三角形

18. (答) (1) $\sqrt{15}$ cm　(2) $4\sqrt{7}$ cm　(3) 15 cm

19. (答) $\left(\sqrt{3}-\dfrac{\pi}{3}\right)$ cm²

(解説) ∠AOB$=120°$ より, (おうぎ形 OAB)$=\pi\times1^2\times\dfrac{120}{360}$

p.211 **20.** (答) (1) $x=\dfrac{\sqrt{6}}{3}$, $y=\sqrt{2}-\dfrac{\sqrt{6}}{3}$　(2) $x=\dfrac{6\sqrt{5}}{5}$, $y=\dfrac{4\sqrt{5}}{5}$
(3) $x=\sqrt{3}$, $y=\sqrt{3}$

(解説) (1) △ABC で, ∠CAB$=90°$, ∠C$=45°$ であるから, AB$=$AC$=\sqrt{2}$
△ABD で, ∠DAB$=90°$, ∠BDA$=60°$ であるから, AD : AB$=1:\sqrt{3}$
DE$=$CD
(2) △CAD で, ∠ADC$=90°$ であるから, CD$=\sqrt{3^2-2^2}$
△ABD∽△CAD (2角) より, AB : CA$=$BD : AD$=$AD : CD
(3) △DBE で, ∠B$=60°$, BD$=1$, BE$=2$ であるから, ∠BDE$=90°$
よって, DE$=\sqrt{3}$ BD　△ADF で, ∠ADF$=90°$, ∠DAF$=60°$ であるから, DF$=\sqrt{3}$ AD　EF$=$DF$-$DE

21. (答) (1) $2\sqrt{3}$ cm　(2) $\dfrac{8\sqrt{3}-12}{3}$ cm²

(解説) (1) AD∥BC より, ∠DAH$=$∠BEA$=60°$ ……①
△AHD で, ∠AHD$=90°$ であるから, DH$=\dfrac{\sqrt{3}}{2}$AD
(2) 点 F を通り辺 AB に平行な直線と, 辺 AD, BC との交点をそれぞれ I, J とする。
△AFD で, AF$=$DF, ①より, ∠DAF$=60°$ であるから, △AFD は正三角形である。
IF$=$DH$=2\sqrt{3}$　　FJ$=$IJ$-$IF$=4-2\sqrt{3}$
△ABE で, ∠ABE$=90°$, ∠BEA$=60°$ であるから, BE$=\dfrac{1}{\sqrt{3}}$AB$=\dfrac{4}{\sqrt{3}}$
ゆえに, △BEF$=\dfrac{1}{2}$BE$\cdot$FJ$=\dfrac{1}{2}\times\dfrac{4}{\sqrt{3}}\times(4-2\sqrt{3})$

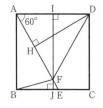

参考 (1) △ABE∽△DHA（2角）より，AB：DH＝AE：DA

$4 : DH = \dfrac{8\sqrt{3}}{3} : 4$ から求めてもよい。

22. **答** 8cm

解説 点 A から辺 BC に垂線 AH をひく。

BD＝$5x$cm，DC＝$3x$cm とする。

△ABH で，∠AHB＝90°，∠B＝60° であるから，

$BH = \dfrac{1}{2}AB = \dfrac{1}{2}BC = 4x$，$AH = \sqrt{3}\,BH = 4\sqrt{3}\,x$

△ADH で，∠AHD＝90° であるから，

$AD^2 = AH^2 + HD^2$ $7^2 = (4\sqrt{3}\,x)^2 + (5x-4x)^2$

$49x^2 = 49$ ただし，$x > 0$

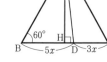

23. **答** ㋐ $\dfrac{3\sqrt{3}-\pi}{12}$cm² ㋑ $\dfrac{\pi-\sqrt{3}}{12}$cm²

解説 （㋐の面積）＝（おうぎ形 BPA）−｛（おうぎ形 CPB）−△PBC｝

おうぎ形 BPA，おうぎ形 CPB は，ともに半径1cm で，中心角がそれぞれ30°，60° であり，△PBC は 1辺の長さが1cm の正三角形である。

よって，$\pi \times 1^2 \times \dfrac{30}{360} - \left(\pi \times 1^2 \times \dfrac{60}{360} - \dfrac{\sqrt{3}}{4} \times 1^2 \right)$

（㋑の面積）＝（おうぎ形 CDP）−△QPC   （おうぎ形 CDP）＝（おうぎ形 BPA）

△QPC は，QP＝QC，∠QPC＝∠QCP＝30° の二等辺三角形であるから，

点 Q から線分 PC に垂線 QH をひくと，$QH = \dfrac{1}{\sqrt{3}} \times \dfrac{1}{2}PC = \dfrac{1}{\sqrt{3}} \times \dfrac{1}{2}BC = \dfrac{\sqrt{3}}{6}$

よって，$\pi \times 1^2 \times \dfrac{30}{360} - \dfrac{1}{2} \times 1 \times \dfrac{\sqrt{3}}{6}$

24. **答** $\dfrac{4\sqrt{3}}{15}$cm²

解説 △BCD で，∠BCD＝90°，∠DBC＝30° であるから，$CD = \dfrac{1}{\sqrt{3}}BC = \sqrt{2}$

$BE = ED = \dfrac{1}{2}BD = \dfrac{1}{2} \times \dfrac{2}{\sqrt{3}}BC = \sqrt{2}$

△BGE，△DFE も同様に，$BG = DF = \dfrac{2}{\sqrt{3}}BE = \dfrac{2\sqrt{6}}{3}$

よって，$DF : BC = \dfrac{2\sqrt{6}}{3} : \sqrt{6} = 2 : 3$

FD∥BC であるから，DH：BH＝2：3

$\triangle BCH - \triangle BGE = \dfrac{1}{2} \times BC \times \dfrac{3}{5}CD - \dfrac{1}{2} \times BG \times \dfrac{1}{2}CD$

p.212 **25.** **答** (1) $4\sqrt{3}$ cm (2) $(6-2\sqrt{3})$cm (3) $(27-3\sqrt{3})$cm²

解説 (1) AC＝AB＝6

△ADC で，∠CAD＝90°，∠ADC＝15°＋45°＝60° であるから，$CD = \dfrac{2}{\sqrt{3}}AC$

(2) △ADC で, $AD = \dfrac{1}{\sqrt{3}} AC = 2\sqrt{3}$ $BD = 6 - AD$

(3) △BCD と △ACE において,

∠DCA=30° より, ∠BCD=45°−30°=15° ……①

また, ∠DBC=45° ……②

∠CAD=∠CED=90° であるから, 四角形 ADCE は円に内接する。

よって, ∠ACE=∠ADE=15°（$\overarc{EA}$ に対する円周角）……③

∠EAC=∠EDC=45°（$\overarc{CE}$ に対する円周角）……④

①, ③より, ∠BCD=∠ACE   ②, ④より, ∠DBC=∠EAC

ゆえに, △BCD∽△ACE（2角）

よって, BD：AE=BC：AC より, $AE = \dfrac{BD \cdot AC}{BC}$

△ABC で, $BC = \sqrt{2} AB = 6\sqrt{2}$ ゆえに, $AE = \dfrac{(6-2\sqrt{3}) \times 6}{6\sqrt{2}} = 3\sqrt{2} - \sqrt{6}$

頂点 E から辺 AC に垂線 EH をひく。

△EAH で, ∠EHA=90°, ∠EAH=45°

であるから, $EH = \dfrac{1}{\sqrt{2}} AE = 3 - \sqrt{3}$

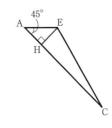

（四角形 ABCE）=△ABC+△ACE

$= \dfrac{1}{2} AB^2 + \dfrac{1}{2} AC \cdot EH$

$= \dfrac{1}{2} \times 6^2 + \dfrac{1}{2} \times 6 \times (3 - \sqrt{3})$

p.213 **26.** （答）(1) $\dfrac{19}{7}$ cm (2) 2cm

（解説）BH=$x$cm とする。

(1) △ABH で, ∠AHB=90° であるから, $AH^2 = 5^2 - x^2$

△ACH で, ∠AHC=90° であるから, $AH^2 = 6^2 - (7-x)^2$

よって, $5^2 - x^2 = 6^2 - (7-x)^2$

(2) △AHB で, ∠AHB=90° であるから, $AH^2 = 6^2 - x^2$

△AHC で, ∠AHC=90° であるから, $AH^2 = 9^2 - (x+5)^2$

よって, $6^2 - x^2 = 9^2 - (x+5)^2$

27. （答）(1) $2\sqrt{2}$ cm (2) $(1+\sqrt{3})$ cm

（解説）(1) AE=$a$cm とすると, △AEF の面積は, $\dfrac{\sqrt{3}}{4} a^2 = 2\sqrt{3}$

$a^2 = 8$ ただし, $a > 0$

(2) △ABE≡△ADF（斜辺と1辺）より, BE=DF   よって, CE=CF

ゆえに, △ECF は直角二等辺三角形で, $EF = 2\sqrt{2}$ であるから,

$EC = \dfrac{1}{\sqrt{2}} EF = 2$

AB=$x$cm とすると, BE=$x-2$

△ABE で, ∠B=90° であるから, $x^2 + (x-2)^2 = (2\sqrt{2})^2$ $x^2 - 2x - 2 = 0$

$x = 1 \pm \sqrt{3}$ ただし, $2 < x < 2\sqrt{2}$

(別解) (2) 線分 AC と EF との交点を M とすると，△AEM は $30°$, $60°$, $90°$ の直角三角形，△MEC は $45°$, $45°$, $90°$ の直角二等辺三角形で，$EM=\sqrt{2}$ より，

$AC=AM+MC=\sqrt{6}+\sqrt{2}$　　$AB=\dfrac{1}{\sqrt{2}}AC$

28. (答) (1) $9\pm2\sqrt{7}$　(2) $6\pm\sqrt{3}$　(3) $AP+PB=\sqrt{61}$，点 P の x 座標は $\dfrac{27}{5}$

(解説) (1) $P(x, 0)$ とする。
$BA=BP$ より，$(3-9)^2+(2-3)^2=(x-9)^2+(0-3)^2$　　$x^2-18x+53=0$
(2) $P(x, 0)$ とする。
△APB で，$\angle APB=90°$ であるから，$AP^2+BP^2=AB^2$ より，
$\{(x-3)^2+(0-2)^2\}+\{(x-9)^2+(0-3)^2\}=(9-3)^2+(3-2)^2$
$x^2-12x+33=0$
(3) x 軸について点 A と対称な点を A′ とすると，$AP+PB=A′P+PB$
点 P が線分 A′B 上にあるときが最小となる。
$A′B=\sqrt{(9-3)^2+\{3-(-2)\}^2}$

そのときの P は，直線 A′B $\left(y=\dfrac{5}{6}x-\dfrac{9}{2}\right)$ と x 軸との交点である。

(参考) (3) $P(x, 0)$ とする。
点 A′，B から x 軸に垂線 A′H，BH′ をひくと，
A′H // BH′ であるから，
$PH:PH′=A′H:BH′$　　$(x-3):(9-x)=2:3$
から求めてもよい。

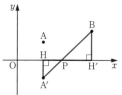

29. (答) (1) $\dfrac{41}{5}$ cm²　(2) $\dfrac{25}{4}$ cm²

(解説) (1) $AE=x$ cm とすると，
△ADE≡△CBE（2角1対辺）より，$DE=BE=5-x$
△ADE で，$\angle D=90°$ であるから，$4^2+(5-x)^2=x^2$　　$x=\dfrac{41}{10}$

$△AEC=\dfrac{1}{2}AE\cdot BC$

(2) △DBC で，$\angle B=90°$ であるから，$DB=\sqrt{5^2-4^2}=3$
$DF=y$ cm とすると，$AF=4-y$
△ADF で，$\angle A=90°$ であるから，$(4-y)^2+(5-3)^2=y^2$　　$y=\dfrac{5}{2}$

$△CFD=\dfrac{1}{2}DC\cdot DF$

p.215 **30.** (答) $AB=3\sqrt{2}$ cm, $AC=2\sqrt{3}$ cm, $BC=(3+\sqrt{3})$ cm

(解説) $\angle AOB=120°$ より，$AB=2\times\dfrac{\sqrt{3}}{2}OA$

$\angle AOC=90°$ より，$AC=\sqrt{2}OA$

頂点 A から辺 BC に垂線 AH をひくと，$BC=BH+HC=\dfrac{1}{\sqrt{2}}AB+\dfrac{1}{2}AC$

31. （答）(1) $4\sqrt{6}$ cm　(2) BE$=\sqrt{30}$ cm, DE$=\sqrt{6}$ cm

（解説）(1) $\angle$BAD$=\angle$CAD より，AB：AC$=$BD：DC$=6:4=3:2$

AB$=3x$ cm，AC$=2x$ cm とすると，$\triangle$ABC で，$\angle$C$=90^\circ$ であるから，

$(3x)^2=(2x)^2+(6+4)^2$　$x^2=20$　$x>0$ より，$x=2\sqrt{5}$

$\triangle$ADC で，$\angle$C$=90^\circ$ であるから，AD$=\sqrt{(2\times2\sqrt{5})^2+4^2}$

(2) $\triangle$ADC$\infty\triangle$BDE（2角）より，

AD：BD$=$AC：BE$=$DC：DE

$4\sqrt{6}:6=4\sqrt{5}:$BE$=4:$DE

（参考）(2) $\triangle$ADC$\infty\triangle$ABE（2角）より，

AD：AB$=$DC：BE$=$AC：AE から求めてもよい。

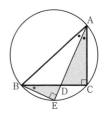

32. （答）(1) $\dfrac{10}{3}$ cm　(2) $(1+\sqrt{7})$ cm

（解説）(1) 辺 BC の中点を M とする。

$\triangle$ABM で，$\angle$AMB$=90^\circ$ であるから，AM$=\sqrt{13^2-5^2}=12$

よって，$\triangle$ABC$=\dfrac{1}{2}$BC$\cdot$AM$=60$

内接円の半径を r cm とすると，$\dfrac{1}{2}\times(13+13+10)\times r=60$

(2) 右の図で，E，F，G，H は接点である。

内接円の半径を r cm とすると，

HD$=$FC$=$DG$=$GC$=r$，AE$=$AH$=6-r$，

BF$=$BE$=8-(6-r)=2+r$

点 A から辺 BC に垂線 AI をひくと，AI$=$DC$=2r$，

BI$=$BF$+$FC$-$AD$=(2+r)+r-6=2r-4$

$\triangle$ABI で，$\angle$AIB$=90^\circ$ であるから，

$8^2=(2r)^2+(2r-4)^2$　$r^2-2r-6=0$　ただし，$2<r<4$

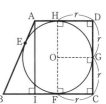

（参考）(1) 円 O と辺 AB との接点を D とすると，BD$=$BM$=5$

$\triangle$OAD で，$\angle$ODA$=90^\circ$ より，$(12-r)^2=8^2+r^2$ から求めてもよい。

または，$\triangle$ABM$\infty\triangle$AOD（2角）より，AM：AD$=$BM：OD

$12:8=5:r$ から求めてもよい。

33. （答）(1) $\triangle$ABC と $\triangle$DCE において，

$\angle$BAC$=\angle$CDE（$\overset{\frown}{\text{EC}}$ に対する円周角）……①

AD∥BC（仮定）より，$\angle$ACB$=\angle$DAC（錯角）

$\angle$DAC$=\angle$DEC（$\overset{\frown}{\text{CD}}$ に対する円周角）

よって，$\angle$ACB$=\angle$DEC ……②

①，②より，$\triangle$ABC$\infty\triangle$DCE（2角）

(2)(i) $\sqrt{15}$ cm　(ii) $\dfrac{\sqrt{30}}{2}$ cm　(iii) $\dfrac{15\sqrt{14}}{28}$ cm

(解説) (2)(i) 線分 CO の延長と辺 AD との交点を M とする。

∠OCB＝90°，AD∥BC より，OM⊥AD

よって，M は辺 AD の中点であるから，△CDA は AC＝DC の二等辺三角形である。

頂点 A から辺 BC に垂線 AH をひくと，四角形 AHCM は長方形になるから，

$$HC＝AM＝\frac{1}{2}AD＝1$$

△ABH で，∠AHB＝90° であるから，

$$AH＝\sqrt{(3\sqrt{2})^2-(3-1)^2}＝\sqrt{14}$$

△AHC で，∠AHC＝90° であるから，$AC＝\sqrt{(\sqrt{14})^2+1^2}$

(ii) (1)より，BC：CE＝AB：DC　　DC＝AC より，3：CE＝$3\sqrt{2}$：$\sqrt{15}$

(iii) 円 O の半径を $r$cm とすると，$OM＝\sqrt{14}-r$

△OMA で，∠OMA＝90° であるから，$(\sqrt{14}-r)^2+1^2＝r^2$

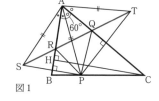

p.217 **34.** **(答)** (1) 4cm　(2) $\sqrt{3}\,a$cm　(3) $\dfrac{7}{2}$cm

(解説) (1) AH＝$x$cm とする。

△ACH で，∠AHC＝90° であるから，$CH^2＝8^2-x^2$

△BCH で，∠BHC＝90° であるから，$CH^2＝7^2-(5-x)^2$

ゆえに，$8^2-x^2＝7^2-(5-x)^2$　　$x＝4$

(2) 図 1 で，S，T はそれぞれ辺 AB，AC について点 P と対称な点であるから，

AP＝a より，AS＝AT＝a

△AHC で，∠AHC＝90°，AC＝8，AH＝4 であるから，∠CAH＝60° ……①

∠SAB＝∠PAB，∠TAC＝∠PAC より，

∠SAT＝2∠CAH＝120° ……②

ゆえに，$ST＝2×\dfrac{\sqrt{3}}{2}AS＝\sqrt{3}\,a$

(3) 図 1 で，PQ＝TQ，RP＝RS であるから，PQ＋QR＋RP が最小になるのは，Q，R がそれぞれ線分 ST と辺 AC，AB との交点のときである。

このとき，(2)より，PQ＋QR＋RP＝TQ＋QR＋RS＝ST＝$\sqrt{3}\,a$ であるから，AP＝a が最小となればよい。すなわち，AP⊥BC のときである（図 2）。

$$△ABC＝\frac{1}{2}BC・AP＝\frac{1}{2}AB・CH$$

$$\frac{1}{2}×7×a＝\frac{1}{2}×5×\sqrt{8^2-4^2}　　よって，a＝\frac{20\sqrt{3}}{7}$$

△ABC，△PBR，△PQC において，

②より，∠AST＝∠ATS＝30°　　∠APC＝90°

また，S，T はそれぞれ辺 AB，AC について点 P と対称な点であるから，

①と ∠RPB＝∠RSB＝90°−30°＝60° より，

∠CAB＝∠RPB

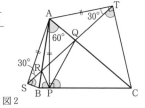

∠ABC＝∠PBR（共通）

よって，△ABC∽△PBR（2角）

同様に，①と ∠QPC＝∠QTC＝90°−30°＝60° より，∠CAB＝∠CPQ

∠BCA＝∠QCP（共通）

よって，△ABC∽△PQC（2角）

ゆえに，△ABC∽△PBR∽△PQC

よって，AC：PR＝AB：PB　　8：PR＝5：PB　　$PR＝\dfrac{8}{5}PB$

AB：PQ＝AC：PC　　5：PQ＝8：PC　　$PQ＝\dfrac{5}{8}PC$

△ABP で，∠APB＝90° であるから，$PB＝\sqrt{5^2-\left(\dfrac{20\sqrt{3}}{7}\right)^2}=\dfrac{5}{7}$

$PC＝BC-PB＝7-\dfrac{5}{7}=\dfrac{44}{7}$

ゆえに，RQ＝ST−SR−QT＝ST−PR−PQ

$=\sqrt{3}\times\dfrac{20\sqrt{3}}{7}-\dfrac{8}{5}\times\dfrac{5}{7}-\dfrac{5}{8}\times\dfrac{44}{7}=\dfrac{7}{2}$

35. （答）(1) $2\sqrt{7}$ cm

(2) $0<x\leqq4$ のとき $S=\sqrt{3}\,x^2$，$4<x\leqq8$ のとき $S=\sqrt{3}\,(x^2-12x+48)$

(3) $\sqrt{14}$ 秒後，$(6\pm\sqrt{2})$ 秒後

（解説）(1) 点 P から辺 CD に垂線 PH をひく。

△PCH で，∠PHC＝90°，∠PCH＝60°，PC＝6

であるから，$CH＝\dfrac{1}{2}PC=3$，$PH＝\dfrac{\sqrt{3}}{2}PC=3\sqrt{3}$

△PQH で，∠PHQ＝90°，CQ＝2 であるから，

$PQ＝\sqrt{(3-2)^2+(3\sqrt{3})^2}=2\sqrt{7}$

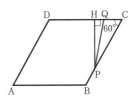

(2)(i) $0<x\leqq4$ のとき

点 Q から辺 AB の延長に垂線 QI をひく。

AP＝BQ＝2x

△QBI で，∠QIB＝90°，∠QBI＝60° であるから，

$QI＝\dfrac{\sqrt{3}}{2}QB=\sqrt{3}\,x$

よって，$S＝\dfrac{1}{2}\times2x\times\sqrt{3}\,x=\sqrt{3}\,x^2$

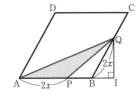

(ii) $4<x\leqq8$ のとき

点 P から辺 AB の延長，辺 CD にそれぞれ垂線

PJ，PK をひくと，$KJ＝\dfrac{\sqrt{3}}{2}BC=4\sqrt{3}$

PB＝QC＝2x−8，PC＝16−2x

△PBJ で，∠PJB＝90°，∠PBJ＝60° であるから，

$PJ＝\dfrac{\sqrt{3}}{2}PB=\sqrt{3}\,(x-4)$

よって，$PK＝KJ-PJ=4\sqrt{3}-\sqrt{3}\,(x-4)=\sqrt{3}\,(8-x)$

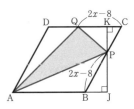

ゆえに，$S = (台形\ ABCQ) - \triangle ABP - \triangle PCQ$

$= \dfrac{1}{2} \times \{(2x-8)+8\} \times 4\sqrt{3} - \dfrac{1}{2} \times 8 \times \sqrt{3}\,(x-4) - \dfrac{1}{2} \times (2x-8) \times \sqrt{3}\,(8-x)$

$= \sqrt{3}\,(x^2 - 12x + 48)$

(3) (2)より，$\sqrt{3}\,x^2 = 14\sqrt{3}$ 　　$x^2 = 14$ 　　$0 < x \leqq 4$ より，$x = \sqrt{14}$

また，$\sqrt{3}\,(x^2 - 12x + 48) = 14\sqrt{3}$ 　　$x^2 - 12x + 34 = 0$

ゆえに，$x = 6 \pm \sqrt{2}$ 　　これは $4 < x \leqq 8$ を満たす。

p.219 **36.** (答) (1) $x = \dfrac{\sqrt{46}}{2}$ 　(2) $x = 2\sqrt{15}$

(解説) (1) $5^2 + 4^2 = 2(x^2 + 3^2)$ 　　$x^2 = \dfrac{23}{2}$ 　　$x > 0$ より，$x = \dfrac{\sqrt{46}}{2}$

(2) $9^2 + 7^2 = 2\left\{(5\sqrt{2})^2 + \left(\dfrac{x}{2}\right)^2\right\}$ 　　$x^2 = 60$ 　　$x > 0$ より，$x = 2\sqrt{15}$

37. (答) $\dfrac{5}{2}a^2$

(解説) 右の図で，対角線 AC，辺 AD の中点をそれぞれ M，N とする。

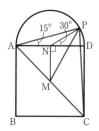

PM は $\triangle$PAC の中線であるから，中線定理より，

$PA^2 + PC^2 = 2(PM^2 + AM^2)$

$\angle PND = 2\angle PAD = 2 \times 15^\circ = 30^\circ$ であるから，

$\angle PNM = 30^\circ + 90^\circ = 120^\circ$

$NP = NM$ より，$\angle NPM = \angle NMP = 30^\circ$

よって，$PM = 2 \times \dfrac{\sqrt{3}}{2}NP = \dfrac{\sqrt{3}}{2}a$

$\triangle NAM$ は直角二等辺三角形であるから，$AM = \sqrt{2}\,AN = \dfrac{\sqrt{2}}{2}a$

ゆえに，$PA^2 + PC^2 = 2 \times \left\{\left(\dfrac{\sqrt{3}}{2}a\right)^2 + \left(\dfrac{\sqrt{2}}{2}a\right)^2\right\} = \dfrac{5}{2}a^2$

38. (答) AD，AE はそれぞれ $\triangle$ABE，$\triangle$ADC の中線であるから，中線定理より，

$AB^2 + AE^2 = 2(AD^2 + BD^2)$ ……①，$AD^2 + AC^2 = 2(AE^2 + DE^2)$ ……②

$BD = DE$ であるから，①，②より，

$AB^2 + AC^2 = AD^2 + AE^2 + 4BD^2 = AD^2 + AE^2 + (2BD)^2 = AD^2 + AE^2 + BE^2$

39. (答) (1) 線分 PQ の垂直二等分線と辺 AB との交点

(2) 線分 PQ の中点を N とする。

(1)より，点 P を固定するとき，$PR^2 + QR^2$ が最小となるのは $RN \perp PQ$ のときであるから，

$RN = AP$ ……①

また，$\triangle$APN で，$\angle APN = 90^\circ$ であるから，

$AP^2 + PN^2 = AN^2$ ……②

RN は $\triangle$RPQ の中線であるから，中線定理より，

$PR^2 + QR^2 = 2(RN^2 + PN^2)$ ……③

①，②，③より，$PR^2 + QR^2 = 2AN^2$

ゆえに，点 P が動くとき，$PR^2 + QR^2$ が最小となるのは AN が最小となるとき，すなわち，AN⊥CN のときである。

NQ=AR，NQ∥AR より，四角形 ARQN は平行四辺形であるから，AN∥QR

よって，QR⊥CN ……④

PQ∥AB より，△CPQ∽△CAB（2角）

N は線分 PQ の中点であるから，直線 CN は辺 AB の中点 M を通る。

ゆえに，3点 C，N，M は一直線上にあり，④より，QR⊥CM

(解説) (1) 線分 PQ の中点を N とすると，RN は △RPQ の中線であるから，中線定理より，$PR^2 + QR^2 = 2(RN^2 + PN^2)$

点 P を固定しているので，線分 PQ の長さは一定である。

よって，線分 PN の長さも一定であり，$PR^2 + QR^2$ が最小となるのは RN が最小となるときである。

p.220 **40.** **(答)** (1) $\sqrt{29}$ cm (2) $5\sqrt{3}$ cm

41. **(答)** (1) 20π cm² (2) $\sqrt{11}$ cm

42. **(答)** $6\sqrt{10}\,\pi$ cm³

(解説) 高さは $\sqrt{7^2 - 3^2} = 2\sqrt{10}$

43. **(答)** $6\sqrt{3}$ cm

(解説) 球に内接する立方体の対角線の長さが球の直径である。

立方体の1辺の長さを a cm とすると，対角線の長さは $\sqrt{3}\,a = 18$

p.222 **44.** **(答)** (1) $2\sqrt{7}$ cm (2) $\dfrac{32\sqrt{7}}{3}$ cm³

(解説) (1) △OAC は OA=OC の二等辺三角形であるから，頂点 O からおろした垂線 OH は辺 AC を2等分する。

よって，$AH = \dfrac{1}{2}AC = \dfrac{1}{2} \times \sqrt{2}\,AB = 2\sqrt{2}$

△OAH で，∠AHO=90° であるから，$OH = \sqrt{6^2 - (2\sqrt{2})^2}$

(2)（正四角すい O-ABCD の体積）$= \dfrac{1}{3} \times$（正方形 ABCD）$\times OH = \dfrac{1}{3} \times 4^2 \times 2\sqrt{7}$

45. **(答)** (1) $\dfrac{125}{3}$ cm³ (2) $\dfrac{10}{3}$ cm

(解説) (1) 右の図の三角すい A-CEF で，

∠ACE=∠ACF=∠ECF=90° であるから，

$\dfrac{1}{3} \triangle CEF \cdot AC = \dfrac{1}{3} \times \left(\dfrac{1}{2} \times 5^2 \right) \times 10$

(2) △AEF=（正方形 ABCD）$- (2\triangle ABE + \triangle CEF)$

$= 10^2 - \left\{ 2 \times \left(\dfrac{1}{2} \times 5 \times 10 \right) + \dfrac{1}{2} \times 5^2 \right\} = \dfrac{75}{2}$

高さを h cm とすると，$\dfrac{1}{3} \times \dfrac{75}{2} \times h = \dfrac{125}{3}$

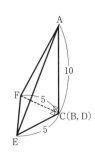

46. 答 (1) $2\sqrt{5}$ cm (2) 18cm^2 (3) $\dfrac{56}{3}$ cm³

解説 (1) $\triangle$PMD$\equiv\triangle$EMA（2角夾辺）より，PM＝EM
$\triangle$EMA で，$\angle$EAM$=90°$ であるから，EM$=\sqrt{2^2+4^2}$
(2) 四角形 MEGN は等脚台形である。
点 M から辺 EG に垂線 MS をひく。
EG$=\sqrt{2}$ EF$=4\sqrt{2}$，MN$=\sqrt{2}$ DN$=2\sqrt{2}$ より，
ES$=\dfrac{1}{2}(4\sqrt{2}-2\sqrt{2})=\sqrt{2}$
(1)より，EM$=2\sqrt{5}$
$\triangle$ESM で，$\angle$ESM$=90°$ であるから，
MS$=\sqrt{(2\sqrt{5})^2-(\sqrt{2})^2}=3\sqrt{2}$
ゆえに，（四角形 MEGN）$=\dfrac{1}{2}\times(2\sqrt{2}+4\sqrt{2})\times3\sqrt{2}$

(3) 三角すい P-DMN と三角すい P-HEG は相似で，相似比が $1:2$ であるから，体積の比は $1^3:2^3$
ゆえに，$\left\{1-\left(\dfrac{1}{2}\right)^3\right\}\times$（三角すい P-HEG の体積）

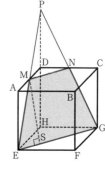

47. 答 (1) OR$=\dfrac{1}{4}$cm，OQ$=\dfrac{1}{3}$ cm (2) $\dfrac{\sqrt{13}}{2}$ cm

解説 (1) 右の図は，展開図の一部である。
PQ＋QR＋RD が最小となるのは，4 点 P，Q，R，D が一直線上にあるときである。
$\triangle$DAP で，AP∥OR，AO＝OD であるから，
OR$=\dfrac{1}{2}$AP$=\dfrac{1}{4}$AB
$\triangle$ABD で，AP＝PB，AO＝OD より，Q は
重心であるから，OQ$=\dfrac{1}{3}$OB

(2) $\triangle$ABD は，$\angle$A$=60°$，AD$=2$AB であるから，$\angle$ABD$=90°$ の直角三角形である。よって，BD$=\sqrt{3}$ AB$=\sqrt{3}$
$\triangle$PBD で，PD$=\sqrt{(\sqrt{3})^2+\left(\dfrac{1}{2}\right)^2}$

p.223 **48.** 答 $6144\pi\text{cm}^3$

解説 円すいの頂点を通り，底面に垂直な平面で切ると，切り口は右の図のようになる。$\triangle$ABC は円すいの切り口，O は球の中心，M は底面の円の中心，AD は球の直径である。
$\triangle$ABD で，$\angle$ABD$=90°$，AB$=40$，AD$=50$ であるから，BD$=\sqrt{50^2-40^2}=30$
$\triangle$ABD$=\dfrac{1}{2}$AB・BD$=\dfrac{1}{2}$AD・BM より，BM$=24$
$\triangle$ABM で，$\angle$BMA$=90°$ であるから，AM$=\sqrt{40^2-24^2}=32$

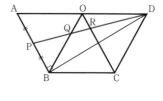

参考 △ABD∽△AMB（2角）より，AD：AB＝BD：MB＝AB：AM
50：40＝30：MB＝40：AM から求めてもよい。

参考 △ABMで，∠BMA＝90°であるから，BM²＝AB²−AM²
BM²＝40²−(25＋OM)² ……①
△OBMで，∠BMO＝90°であるから，BM²＝OB²−OM²
BM²＝25²−OM² ……②
①，②より，40²−(25＋OM)²＝25²−OM² から求めてもよい。

p.224 **49.** **答** $(\sqrt{10}-1)$ cm

解説 円すいの頂点をA，底面の円の中心をO′，直径を
BCとし，3点A，B，Cを通る平面で円すいを切る。
△ABO′で，∠AO′B＝90°であるから，
$AB＝\sqrt{9^2+3^2}＝3\sqrt{10}$
右の図で，円Oと辺 AB との接点をD，求める半径を
$r$cm とすると，$AD＝3\sqrt{10}-3$，$AO＝9-r$
△ADOで，∠ADO＝90°であるから，
$(3\sqrt{10}-3)^2+r^2＝(9-r)^2$

参考 △ABO′∽△AOD（2角）より，
AO′：AD＝BO′：OD 9：$(3\sqrt{10}-3)$＝3：r と求めてもよい。

50. **答** (1) $\sqrt{7}$ cm (2) $\dfrac{\sqrt{14}}{2}$ cm (3) $\dfrac{\sqrt{14}}{8}$ cm

解説 (1) △ACF と △BCF において，
∠AFC＝∠BFC＝90°であるから，
$AF＝BF＝\sqrt{3^2-1^2}＝2\sqrt{2}$ より，△FAB は二等辺
三角形である。
よって，△AEFで，∠AEF＝90°であるから，
$EF＝\sqrt{(2\sqrt{2})^2-1^2}$

(2) $△ABF＝\dfrac{1}{2}AB\cdot EF＝\dfrac{1}{2}BF\cdot AH$ より，

$\dfrac{1}{2}×2×\sqrt{7}＝\dfrac{1}{2}×2\sqrt{2}×AH$

(3) 求める半径を$r$cm とすると，（四面体 ABCD の体積）＝$\dfrac{1}{3}△BCD\cdot AH$

$＝\dfrac{1}{3}(△ABC＋△ACD＋△ADB＋△BCD)r$

△ABC＝△ACD＝△ADB＝△BCD より，$r＝\dfrac{1}{4}AH$

参考 (3) 四面体 ABCD の体積は，$\dfrac{1}{3}△ABF\cdot CD＝\dfrac{1}{3}×\left(\dfrac{1}{2}×2×\sqrt{7}\right)×2＝\dfrac{2\sqrt{7}}{3}$

と求めてもよい。

p.225 **51.** (答) $(4-2\sqrt{3})$ cm

(解説) OH⊥平面 ABC であるから，H は △ABC の内接円の中心である。
円 H の半径を r cm とする。

BC$=\sqrt{6^2+8^2}=10$ より，

$\triangle\text{ABC}=\dfrac{1}{2}\text{AB}\cdot\text{AC}=\dfrac{1}{2}(\text{AB}+\text{AC}+\text{BC})r$

$\dfrac{1}{2}\times8\times6=\dfrac{1}{2}\times(8+6+10)\times r$　　よって，$r=2$

ゆえに，OH$=\sqrt{4^2-2^2}=2\sqrt{3}$ であるから，

HI$=$OI$-$OH

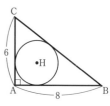

(参考) r を求めるのに，円 H と辺 AB との接点を D とすると，$r=$AD であるから，8章の例題2（→本文 p.183）より，$r=\dfrac{1}{2}\times(8+6+10)-10$ と求めてもよい。

52. (答) (1) $\dfrac{2\sqrt{5}}{5}$ cm　(2) $\dfrac{\sqrt{6}}{3}$ cm

(解説) 内接する球の中心を O とする。
(1) 辺 AB，CD，EF，GH の中点をそれぞれ B′，C′，F′，G′ とし，線分 F′G′ の中点を M′ とする。
平面 B′F′G′C′ で立方体を切ると，切り口は図1のようになる。
線分 B′M′ は3点 A，B，M を通る平面の切り口であるから，M′I が求める切り口の円の半径である。
△B′F′M′∽△M′IO（2角）より，
B′F′：M′I$=$B′M′：M′O　　2：M′I$=\sqrt{2^2+1^2}$：1

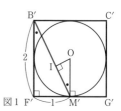

図1

(2) 平面 AEGC で立方体を切ると，切り口は図2のようになる。
線分 AM′ は3点 A，F，H を通る平面の切り口であるから，M′J が求める切り口の円の半径である。
△AEM′∽△M′JO（2角）より，
AE：M′J$=$AM′：M′O
2：M′J$=\sqrt{2^2+(\sqrt{2})^2}$：1

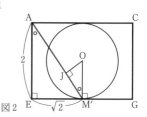

図2

(参考) (2) 切り口は，1辺の長さが $2\sqrt{2}$ cm の正三角形 AFH の内接円であることから求めてもよい。

p.226 **53.** (答) (1) $18\sqrt{3}$ cm² (2) $(6+3\sqrt{2})$ cm

(3)(i) $(36\sqrt{3}+36\sqrt{6})$ cm² (ii) $18\sqrt{6}$ cm² (iii) $(54\sqrt{3}+54\sqrt{6})$ cm³

(解説) (1) 底面の正六角形の1辺の長さは $\dfrac{2}{\sqrt{3}}\times3=2\sqrt{3}$ であるから，

求める面積は，$\left\{\dfrac{\sqrt{3}}{4}\times(2\sqrt{3})^2\right\}\times6=18\sqrt{3}$

(2) 辺 BC, EF, HI の中点をそれぞれ B′, F′, H′ とする。頂点 A をふくむほう
の立体を, 3点 B′, F′, H′ を通る平面で切る。

点 F′ と辺 KL の中点を結んだ線分と, その平面と
の交点を M とすると, 切り口は図1のようになる。
O は球の中心で, N, P, Q は接点である。
点 M から線分 B′H′ に垂線 MR をひく。

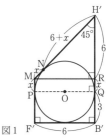

図1

△H′MR で, ∠MH′R=45° であるから,
H′R=MR=6
MN=x cm とすると,
MP=RQ=x, H′N=H′Q=6+x
H′M=$\sqrt{2}$ H′R であるから, $(6+x)+x=\sqrt{2}\times6$
よって, $x=3\sqrt{2}-3$
ゆえに, BH=B′H′=$3+x+6=6+3\sqrt{2}$

(3) 辺 HI をふくみ, 球に接する平面と, 辺 AG, FL,
EK, DJ との交点をそれぞれ S, T, U, V とすると,
切り口は図2のようになる。

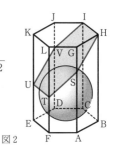

図2

(i) AS=$\frac{1}{2}$(BH+FT)=$\frac{1}{2}$ { $(6+3\sqrt{2})+3\sqrt{2}$ } =$3+3\sqrt{2}$

側面積は, (長方形 BHIC)+(長方形 FTUE)
+(台形 ASHB)×2+(台形 ASTF)×2
=$(6+3\sqrt{2})\times2\sqrt{3}+3\sqrt{2}\times2\sqrt{3}$
+$\frac{1}{2}\times$ { $(3+3\sqrt{2})+(6+3\sqrt{2})$ } $\times2\sqrt{3}\times2$
+$\frac{1}{2}\times$ { $(3+3\sqrt{2})+3\sqrt{2}$ } $\times2\sqrt{3}\times2$
=$36\sqrt{3}+36\sqrt{6}$

(ii) 線分 HT と辺 BH のつくる角は 45° であるから,
HT=H′M=$6\sqrt{2}$
よって, 切り口の図形(図3)の面積は,
(六角形 IVUTSH)=(台形 IVSH)×2
=$\left\{\frac{1}{2}\times(2\sqrt{3}+4\sqrt{3})\times3\sqrt{2}\right\}\times2=18\sqrt{6}$

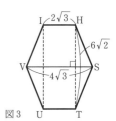

図3

(iii) 辺 KL の中点を L′ とする。
図4のように, 六角柱を, 点 M を通り底面に平行
な平面で切る。
その平面より上側の体積を V_1 cm³, 下側の体積を
V_2 cm³ とすると, 求める体積は,
$\frac{1}{2}V_1+V_2=\frac{1}{2}\times$ (底面)×H′R+(底面)×RB′
=$\frac{1}{2}\times18\sqrt{3}\times6+18\sqrt{3}\times3\sqrt{2}=54\sqrt{3}+54\sqrt{6}$

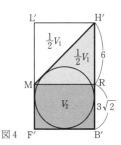

図4

参考 (3) 図5のように，(ⅰ)側面積と(ⅲ)体積は，底面が正六角形，高さが H′B′+MF′ の角柱の側面積と体積の，ともに $\dfrac{1}{2}$ 倍であることから求めてもよい。

(側面積)＝$\dfrac{1}{2}×\{(6+3\sqrt{2})+3\sqrt{2}\}×2\sqrt{3}×6$

(体積)＝$\dfrac{1}{2}×18\sqrt{3}×\{(6+3\sqrt{2})+3\sqrt{2}\}$

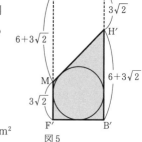

図5

p.228 **54.** **答** (1) 周 $(6\sqrt{13}+3\sqrt{2})$ cm，面積 $\dfrac{21\sqrt{17}}{2}$ cm²

(2) $\dfrac{18\sqrt{17}}{17}$ cm (3) 141 cm³

解説 直線 PR と辺 EA，EH の延長との交点をそれぞれ S，T とする。
AP＝PD＝3 より，△APS≡△DPR（2角夾辺）であるから，AS＝DR＝3
よって，SA：SE＝1：3
また，AQ：EF＝1：3
ゆえに，3点 S，Q，F は一直線上にある。
直線 FT と辺 GH との交点を U とすると，
切り口は五角形 FURPQ である。

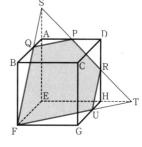

(1) EF＝6 であるから，
HU：EF＝TH：TE＝RH：SE＝1：3 より，
HU＝2
△BFQ と △GFU で，∠FBQ＝∠FGU＝90°
であるから，FQ＝FU＝$\sqrt{6^2+4^2}=2\sqrt{13}$
△AQP と △HUR で，∠QAP＝∠UHR＝90°
であるから，PQ＝RU＝$\sqrt{3^2+2^2}=\sqrt{13}$
△DPR は直角二等辺三角形であるから，PR＝$\sqrt{2}$ PD＝$3\sqrt{2}$
ゆえに，FU＋UR＋RP＋PQ＋QF＝$2\sqrt{13}×2+\sqrt{13}×2+3\sqrt{2}=6\sqrt{13}+3\sqrt{2}$
また，FS＝FT＝$\dfrac{3}{2}$ FQ＝$3\sqrt{13}$，ST＝3PR＝$9\sqrt{2}$ より，△FTS で，頂点 F から辺 ST に垂線 FI をひくと，I は辺 ST の中点であるから，

FI＝$\sqrt{(3\sqrt{13})^2-\left(\dfrac{9\sqrt{2}}{2}\right)^2}=\dfrac{3\sqrt{34}}{2}$

よって，△FTS＝$\dfrac{1}{2}$ST・FI＝$\dfrac{1}{2}×9\sqrt{2}×\dfrac{3\sqrt{34}}{2}=\dfrac{27\sqrt{17}}{2}$
△QPS∽△FTS，△UTR∽△FTS で，ともに相似比は 1：3 であるから，
(五角形 FURPQ)＝$\left\{1-\left(\dfrac{1}{3}\right)^2×2\right\}×$△FTS＝$\dfrac{7}{9}×\dfrac{27\sqrt{17}}{2}=\dfrac{21\sqrt{17}}{2}$
(2) 三角すい E-FTS で，頂点 E から △FTS に垂線 EJ をひくと，
(三角すい E-FTS の体積)＝$\dfrac{1}{3}$△EFT・SE＝$\dfrac{1}{3}$△FTS・EJ より，

$\dfrac{1}{3}×\left(\dfrac{1}{2}×6×9\right)×9=\dfrac{1}{3}×\dfrac{27\sqrt{17}}{2}×$EJ   ゆえに，EJ＝$\dfrac{18\sqrt{17}}{17}$

(3) 三角すい A–QPS，三角すい H–UTR は三角すい E–FTS と相似で，相似比は
ともに 1：3 である。

よって，2 つに分けた立体のうち，頂点 A をふくむほうの立体の体積は，

$$\left\{1-\left(\frac{1}{3}\right)^3\times2\right\}\times(\text{三角すい E–FTS の体積})=\frac{25}{27}\times81=75$$

ゆえに，頂点 C をふくむほうの立体の体積は，$6^3-75=141$

参考 (3)（頂点 A をふくむほうの立体の体積）＝（三角すい E–AQP の体積）
＋（三角すい E–HRU の体積）＋（五角すい E–FURPQ の体積）

$$=\left\{\frac{1}{3}\times\left(\frac{1}{2}\times2\times3\right)\times6\right\}\times2+\frac{1}{3}\times\frac{21\sqrt{17}}{2}\times\frac{18\sqrt{17}}{17}=75 \ \text{と求めてもよい。}$$

55. **答** (1) $\dfrac{\sqrt{10}}{2}$cm　(2) $\dfrac{3\sqrt{2}}{2}$cm　(3) $\sqrt{5}$ cm²

(4) $\dfrac{2\sqrt{2}}{3}$cm³

解説 (1) OA＝OC＝2，AC＝$2\sqrt{2}$ であるから，
図 1 で，△OAC は ∠AOC＝90° の直角二等辺三
角形である。

点 O，Q から線分 AC にそれぞれ垂線 OH，QI
をひく。

△ABD で，AP＝PB，AR＝RD より，AM＝MH
△OCH で，OQ＝QC，OH // QI より，HI＝IC

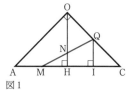

図1

よって，AM＝MH＝HI＝IC＝$\dfrac{1}{4}$AC＝$\dfrac{\sqrt{2}}{2}$，QI＝IC＝$\dfrac{\sqrt{2}}{2}$

△QMI で，∠QIM＝90° であるから，MQ＝$\sqrt{\left(\dfrac{\sqrt{2}}{2}+\dfrac{\sqrt{2}}{2}\right)^2+\left(\dfrac{\sqrt{2}}{2}\right)^2}=\dfrac{\sqrt{10}}{2}$

(2) 線分 MQ と ST との交点を N とすると，ST // BD より，
ST：BD＝ON：OH

図 1 で，NH＝$\dfrac{1}{2}$QI＝$\dfrac{\sqrt{2}}{4}$ であるから，ON：OH＝$\left(\sqrt{2}-\dfrac{\sqrt{2}}{4}\right):\sqrt{2}$＝3：4

よって，ST＝$\dfrac{3}{4}$BD＝$\dfrac{3}{4}\times2\sqrt{2}=\dfrac{3\sqrt{2}}{2}$

(3) △APR で，RP＝$\sqrt{2}$AP＝$\sqrt{2}$

図 2 で，QN＝NM＝$\dfrac{1}{2}$QM＝$\dfrac{1}{2}\times\dfrac{\sqrt{10}}{2}=\dfrac{\sqrt{10}}{4}$
であるから，

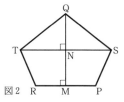

図2

（五角形 PSQTR）＝△QTS＋（台形 TRPS）

$$=\frac{1}{2}\times\frac{3\sqrt{2}}{2}\times\frac{\sqrt{10}}{4}+\frac{1}{2}\times\left(\frac{3\sqrt{2}}{2}+\sqrt{2}\right)\times\frac{\sqrt{10}}{4}=\sqrt{5}$$

(4) 頂点 O から線分 MQ に垂線 OJ をひく。

図 3 で，$MQ=\dfrac{\sqrt{10}}{2}$，$OQ=1$

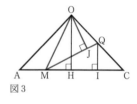

図 3

△OMH で，∠OHM＝90° であるから，

$$OM=\sqrt{(\sqrt{2})^2+\left(\dfrac{\sqrt{2}}{2}\right)^2}=\dfrac{\sqrt{10}}{2}$$

$MJ=x\,cm$ とする。

△OMJ で，∠OJM＝90° であるから，$OJ^2=\left(\dfrac{\sqrt{10}}{2}\right)^2-x^2$

△OQJ で，∠OJQ＝90° であるから，$OJ^2=1^2-\left(\dfrac{\sqrt{10}}{2}-x\right)^2$

よって，$\left(\dfrac{\sqrt{10}}{2}\right)^2-x^2=1^2-\left(\dfrac{\sqrt{10}}{2}-x\right)^2$　$x=\dfrac{2\sqrt{10}}{5}$

よって，$OJ=\sqrt{\left(\dfrac{\sqrt{10}}{2}\right)^2-\left(\dfrac{2\sqrt{10}}{5}\right)^2}=\dfrac{3\sqrt{10}}{10}$

ゆえに，求める体積は，

(三角すい O–APR の体積)＋(五角すい O–PSQTR の体積)

$$=\dfrac{1}{3}\times\left(\dfrac{1}{2}\times1^2\right)\times\sqrt{2}+\dfrac{1}{3}\times\sqrt{5}\times\dfrac{3\sqrt{10}}{10}=\dfrac{2\sqrt{2}}{3}$$

別解 (4) 右の図で，平面 PSQTR と辺 OA
の延長との交点を E とする。

△OAC と直線 QME で，メネラウスの定
理より，$\dfrac{AM}{MC}\cdot\dfrac{CQ}{QO}\cdot\dfrac{OE}{EA}=1$

よって，$\dfrac{OE}{EA}=3$ であるから，$AE=1$

求める体積は，(三角すい Q–OST の体積)
＋(三角すい E–OST の体積)−(三角すい E–APR の体積)

三角すい Q–OST で，$\triangle OST=\dfrac{1}{2}OS\cdot OT=\dfrac{1}{2}\times\left(\dfrac{3}{4}OB\right)^2=\dfrac{9}{8}$

△OST を底面とみるとき，点 Q からの高さは，線分 IH の長さに等しい。
同様に，三角すい E–OST の点 E からの高さは，OE：OQ＝3：1 より，線分 IH
の長さの 3 倍に等しい。

また，三角すい E–APR で，$\triangle APR=\dfrac{1}{2}AP\cdot AR=\dfrac{1}{2}\times1^2=\dfrac{1}{2}$

△APR を底面とみるとき，点 E からの高さは，OA：AE＝2：1 より，線分 OH
の長さの $\dfrac{1}{2}$ 倍に等しい。

ゆえに，$\dfrac{1}{3}\times\dfrac{9}{8}\times\dfrac{\sqrt{2}}{2}+\dfrac{1}{3}\times\dfrac{9}{8}\times\dfrac{3\sqrt{2}}{2}-\dfrac{1}{3}\times\dfrac{1}{2}\times\dfrac{\sqrt{2}}{2}=\dfrac{2\sqrt{2}}{3}$

参考 (4) △OMQ で，OM＝MQ＝$\dfrac{\sqrt{10}}{2}$，OQ＝1 であるから，点 M から線分 OQ に垂線 MK をひくと，MK＝$\sqrt{\left(\dfrac{\sqrt{10}}{2}\right)^2-\left(\dfrac{1}{2}\right)^2}=\dfrac{3}{2}$

△OMQ＝$\dfrac{1}{2}$OQ・MK＝$\dfrac{1}{2}$MQ・OJ より，$\dfrac{1}{2}\times1\times\dfrac{3}{2}=\dfrac{1}{2}\times\dfrac{\sqrt{10}}{2}\times$OJ から求めてもよい。

9章の問題

p.229 **1** **答** (1) $x=2\sqrt{6}$，$y=4\sqrt{6}$ (2) $x=4$，$y=\sqrt{10}$ (3) $x=2\sqrt{2}$，$y=\sqrt{6}$

解説 (1) $x=\dfrac{1}{\sqrt{3}}$BD $y=\dfrac{2}{\sqrt{3}}$BD

(2) $x=\sqrt{2}$ AB－2

点 A から辺 BC に垂線 AH をひくと，AH＝BH＝3

$y=\sqrt{1^2+3^2}$

(3) 点 F から辺 AC，BC にそれぞれ垂線 FG，FH をひくと，

$x=\dfrac{2}{\sqrt{3}}$FG＝$\dfrac{2}{\sqrt{3}}\times\dfrac{1}{\sqrt{2}}$EF

$y=\dfrac{2}{\sqrt{3}}$FH＝$\dfrac{2}{\sqrt{3}}\times\dfrac{1}{\sqrt{2}}$DF＝$\dfrac{2}{\sqrt{3}}\times\dfrac{1}{\sqrt{2}}\times\dfrac{\sqrt{3}}{2}$EF

(1)

(2)

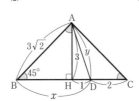

(3)

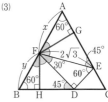

2 **答** 4 cm

解説 △ABE で，∠ABE＝90° であるから，AE＝$\sqrt{6^2+2^2}=2\sqrt{10}$

△AED＝$\dfrac{1}{2}$AE・ED＝40 より，$\dfrac{1}{2}\times2\sqrt{10}\times$ED＝40 よって，ED＝$4\sqrt{10}$

△ABE∽△ECD（2角）であるから，BE：CD＝AE：ED

参考 △ABE∽△ECD（2角）より，CD＝x cm とすると，EC＝$3x$

（台形 ABCD）－△ABE－△ECD

＝$\dfrac{1}{2}\times(6+x)\times(2+3x)-\dfrac{1}{2}\times2\times6-\dfrac{1}{2}\times3x\times x=40$ から求めてもよい。

3 **答** (1) (ア), (ウ), (エ)　(2) $4\sqrt{5}$ cm³

解説 (2) 右の図で, ∠ACB＝∠ACD＝∠BCD＝90° であるから, 体積は,

$$\frac{1}{3}\,\triangle BCD\cdot AC＝\frac{1}{3}\times\left(\frac{1}{2}\times4\times2\sqrt{5}\right)\times3$$

参考 (2) $\frac{1}{3}\triangle ABC\cdot DC$, $\frac{1}{3}\triangle ACD\cdot BC$ としてもよい。

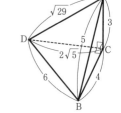

4 **答** EG＝$\frac{5}{2}$cm, AI＝$\frac{8}{3}$cm, GH＝$2\sqrt{5}$ cm

解説 EG＝CG＝$x$cm とすると, DG＝4－x

△DEG で, ∠EDG＝90° であるから, $x^2＝2^2＋(4-x)^2$

△AIE∽△DEG（2角）より, AE：DG＝AI：DE　　$2:\left(4-\dfrac{5}{2}\right)=$AI：2

△AIE で, ∠EAI＝90° であるから, EI＝$\sqrt{2^2+\left(\dfrac{8}{3}\right)^2}=\dfrac{10}{3}$

頂点 B の移った点を J とすると, IJ＝$4-\dfrac{10}{3}=\dfrac{2}{3}$

△AIE∽△JIH（2角）より, AI：JI＝AE：JH　　$\dfrac{8}{3}:\dfrac{2}{3}=2:$JH

よって, BH＝JH＝$\dfrac{1}{2}$

点 H から辺 CD に垂線 HK をひく。

△HKG で, ∠HKG＝90° であるから, GH＝$\sqrt{4^2+\left(\dfrac{5}{2}-\dfrac{1}{2}\right)^2}$

5 **答** (1) BE＝5cm, CD＝$\dfrac{11\sqrt{5}}{5}$cm　(2) $\dfrac{359}{20}$cm²

解説 (1) AB が直径であるから, ∠AEC＝∠AEB＝90°

△AEC で, AE＝$\sqrt{(6\sqrt{5})^2-6^2}=12$　　△ABE で, BE＝$\sqrt{13^2-12^2}=5$

また, AB が直径であるから, ∠BDA＝∠BDC＝90°

△ABC＝$\dfrac{1}{2}$AC・BD＝$\dfrac{1}{2}$BC・AE　　$\dfrac{1}{2}\times6\sqrt{5}\times$BD＝$\dfrac{1}{2}\times(5+6)\times12$

よって, BD＝$\dfrac{22\sqrt{5}}{5}$　　△BCD で, CD＝$\sqrt{(5+6)^2-\left(\dfrac{22\sqrt{5}}{5}\right)^2}$

(2) △AFD∽△ACE（2角）より, AD：AE＝DF：EC

$\left(6\sqrt{5}-\dfrac{11\sqrt{5}}{5}\right):12=$DF：6　　よって, DF＝$\dfrac{19\sqrt{5}}{10}$

求める面積は, △AEC－△AFD＝$\dfrac{1}{2}$AE・CE－$\dfrac{1}{2}$AD・FD

参考 (1) CD＝$x$cm とする。

△BCD と △BAD で, ∠BDC＝∠BDA＝90° より,

$BD^2＝(5+6)^2-x^2=13^2-(6\sqrt{5}-x)^2$ から求めてもよい。

または, △AEC∽△BDC（2角）より, AC：BC＝CE：CD

$6\sqrt{5}:(5+6)=6:$CD から求めてもよい。

(2) △AFD と △ACE の相似比は，AD：AE＝$\dfrac{19\sqrt{5}}{5}$：12＝19：$12\sqrt{5}$ であるか

ら，面積の比は 19^2：$(12\sqrt{5})^2$＝361：720 となり，

（四角形 CDEF）＝$\left(1-\dfrac{361}{720}\right)\times$△AEC から求めてもよい。

p.230 **6** **答** (1) 2cm (2) $\dfrac{32}{5}$cm^2 (3) $\dfrac{8\sqrt{5}}{15}$cm

解説 (1) 等脚台形 ABCD が円 O に外接しているから，AD＋BC＝AB＋CD
よって，BC＝8
頂点 A から辺 BC に垂線 AH をひくと，AH は円 O の直径と同じ長さである。

△ABH で，AB＝5，BH＝$\dfrac{1}{2}(8-2)=3$ であるから，AH＝$\sqrt{5^2-3^2}$

(2) AP＝AS＝DS＝DR＝1
AP：PB＝DR：RC＝1：4 であるから，AD∥PR

線分 PR と SQ との交点を T とすると，PT＝$\dfrac{1}{5}$BH＋AS＝$\dfrac{8}{5}$ より，

PR＝2PT＝$\dfrac{16}{5}$

SQ＝AH

よって，（四角形 PQRS）＝$\dfrac{1}{2}$PR・SQ

(3) ST＝$\dfrac{1}{5}$SQ＝$\dfrac{4}{5}$

△SPT で，∠STP＝90° であるから，SP＝$\sqrt{\left(\dfrac{4}{5}\right)^2+\left(\dfrac{8}{5}\right)^2}=\dfrac{4\sqrt{5}}{5}$

△PQT で，∠PTQ＝90° であるから，PQ＝$\sqrt{\left(\dfrac{8}{5}\right)^2+\left(4-\dfrac{4}{5}\right)^2}=\dfrac{8\sqrt{5}}{5}$

求める円の中心を O′ とすると，△O′SP＋△O′PQ＋△O′QR＋△O′RS が(2)の面積になる。
円 O′ の半径を $r$cm とすると，SP＝SR，PQ＝RQ より，

$\left(\dfrac{1}{2}\times\dfrac{4\sqrt{5}}{5}\times r+\dfrac{1}{2}\times\dfrac{8\sqrt{5}}{5}\times r\right)\times 2=\dfrac{32}{5}$

参考 (3) 円 O′ と辺 PS との接点を U とすると，
∠SUO′＝90°
SQ は円 O の直径であるから，∠SPQ＝90°
△SPQ∽△SUO′（2角）より，SP：SU＝PQ：UO′
$\dfrac{4\sqrt{5}}{5}$：$\left(\dfrac{4\sqrt{5}}{5}-r\right)=\dfrac{8\sqrt{5}}{5}$：$r$ から求めてもよい。

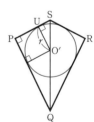

⁷ **答** (1) $20\sqrt{2}$ cm　(2) $20\sqrt{6}$ cm

解説 (1) 右の側面の展開図で，線分 BC が最短の長さである。

中心角は，$360° \times \dfrac{10\pi}{80\pi} = 45°$

△ABC で，∠CAB=45°

AB：AC=$20\sqrt{2}$：$40=1$：$\sqrt{2}$

ゆえに，△ABC は ∠ABC=90° の直角二等辺三角形であるから，BC＝AB

(2) 2周するとき，(1)の展開図を 2 枚つないだ
おうぎ形の線分 BC が最短の長さである。

中心角は，$45° \times 2 = 90°$

よって，△ABC で，∠BAC=90° であるから，

$BC = \sqrt{(20\sqrt{2})^2 + 40^2}$

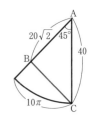

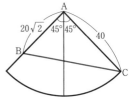

⁸ **答** (1) $\sqrt{61}$ cm²　(2) $\dfrac{12\sqrt{61}}{61}$ cm

解説 (1) $PE = \sqrt{4^2 + 2^2} = 2\sqrt{5}$，

$PQ = \sqrt{2^2 + 3^2} = \sqrt{13}$，$QE = \sqrt{3^2 + 4^2} = 5$

点 P から辺 EQ に垂線 PI をひき，QI=x cm とする。

△PQI で，∠PIQ=90° であるから，$PI^2 = (\sqrt{13})^2 - x^2$

△PEI で，∠PIE=90° であるから，$PI^2 = (2\sqrt{5})^2 - (5-x)^2$

よって，$(\sqrt{13})^2 - x^2 = (2\sqrt{5})^2 - (5-x)^2$　$x = \dfrac{9}{5}$

ゆえに，$PI = \sqrt{(\sqrt{13})^2 - \left(\dfrac{9}{5}\right)^2} = \dfrac{2\sqrt{61}}{5}$

(2) 求める距離を h cm とすると，

(四面体 AEPQ の体積)$= \dfrac{1}{3}$△APQ・EA$= \dfrac{1}{3}$△EPQ・h

よって，$\dfrac{1}{3} \times \left(\dfrac{1}{2} \times 2 \times 3\right) \times 4 = \dfrac{1}{3} \times \sqrt{61} \times h$

⁹ **答** (1) $2\sqrt{2}$ cm　(2) $2\sqrt{2}$ cm²　(3) $\dfrac{3\sqrt{3}}{2}$ cm²

解説 (1) △ABF は AB=BF=2 の直角二等辺
三角形である。

(2) 図1で，四角形 BCDE は正方形で，
BC⊥平面 AMF より，辺 DE の中点を N とする
と，切り口はひし形 AMFN となる。

ゆえに，求める面積は，$\dfrac{1}{2}$AF・MN

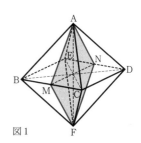

図1

(3) 図2のように，与えられた平面と各辺との交点をそれぞれ A′，E′，B′，F′，C′，D′ とする。与えられた平面は，正方形 BCDE の対角線の交点 O を通る。

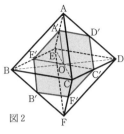

図2

△EBC で，EO＝OC ……①，E′C′∥BC から，中点連結定理の逆より，EE′＝E′B ……②

よって，$E'O=\dfrac{1}{2}BC$ ……③

△ECA で，①と A′O∥AC から，中点連結定理の逆より，EA′＝A′A ……④   よって，$OA'=\dfrac{1}{2}CA$ ……⑤

△EAB で，②，④から，中点連結定理より，$A'E'=\dfrac{1}{2}AB$ ……⑥

正八面体の辺の長さは等しいから，③，⑤，⑥より，△OA′E′ は正三角形である。同様に，B′，F′，C′，D′ は各辺の中点であるから，△OE′B′，△OB′F′，△OF′C′，△OC′D′，△OD′A′ も正三角形である。

ゆえに，切り口は1辺の長さが $\dfrac{1}{2}\times2=1$ (cm) の正六角形 A′E′B′F′C′D′ である。

p.231 ⑩ 答 (1)(i) $8\sqrt{2}$ cm (ii) $4\sqrt{2}$ cm (iii) $2\sqrt{13}$ cm (2) $12\sqrt{22}$ cm² (3) 120 cm³

解説 (1)(i) △OBC は直角二等辺三角形であるから，
$BC=\sqrt{2}\,OB=12\sqrt{2}$

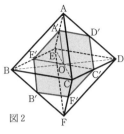

RS∥BC，OR：OB＝8：12＝2：3 より，$RS=\dfrac{2}{3}BC$

(ii) △AOB で，∠AOB＝90° であるから，
$AB=\sqrt{9^2+12^2}=15$ より，AP：AB＝5：15＝1：3

△ABC で，PQ∥BC より，$PQ=\dfrac{1}{3}BC$

(iii) 点 P から辺 OB に垂線 PD をひくと，$PD=\dfrac{2}{3}AO=6$

$DR=BD-BR=\dfrac{2}{3}BO-4=4$

△PDR で，∠PDR＝90° であるから，$PR=\sqrt{6^2+4^2}$

(2) 点 P から辺 RS に垂線 PE をひくと，$RE=\dfrac{1}{2}(RS-PQ)=2\sqrt{2}$

△PRE で，∠PER＝90° であるから，$PE=\sqrt{(2\sqrt{13})^2-(2\sqrt{2})^2}=2\sqrt{11}$

よって，(四角形 PRSQ)$=\dfrac{1}{2}(PQ+RS)\cdot PE$

(3) 点 P から辺 OA に垂線 PF をひく。
平面 PRSQ と辺 OA の延長との交点を G とすると，FP＝4，OR＝8，OF＝6 より，OG＝2OF＝12   よって，GA＝AF＝3
ゆえに，(三角すい G-APQ の体積)＝(三角すい A-FPQ の体積)
求める体積は，(三角すい G-ORS の体積)－(三角すい A-FPQ の体積)
$=\dfrac{1}{3}\times\left(\dfrac{1}{2}\times8^2\right)\times12-\dfrac{1}{3}\times\left(\dfrac{1}{2}\times4^2\right)\times3$

参考 (3) 線分 PQ, RS の中点をそれぞれ M, N とすると,
$ON = \dfrac{1}{\sqrt{2}} OR = 4\sqrt{2}$ より,

$\triangle OMN = \dfrac{1}{2} ON \cdot PD = \dfrac{1}{2} \times 4\sqrt{2} \times 6 = 12\sqrt{2}$

点 O から平面 PRSQ に垂線 OH をひくと, 点 H は線分
MN 上にある。

$MN = PE = 2\sqrt{11}$ より,

$\triangle OMN = \dfrac{1}{2} MN \cdot OH = \dfrac{1}{2} \times 2\sqrt{11} \times OH = 12\sqrt{2}$ $OH = \dfrac{12\sqrt{22}}{11}$

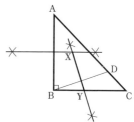

求める体積は, (三角すい A–FPQ の体積)＋(三角すい O–FPQ の体積)
＋(四角すい O–PRSQ の体積)

$= \dfrac{1}{3} \times \left(\dfrac{1}{2} \times 4^2 \right) \times 3 + \dfrac{1}{3} \times \left(\dfrac{1}{2} \times 4^2 \right) \times 6 + \dfrac{1}{3} \times 12\sqrt{2} \times \dfrac{12\sqrt{22}}{11}$ と求めてもよい。

11 **答** (1) 12cm²

(2) 3cm

(3) 右の図の線分 XY, $\dfrac{4\sqrt{10}}{3}$ cm

解説 (1) 図 1 で, △ABC は直角二等辺三角形で
あるから, $AC = \sqrt{2}\,AB = 8\sqrt{2}$

よって, $AD = \dfrac{3}{4} AC = 6\sqrt{2}$, $CD = \dfrac{1}{4} AC = 2\sqrt{2}$

△DQC も直角二等辺三角形であるから,
$QD = CD$

ゆえに, $\triangle AQD = \dfrac{1}{2} AD \cdot QD = \dfrac{1}{2} \times 6\sqrt{2} \times 2\sqrt{2}$

$= 12$

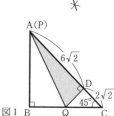

図 1

(2) 図 2 のように, 点 D から辺 AB, BC にそれ
ぞれ垂線 DE, DF をひくと, △AED と △DFC
は直角二等辺三角形であるから,

$AE = ED = \dfrac{3}{4} AB = 6$ $DF = FC = \dfrac{1}{4} AB = 2$

$AP = x$ cm とすると, $PB = 8 - x$, $QC = x$

△PBQ も直角二等辺三角形であるから,
$PQ = \sqrt{2}(8 - x)$ ……①

△PED で, $\angle PED = 90°$ であるから, $PD^2 = (6 - x)^2 + 6^2$ ……②

△DQF で, $\angle DFQ = 90°$ であるから, $DQ^2 = (x - 2)^2 + 2^2$ ……③

△PQD で, $\angle PDQ = 90°$ であるから, $PQ^2 = PD^2 + DQ^2$ ……④

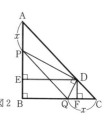

図 2

①, ②, ③, ④より,

$\{\sqrt{2}(8-x)\}^2=\{(6-x)^2+6^2\}+\{(x-2)^2+2^2\}$

ゆえに, $x=3$

(3) 図3で, $\angle PDQ=\angle PBQ=90°$ より, 2点B, Dは PQ を直径とする円の周上にあるから,

MP=MB=MD

よって, 点Mは線分 PB の垂直二等分線と線分 BD の垂直二等分線との交点である。

図4で, 辺 AB の垂直二等分線と線分 BD の垂直二等分線との交点を X, 線分 BD の垂直二等分線と辺 BC との交点を Y とすると, 点Mは線分 XY 上を動く。

点 X から辺 BC に垂線 XG をひくと,

△XGY∽△BFD (2角) より,

XG:BF=XY:BD

△BFD で, $\angle BFD=90°$, BF=8-2=6, DF=2 であるから, $BD=\sqrt{6^2+2^2}=2\sqrt{10}$

XG=4 より, $4:6=XY:2\sqrt{10}$

ゆえに, $XY=\dfrac{4\sqrt{10}}{3}$

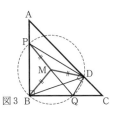

図3

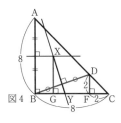

図4

12 (答) (1) $\sqrt{2}\,a$ cm (2) $\dfrac{\sqrt{6}}{8}a^3$ cm³ (3) 半径 $\dfrac{3\sqrt{2}}{4}a$ cm, 距離 $\dfrac{\sqrt{2}}{4}a$ cm

(解説) (1) △ABD は1辺の長さが a cm の正三角形であるから, BD=a

△BID と △GIH において,

$\angle IDB=\angle IHG=90°$ BD=GH $(=a)$

BI=GI (仮定)

よって, △BID≡△GIH (斜辺と1辺)

ゆえに, ID=IH

DH=h cm とすると, △BID で, $\angle IDB=90°$ であるから, $BI=\sqrt{a^2+\left(\dfrac{h}{2}\right)^2}$

△BCG で, $\angle BCG=90°$ であるから, $BG=\sqrt{a^2+h^2}$

△BIG は直角二等辺三角形であるから, $BG=\sqrt{2}\,BI$

よって, $\sqrt{a^2+h^2}=\sqrt{2}\times\sqrt{a^2+\dfrac{h^2}{4}}$

$a^2+h^2=2\left(a^2+\dfrac{h^2}{4}\right)$ $h^2=2a^2$

$h>0$ より, $h=\sqrt{2}\,a$

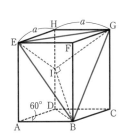

(2) BG＝BE＝$\sqrt{a^2+(\sqrt{2}\,a)^2}=\sqrt{3}\,a$,　EG＝$2\times\dfrac{\sqrt{3}}{2}$EH＝$\sqrt{3}\,a$　より，△BGE は正三角形である。

また，EI＝GI＝BI$\left(=\sqrt{a^2+\left(\dfrac{\sqrt{2}}{2}a\right)^2}=\dfrac{\sqrt{6}}{2}a\right)$ であるから，

△IBE≡△IBG≡△IGE（3辺）

よって，∠BIE＝∠BIG＝∠GIE＝90°

ゆえに，（四面体 BGEI の体積）＝$\dfrac{1}{3}$△IGE・BI＝$\dfrac{1}{3}\left(\dfrac{1}{2}$GI・EI$\right)$・BI

＝$\dfrac{1}{6}$BI³＝$\dfrac{1}{6}\times\left(\dfrac{\sqrt{6}}{2}a\right)^3=\dfrac{\sqrt{6}}{8}a^3$

(3) I を頂点とする正三角すい I–BGE に外接する球 O を
かくと，右の図のようになる。M, N はそれぞれ辺 BG,
IE の中点である。

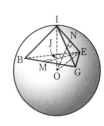

頂点 I から平面 BGE に垂線 IJ をひく。
△BGE は正三角形で，IB＝IG＝IE であるから，J は
△BGE の重心で，中心 O は直線 IJ 上にある。

よって，EJ＝$\dfrac{2}{3}$EM＝$\dfrac{2}{3}\times\dfrac{\sqrt{3}}{2}$EB＝$\dfrac{2}{3}\times\dfrac{\sqrt{3}}{2}\times\sqrt{3}\,a=a$

△IJE で，∠IJE＝90°，IE＝$\dfrac{\sqrt{6}}{2}a$ であるから，

IJ＝$\sqrt{\left(\dfrac{\sqrt{6}}{2}a\right)^2-a^2}=\dfrac{\sqrt{2}}{2}a$

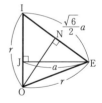

ゆえに，EJ＞IJ であるから，辺 IE の垂直二等分線は，
線分 IJ の延長と交わる。すなわち，球の中心 O は，四
面体 BGEI の外側にある。
球 O の半径を$r$cm とする。

△OEJ で，∠OJE＝90°，OJ＝$r-\dfrac{\sqrt{2}}{2}a$ であるから，

$r^2=\left(r-\dfrac{\sqrt{2}}{2}a\right)^2+a^2$　　ゆえに，$r=\dfrac{3\sqrt{2}}{4}a$

また，線分 OJ の長さが球の中心と平面 BGE との距離であるから，

OJ＝$r-$IJ＝$\dfrac{3\sqrt{2}}{4}a-\dfrac{\sqrt{2}}{2}a=\dfrac{\sqrt{2}}{4}a$

参考 (3)（四面体 BGEI の体積）＝$\dfrac{1}{3}$△BGE・IJ＝$\dfrac{1}{3}\times\left\{\dfrac{\sqrt{3}}{4}\times(\sqrt{3}\,a)^2\right\}\times$IJ

＝$\dfrac{\sqrt{6}}{8}a^3$ から，IJ を求めてもよい。

また，△ONI∽△EJI（2角）より，IN：IJ＝OI：EI

$\dfrac{\sqrt{6}}{4}a：\dfrac{\sqrt{2}}{2}a=r：\dfrac{\sqrt{6}}{2}a$ から，r を求めてもよい。

10章　円の応用

p.234 **1.** 【答】(1) 外接する　(2) 円 O′ が円 O の内部にある　(3) 交わる　(4) 内接する

2. 【答】

2円の位置関係	離れている	外接する	交わる	内接する	一方が他方の内部にある
共通外接線の数	2	2	2	1	0
共通内接線の数	2	1	0	0	0

3. 【答】2 本の共通外接線の交点を P とすると，PA＝PB，PA′＝PB′ より，
PA－PA′＝PB－PB′　　ゆえに，AA′＝BB′
2 本の共通内接線の交点を Q とすると，QC＝QD，QC′＝QD′ より，
QC＋QC′＝QD＋QD′　　ゆえに，CC′＝DD′

p.235 **4.** 【答】$OO′=3\sqrt{5}$，$AB=\dfrac{12\sqrt{5}}{5}$

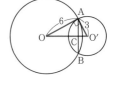

【解説】△AOO′ で，∠OAO′＝90° であるから，
$OO′=\sqrt{6^2+3^2}$
線分 OO′ と弦 AB との交点を C とすると，AC⊥OO′
であるから，$△AOO′=\dfrac{1}{2}OO′\cdot AC=\dfrac{1}{2}AO\cdot AO′$

よって，$\dfrac{1}{2}\times 3\sqrt{5}\times AC=\dfrac{1}{2}\times 6\times 3$

【参考】△OO′A∽△OAC（2 角）より，OO′：OA＝O′A：AC から AC を求めて
もよい。

5. 【答】(1) 円 P の半径 2，円 Q の半径 5，円 R の半径 3
(2) 円 P の半径 2，円 Q の半径 4，円 R の半径 7
【解説】円 P，Q，R の半径をそれぞれ p，q，r とする。
(1) $p+q=7$，$q+r=8$，$r+p=5$
(2) $p+q=6$，$r-q=3$，$r-p=5$

6. 【答】点 A における 2 つの円の共通内接線をひき，直線 ℓ，m との交点をそれぞれ D，E とすると，DA＝DB，EA＝EC
ゆえに，∠DAB＝∠DBA，∠EAC＝∠ECA
∠DAB＝∠EAC（対頂角）であるから，∠DBA＝∠ECA
ゆえに，錯角が等しいから，ℓ∥m
【別解】△OAB で，OA＝OB（円 O の半径）より，∠OAB＝∠OBA
△O′AC で，O′A＝O′C（円 O′ の半径）より，∠O′AC＝∠O′CA
3 点 O，A，O′ は一直線上にあるから，∠OAB＝∠O′AC（対頂角）
よって，∠OBA＝∠O′CA　　錯角が等しいから，OB∥O′C
OB⊥ℓ，O′C⊥m であるから，ℓ∥m

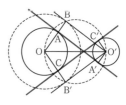

p.236 **7.** (答) (1)① O を中心とし，半径が $r+r'$ の円を
かく。
② OO′ を直径とする円をかき，①の円との交点
を B，B′ とする。
③ 線分 OB，OB′ と円 O との交点をそれぞれ A，
C とする。
④ 点 O′ を通り線分 OA，OC にそれぞれ平行な
直線をひき，円 O′ との交点のうち，直線 OO′ について点 A，C と反対側の点を
それぞれ A′，C′ とし，A と A′，C と C′ を通る直線をそれぞれひく。
(2) $3\sqrt{21}$

(解説) (2) $AA'=BO'=\sqrt{17^2-(6+4)^2}$
(参考) (1) ④を「点 A，C を通り，それぞれ線分 OA，OC に垂直な直線をひき，
円 O′ との接点をそれぞれ A′，C′ とする」または「点 A，C を通り，それぞれ
線分 BO′，B′O′ に平行な直線をひき，円 O′ との接点をそれぞれ A′，C′ とする」
としてもよい。

8. (答) (1) $\dfrac{9}{4}$

(2) 2 つの円 O，O′ の共通内接線と線分 AB との交点を D とすると，
DA＝DC＝DB
よって，D を中心として 3 点 A，B，C を通る円がかける。
AB はその円の直径になるから，∠ACB＝90°

(解説) (1) 円 O′ の半径を r とすると，$6^2=(4+r)^2-(4-r)^2$
(参考) (2) ∠DAC＝∠DCA，∠DBC＝∠DCB で，
∠DAC＋∠DCA＋∠DBC＋∠DCB＝180° より，∠DCA＋∠DCB＝90° を示し
てもよい。

p.237 **9.** (答) $\dfrac{4}{3}$

(解説) 円 R の半径を r とすると，右の図の
△ORP で，∠POR＝90° であるから，
$(2+r)^2=(4-r)^2+2^2$

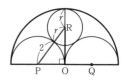

p.238 **10.** (答) (1) $12+8\sqrt{2}$ (2) $80+54\sqrt{2}$
(解説) 右の図のように，点 G，H，I をとる。
(1) △OGO′ で，∠OGO′＝90° であるから，
$GO'=\sqrt{(8+4)^2-(8-4)^2}=8\sqrt{2}$
AD＝HO＋GO′＋O′I
(2) △EHO∽△OGO′∽△FIO′（2 角）より，
EH：OG＝HO：GO′
EH：4＝8：$8\sqrt{2}$ 　 EH＝$2\sqrt{2}$
また，OG：FI＝GO′：IO′
4：FI＝$8\sqrt{2}$：4 　 IF＝$\sqrt{2}$
（台形 EBCF）＝$\dfrac{1}{2}$(EB＋FC)・BC＝$\dfrac{1}{2}$×{$(2\sqrt{2}+8)+(4-\sqrt{2})$}×$(12+8\sqrt{2})$

11. **(答)** $6-2\sqrt{7}$

(解説) 点 P から辺 BC にひいた垂線と点 R から辺 AB にひいた垂線との交点を H とする。
円 P の半径を r とすると，PR$=2r$，
PH$=2-2r$，HR$=2-r$
△PHR で，∠PHR$=90°$ であるから，
$(2r)^2=(2-2r)^2+(2-r)^2$
$r^2-12r+8=0$　　　ただし，$0<r<1$

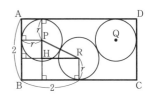

p.239 **12.** **(答)** (1) $r=\dfrac{\sqrt{2}}{8}a^2$　(2) $r=\dfrac{\sqrt{2}}{16}(4-a)^2$　(3) $r=6\sqrt{2}-8$

(解説) (1) 点 R から線分 PA に垂線 RH をひく。
△PHR で，∠PHR$=90°$，PR$=\sqrt{2}+r$，
RH$=$CA$=a$，PH$=\sqrt{2}-r$ であるから，
$(\sqrt{2}+r)^2=a^2+(\sqrt{2}-r)^2$

$4\sqrt{2}\,r=a^2$　　よって，$r=\dfrac{\sqrt{2}}{8}a^2$

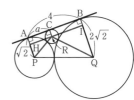

(2) AB$=\sqrt{(2\sqrt{2}+\sqrt{2})^2-(2\sqrt{2}-\sqrt{2})^2}=4$
点 R から線分 QB に垂線 RI をひく。
△QIR で，∠QIR$=90°$，QR$=2\sqrt{2}+r$，RI$=$CB$=4-a$，QI$=2\sqrt{2}-r$ であるから，$(2\sqrt{2}+r)^2=(4-a)^2+(2\sqrt{2}-r)^2$

$8\sqrt{2}\,r=(4-a)^2$　　よって，$r=\dfrac{\sqrt{2}}{16}(4-a)^2$

(3) (1)，(2)より，$\dfrac{\sqrt{2}}{8}a^2=\dfrac{\sqrt{2}}{16}(4-a)^2$　　$a^2+8a-16=0$

$a=-4\pm4\sqrt{2}$　　$0<a<4$ より，$a=4\sqrt{2}-4$

ゆえに，$r=\dfrac{\sqrt{2}}{8}(4\sqrt{2}-4)^2=6\sqrt{2}-8$

13. **(答)** (1) $a=10$，$b=8\sqrt{6}-8$　(2) $\dfrac{9}{4}$

(解説) (1) 辺 BC の中点を M とする。
右の図 1 の △OMC で，
∠OMC$=90°$，OC$=12-2=10$，
MC$=6$ であるから，
OM$=\sqrt{10^2-6^2}=8$
ゆえに，$a=$OM$+2=10$
右の図 2 で，中心 O から辺 BC に垂線 OH をひく。
△OHC で，∠OHC$=90°$，
OC$=10$，OH$=2$ であるから，
HC$=\sqrt{10^2-2^2}=4\sqrt{6}$
よって，HM$=4\sqrt{6}-6$
ゆえに，$b=2($HM$+2)=8\sqrt{6}-8$

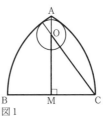
図1

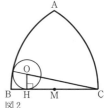
図2

(2) 右の図 3 で，D は円 O が $\overset{\frown}{AB}$，$\overset{\frown}{AC}$，辺 BC に接しながら動いたあとの図形の境界線の交点である。このときの r が求める最小値である。

△DMC で，∠DMC＝90°，DC＝12−2r，DM＝2r，MC＝6 であるから，$(12-2r)^2=(2r)^2+6^2$

ゆえに，$r=\dfrac{9}{4}$

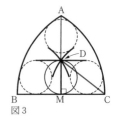

図3

p.242 **14.** 〔答〕 (1) $x=71$ (2) $x=27$ (3) $x=41$ (4) $x=46$
(5) $x=60$ (6) $x=38$

15. 〔答〕 四角形 ABRQ は円 O′ に内接するから，∠AQR＝∠PBA
PT は円 O の接線であるから，接弦定理より，∠APT＝∠PBA
よって，∠AQR＝∠APT
ゆえに，錯角が等しいから，QR // PT

p.243 **16.** 〔答〕 (1) $x=\dfrac{45}{2}$ (2) $x=75$ (3) $x=64$

〔解説〕(1) ∠ABC＝$x°$ より，∠ACB＝$3x°$ $x+3x=90$
(2) ∠ADB＝25°，∠BDC＝90° より，∠ADC＝65°　　よって，∠BAD＝40°
(3) ∠ADE＝$x°$，∠EAD＝∠ABD＝$\dfrac{1}{2}x°$ より，$x+\dfrac{1}{2}x+84=180$

p.244 **17.** 〔答〕 $x=72$，$y=38$
〔解説〕PQ は 2 つの円の接線であるから，接弦定理より，
∠ADE＝∠CAQ＝∠ABC＝34°
よって，△ADE で，$y+34=x$ ……①
また，PQ，BC はそれぞれ接線であるから，接弦定理より，
∠ACB＝70°，∠EDC＝$y°$
よって，△EDC で，$x+y+70=180$ ……②　　①，②を解く。

18. 〔答〕 (1) 30° (2) 9 (3) $\dfrac{81\sqrt{3}-18\pi}{4}$

〔解説〕(1) ∠PAC＝$x°$ とすると，AB＝BP より，∠BPA＝$x°$
AP は接線であるから，接弦定理より，∠ACP＝∠BPA＝$x°$
また，∠BPC＝90°
よって，△ACP で，$x+x+(x+90)=180$

(2) △CBP は 30°，60°，90° の直角三角形であるから，AB＝BP＝$\dfrac{1}{2}$BC＝6

(3) 大きい半円の中心を O とすると，∠QOC＝2∠QAC＝60°
求める面積は，

（おうぎ形 OCQ）＋△OQA−（半円 BC）＝$\pi\times 9^2\times\dfrac{60}{360}+$△OCQ$-\pi\times 6^2\times\dfrac{1}{2}$

△OCQ は 1 辺の長さが 9 の正三角形であるから，△OCQ＝$\dfrac{\sqrt{3}}{4}\times 9^2$

p.245 **19.** 〔答〕 △ABD と △ACE において，AB＝AC（仮定）……①
∠ABD＝∠ACE（$\overset{\frown}{AE}$ に対する円周角）……②
PQ は接線であるから，接弦定理より，∠BAD＝∠BCP
BE // PQ（仮定）より，∠BCP＝∠CBE（錯角）

また，∠CBE＝∠CAE（$\overparen{CE}$ に対する円周角）
よって，∠BAD＝∠CAE ……③
①，②，③より，△ABD≡△ACE（2角夾辺）

20. （答） AD は接線であるから，接弦定理より，∠DAC＝∠ABC ……①
△AFD で，∠ADF＋∠DAF＝∠AFE ……②
△EBD で，∠CDF＋∠EBD＝∠AEF ……③
∠ADF＝∠CDF（仮定）と①，②，③より，∠AFE＝∠AEF
ゆえに，△AEF は AE＝AF の二等辺三角形である。

21. （答） EF∥BC（仮定）より，∠DPF＝∠DBC（同位角）
また，∠DBC＝∠DAC（$\overparen{CD}$ に対する円周角）
よって，∠DPF＝∠DAP
ゆえに，接弦定理の逆より，直線 EF は △APD の外接円に点 P で接する。

22. （答） ED∥AC（仮定）より，∠BDE＝∠BCA（同位角）
∠ADB＋∠AEB＝180°より，四角形 AEBD は円に内接するから，
∠BDE＝∠BAE（$\overparen{BE}$ に対する円周角）
よって，∠BAE＝∠BCA
ゆえに，接弦定理の逆より，直線 AE は △ABC の外接円に点 A で接する。

p.246 **23.** （答） 右の図のように，点 P における 2 つの円の
共通外接線 QR をひく。
QR は小さい円の接線であるから，接弦定理より，
∠PCD＝∠RPD
同様に，大きい円の接線でもあるから，
∠PAB＝∠RPB
△PAC で，∠APC＝∠PCD－∠PAC
また，∠BPD＝∠RPD－∠RPB
ゆえに，∠APC＝∠BPD

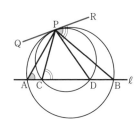

24. （答） (1) 1 (2) $\dfrac{1+\sqrt{5}}{2}$ (3) $\dfrac{3-\sqrt{5}}{2}$ (4) 1

（解説） (1) AB は直径であるから，∠ACB＝90°
∠CAB＝18°，∠OCP＝∠BCP より，それぞれ
の角度は図1のようになる。
△CPB は CP＝CB＝1 の二等辺三角形で，
△PCO も OP＝CP＝1 の二等辺三角形である。
(2) 円 O の半径を r とすると，PB＝$r-1$
CP は∠OCB の二等分線であるから，
CO：CB＝OP：PB $r:1=1:(r-1)$
$r(r-1)=1$ $r^2-r-1=0$ $r=\dfrac{1\pm\sqrt{5}}{2}$
$r>0$ より，$r=\dfrac{1+\sqrt{5}}{2}$
(3) CQ は接線であるから，接弦定理より，
∠QCB＝∠CAB＝18°
△PQC は図2のように，PQ＝PC＝1 の二等辺

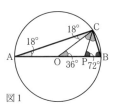

図1

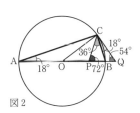

図2

三角形であるから，BQ＝OP＋PQ－OB＝1＋1－$\dfrac{1+\sqrt{5}}{2}$＝$\dfrac{3-\sqrt{5}}{2}$

(4) ∠OCQ＝90° であるから，△OQC の外接円の中心 S は線分 OQ の中点 P と一致する。

図 3 で，∠BTQ は $\overset{\frown}{BQ}$ に対する中心角であるから，∠BTQ＝2∠BCQ＝36°

図3

△TBQ は TB＝TQ（円 T の半径）の二等辺三角形であるから，

∠TQB＝$\dfrac{180°-36°}{2}$＝72°

△PQC は PQ＝PC（円 S の半径）の二等辺三角形で，TQ＝TC（円 T の半径）より，∠TPQ＝∠TPC＝36°

よって，∠PTQ＝180°－72°－36°＝72°

ゆえに，△PQT は PQ＝PT の二等辺三角形であるから，ST＝PT＝PQ＝1

参考 (2) △OBC∽△CPB（2角）より，OC：CB＝BC：PB から求めてもよい。

p.250 **25.** **答** (1) $x=\dfrac{49}{4}$ (2) $x=8$ (3) $x=3$

解説 (1) $7^2=4x$

(2) $3x=6\times4$

(3) $3(3+x)=2\times(2+7)$

p.251 **26.** **答** (1) $x=2\sqrt{5}$ (2) $x=10$ (3) $x=\sqrt{21}-3$

解説 (1) $x^2=2\times(2+8)$ $x^2=20$ ただし，$x>0$

(2) $x(14-x)=5\times8$ $x^2-14x+40=0$ ただし，$7<x<14$

(3) $x(x+6)=2\times(2+4)$ $x^2+6x-12=0$ ただし，$x>0$

27. **答** $6+10\sqrt{3}$

解説 方べきの定理より，$BP^2=(12-9)\times12$ であるから，BP＝6

同様に，$CP^2=(20-5)\times20$ より，CP＝$10\sqrt{3}$

28. **答** (1) 3 (2)(i) 6 (ii) 24 (3) $3\sqrt{2}$

解説 (1) ∠BAE＝∠CAE より，BE：EC＝AB：AC＝3：2

(2)(i) 四角形 ABDC が円に内接するから，方べきの定理より，

AE・ED＝BE・EC＝3×2

(ii) △ABD と △AEC において，

∠BAD＝∠EAC（仮定）   ∠BDA＝∠ECA（$\overset{\frown}{AB}$ に対する円周角）

ゆえに，△ABD∽△AEC（2角）

よって，AB：AE＝AD：AC より，AE・AD＝AB・AC＝6×4

(3) AE・AD＝AE・（AE＋ED）＝AE^2＋AE・ED であるから，(2)より，

24＝AE^2＋6   よって，$AE^2=18$

p.252 **29.** **答** 4点 A，B，C，D は円 O の周上にあるから，方べきの定理より，

PA・PB＝PC・PD

また，PT は円 O′ の接線であるから，方べきの定理より，PT^2＝PA・PB

よって，PT^2＝PC・PD

ゆえに，方べきの定理の逆より，PT は 3 点 C，D，T を通る円の接線である。

30. 【答】4点 A，B，C，D は円 O の周上にあるから，方べきの定理より，
PC・PD＝PA・PB
同様に，4点 A，B，I，J は円 O′ の周上にあるから，PI・PJ＝PA・PB
よって，PC・PD＝PI・PJ
ゆえに，方べきの定理の逆より，4点 C，D，I，J は同一円周上にある。
4点 E，F，G，H についても同様に，PG・PH＝PA・PB，PE・PF＝PA・PB より，
PG・PH＝PE・PF であるから，同一円周上にある。

p.253 **31.** 【答】∠XOY の二等分線を ℓ とする。
① 直線 ℓ について，点 A と対称な点を B と
し，直線 AB と半直線 OY との交点を P とす
る。直線 ℓ 上の点 C を中心とし，CA を半径と
する円をかく。
② 点 P から円 C に接線をひき，その接点を Q
とする。
③ 半直線 OY 上に2点 R，R′ を，
PR＝PR′＝PQ となるようにとる。
④ 点 R，R′ を通り半直線 OY に垂直な直線と，直線 ℓ との交点をそれぞれ S，
S′ とする。S，S′ を中心とし，それぞれ SR，S′R′ を半径とする2つの円が求め
る円である。
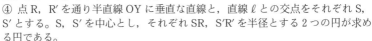
【解説】$PQ^2＝PA・PB$ より，$PR^2＝PA・PB$ または $PR'^2＝PA・PB$
よって，方べきの定理の逆より，円 S，S′ は半直線 OY に接する。また，中心 S，
S′ は ∠XOY の二等分線上にあるから，円 S，S′ は半直線 OX にも接する。

32. 【答】2つの弦 AB，CD の交点を P とし，線分 EP の延長と円 O_1，O_3 との交点
をそれぞれ F_1，F_3 とする。
4点 A，E，B，F_1 は円 O_1 の周上にあるから，方べきの定理より，
AP・PB＝EP・PF_1
同様に，4点 C，E，D，F_3 は円 O_3 の周上にあるから，CP・PD＝EP・PF_3
また，4点 A，D，B，C は円 O_2 の周上にあるから，AP・PB＝CP・PD
ゆえに，EP・PF_1＝EP・PF_3
よって，$PF_1＝PF_3$ となり，点 F_1 と F_3 は一致する。
ゆえに，3つの弦 AB，CD，EF は1点で交わる。

p.255 **33.** 【答】(1) 3　(2) $\dfrac{20}{9}$
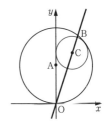
【解説】(1) B(a, $3a$) とすると，
AB＝5 であるから，$(a-0)^2+(3a-5)^2=5^2$
$a^2-3a=0$　　ただし，$a>0$
(2) 求める円の中心を C，半径を r とすると，C の x
座標は r である。
よって，点 C の座標は (r, $3r$) である。
AC＝5-r であるから，$(r-0)^2+(3r-5)^2=(5-r)^2$
$9r^2-20r=0$　　ただし，$r>0$

34. **答** (1) 3 (2) $C\left(\dfrac{3\sqrt{15}}{4},\ \dfrac{45}{4}\right)$ (3) $a=\dfrac{3}{5}$

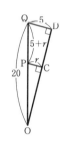

解説 (1) 円 P の半径を r とすると，PQ＝5＋r より，
OP＝20－(5＋r)＝15－r
円 Q と辺 OA との接点を D とすると，PC∥QD より，
OP：OQ＝PC：QD
(15－r)：20＝r：5
よって，5(15－r)＝20r

(2) 点 C から線分 OP に垂線 CR をひくと，
△OCR∽△OPC（2角）であるから，
CR：PC＝OR：OC＝OC：OP
OC＝$\sqrt{12^2-3^2}=3\sqrt{15}$ より，
CR：3＝OR：$3\sqrt{15}=3\sqrt{15}$：12

(3) 辺 AB と y 軸との交点を S とすると，AS∥CR より，
AS：CR＝OS：OR
(2)と OS＝25 より，AS：$\dfrac{3\sqrt{15}}{4}=25$：$\dfrac{45}{4}$

よって，AS－$\dfrac{5\sqrt{15}}{3}$

ゆえに，A$\left(\dfrac{5\sqrt{15}}{3},\ 25\right)$ が放物線 $y=ax^2$ 上にあるから，

$25=a\times\left(\dfrac{5\sqrt{15}}{3}\right)^2$

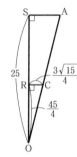

p.256 **35.** **答** (1) 30° (2) A($\sqrt{3}$, 1)，B($-3\sqrt{3}$, 9)

(3) C($-2\sqrt{3}$, 0) (4) $\dfrac{42\sqrt{3}}{5}$

解説 (1) 四角形 OABC は円に内接するから，∠AOD＝∠ABC

(2) (1)より，∠AOD＝30° であるから，直線 OA の傾きは $\dfrac{1}{\sqrt{3}}$

である。よって，直線 OA の式は，$y=\dfrac{1}{\sqrt{3}}x$

これと $y=\dfrac{1}{3}x^2$ を連立させて，$\dfrac{1}{\sqrt{3}}x=\dfrac{1}{3}x^2$ $x^2-\sqrt{3}\,x=0$

ただし，$x>0$
また，∠BOD＝90°＋30°＝120° であるから，∠BOC＝60°
よって，直線 OB の傾きは $-\sqrt{3}$ であるから，直線 OB の式は，$y=-\sqrt{3}\,x$

これと $y=\dfrac{1}{3}x^2$ を連立させて，$-\sqrt{3}\,x=\dfrac{1}{3}x^2$ $x^2+3\sqrt{3}\,x=0$
ただし，$x<0$

(3) △ABC で，∠ACB＝∠AOB＝90° であるから，AB²＝BC²＋CA²
C(a, 0) とすると，$(-3\sqrt{3}-\sqrt{3})^2+(9-1)^2$
$=[\{a-(-3\sqrt{3})\}^2+(0-9)^2]+\{(\sqrt{3}-a)^2+(1-0)^2\}$
$a^2+2\sqrt{3}\,a=0$　　ただし，$a<0$

(4) 直線 AC の式は，$y=\dfrac{\sqrt{3}}{9}x+\dfrac{2}{3}$

これと $y=-\sqrt{3}\,x$ を連立させて，$\dfrac{\sqrt{3}}{9}x+\dfrac{2}{3}=-\sqrt{3}\,x$

$x=-\dfrac{\sqrt{3}}{5}$

よって，OE：EB$=\dfrac{\sqrt{3}}{5}:\left\{-\dfrac{\sqrt{3}}{5}-(-3\sqrt{3})\right\}=\dfrac{\sqrt{3}}{5}:\dfrac{14\sqrt{3}}{5}=1:14$

ゆえに，$\triangle$BCE$=\dfrac{14}{1+14}\triangle$BCO$=\dfrac{14}{15}\times\left(\dfrac{1}{2}\times2\sqrt{3}\times9\right)$

参考 (3) ∠AOB＝90° であるから，AB は円の直径である。よって，円の中心は
線分 AB の中点である。その中点を M とすると，M($-\sqrt{3}$, 5) である。
線分 OC の中点を N とすると，MN⊥CO であるから，N($-\sqrt{3}$, 0) であるこ
とを利用してもよい。

p.257 **36.** **答** 半径 $\dfrac{2\sqrt{3}+3}{3}$，高さ $\dfrac{2\sqrt{6}+6}{3}$

(解説) 中心 P，Q，R を通る平面で切ると，切り口は
図1のようになる。
O は円柱の切り口である円の中心，M は線分 PQ の
中点である。
△PQR は1辺の長さが2の正三角形であるから，
△OPM は 30°，60°，90° の直角三角形である。

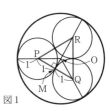

図1

よって，OP$=\dfrac{2}{\sqrt{3}}$PM$=\dfrac{2\sqrt{3}}{3}$

円柱の底面の半径は，OP＋(球の半径) である。
図2のように，4つの球の中心 P，Q，R，S を結ん
でできる立体は，線分 PQ，QR，RP，SP，SQ，SR
の長さがすべて2であるから，正四面体である。
△OSM で，∠SOM＝90°，SM$=\sqrt{3}$ PM$=\sqrt{3}$，

OM$=\dfrac{1}{\sqrt{3}}$PM$=\dfrac{\sqrt{3}}{3}$ であるから，

OS$=\sqrt{(\sqrt{3})^2-\left(\dfrac{\sqrt{3}}{3}\right)^2}=\dfrac{2\sqrt{6}}{3}$

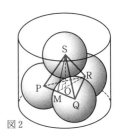

図2

円柱の高さは，OS＋(球の半径)×2 である。

37. **答** (1) 3π (2)(i) $\dfrac{8}{3}$ (ii)① 1 ② $\dfrac{\sqrt{2}}{2}$

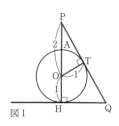

図1

解説 (1) 点Pを通り，点Tで球に接する直線をひき，平面との交点をQとする。

3点P，O，Tをふくむ平面で切ると，切り口は図1のようになる。

PH＝3 より，PO＝2，OT＝1 で，∠PTO＝90° であるから，△POT は30°，60°，90° の三角形である。

△POT∽△PQH（2角）であるから，HQ＝$\dfrac{1}{\sqrt{3}}$PH

(2)(i) 図1と同様にして切った図2で，HQ＝2

PH＝x とすると，△POT∽△PQH より，

PT：PH＝OT：QH＝1：2 よって，PT＝$\dfrac{x}{2}$

△POT で，∠PTO＝90° であるから，

$(x-1)^2=\left(\dfrac{x}{2}\right)^2+1^2$ $3x^2-8x=0$

ただし，$x>0$

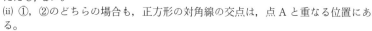

図2

(ii) ①，②のどちらの場合も，正方形の対角線の交点は，点Aと重なる位置にある。

図2で，線分PQ上に点Rを，AR⊥PH となるようにとると，AR∥HQ より，

AR：HQ＝PA：PH AR：2＝$\left(\dfrac{8}{3}-2\right)$：$\dfrac{8}{3}$

よって，AR＝$\dfrac{1}{2}$

点Aを通り線分PHに垂直な平面で切ると，切り口は図3のようになる。

Aを中心とし，半径が $\dfrac{1}{2}$ の円に外接する正方形が球の影をかくす最小の正方形，内接する正方形が球の影にかくれる最大の正方形となる。

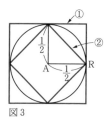

図3

38. **答** (1) B(6, 12) (2) 9 (3) $y=\dfrac{4}{3}x-6$

解説 (1) 円Aの半径を a とすると，A$\left(a, \dfrac{1}{3}a^2\right)$ であるから，$a=\dfrac{1}{3}a^2$

$a^2=3a$ $a>0$ より，$a=3$ よって，A(3, 3)

直線 ℓ の式は $y=6$ であるから，円Bの半径を b とすると，B$\left(b, \dfrac{1}{3}b^2\right)$ となり，$b=\dfrac{1}{3}b^2-6$ $b^2-3b-18=0$ $b>0$ より，$b=6$

ゆえに，B(6, 12)

(2) 右の図で、直線 m と円 A，B との接点をそれぞ
れ Q，R，直線 ℓ と円 A，B との接点をそれぞれ S，
T とする。

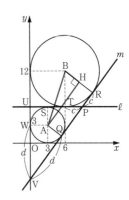

PT＝PR＝c とすると，ST＝3 より，
PQ＝PS＝$c+3$
よって，QR＝PQ＋PR＝$2c+3$
点 A から線分 BR に垂線 AH をひくと，
AH＝QR＝$2c+3$，BH＝6－3＝3
また，AB＝$\sqrt{(6-3)^2+(12-3)^2}=3\sqrt{10}$
△AHB で，∠AHB＝90° であるから，
$(3\sqrt{10})^2=(2c+3)^2+3^2$
$(2c+3)^2=81$ $2c+3=\pm9$ $c>0$ より，$c=3$
ゆえに，P の x 座標は，6＋3＝9
(3) 右の図で，直線 ℓ，m と y 軸との交点をそれぞ
れ U，V，y 軸と円 A との接点を W とする。
VW＝VQ＝d とすると，VU＝$d+3$，VP＝$d+6$ また，PU＝9
△PUV で，∠PUV＝90° であるから，$9^2+(d+3)^2=(d+6)^2$ $d=9$
よって，V の y 座標は，3－9＝－6
ゆえに，直線 m の傾きは $\dfrac{6-(-6)}{9-0}=\dfrac{4}{3}$ であるから，

直線 m の式は，$y=\dfrac{4}{3}x-6$

参考 (3) 直線 AB（$y=3x-6$）は点 V を通るので，V(0，－6)
2 点 V，P(9，6) を通る直線を求めてもよい。

p.258 **39.** **答** (1) 96 (2) $64\sqrt{3}$ (3) $\dfrac{32}{3}\pi$

解説 (1) 中心 P，Q，R，S を通る平面で切ると，
切り口は図1のようになる。
O は線分 PQ と RS との交点である。
四角形 PSQR は 1 辺の長さが 10 のひし形である。
△POR で，∠POR＝90° であるから，
OR＝$\sqrt{10^2-6^2}=8$

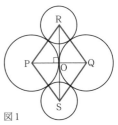

図1

ゆえに，四角形 PSQR の面積は，$\dfrac{1}{2}$PQ・RS＝$\dfrac{1}{2}\times(6\times2)\times(8\times2)=96$

(2) 四面体 RPSQ は図2のようになる。
O は辺 PQ の中点である。
△ORP で，∠ROP＝90° であるから，
OR＝$\sqrt{10^2-6^2}=8$ 同様に，OS＝8
よって，△ORS は，1 辺の長さが 8 の正三角形で
ある。
OR⊥PQ，OS⊥PQ であるから，△ORS⊥PQ
ゆえに，四面体 RPSQ の体積は，

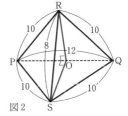

図2

$\dfrac{1}{3}$△ORS・PQ＝$\dfrac{1}{3}\times\left(\dfrac{\sqrt{3}}{4}\times8^2\right)\times12=64\sqrt{3}$

(3) 前ページの図2で，△PQR≡△PQS（3辺）で，
OR＝OS であるから，中心 S は球 P，Q の接点 O
を中心とし，半径 OR の円周上を動く。

球 S は，球 R と接する位置から動きはじめ，ふた
たび球 R に接する位置まで動くから，中心 S は，
図3の点 S_1 から S_2 まで移動する。

△ORS_1，△ORS_2 はともに1辺の長さが8の正三
角形であるから，∠S_1OS_2＝120°

ゆえに，中心 S が動くことのできる曲線の長さは，

$$2\pi \times 8 \times \frac{240}{360} = \frac{32}{3}\pi$$

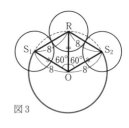

図3

40. 答 (1) $64+16\pi$　(2) $8+32\sqrt{3}$　(3) $\dfrac{96+24\sqrt{3}+16\pi}{3}$

解説 (1) 頂点 Q が円 O の左の半円周上を動く
とき，辺 QR は図1の赤色でぬった部分を動く。
頂点 Q が円 O の右の半円周上を動くときも，
同様に考えると，頂点 Q が円 O の周上を1周
するとき，辺 QR が動いてできる図形は，図1
の赤色の線で囲まれた部分である。

その面積は，$8^2+\pi \times 4^2 = 64+16\pi$

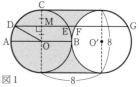

(2) 図1のように，線分 OC の中点 M を通り直
径 AB に平行な弦を DE とする。

△ODM で，∠OMD＝90°，OD＝4，OM＝2
であるから，DM＝$\sqrt{4^2-2^2}=2\sqrt{3}$

よって，DE＝$4\sqrt{3}$

直線 DE と円 O′ との交点を F，G とすると，
求める切り口は，図2のような2つの直角二等
辺三角形の一部が重なった図形である。

その面積は，

$$\left(\frac{1}{2} \times 8^2\right) \times 2 - \frac{1}{2} \times (8-4\sqrt{3})^2 = 8+32\sqrt{3}$$

図2

(3) △QRS の辺 SQ，SR の中点をそれぞれ Q′，R′
とする。

図3の線分 Q′R′ の端点 Q′ が半径4の円の周上を
動くから，求める切り口は，図3の赤色でぬった部
分である。

その面積は，

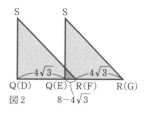

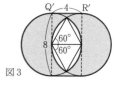

図3

$$4 \times 8 + \pi \times 4^2 - \left\{\pi \times 4^2 \times \frac{60}{360} + \left(\pi \times 4^2 \times \frac{60}{360} - \frac{\sqrt{3}}{4} \times 4^2\right)\right\} \times 2$$

$$=\frac{96+24\sqrt{3}+16\pi}{3}$$

10章の問題

p.259 **1** **答** (1) $x=64$, $y=118$ (2) $x=33$ (3) $x=48$

解説 (1) AB は直径であるから，$\angle ACB=90°$ よって，$\angle ABC=90°-26°=64°$
C は接点であるから，$x°=\angle ABC$ 同様に，$\angle EDB=90°-33°=57°$
(2) AB は直径であるから，$\angle ACB=90°$
D は接点であるから，$\angle CBD=24°$ AB∥CD より，$\angle BCD=x°$（錯角）
四角形 ABDC は円に内接するから，
$\angle ABD+\angle DCA=(x°+24°)+(x°+90°)=180°$
(3) A は接点であるから，$\angle CAD=\angle ABC=180°\times\dfrac{2}{6+7+2}=24°$

$\angle ACB=180°\times\dfrac{6}{6+7+2}=72°$ よって，$24+x=72$

2 **答** 1

解説 点 D から線分 OA に垂線 DH をひく。
円 D の半径を r とすると，OH$=r$，HC$=2-r$，
OD$=4-r$，DC$=r+2$
△DOH で，$\angle DHO=90°$ であるから，
DH$^2=(4-r)^2-r^2$
△DCH で，$\angle DHC=90°$ であるから，
DH$^2=(r+2)^2-(2-r)^2$
よって，$(4-r)^2-r^2=(r+2)^2-(2-r)^2$

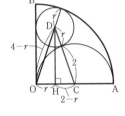

3 **答** (1) 2 (2) 6 (3) 16：9

解説 (1) BC$=$AB$-$AC$=2$OA-2O′A$=4$ より，OA$-$O′A$=2$
(2) BP は円 O′ の接線であるから，方べきの定理より，BP$^2=$BA·BC
円 O′ の半径を r とすると，$8^2=(4+2r)\times4$
(3) (2)より，△O′BP で，O′B：BP：PO′$=(6+4)$：8：6$=5$：4：3

△ABQ∽△O′BP（2角）であるから，BQ$=\dfrac{4}{5}$AB$=\dfrac{64}{5}$

△RBA∽△O′BP（2角）であるから，RB$=\dfrac{5}{4}$BA$=20$

△ABQ：△AQR$=$BQ：QR$=\dfrac{64}{5}$：$\left(20-\dfrac{64}{5}\right)$

参考 (2) △O′BP で，$\angle$O′PB$=90°$ より，$r^2+8^2=(r+4)^2$ から求めてもよい。

p.260 **4** **答** (1) $x=\dfrac{\sqrt{3}}{9}$，$y=\dfrac{\sqrt{3}}{3}$ (2) $x=\dfrac{\sqrt{3}}{6}$，面積 $\dfrac{\sqrt{3}}{4}$

解説 (1) 右の図で，△APD は30°，60°，90°の直角

三角形で，AD$=\dfrac{1}{2}$AB$=1$ より，

$y=$PD$=\dfrac{1}{\sqrt{3}}$AD$=\dfrac{\sqrt{3}}{3}$，AP$=\dfrac{2}{\sqrt{3}}$AD$=\dfrac{2\sqrt{3}}{3}$

また，△AQE も30°，60°，90°の直角三角形である
から，AQ$=2$QE$=2x$
よって，AP$=$AQ$+$QF$+$FP$=2x+x+y=3x+y$

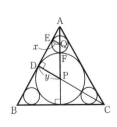

(2) 右の図で，(1)と同様に，

$$AP = AQ + QF + FP = 2x + x + x = 4x = \frac{2\sqrt{3}}{3}$$

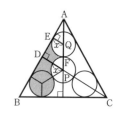

また，$DP = \frac{1}{2}AP = \frac{1}{2} \times 4x = 2x$ より，

求める面積，

$$(台形\ EDPQ) \times 2 = \left\{ \frac{1}{2}(EQ + DP) \cdot ED \right\} \times 2$$

$$= \left\{ \frac{1}{2} \times (x + 2x) \times \frac{1}{2} \right\} \times 2$$

⑤ （答） (1) $4:3$ (2) $1:\sqrt{6}$

（解説）(1) $AP:PC = 2:3$ より，$\triangle ABC = \frac{5}{3} \triangle PBC$

$BP:PD = 4:1$ より，$\triangle DBC = \frac{5}{4} \triangle PBC$

よって，$\triangle ABC : \triangle DBC = \frac{5}{3} : \frac{5}{4}$

(2) $AP = 2a$，$PC = 3a$，$BP = 4b$，$PD = b$ とすると，4 点 A，B，C，D が同一円周上にあるから，方べきの定理より，$AP \cdot PC = BP \cdot PD$

よって，$2a \times 3a = 4b \times b$　$3a^2 = 2b^2$　ゆえに，$a:b = \sqrt{2}:\sqrt{3}$

$\triangle PAD \backsim \triangle PBC$（2角）より，$AD:BC = AP:BP = 2a:4b$

⑥ （答） (1) A$(9,\ 4\sqrt{5})$ (2) $\frac{500}{9}\pi$ (3) 54π

（解説）(1) 点 A から線分 CD に垂線 AH をひく。
$AC = AD$（円 A の半径）であるから，点 A は線分 CD の垂直二等分線上にある。

また，点 A の x 座標は OH，y 座標は AH である。

$CH = \frac{1}{2}CD = 1$ より，$OH = 8 + 1 = 9$

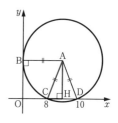

$\triangle ACH$ で，$\angle AHC = 90°$，$AC = AB = OH$ であるから，$AH = \sqrt{9^2 - 1^2}$

(2) O から線分 BD に垂線 OI をひく。

(1)より，$OD > OB$ であるから，求める図形の面積は，O を中心とする半径がそれぞれ OD，OI の 2 つの円にはさまれた部分である。

$\triangle ODB$ で，$\angle BOD = 90°$ であるから，

$$BD = \sqrt{10^2 + (4\sqrt{5})^2} = 6\sqrt{5}$$

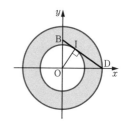

$\frac{1}{2}OD \cdot OB = \frac{1}{2}BD \cdot OI$ より，

$$\frac{1}{2} \times 10 \times 4\sqrt{5} = \frac{1}{2} \times 6\sqrt{5} \times OI$$

よって，$OI = \frac{20}{3}$

ゆえに，求める図形の面積は，$\pi \times 10^2 - \pi \times \left(\frac{20}{3}\right)^2$

(3) 4点 P，B，C，D を頂点とする四角形を P を中心として 1 回転させてできる図形は，P を中心とする円であり，その半径は線分 BP，CP，DP の長さの中で最大のものである。

BD＞BC＞CD であるから，円の面積が最小となる点 P は，線分 BD の垂直二等分線上にあって点 C に近い点である。

そこで，線分 BD の中点を M とする。

△ABM で，∠AMB＝90°，AB＝9，

$BM＝\dfrac{1}{2}BD＝3\sqrt{5}$ であるから，

$AM＝\sqrt{9^2-(3\sqrt{5})^2}＝6$

よって，PM＝9－6＝3

△PBM で，∠PMB＝90° であるから，$PB＝\sqrt{3^2+(3\sqrt{5})^2}＝3\sqrt{6}$

ゆえに，円の面積の最小値は，$\pi\times(3\sqrt{6})^2$

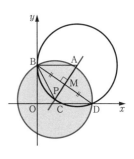

p.261 **7** **答** (1) AB は円 O の直径であるから，∠BCP＝90°

∠BHP＝90°（仮定）より，∠BCP＋∠BHP＝180°

ゆえに，四角形 BCPH は円に内接するから，

方べきの定理より，AC・AP＝AB・AH

(2) AB は円 O の直径であるから，∠ADP＝90°

∠AHP＝90°（仮定）より，∠ADP＋∠AHP＝180°

ゆえに，四角形 AHPD は円に内接するから，

方べきの定理より，BD・BP＝BA・BH

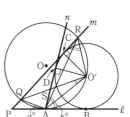

(3) (1)，(2)より，AC・AP＋BD・BP＝AB・AH＋BA・BH＝AB・(AH＋BH)＝AB²

ゆえに，AB²＝AC・AP＋BD・BP

8 **答** (1) ∠QAP＝$a°$ とすると，PA は円 O の接線であるから，接弦定理より，∠AO'Q＝$a°$

同様に，∠O'AB＝$b°$ とすると，AB，AD は円 O' の接線であるから，∠O'AD＝$b°$

よって，△AO'S で，

∠O'SD＝∠AO'S＋∠O'AS＝$a°+b°$ ……①

ゆえに，∠O'SD＝∠QAP＋∠O'AB

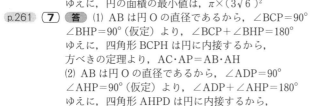

(2) PA は円 O の接線であるから，接弦定理より，

∠ARQ＝$a°$

同様に，BA は円 O の接線であるから，∠ARO'＝$b°$

よって，∠O'RC＝∠ARQ＋∠ARO'＝$a°+b°$ ……②

△O'RC と △O'SD において，

∠O'CR＝∠O'DS（＝90°）　①，②より，∠O'RC＝∠O'SD

O'C＝O'D（円 O' の半径）

よって，△O'RC≡△O'SD（2角1対辺）

ゆえに，O'R＝O'S

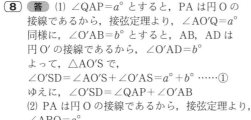

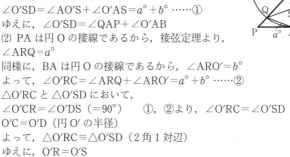

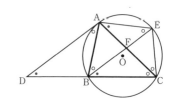

9 **答** (1) △ABC と △AFB において，

∠BAC＝∠FAB（共通）……①

DA は接線であるから，接弦定理より，

∠DAB＝∠ACB

AD∥EB（仮定）より，

∠DAB＝∠ABF（錯角）

よって，∠ACB＝∠ABF ……②

①，②より，△ABC∽△AFB（2 角）

(2) △CBF，△CDA，△EAF，△CAE

(3)(i) $AD=12$，$BD=9$，$BE=\dfrac{33}{4}$　(ii) $15\sqrt{15}$

解説 (3)(i) (1)より，

$AB:AF=BC:FB=AC:AB$

$6:AF=7:FB=8:6$

よって，$AF=\dfrac{9}{2}$，$FB=\dfrac{21}{4}$

AD∥FB より，$AD:FB=CA:CF$

$AD:\dfrac{21}{4}=8:\left(8-\dfrac{9}{2}\right)$

よって，$AD=12$

DA は接線であるから，方べきの定理より，$DA^2=DB\cdot DC$

$BD=x$ とすると，$12^2=x(x+7)$　　$x^2+7x-144=0$

ただし，$x>0$

四角形 ABCE が円 O に内接するから，方べきの定理より，$AF\cdot FC=BF\cdot FE$

$\dfrac{9}{2}\times\left(8-\dfrac{9}{2}\right)=\dfrac{21}{4}\times FE$

よって，$FE=3$

(ii) 頂点 A から線分 BC に垂線 AH をひき，$BH=y$ とすると，$CH=7-y$

△ABH で，∠AHB＝90° であるから，$AH^2=6^2-y^2$

△ACH で，∠AHC＝90° であるから，$AH^2=8^2-(7-y)^2$

よって，$6^2-y^2=8^2-(7-y)^2$　　$y=\dfrac{3}{2}$

よって，$AH=\sqrt{6^2-\left(\dfrac{3}{2}\right)^2}=\dfrac{3\sqrt{15}}{2}$

ゆえに，$\triangle ADC=\dfrac{1}{2}DC\cdot AH$

また，$BF:EF=\dfrac{21}{4}:3=7:4$ より，$\triangle EAC=\dfrac{4}{7}\triangle ABC=\dfrac{4}{7}\left(\dfrac{1}{2}BC\cdot AH\right)$

参考 (3)(i) AD∥FB より，$CB:BD=CF:FA$ から BD を求めてもよい。

また，(2)より，△EAF∽△ADB であるから，$EF:AB=AF:DB$ から EF を求めてもよい。

p.262 **10** 〔答〕 (1) 1　(2) $\dfrac{1}{6}$　(3) $\dfrac{\sqrt{15}}{15}$

〔解説〕 (1) AB, BC, CA は直径であるから，
$\angle\mathrm{AOB}=\angle\mathrm{BOC}=\angle\mathrm{COA}=90°$
$\mathrm{OA}=a$, $\mathrm{OB}=b$, $\mathrm{OC}=c$ とすると，
$a^2+b^2=(\sqrt{6}+\sqrt{2})^2$ ……①
$b^2+c^2=(\sqrt{14})^2$ ……②
$c^2+a^2=(\sqrt{6}-\sqrt{2})^2$ ……③
①＋②＋③ より，
$2(a^2+b^2+c^2)=8+4\sqrt{3}+14+8-4\sqrt{3}$
よって，$a^2+b^2+c^2=15$ ……④
②，④より，$a^2=1$　$a>0$ より，$a=1$

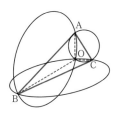

(2) ③，④より，$b^2=7+4\sqrt{3}$　①，④より，$c^2=7-4\sqrt{3}$
線分 OA, OB, OC はたがいに垂直であるから，
（四面体 OABC の体積）$=\dfrac{1}{3}\triangle\mathrm{OBC}\cdot\mathrm{OA}=\dfrac{1}{3}\left(\dfrac{1}{2}\mathrm{OB}\cdot\mathrm{OC}\right)\cdot\mathrm{OA}=\dfrac{1}{6}abc$

$(abc)^2=a^2b^2c^2=1\times(7+4\sqrt{3})\times(7-4\sqrt{3})=1$　$abc>0$ より，$abc=1$

ゆえに，四面体 OABC の体積は，$\dfrac{1}{6}$

(3) 点 A から辺 BC に垂線 AH をひく。
$\mathrm{BH}=x$ とすると，$\mathrm{CH}=\sqrt{14}-x$
$\triangle\mathrm{ABH}$ で，$\angle\mathrm{AHB}=90°$ であるから，
$\mathrm{AH}^2=(\sqrt{6}+\sqrt{2})^2-x^2$
$\triangle\mathrm{ACH}$ で，$\angle\mathrm{AHC}=90°$ であるから，
$\mathrm{AH}^2=(\sqrt{6}-\sqrt{2})^2-(\sqrt{14}-x)^2$
よって，$(\sqrt{6}+\sqrt{2})^2-x^2=(\sqrt{6}-\sqrt{2})^2-(\sqrt{14}-x)^2$
$2\sqrt{14}\,x=8\sqrt{3}+14$　$x=\dfrac{4\sqrt{3}+7}{\sqrt{14}}$

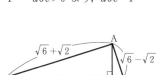

ゆえに，$\mathrm{AH}^2=(\sqrt{6}+\sqrt{2})^2-\left(\dfrac{4\sqrt{3}+7}{\sqrt{14}}\right)^2=8+4\sqrt{3}-\dfrac{97+56\sqrt{3}}{14}=\dfrac{15}{14}$

$\mathrm{AH}=\dfrac{\sqrt{15}}{\sqrt{14}}$

よって，$\triangle\mathrm{ABC}=\dfrac{1}{2}\mathrm{BC}\cdot\mathrm{AH}=\dfrac{1}{2}\times\sqrt{14}\times\dfrac{\sqrt{15}}{\sqrt{14}}=\dfrac{\sqrt{15}}{2}$

求める四面体 OABC の高さを h とすると，
（四面体 OABC の体積）$=\dfrac{1}{3}\triangle\mathrm{ABC}\cdot h$ より，$\dfrac{1}{6}=\dfrac{1}{3}\times\dfrac{\sqrt{15}}{2}\times h$

ゆえに，$h=\dfrac{\sqrt{15}}{15}$

11 **答** (1) 120° (2) $\sqrt{43}$ (3) $43\sqrt{3}$

解説 (1) ∠BAC＝∠APB＝60°であるから，接弦定理の逆より，AC は点 A における円 D の接線である。

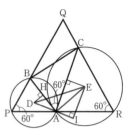

ゆえに，∠DAC＝90° よって，∠DAB＝30°
同様に，AB は点 A における円 E の接線であるから，∠EAB＝90° よって，∠EAC＝30°
ゆえに，∠DAE＝120°

(2) 中心 D から辺 AB に垂線 DH をひくと，△ADH は30°，60°，90°の直角三角形であるから，$AD＝\dfrac{2}{\sqrt{3}}AH＝\dfrac{2}{\sqrt{3}}\times\dfrac{1}{2}AB＝\dfrac{2}{\sqrt{3}}\times\dfrac{1}{2}\times5＝\dfrac{5\sqrt{3}}{3}$

同様に，$AE＝\dfrac{2}{\sqrt{3}}\times\dfrac{1}{2}AC＝\dfrac{2}{\sqrt{3}}\times\dfrac{1}{2}\times8＝\dfrac{8\sqrt{3}}{3}$

中心 E から線分 DA の延長に垂線 EI をひくと，(1)より，△EAI は30°，60°，90°の直角三角形であるから，$EI＝\dfrac{\sqrt{3}}{2}AE＝4$，$AI＝\dfrac{1}{2}AE＝\dfrac{4\sqrt{3}}{3}$

ゆえに，△EDI で，∠EID＝90°であるから，

$$DE＝\sqrt{4^2+\left(\dfrac{5\sqrt{3}}{3}+\dfrac{4\sqrt{3}}{3}\right)^2}＝\sqrt{43}$$

(3) つねに ∠APB＝∠ARC＝60°であるから，正三角形 PQR がいろいろ変わるとき，点 P，R はそれぞれ円 D，E の周上を動く。

2つの円 D，E の交点のうち，A と異なる点を F，線分 FD の延長と円 D との交点を P′，線分 FE の延長と円 E との交点を R′ とする。

△AFP′ で FP′ は直径であるから，∠FAP′＝90°
同様に，△AFR′ で，∠FAR′＝90°
よって，3点 P′，A，R′ は一直線上にある。
△FPR と △FP′R′ において，
∠FPR＝∠FP′R′（円 D で $\overset{\frown}{AF}$ に対する円周角）
∠FRP＝∠FR′P′（円 E で $\overset{\frown}{AF}$ に対する円周角）
ゆえに，△FPR∽△FP′R′（2角）
点 P は円 D（定円）の周上を動くから，弦 FP の長さがいろいろ変わるとき，その長さが最大となるのは，弦 FP が中心 D を通るときである。すなわち，弦 FP の長さの最大値は直径 FP′ の長さである。
よって，辺 PR の長さの最大値は辺 P′R′ の長さである。
△FP′R′ で，D，E はそれぞれ辺 FP′，FR′ の中点であるから，
P′R′＝2DE＝$2\sqrt{43}$

ゆえに，正三角形 PQR の面積の最大値は，$\dfrac{\sqrt{3}}{4}P′R′^2＝\dfrac{\sqrt{3}}{4}\times(2\sqrt{43})^2＝43\sqrt{3}$

MEMO

代数の先生・幾何の先生

めざせ！Aランクの数学

ていねいな解説で
自主学習に最適！

開成中・高校教諭
木部　陽一
筑波大附属駒場中・高校元教諭
深瀬　幹雄
共著

先生が直接教えてくれるような丁寧な解説で，やさしいものから程度の高いものまで無理なく理解できます。くわしい脚注や索引を使って，わからないことを自分で調べながら学習することができます。基本的な知識が定着するように，例題や問題を豊富に配置してあります。この参考書によって，学習指導要領の規制にとらわれることのない幅広い学力や，ものごとを論理的に考え，正しく判断し，的確に表現することができる能力を身につけることができます。

代数の先生　A5判・389頁　2200円
幾何の先生　A5判・344頁　2200円

※表示の価格は本体価格です。本体価格のほかに消費税がかかります。

新Aクラス中学英語問題集

英文法の体系的な知識を身につけたい!

開成中学校・高等学校教諭	青栁　良太
神奈川大学外国語学部教授	久保野雅史
都留文科大学非常勤講師	久保野りえ
東京大学教育学部附属中等教育学校教諭	今田　健蔵
筑波大学附属駒場中・高等学校教諭	須田　智之
筑波大学附属中学校教諭	中島真紀子
軽井沢風越学園外国語スタッフ	山田　雄司
市川中学校・高等学校教諭	山本　永年
	共著

英語がわからない。いつまでも話せるようにならない。そんな中学生のための問題集です。中学英語に必要な文法知識を，基礎からていねいにわかりやすく説明してあります。著者は全員，中学校または高校の現場で豊富な指導経験をもっています。著者が自らの経験を思い起こし，学習者がつまずきやすいところを，つまずかないように留意して作問しました。例文は，場面が想像できる楽しい例文，日常生活でネイティブスピーカーがよく使う表現を，ふんだんに取り入れています。問題を解いていくうちに，確かな英文法の知識と豊かな語彙力・表現力が身につきます。音声データ無料配信。

新Aクラス中学英語問題集１年	A5判・296頁	1400円
新Aクラス中学英語問題集２年	A5判・217頁	1400円
新Aクラス中学英語問題集３年	A5判・286頁	1400円

※表示の価格は本体価格です。本体価格のほかに消費税がかかります。